생물의 신호전달과 소통

Communication and Signaling

이황희 저

월드사이언스
worldscience.co.kr

생물의 신호전달과 소통

인　　쇄 | 2021년 2월 10일
발　　행 | 2021년 2월 25일

저　　자 | 이황희
발 행 인 | 신정숙
발 행 처 | (주)도서출판 월드사이언스

주　　소 | 서울특별시 서초구 도구로115 월드빌딩 1층
등록일자 | 1988년 2월 12일
등록번호 | 제 16-1601호
대표전화 | (02) 581-5811~3
팩　　스 | (02) 521-6418

E-mail | worldscience@hanmail.net
U R L | http://www.worldscience.co.kr

정　　가 | 24,000원
I S B N | 978-89-5881-302-6

지은이의 말

우리는 정보가 넘치는 인터넷의 환경과 접하면서 살아가지만 필요한 정보를 쉽게 찾을 수 없는 현실에 직면하고는 합니다. 분자생리학을 강의해 오면서 어려웠던 점은 학부 학생들을 위한 적당한 교재가 없기에 강의를 하는 것도 어려웠지만 강의를 받는 학생들 또한 개념을 이해하는 데 어려움이 많았습니다. 참고할만한 책은 많았지만 구하기가 어려웠고, 우리의 현실과는 다른 내용들을 수록하고 있는 경우가 많아서 항상 교재를 집필해야 한다는 필요성에 의해 "생물의 신호전달과 소통"를 출간하게 되었습니다.

생물체의 운용에 관하여 현재까지 연구가 이루어진 분자생리학의 자료들이 너무나 방대하므로 모든 내용을 담을 수는 없지만, 기본적인 원리를 종합적으로 이해하는 것이 중요하다는 생각에 그 동안 강의해 왔던 자료들을 역어 집필하였습니다.

학부생들이 공부하기에 일부 어려운 내용도 포함되어 있으나 생리적 현상을 해석하고 이해하려는 차원에서 도입한 것이며, 신체의 생리적인 운용을 담당하는 신호 물질의 작용 기작에 대한 큰 흐름을 이해하는 데 중점을 두었습니다. 일상 생활에서 응용하고 있는 식품에 대한 내용과 건강에 관한 원리적인 해석들을 본문에 담아서 일부 건강식품의 원리와 중요한 약물의 작동 원리를 분자적으로 해석 하였고, 우리의 삶 주변에서 볼 수 있는 사진을 이용하여 보다 이해하기 쉽게 하였으며, 작동에 관한 그림을 삽입하여 이해하는 데 도움이 되도록 하였습니다.

생물은 소통을 하는 가장 작은 단위인 세포에서부터 이들 세포가 모여서 이뤄진 개체에 이르기까지, 모든 생물체는 세포 간의 소통으로 삶을 영위하는 효율적이고 경제적인 체계를 만들어 운용합니다. 소통은 세포 집단인 개체, 개체 내에서의 이웃한 세포나 멀리 떨어져 있는 세포 사이에서도 일어나는데, 생존의 위험을 줄이고 삶을 이어가는 방향으로 조정을 합니다. 개체 간의 원활한 소통으로 사랑을 키워서 모든 것을 감수하기도 하고, 소통의 부재로 싸움이 생겨나 신체와 정신적인 손상을 입히기도 합니다. 개체 내에서 일어나는 소통은 위험을 회피하여 평안하고 건강한 삶을 이루는 방향을 이끌어 내며, 각각의 생명체가 처한 상황에 맞는 삶의 전략을 실행하여 단기와 장기의 위험에 대비하는 조절 작용을 통해 안정적인 삶을 이어가려 합니다. 사람의 타고난 유전자는 바꿀 수 없지만 어떻게 운용할 것인지는 스스로의 선택에 따라 달라집니다. “누구나 노인이 되지만 건강한 노인은 아무나 될 수 없다”고 합니다. 오래 사는 삶보다 사는 동안 건강한 삶을 유지하려면 분자생리적인 기작을 이해하여 실천하는 노력이 필요합니다. 우리의 몸 안에 있는 세포들이 서로 어떻게 소통하며, 세포들이 모여서 이룬 개체를 위해 개개의 세포들이 얼마나 열심히 일을 하고 있는지를 이해한다면, 운용하는 주체인 내가 어떻게 행동해야 할지 조금이나마 이해할 수 있을 것입니다.

건강하게 살다가 어느 날 찾아오는 질병과 부닥친 후, 이에 어떻게 대처해야 하는지를 물어오는 사람이 많습니다. 이 책에는 그동안 받았던 질문의 내용을 전문적인 지식으로 해석하여 기술함으로써 건강한 삶을 이어가는 데 도움을 주고자 하였으며, 주위에서 만나는 일부 약초의 작용 기작에 대한 해석도 담았습니다.

책이 출판되기까지 편집에 많은 노력을 함께해 준 월드사이언스 편집부에 감사를 드리며, 함께하면서 집필에 전념할 수 있도록 응원해 준 많은 분들께 감사를 드립니다.

2021년 2월 27일

이 황 희

차례

지은이의 말 • iii

01 세포 간의 대화 1

1. 생물계를 구성하는 세포의 구조 1
2. 생물체의 효율적인 운용에 필요한 조절 시스템 4
   1) 물질 운반계 4
   2) 신체의 조절시스템 4
3. 세포 사이의 대화를 중계하는 물질 9
   1) 신호 물질의 작동 방식 9
   2) 세포 사이의 신호 물질의 종류 10
   3) 유기산의 유도체 11
   4) 아미노산과 유도체 11

02 세포의 소통에 의한 성장과 분화 19

1. 호르몬의 작용체계 19
2. 세포의 분열을 촉진하는 생리적인 조절 물질 22
3. 개체 성장을 촉진하는 성장호르몬 시스템 24
4. 개체의 성장을 억제하는 호르몬 24
5. 조직 세포의 성장과 분화를 조절하는 Cytokine 26
   1) 생체의 재생에 관여하는 Cytokine 27

2) 피부의 재생에 관여하는 인자 27
3) 혈관의 재생 28

6. 성장호르몬과 관련된 문제 29

1) 나이가 들면 상처가 왜 빨리 아물지 않는가? 29
2) 성장호르몬과 에너지 대사의 관계는? 30
3) 나이가 들면 암의 발생이 왜 많아지는가? 31
4) 고령자에게 암이 발생하는 경우, 수술을 대개 권하지 않는 이유는 무엇인가? 32
5) 암이 젊은 나이(10~ 30)에 발병하면 치유가 어려운 이유는 무엇인가? 32
6) 성장기의 청소년들은 왜 열이 많을까? 33
7) 고령자에게 성장호르몬을 투여했을 때 예상되는 부작용은 무엇인가? 34
8) 암환자가 암을 이겨 내려면 잘 먹어야 할까? 35

7. 성장을 개선시키는 방법에는 어떠한 것이 있는가 36

1) 성장을 촉진하는 물질 36
2) 성장을 촉진하는 호르몬제 38
3) 성장호르몬의 분비를 촉진시키는 식품 38
4) 성장호르몬의 분비를 촉진하는 생활습관 40
5) 가축의 성장을 촉진시키는 사료 첨가제 42
6) 항균성 성장 물질 42
7) 비항균성 성장 물질 43

03 신호의 증폭과 다양화 45

1. 신호의 증폭 45

2. 신호는 어떻게 다양한 조직에 전달되는가? 47

3. 세포 내부의 다단계 신호전달 시스템 48

1) 다양한 외부 신호는 세포 내부에서 단순화되고 그룹화되어 전달된다 48

2) 외부 신호의 수용체 분자는 세포 내부의 중계자를 통해 신호를 통일한다 50

3) 다른 조직의 세포에서도 동일한 신호전달 시스템을 이용한다 52

4. 세포 내부에서 일어나는 신호의 증폭 53

5. 세포 내부에서 일어나는 신호의 분할 54

6. 세포에서의 다단계 신호는 어떻게 조절되는가? 56

1) 초 단위의 조절-반응의 속도를 조절한다 57

2) 초~분 단위 조절-조절 물질에 의한 효소의 조절이 이루어진다 58

3) 분~시간 단위 조절-공유결합에 의한 분자 구조의 변형으로 조절한다 59

4) 시간 ~ 장기적인 조절 62

04 신호의 세포 수용체와 세포내 중계자 65

1. 세포막의 수용체 65

1) Single transmembrane receptor 66

2) Multiple transmembrane receptor 70

2. Cytosolic receptor 73

1) Steroid Hormone receptor 74

2) Bile acid(Cholic acid) receptor 77

3) Long chain fatty acid receptor 77

4) Retinoic acid receptor 77

5) Vitamine D receptor 78

6) Thyroid hormone receptor 79

7) Orphan receptor 80

3. Plant steroid receptor-Brassinosteroid 81

4. 신호의 중계자 82

1) GPCR family의 중계자 Heterotrimeric G-protein 82

2) GTPase 기능이 없는 heterotrimeric G-protein ⇒ Permanent activation 82

3) Heterotrimeric G-protein의 종류 85

5. Monomeric G protein(Small G-protein) 90

05 신호전달의 이차 전달자 93

1. 이차 전달자: Nucleotides 94

1) Adenylyl cyclase-cAMP 94

2) Guanylyl cyclase-cGMP 100

3) 세포 내부의 Nucleotide 신호물질-AMP 103

2. 이차 전달자: Lipid derivatives 106

1) Phosphatidylinositol-specific phospholipase(PI-PLC) 107

2) Phosphatidylcholine-specific phospholipase C(PC-PLC) 111

3) Phospholipase D(PLD) 111

4) Sphingomyelinase(SMase)-Ceramide 113

5) Phospholipase A2-Eicosanoides 113

3. 이차 전달자 Ca^{2+} 120

4. 이차 전달자 Reactive oxygen species(ROS): O^{2-}, H_2O_2, NO, CO 123

1) 이차 전달자 Reactive oxygen species(ROS) 123

2) Nitric oxide(NOS) signaling 127

5. 직접적인 유전자 발현 조절자 132

06 영양 물질의 소화 흡수와 조절 137

1. 굶주림 137

2. Festing Hormone 140

1) 배고픔의 반응 140

2) Festing Hormone FGF21 141

3) Refeeding syndrome 143

3. 소화와 흡수 144

1) 위의 소화액 분비 조절 146

2) 위의 소화 작용 147

3) 지방과 단백질이 많은 음식물의 소화 147

4) 포도당과 아마노산 섭취 149

5) 십이지장의 기능 150

6) 위장관의 운동 조절 150

7) 소장의 소화 작용 152

8) 대장의 소화작용 153

9) 소화기관과 호르몬 153

07 에너지의 이용과 저장 159

1. 물질대사에 의한 에너지 생산 159

2. 생체 물질의 합성 162

1) 탄수화물 합성과 저장 163

2) 지방의 합성 165

3) 단백질 저장 168

3. 혈당의 조절에 관계되는 요인 169

1) 혈당을 증가시키는 조절인자 169

2) 혈당을 감소시키는 조절인자 172

3) 당뇨와 인슐린 분비 173

4. 지방의 축적과 조절 179

1) 지방의 축적에 관여하는 호르몬의 작용 179

2) 내분비기관으로서의 지방 조직 184

3) 비만 조절에 이용하는 방법 187

08 생체 물질순환의 조절 시스템 191

1. 심장의 박동 조절 192

1) 심장의 박동을 증가시키는 요인 194

2) 심장의 박동을 감소시키는 요인 194

2. 혈압의 조절 196

1) 심장의 Artrial naturietic peptide(ANP)에 의한 조절 196

2) 중추신경계에 의한 혈압의 조절 196

3) Renin-Angiotensin-Aldosterone System 198

3. 혈압을 조절하는 물질의 작용 200

1) Angiotensin convertion enzyme(ACE) 억제자 200

2) 신경계 작용하는 물질 203

3) 혈관확장제 207

4. 근육 운동과 물질의 순환 213

1) 근육 운동은 혈관의 수축과 이완을 조절한다 214

09 미네랄 운용 조절 217

1. 생물체의 미네랄 217

1) 생물체에서 발견되는 미네랄 구조물 218

2) 칼슘을 보충하는 약물로 이용하는 천연물 219

2. 신체에서의 Ca^{2+}의 역할 220

1) 뼈의 주요 성분이다 220

2) 신경 자극의 전달과 근육 활동에 필요하다 221

3) 혈액응고에 관여한다 222

4) 세포 내부의 이차 전달자로 활용된다 222

5) 효소의 Cofactor 222

6) 세포막의 구조를 유지시켜 준다 222

7) 세포를 보호한다 223

3. Phosphate의 기능 223

4. 칼슘과 인산의 항상성 224

5. 칼슘 농도의 조절 226

1) 소장에서의 칼슘 흡수 조절 226

2) 혈액의 칼슘 농도 조절 228

3) 뼈에서의 Ca^{2+} 운용 228

6. 골다공증 233

1) Vitamin D의 공급이나 생성을 증가시키면 뼈의 칼슘이 보강된다 235

2) 근육 운동은 뼈를 강화시킨다 226

10 스트레스와 생활의 리듬 조절 239

1. 스트레스 239
2. 스트레스는 받으면 왜 비만이 되는가? 241
3. 스트레스를 받으면 왜 혈압이 높아지는가? 242
4. 스트레스와 면역 반응 245
5. 장의 미생물에 의한 스트레스 반응의 조절 247
6. 만성적인 스트레스와 Cortisol 저항성 248
7. 스트레스와 Steroid 호르몬의 작용 251
8. 생체리듬의 조절 254
   1) 일일 수면주기 조절 255
   2) 수면을 유도하여 생활주기의 개선에 도움을 주는 물질의 작용 257

11 생식기능의 조절 267

1. 뇌-시상하부-뇌하수체-생식기관 조절 시스템 267
2. 뇌의 신경과 생식기관의 신호에 의한 생식호르몬 분비의 조절 269
3. 신체 장기의 호르몬과 외부 자극에 의한 생식호르몬 분비의 조절 270
4. GnRH의 분비에 영향을 주는 외부적인 요인 272
5. 남성의 발달에 관여하는 호르몬의 작용 273
   1) 남성호르몬의 합성 경로와 작용 273
   2) 남성호르몬의 농도 276
   3) 남성호르몬과 탈모는 어떠한 관련이 있는가? 278
6. 여성호르몬의 작용 280
   1) 난소의 여포 성숙 조절 280

2) 호르몬과 유선 조직의 발달 281
3) 수유 활동의 조절 호르몬 281
4) 유선의 발달과 암 치료제 283
7. 임신의 조절 호르몬 286
1) 여성의 생리주기와 호르몬의 변화 286
2) 임신 기간 동안의 호르몬 변화 287

12 미생물의 공격과 방어 291
1. 침입하는 미생물에 대한 일차 방어선은 피부이다 292
2. 미생물 신호에 의한 세포내 신호전달 296
3. 식품으로 섭취하는 미생물은 면역력을 증가시킨다 297
4. 수면은 피부의 재생을 촉진시키고 면역력을 높인다. 301
5. 배가 고프면 잠이 안 오고, 배가 부르면 잠이 온다 304
6. 수면의 교란은 면역력을 떨어뜨린다 305
7. 면역 노화로 미생물 병원체에 대한 면역력이 떨어진다 307
1) 면역 노화가 진행된 사람은 코로나 바이러스에 취약하다 307
8. 면역 노화의 회복 309

13 생물의 종들은 어떻게 소통할까? 311
1. 생물들의 소통 방법 311
1) 물리적인 소통 수단 311
2) 화학적 소통 수단 317

14 고등 생물들의 공격과 방어 323

1. 동물의 공격 행동 323

2. 동물에 대한 식물들의 방어 기작 325

1) 과민성 면역 반응을 유발한다 327

2) 심장의 박동을 멈추게 한다 327

3) 다양한 질병을 유발한다 329

4) 쓴맛의 물질을 가지고 있다 331

5) 매운맛의 물질을 가지고 있다 335

6) 떫은맛의 물질을 가지고 있다 338

7) 강한 신맛과 독성 물질을 가지고 있다 340

8) 대사교란 물질을 함유 340

3. 미생물에 대한 식물의 방어 342

약어 표기 • 345

찾아보기 • 361

세포 간의 대화 01

1 생물계를 구성하는 세포의 구조

생물계를 구성하고 있는 생물체는 핵이 없는 원핵생물(Prokaryotes), 고세균(Archeae), 진핵생물(Eukaryotes)의 3그룹으로 나뉜다.

원핵생물체 → 진핵생물체 → 다세포생물체

원핵생물체가 진핵생물체로 되면서 가질 수 있는 장점은 무엇인가? 단점은 무엇인가? 해결책은 무엇인가?

단순하게 생각하면 생물이 원핵생물체에서 진핵생물체로 진화하고 진핵생물의

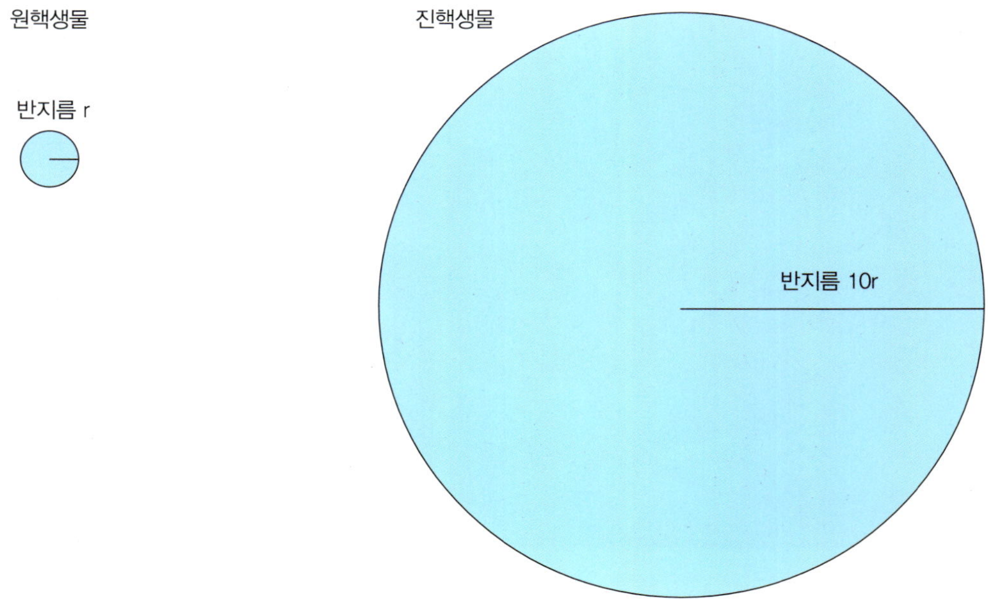

그림 1.1 원핵생물과 진핵생물 세포의 상대적인 크기 비교.

단세포 생물체에서 다세포 생물체로 진화한 것이 당연한 것으로 생각할 수 있지만, 이러한 생물학적 진화에는 많은 문제들을 해결해야 하는 과제들을 안고 있었다.

박테리아에 해당하는 원핵생물체와 진핵생물체를 구조적인 관점에서 비교하면 진핵생물의 세포는 원핵생물에 비해 세포의 크기가 10배 이상 크고, 세포 내부에 막으로 둘러 싸여 있는 소기관들이 존재한다.

진핵생물은 다시 단세포 생물체에서 출발하여, 여러 개의 세포가 조직을 이뤄서 기관을 만든 후 전체적인 개체로 발전하는 다세포 생물체가 된다. 이들 생물체들은 각기 다른 모양으로 변화되고 세포들이 복잡하게 조절되는 개체가 된다.

원핵생물체의 크기가 1~2 μm의 크기라면, 진핵생물의 크기는 10~20 μm의 크기이다(그림 1.1). 단순하게 크기만을 비교하면 10배의 크기로 커진 것이지만 부피로 계산해 보면 크게 달라진다. 생물체를 완전한 구로 가정했을 때, 반지름이 r인 구의 부피는 $V = 4/3\Pi r^3$의 공식에 대입하여 계산해 보면 다음과 같다.

• 원핵생물 세포의 부피 4.19 ~ 33.493 m^3

• 진핵생물 세포의 부피 4,186.67 ~ 33,493.33 m^3

크기의 증가는 10배이지만 부피의 증가는 1,000배가 된다.

부피가 이렇게 증가했을 때 표면적의 증가를 고려해 보면, 구의 겉넓이가 $4\Pi r^2$ 이므로

• 원핵세포의 겉넓이 12.57 ~ 50.27 m^2

• 진핵세포의 겉넓이 1,256 ~ 5,026 m^2

표면적의 증가는 100배 정도가 된다. 즉, 표면적은 100배 증가하는 반면 부피는 1,000배 증가하기 때문에 세포의 효율성이 10배 이상 증가해야 원활한 생명활동을 유지할 수 있는 상황이 된다.

진핵생물체는 이러한 부피의 증가에 대한 효율성 문제를 세포 내부의 소기관이 역할을 분담하는 방식으로 개선하였다. 인간 사회에서 대량 생산 체제를 도입하여

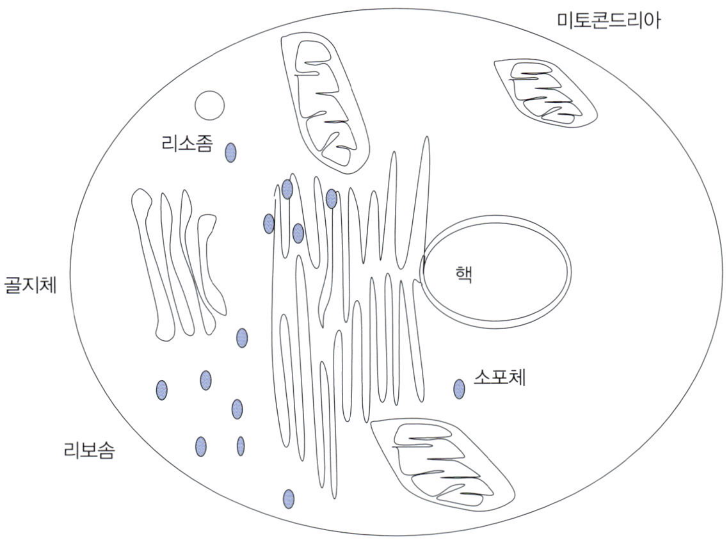

그림 1.2 원핵생물과 진핵생물 세포의 세포내 소기관

생산의 효율성을 극대화한 것과 유사하게, 기능을 수행하는 단위들을 묶어서 소기관에 집적시킨 다음 이 소기관들의 역할을 체계적으로 관리하여 효율을 극대화시킴으로써 원활한 생명활동을 유지할 수 있게 하였다(그림 1.2).

2 생물체의 효율적인 운용에 필요한 조절 시스템

1) 물질 운반계

하나의 세포가 바로 생명체인 생물체는 한 세포에서 생명 현상에 필요한 모든 일을 진행하지만, 세포가 모여서 조직을 이루고 조직들이 모여서 기관을 이루며 기관들이 모여서 하나의 개체를 이루는 다세포로 이루어진 생물체에서는 이를 운용할 수 있는 체계가 필요하다.

진핵생물의 큰 세포가 모여서 조직을 이루게 되면, 같은 기능을 하는 세포들이 모여서 동일한 기능을 수행하게 되므로 효율성은 극대화되지만 세포의 운용에 필요한 에너지를 공급하고 세포에 필요한 물질을 생산하기 위한 물질의 공급에서 문제가 발생한다. 즉, 조직을 이루는 각각의 세포에 영양물질을 골고루 공급해야 하는데, 위장, 소장, 대장과 같은 소화기관과 이들이 흡수한 영양물질을 필요로 하는 간, 뇌, 근육 등의 기관 사이에는 거리가 너무나 멀어서 영양물질이 확산에 의해 이동하는 것은 불가능하다. 따라서 이동시키기 위한 특별한 운반 시스템이 필요한데, 이를 위한 시스템이 순환계이다(그림 1.3).

2) 신체의 조절 시스템

세포가 모여서 특정한 기능을 하는 조직을 이루고, 조직이 모여서 기관을 구성한다. 이렇게 구성된 생물체에는 이들을 통합해서 운용할 시스템이 필요하다. 각 기

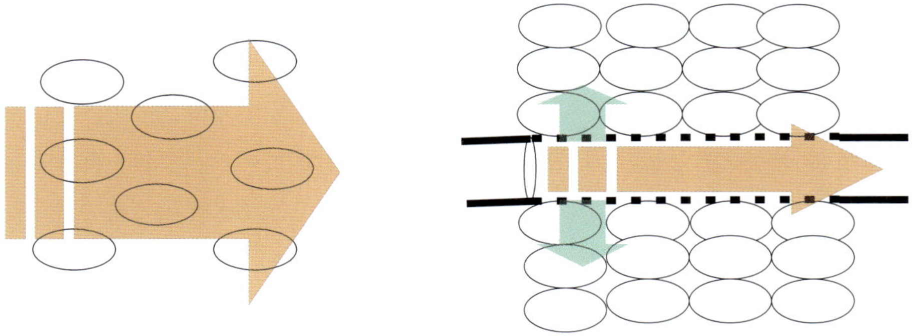

그림 1.3 단세포와 조직을 이루는 세포 사이를 통과하는 혈관.

관을 운용하는 데 필요한 에너지와 구성체의 생산에 필요한 물질들을 공급하고 세포 활동으로 발생된 노폐물들을 제거하기 위한 순환계를 만듦으로써, 생물체의 모든 곳에 있는 세포에 까지 전달하는 시스템을 갖추었다. 생물체는 이러한 물질의 공급과 분배 시스템에 더하여 신체를 안정적으로 유지하기 위한 다양한 조절 시스템을 갖추고 있다.

생물체가 성장, 먹이 활동, 호흡, 체온 조절 등의 다양한 생명 활동을 안정적으로 유지하기 위해서는 이를 단기와 장기적으로 조절해 주는 시스템이 필요하다. 이에 따라 신체의 생리적인 상태를 장기적이고, 안정적으로 유지해 주는 시스템인 내분비조절계가 발달되어 있다.

생물체는 자연적인 위험과 유기물을 획득하려는 다른 생물체의 공격으로부터 위험을 회피하거나 극복해서 살아남아야 한다. 이러한 즉각적인 위험과 먹이 활동을 조절하기 위해 각 기관을 유기적으로 빠르게 조절하여 대체할 수 있게 해 주는 시스템인 신경계가 발달되어 있다.

생물계의 진화 역사를 보면, 수생환경에서 진화하며 살아가던 어류가 물과 육상에서 살아가는 양서류와 같은 생명체로 진화하고, 물이 없는 육상의 오지에서 살아갈 수 있는 파충류와 같은 생명체로 진화한 후에, 지상의 모든 물리적 조건들을 극복하고 항상 안정적인 상태를 유지할 수 있는 항온동물의 형태로 진화하였다.

어류에서 양서류로 진화하는 과정에서는 두 가지의 큰 변화를 수반하는데, 첫 번째는 물속에서 산소를 얻기 위해 진행하던 아가미 호흡과 피부 호흡을 대기 중에서 산소를 얻는 폐호흡으로 전환하는 것이다. 두 번째는 물속에서 살아갈 때는 세포 주위에 항상 물이 있기 때문에, 외부의 염분 농도의 변화에 대응하여 삼투압을 조절하는 시스템을 갖추고 있으면 세포에 물이 부족한 상황은 발생하지 않는다(그림 1.4). 하지만 육상에서는 건조한 환경에 노출되기 때문에, 기온이 상승하면 피부의 수분 증발량이 증가하고 탈수가 심화되어 생존의 위협에 직면하게 된다. 양서류는 물가 근처에 서식하면서 수시로 물속으로 들어가 수분의 상실을 막는다. 생물체가 물이 있는 환경과 멀리 떨어져서 살아가려면 수분의 상실을 막는 특별한 시스템을 가지고 있어야만 한다. 이는 생물체의 피부에서 수분이 쉽게 증발되어 버리면 생존에 위협 받기 때문이다. 도마뱀과 살모사 같은 파충류들은 수분의 증발을 막아주는 각질화되어 있는 갑옷 형태의 특별한 피부를 가지고 있다.

육상에서 살아가는 생물체는 기상 조건에 따라서 생명 활동에 많은 영향을 받는다. 체온이 너무 높게 올라가면 세포를 구성하고 있는 물질의 구조가 변하여 생명 현상을 유지할 수 없게 되므로, 기온이 높을 경우에는 체온을 유지하기 위해 더위를 피할 수 있는 곳으로 이동해야 한다. 기온이 내려가면 세포를 구성하고 있는 물질의 운동이 활발하지 못하기 때문에 세포의 활력도 떨어진다. 기온이 심하게 내려가면 세포를 구성하고 있는 물질들의 운동이 거의 멈추는 상황이 발생하고, 이는 생명 활동의 중단으로 나타난다. 동물은 스스로 체온을 조절하여 유지할 수 없는 냉혈동물과 스스로 체온을 조절하면서 환경에 적응하여 살아가는 온혈동물로 나뉜다. 체온을 유지해 줄 시스템이 없는 냉혈동물은 장기적으로 기온이 내려가는 계절적 상황에 대비하여 미리 천적의 공격을 피하면서 살아남을 수 있는 환경을 찾아 동면을 한다. 온혈동물의 대부분은 육상에 서식하고, 일부만 수중 생활을 한다. 육상이나 수중에서 살아가는 온혈동물은 모두 폐호흡을 하는 척추동물이다. 차가운 해수에서 생활을 하는 온혈동물은 단열재 역할을 하는 두껍게 발달된 피하지방층을 가지고 있으므로 체온의 유지에 도움을 받는다. 육상에서 살아가는 온혈동물인 반달가슴곰과 같은 동물은 먹이 활동이 어려운 추운 겨울 동안 동면을 하면

그림 1.4 A 어류의 돌돔, 부시리, 감당돔, B 양서류의 두꺼비, 맹꽁이, 참개구리, C 무등산 중머리재에서 관찰된 파충류의 도마뱀, 지리산 임걸령에서 관찰된 파충류의 살모사(왼쪽에서 오른쪽으로).

그림 1.5 A 육상에 서식하는 온혈동물의 새(후투티), B 족재비, C 동면을 하는 반달가슴곰(국립공원생물종본전원 자료).

서 생존한다(그림 1.5).

다세포 생물체는 생명 현상을 유지하며 살아가는 동안, 유기물을 노리는 다른 생명체로부터의 많은 공격을 막아내어야 함과 동시에 생명을 위협하는 물질로부터도 자신을 보호하는 시스템을 갖추고 있어야 한다. 물리적인 공격을 막는 방법은 회피하거나 싸워서 물리치는 방식을 선택하지만, 바이러스, 박테리아, 진핵미생물과 같이 눈에 보이지 않는 작은 생물체나 화학물질의 경우에는 다른 형태의 방어 시스템을 가지고 있어야 한다. 침입하는 미생물과 화학물질을 방어하기 위한 내부의 방어 시스템은 면역계이다. 면역계는 외부에서 침입하는 물질을 먹어버리거나 파괴하는 세포성 면역과 물질의 작용을 무력화시키는 물질을 분비하는 체액성 면역계를 이용하여 생물체를 방어한다.

요약 생물체가 가기고 있는 조절 시스템

- 순환계: 물질의 순환
- 내분비 조절계: 개체 성장, 호흡 조절, 체온 조절, 수분 조절 등
- 외부 보호계: 표피 시스템의 수분 유지, 다른 생물체 침입 방어의 보호막
- 냉혈동물 : 어류, 양서류, 파충류 등으로 물에서 육상으로 이동함에 따라서 보호해 주는 시스템이 필요하게 되었다.
- 온혈동물: 외부의 차가운 기온에 대응하여 체온을 유지하기 위해서, 육상의 척추 온혈동물은 털을 가지고 있으며, 물에서 살아가는 척추 온혈동물들은 두꺼운 피하지방을 지니고서 단열을 통해 체온을 유지한다.
- 내부 보호체계: 면역계

3 세포 사이의 대화를 중계하는 물질

1) 신호 물질의 작동 방식

세포의 활동은 내부적인 요인과 외부적인 요인에 의해 조절된다. 기본적인 생명 현상의 유지는 내부적인 요인에 의해서 자동적으로 일어나지만 주된 활동은 외부적인 조절 물질의 명령에 의해 조절된다. 다세포 생물체에서 세포의 활동을 조절하는 물질의 작동 방식을 조절 물질의 생성과 이를 수용하는 세포와의 거리에 따라 분류하면 Autocrine, Paracrine, Endocrine의 세 가지 방법이 있다(그림 1.6).

조절 물질을 생산하는 조직의 세포가 바로 수용하는 세포가 되어 작동하는 방식을 Autocrine이라 하고, 생산하는 세포에 이웃한 가까운 세포가 수용하는 세포일 경우를 Paracrine이라 하며, 생산하는 세포와 멀리 떨어져 있는 세포가 수용 세포일 경우를 Endocrine이라고 한다.

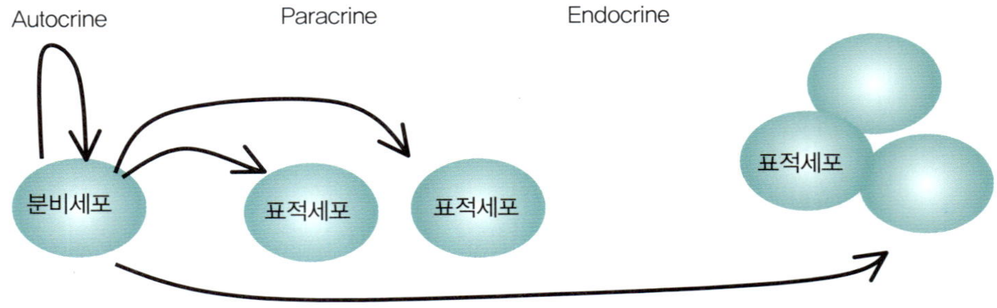

그림 1.6 세포 조절 물질의 작동 방식.

2) 세포 신호 물질의 종류

세포의 소통에 이용되는 물질은 세포에서 만들어지므로, 세포를 구성하는 성분을 기본 물질로 하여 변화시켜서 만든다. 세포를 구성하고 있는 물질의 기본 단위는 아미노산, 지방산과 콜레스테롤, 모노 핵산, 단당류, 유기산 등이다. 기본 물질인 아미노산이 중합체가 돼서 단백질이 되고, 지방산이 반응을 하여 지방이 되며, 모노 핵산이 중합체가 돼서 DNA와 RNA 핵산의 폴리머를 이루고, 단당류가 모여서 탄수화물 폴리머가 된다. 이러한 세포를 구성하는 물질 중에서 신호 물질로 이용이 되는 것은 아미노산, 아미노산의 유도체, 단백질, 지방산, 지방산의 유도체 및 콜레스테롤의 유도체, 모노핵산, 모노핵산의 유도체, 유기산의 유도체 등이다.

세포의 소통을 중계하는 물질의 종류는 매우 다양하지만 각각의 물질은 개체의 상태에 따라 다른 물질을 사용한다. 개체가 빠르게 반응을 해야 하는 상황이 발생하면 단기적인 작용에 반응하는 신경 세포가 작동하는데, 신경 세포에서는 신경전달물질(neurotransmitter)을 분비하여 신호를 전달한다. 신경계의 세포가 자극을 전달하는 데 단기적으로 활용하는 물질은 유기산의 유도체나 아마노산 및 아미노산의 유도체이다.

3) 유기산의 유도체

세포에서 일어나는 대사과정의 중간체인 Acetyl-CoA와 Choline으로부터 만들어지는 Acetylcholine은 신경 세포와 근육세포가 접하고 있는 부위인 신경근접합(neuromuscular junction)에서 신호를 전달하는 주된 물질이다. 아세틸콜린은 신호를 전달한 후 acetylcholine esterase의 작용을 받아 아세틸기와 콜린으로 분해된다(그림 1.7).

4) 아미노산과 유도체

다양한 아미노산과 유도체들이 세포 사이의 신호를 전달하는 물질로 사용된다. 아미노산 자체가 바로 신호 물질로 사용되는 것으로는 신경 세포를 자극하는 Glutamate, Aspartate, Glycine 등이 있고, 신경 세포를 억제하는 Glutamine, Asparagine 등이 있다.

Glycine은 신경 세포를 흥분시키는 작용과 억제시키는 작용을 모두 가지고 있는데, 이는 신경 세포의 종류에 따라 다르고 함께 작용하는 물질의 종류에 따라 달라진다.

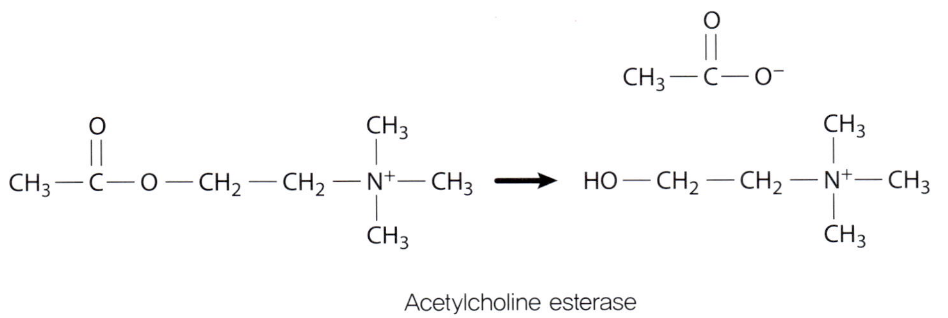

그림 1.7 Acetylcholine의 대사.

(1) Glutamic acid

다시마에 많이 들어 있는 Glutamic acid는 외부로부터 섭취하는 음식에 유리된 상태로 함유되어 있는 것을 흡수하거나 음식물의 단백질에 함유되어 있다가 소화 흡수하는 과정에서 유리되어 신체로 흡수된 후, 각 장기에 있는 세포로 전달된다. 또한 세포 내부에서 일어나는 에너지 대사과정의 구연산 회로에서 중간체인 α-Keto-glutarate로부터 transamination 반응으로 생성된다. 음식물로부터 흡수되거나 세포에서 분비하는 Glutamic acid의 농도가 높아지면 신경 세포는 흥분 작용을 나타낸다.

신체의 세포에 존재하는 Glutamic acid는 다시 Decarboxylase의 작용을 받아 GABA(Gamma Amino Butyric Acid)로 전환될 수 있다. GABA는 신경계에 작용하여 신경의 자극을 억제하는 효과를 나타낸다.

Glutamate 신경 세포의 수용체에 결합하여 신호를 보낸 다음, 또는 세포 안에 있는 Glutamine synthetase의 작용을 받아 Glutamine으로 전환된다. Glutamine은 신경 세포에 작용하여 신경을 억제시키는 작용을 한다(그림 1.8).

(2) Aspartic acid와 Asparagine

피곤한 하루를 보내서 심신이 지쳐 있는 당일이나 다음날 아침에 콩나물국을 먹으면 피로감이 사라지면서 회복되는 것을 느끼게 된다. 이는 콩나물에 많이 함유되어 있는 유리 상태의 아미노산인 Aspartic acid가 신경 세포에 작용해서 흥분성 자극을 만들어낸 결과이다. Aspartic acid는 아스파라거스와 도꼬마리(창이자), 복숭아에도 많이 들어 있다(그림 1.9). Aspartic acid가 만드는 신경 세포의 흥분성 신호는 피로감를 줄여주고 신체를 회복시키는 작용을 한다. 신체에서 일어나는 물질대사의 구연산 회로 중간체인 Oxaloacetic acid의 transamination 반응으로 Aspartic acid가 만들어진다(그림 1.10).

(3) Epinephrine과 Norepinephrine

사람의 신경계는 중추신경계, 자율신경계, 말초신경계로 나뉜다. 중추신경계는 뇌

A

그림 1.8 A 다시마. B GABA와 Glutamine의 합성 경로.

B

Glutamic acid → Decarboxylation → GABA(Gamma Amino Butyric Acid)

Glutamic aicid → Glutamine synthetase → Glutamine

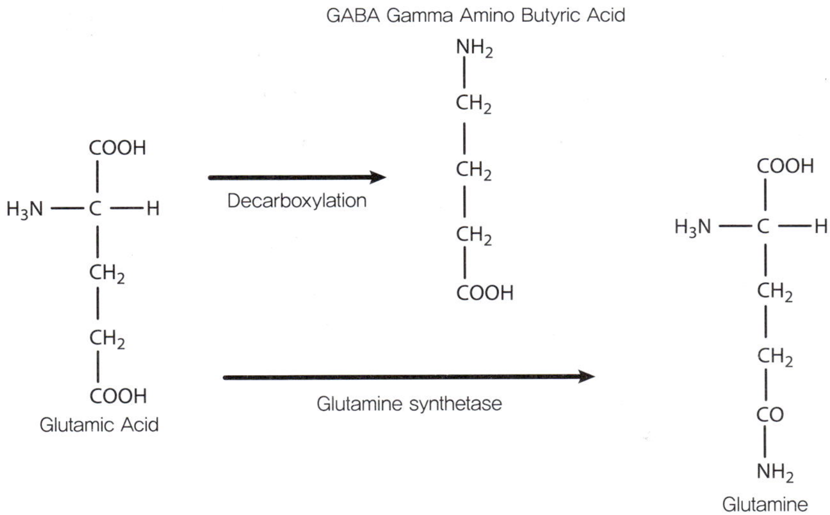

와 척수로 이루어져 있다. 자율신경계는 주로 평활근의 운동과 분비 조직의 활동을 조절하여 신체의 내부를 일정하게 유지시키는 역할을 하는 신경계로 교감신경계와 부교감신경계로 구분된다. 사람이 자극을 받으면 뇌가 인지해서 스트레스의 신호를 중추신경계로 보낸다. 중추신경이 자극을 받으면 교감신경계가 자극을 전달 받아 Norpinephrine이나 Acetylcholine을 분비하고, 부교감신경계는 Acetylcholine을 분

그림 1.9 A Asparatic acid를 많이 함유하고 있는 콩나물국, B 아스파라거스, C 도꼬마리(창이자), D 복숭아.

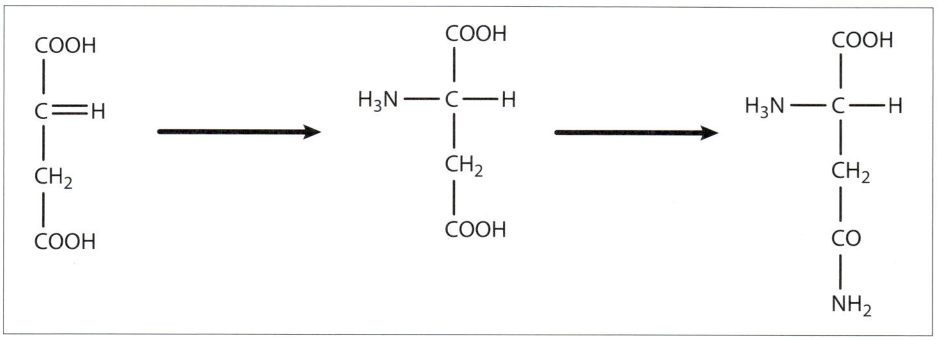

그림 1.10 Aspartic acid와 Asparagine의 합성 경로.

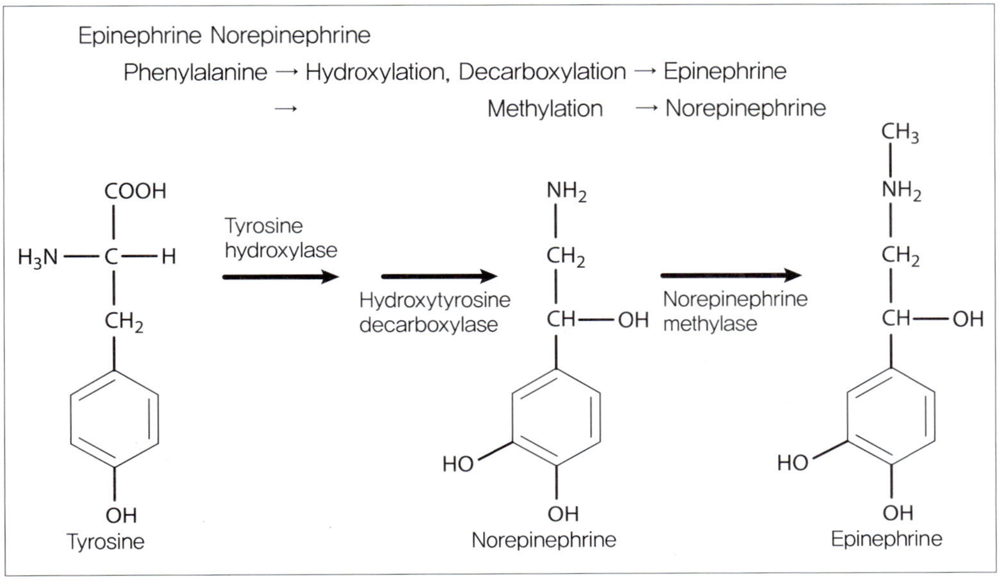

그림 1.11 Norepinephrine과 Epinephrine의 합성 경로.

비하여 생리적인 반응을 이끌어낸다.

Epinephrine은 Adrenaline이라고도 불리며, 스트레스가 가해졌을 때 부신에서 분비되는 호르몬으로 신체를 활성화시켜서 위험에 대비하도록 하는 기능을 한다.

Epinephrine과 Norepinephrine은 Tyrosine으로부터 합성되는 아미노산의 파생체이다(그림 1.11).

(4) Dopamine

Dopamine은 뇌의 신경 세포와 시상하부에서 분비하는 신경호르몬으로 뇌하수체의 Prolactin 분비를 억제하는 기능을 하며, 뇌신경의 Dopamine 분비량이 감소해 결핍 현상이 발생하면 신체의 균형적인 운동에 지장을 초래하는 Parkinson 병이 유발된다. Dopamine은 아미노산인 Tyrosine으로부터 합성된다(그림 1.12).

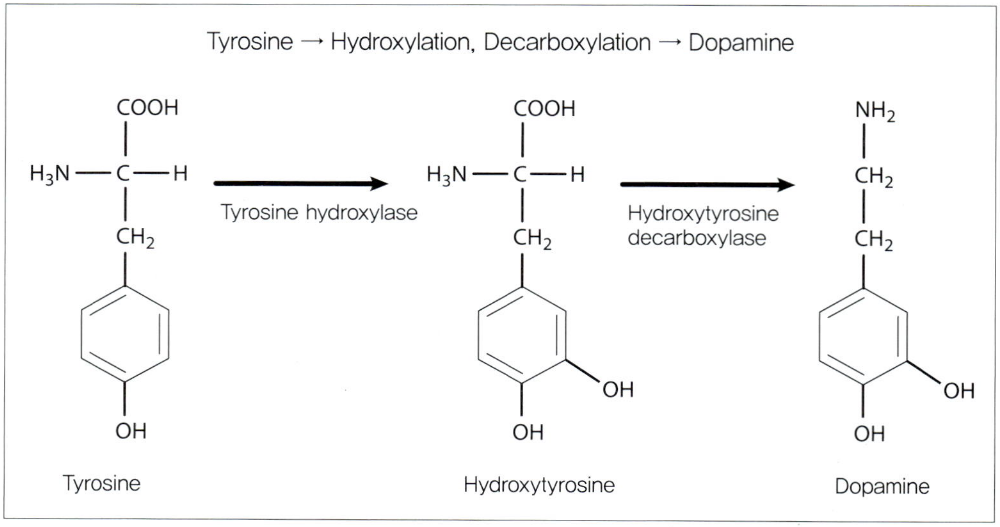

그림 1.12 Dopamine의 합성 경로.

(5) Serotonin과 Melatonin

뇌에서 발생하는 Dopamine 과흥분과 Norepinephrine 신경불안과 스트레스의 상태를 안정적으로 유지시키는 데 관여하는 Serotonin이 결핍되면 우울장애와 성격장애를 일으키며, 소화 기관의 신경 세포 그리고 뇌와 연결된 중추신경의 솔기핵(Raphe nuclei)에서 분비된다. Melatonin은 수면장애, 혈압 조절, 계절적 생식 조절 등의 생리주기를 결정하고, 수면에 도움을 주는 이 호르몬은 송과선에서 분비된다. Serotonin과 Melatonin 모두 Tryptophan으로부터 합성된다(그림 1.13).

(6) Histamine

Histamine은 외부 자극에 반응하여 신체가 빠른 방어 작용을 하기 위해서 분비하는 물질 중의 하나이다. 염증을 유발하여 부어오르게 하거나 통증을 유발시키는 물질로 면역세포인 비만 세포와 호염구에서 분비된다. 폐, 자궁, 위의 평활근을 수축시키고, 혈관을 확장시켜서 혈액의 통과를 증가시키는 작용을 한다. Histamine은 아미노산 Histidine의 decarboxylation 반응으로 합성된다(그림 1.14).

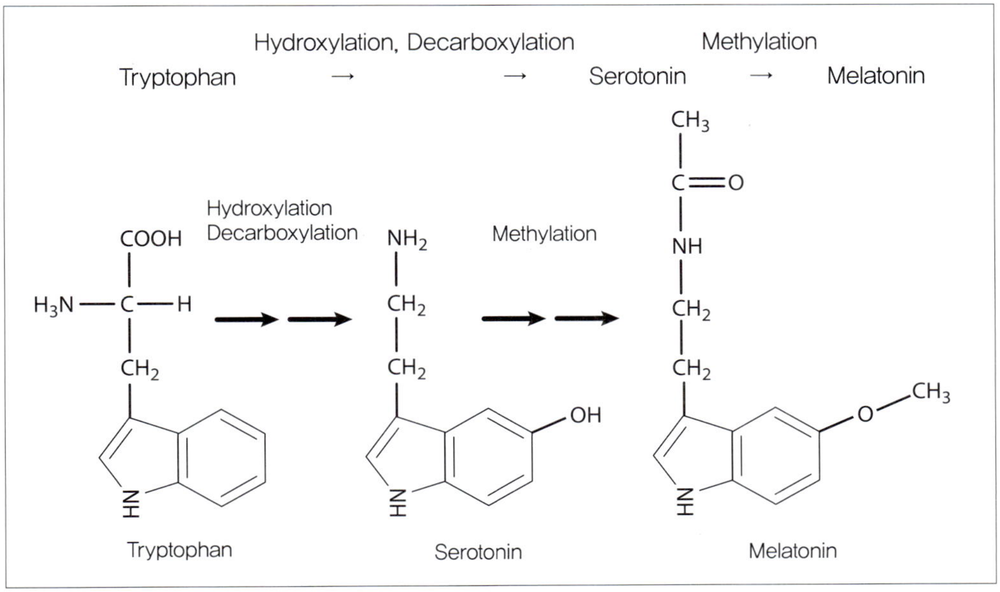

그림 1.13 Serotonin과 Melatonin의 합성 경로.

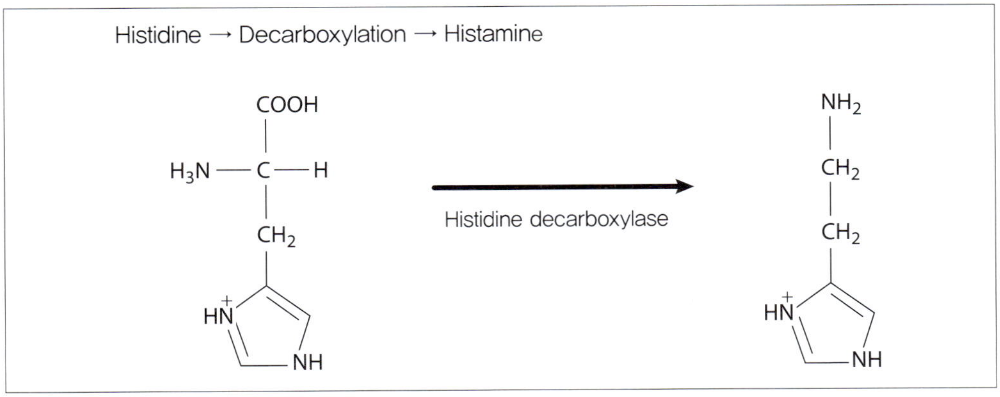

그림 1.14 Histamine의 합성 경로.

세포의 소통에 의한 성장과 분화 02

1 호르몬의 작용체계

사람과 같은 고등생명체를 구성하고 있는 세포의 대부분은 한 가지 기능을 하는 세포로 분화되어 있으며, 생명체는 분화된 세포들이 모여서 집단을 이룬 조직들로 구성되어 있다. 생물체를 구성하고 있는 모든 세포가 동시에 일을 하고 있는 것은 아니며, 상황에 따라 특정한 세포들만 일을 하고 일을 하지 않는 다른 세포들은 회복하면서 대기한다. 상황이 발생하면 상황에 맞는 다른 세포들이 일을 하게 된다. 이러한 생명 현상의 조절은 필요에 따라 빠르게 작동하고, 장기간 영향을 주는 방식으로 작동을 한다. 단기와 장기적인 조절은 대부분 외부에서 오는 신호에 의해 명령을 받아서 진행을 한다. 즉, 조직을 이루고 있는 하나의 세포는 생물체의 다른 조직 세포가 만들어서 내보낸 신호 물질과 외부에서 들어온 다양한 신호 물질의 영향을 받는데, 심지어는 자신이 만들어낸 물질에 의해서도 조절을 받는다. 세포는 생물체 외부에서 들어온 물질이나 내부에서 만들어 내보낸 물질 모두를 외부 물질로 인식하며, 세포에 존재하는 수용체에 결합하였을 때만 정상적으로 반응한다. 따라서 수용체를 거치지 않은 물질은 모두 침입자 물질로 간주해서, 외부로 몰아내거나 세포 내부에서 분해 또는 구조를 변화시켜서 무력화시킨다.

세포의 수용체에 결합한 신호 분자는 가지고 있는 정보를 세포 내부로 전달하는데, 생물체의 생존과 연관된 신호는 빠르게 전달되어 단기적인 반응으로 세포의 반응을 빠르게 이끌어내면서 장기적인 상황에 대비하는 반응을 진행한다. 생물체가 빠르게 반응해야 하는 상황에서 이용하는 신호 분자로는 신경계의 신호전달에 쓰이는 신경전달 물질(neurotransmitter)이 대표적인 예이다. 신경계의 세포가 자극을 전달하는 데 단기적으로 활용하는 물질은 아미노산 또는 아미노산의 유사체 또는 물질대사 중간체로부터 합성되는 분자이다. 신경계의 작용 물질은 아주 짧은 거리를 확산해서 작용하므로 매우 빠르게 반응한다. 생물체를 구성하고 있는 조직들이 신호를 주고받는 데 이용되는 물질을 호르몬이라고 한다. 호르몬은 분비하는 조직에서 배출된 후 순환계를 통해 이동하다가 표적 조직에 있는 세포의 수용체에 결합한 후 세포를 활성화시키거나 억제시키는 등의 작용을 이끌어낸다. 어떠한 생리적인 상황이 발생해서 호르몬이 작용하면 세포가 해소하게 된다. 이러한 효과는 다시 호르몬을 생산하는 조직을 억제함으로써, 발생했던 생리적인 현상을 정상으로 돌아가게 하는 되먹임 조절 기작이 작동하게 된다.

인체의 조직과 세포의 활동은 생리적인 상태에 따라 반응이 각기 다르며, 작동하는 호르몬 또한 특화되어 있다. 성장과 분화, 생식 활동, 호흡, 심장 박동, 소화와 배설, 수분 조절, 체온 조절, 수면 조절, 미네랄 저장과 농도 조절, 혈당 조절, 식욕 조절, 물질대사 조절 등 신체에서 일어나는 모든 생리적인 현상에는 하나 이상의 호르몬들이 유기적으로 관련돼서 효과를 나타낸다(그림 2.1).

인체의 성장과 분화를 견인하는 중심적인 역할을 하는 호르몬에는 시상하부의

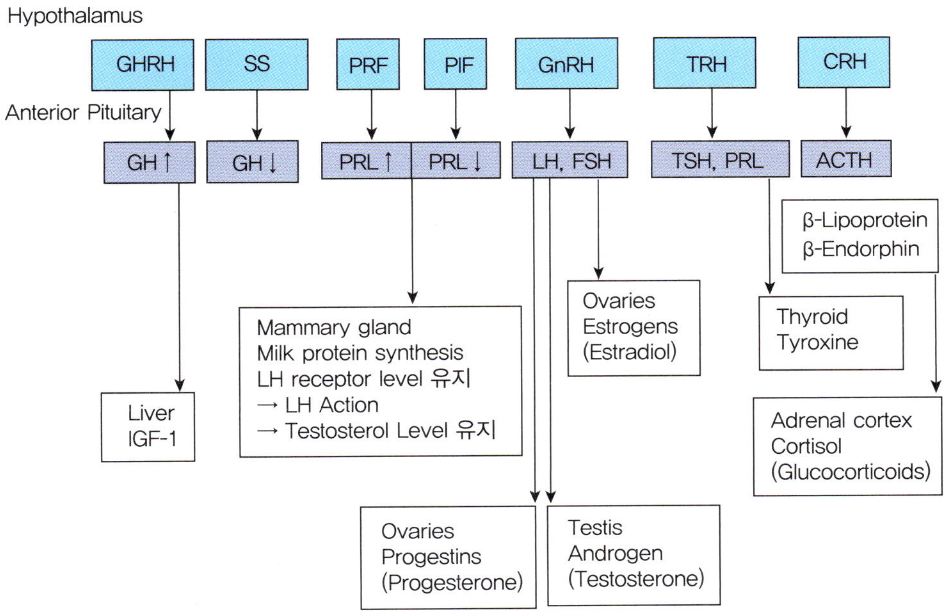

ACTH: Adrenocorticotropic hormone
CRH: Corticotropin-releasing hormone
FSH: Follicle stimulating hormone
PRL: Prolactin
GHRH(GRH): Growth Hormone Releasing Hormone
GH: Growth Hormone
GnRH: Gonadotropin-releasing hormone
IGF-1: Insulin-like Growth Factor 1
LH: Luteinizing Hormone
PIF: Prolactin release inhibiting factor
PRF(PRLH): Prolactin-Releasing Factor(hormone)
PRL: Prolactin
SS(GHIH): Somatostatin(Growth Hormone-Inhibiting Hormone)
TRH: Thyrotropin-releasing hormone
TSH: Thyroid-stimulating hormone

그림 2.1 시상하부-뇌하수체 호르몬의 작용 체계.

Growth hormone reasing hormone과 Somatostatin, 뇌하수체의 Growth hormone, 간의 IGF-1, IGF-2, IGF-binding protein, 말단 조직의 EGF, PDGF, FGF, VEGF, CSF 등이 있다.

생식과 연관된 작용에는 GnRH, LH, FSH, steroid 호르몬 등이 관여하고, 성징의 발달에는 PRF, PIF, PRL, LH 호르몬 등이 관여하며, 물질대사의 조절에는 TRH, TSH, PRL, 갑상선 호르몬 등이 관여하고, 스트레스에 대한 반응에는 CRH, ACTH, Crotisol, Glucocorticoid 호르몬 등이 관여한다(그림 2.1).

2 세포의 분열을 촉진하는 생리적인 조절 물질

태어난 생물체가 생태계에서 살아남기 위해서는 많은 위험 요인들을 극복하거나 피하면서 완전한 성체로 자라야 한다. 지구상의 생태계에 존재하는 많은 종의 새끼들은 대부분 성체로 성장하지 못한 채 다른 포식자에게 먹히는 경우가 많다. 새끼를 낳고서 성체로 성장할 때까지 보살피는 동물들은 대체적으로 적은 수의 새끼를 낳아서 기른다. 진화된 생물체의 집단일수록 태어난 새끼가 생태계의 경쟁에서 자립해서 생존할 수 있도록 보육하고 가르치는 체계를 가지고 있다. 성장과 발달에 있어서 외부적인 요인을 생각한다면 부모의 역할이 매우 중요한 인자이지만, 내부적인 요인 또한 정상적인 개체로 성장하는 데 매우 중요한 인자이다.

태어난 새끼가 정상적인 개체로 성장하고 발달하는 데에는 부모의 정성스러운 보살핌과 자신의 유전적 요인도 중요하지만, 하나의 세포인 수정란이 완전한 개체로 성장해서 태어나기까지는 유전적인 요인에 의해 좌우되는 조절 인자가 매우 중요하게 작용한다. 수정란은 세포 분열을 거듭하면서 특성을 갖는 세포로 분화한 후 완전한 개체로 성장하며, 태어난 후에 다 자란 성체가 유지되는 동안에도 세포 분열과 분화는 계속해서 일어난다. 단지 성장의 단계에 따라 세포 분열이 일어나는 정도가 다를 뿐이다. 태아의 시기와 어린이 및 청소년 시기에는 왕성한 세포 분열이 일어나는 반면에, 청년기에는 완만한 세포 분열이 일어나고, 성체가 되면 개체를 유지하는 정도로만 세포 분열이 일어난다. 노년기에 접어들면 분열 후 생성되는 세포의 수보다 죽어가는 세포의 수가 많아져서 개체의 성장이 축소되는 현상이 나타난다.

모든 세포의 분열과 분화는 세포에 가해지는 신호의 영향을 받아서 이루어지며, 주변의 세포들과 소통하면서 분열한다. 조직을 구성하고 있는 세포의 성장과 조절이 정확하게 이루어지는 것은 정상적인 완전한 성체로 완성되는 데 매우 중요하다. 하나의 세포인 수정란에서 다세포 생물체인 개체로 되는 동안 많은 세포 분열을 진행하는데, 세포의 수가 많아지면 적절한 조절 시스템이 필요해진다. 개체의 조절에 필요한 신경계, 순환계, 호흡계, 소화계, 면역계 등의 모든 조절 시스템들은 개체로 성장하는 동안의 세포 분열 그리고 조직의 분화가 이루어짐과 동시에 갖추어져야 한다. 모든 세포가 분화하고 성장하는 것은 이를 중계하는 신호 분자에 의해 조절된다. 개체가 완전한 성체로 되어 성장을 멈춘 후에도 조직에서의 세포 분열은 계속해서 일어나는데, 이는 수명을 다한 세포를 치환하고, 상처난 조직을 치유해서 개체를 최적의 상태로 유지하는 역할을 한다.

세포의 분열을 촉진하는 물질에는 다양한 호르몬이나 사이토카인 등이 있다. 성장호르몬(Growth hormone system)은 전체적으로 개체 전체의 성장과 분화를 견인하고, 사이토카인(Cytokine system)은 국부적인 조직에서 말단 세포들의 성장과 분화를 촉진한다. 성장호르몬 시스템에 속하는 호르몬들은 개체의 많은 세포에 작용해서 성장과 분화를 촉진하지만, 사이토카인은 조직의 국부적인 세포에만 작용해서 성장과 분화를 이끌어내고, 손상 받은 조직의 세포를 활성화해서 회복시키며, 노화된 세포를 새로운 세포로 치환해서 조직을 유지시키는 역할을 한다.

3 개체 성장을 촉진하는 성장호르몬 시스템

개체의 성장을 이끌어 가는 주된 호르몬 시스템은 성장호르몬(Growth Hormone)과 관련된 호르몬들이다. 성장호르몬은 시상하부에서 분비하는 GHRH(Growth Hormone Releasing Hormone)의 자극을 받아 뇌하수체에서 분비되며, 혈관을 통해 이동한 후 간세포에서 IGF-1(Insulin like Growth Factor-1), IGF-2(Insulin like Growth Factor-2) 및 IGF-Binding Protein의 분비를 촉진한다. 간에서 분비된 IGF-1은 말단 조직의 세포에 작용하여 성장을 유도하고, 다양한 세포 분열을 촉진하는 물질인 Cytokine의 분비를 촉진해서 말초 조직의 성장을 이끌어 간다(그림 2.2).

4 개체의 성장을 억제하는 호르몬

생물체의 성장과 분화는 촉진하는 호르몬과 억제하는 호르몬의 균형에 의해서 균형점을 이룬다. 성장과 분화를 촉진하는 호르몬이 성장호르몬, GHRH, IGF-1, Cytokine 등이라면, 억제하는 호르몬은 Somatostatin, Somatomedin, GIP, Myostatin 등이다. 성장호르몬의 자극을 받은 간세포에서는 Somatomedin을 분비한다. Somatomedin은 시상하부의 세포에 작용해서 Somatostatin의 분비를 촉진시키고, 뇌하수체 전엽 세포에서는 성장호르몬의 분비를 감소시킨다. Somatostatin은 뇌하수체 세포에 다시 작용해서 성장호르몬의 분비를 감소시킨다. Somatomedin, Somatostatin의 작용은 뇌하수체 세포의 성장호르몬 분비 감소로 나타나서 전체적으로는 성장이 억제된다. 즉, 시상하부에서 Somatostatin의 분비량이 증가하면 성장호르몬의 분비량이 감소하게 되는데, 이는 간의 IGF-1 생성의 감소를 가져오므로 전체적인 성장 억제로 나타난다(그림 2.2).

Somatomedin은 다른 여러 조직에서도 분비되며, autocrine, paracrine 방식으로

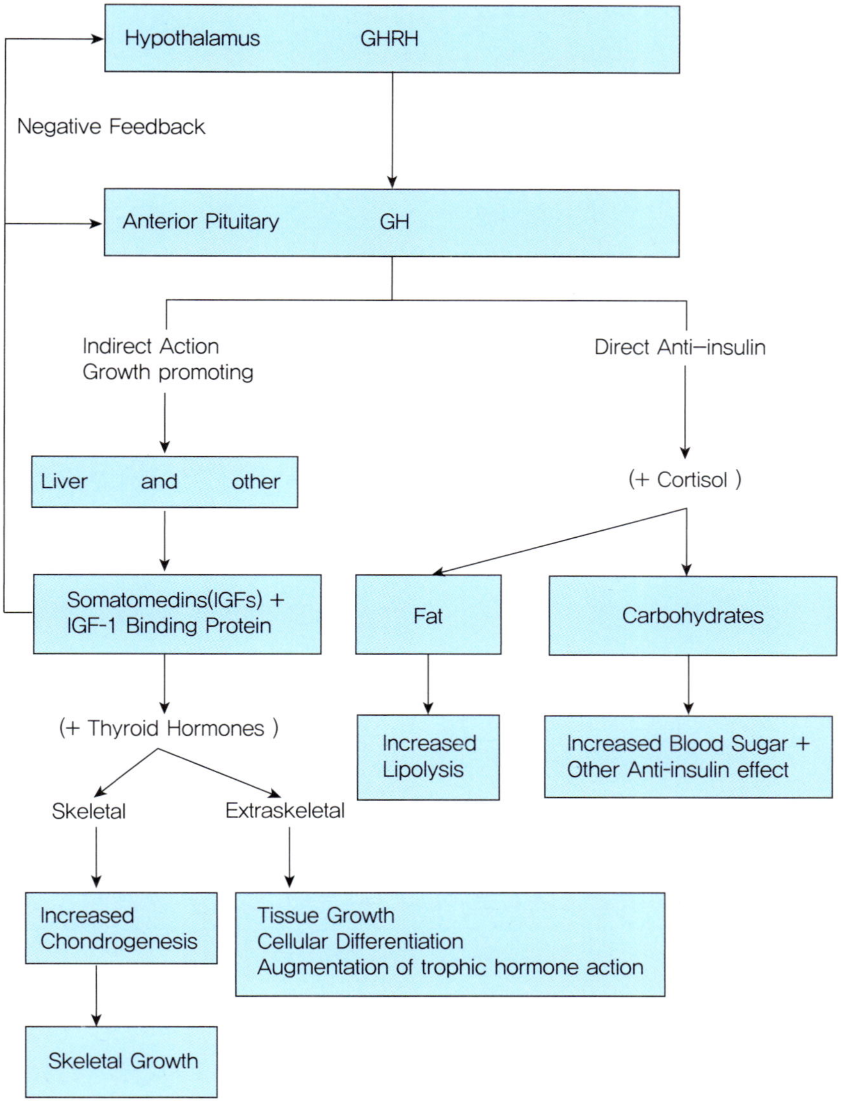

그림 2.2 성장 관련 호르몬의 작용 체계.

작용하여 분비하는 세포 주위의 조직 성장을 억제한다. Endocrine 방식으로도 작용하는데, 혈액을 통해 순환하는 Somatomedin를 분비하는 주된 장소는 간이다. Somatomedin에는 Somatomedin A, B, C의 3가지 종류가 있는데, Somatomedin

A는 IGF-2를 말하고, Somatomedin B는 Vitronectin을 말하며, Somatomedin C는 IGF-1을 말한다.

- Somatomedin A → Insulin-like growth factor-2
- Somatomedin B → Vitronectin
- Somatomedin C → Insulin-like growth factor-1

Vitronectin은 혈장과 세포의 간질액 및 골수에 많은 양이 존재하는 당단백질이며, plasminogen activator inhibitor-1에 결합하여 안정화시키는 기능이 있다.

GIP(**G**rowth **I**nhibitory **P**eptide)는 세포의 간질액에서 발견되는 펩티드로 세포의 성장을 억제하는 기능이 있으며, 미오스타틴(Myostatin)은 근육의 성장을 억제하는 기능을 가지고 있는 TGF-β 그룹에 속하는 단백질이다. 세포의 성장을 조절하는 TGF-β 그룹의 단백질들은 면역 억제, 세포간 상호작용의 촉진, 배 발생 조절, 섬유아세포(Fibroblast) 형태 변환, 부신의 스테로이드 합성 억제, FSH의 작용 및 합성 조절 등과 같은 다양한 기능을 수행한다.

5 조직 세포의 성장과 분화를 조절하는 Cytokine

인체의 성장에는 중심적으로 작용하는 호르몬 시스템과 국부적으로 작용하는 호르몬 시스템이 서로 협동적으로 작동한다. 인체에는 중심적인 성장을 이끌어 가는 시스템도 필요하지만, 국부적인 조직의 성장과 분화가 필요한 경우도 발생하므로 여기에 작동하는 시스템도 필요하다. 성장과 무관하게 세포 분열과 분화가 필요한 경우를 보면, 외부에서 침입하는 물질이나 생물체에 대응하기 위한 면역 시스템의 활성화, 지속적인 혈구 세포의 생산, 손상된 조직의 재생, 필요 없는 조직의 퇴화와 다른 조직으로의 분화, 저장 조직의 확대 등처럼 매우 다양하다. 국부적인 조직의 세포에 작용하여 세포의 성장과 분화를 이끌어내는 물질을 Cytokine이라 한다.

1) 생체 재생에 관여하는 Cytokine

물리적인 충격이나 내부적인 요인에 의해서 조직이 손상을 받으면 세포 분열을 통해 재생한다. 손상된 조직이 재생되기 위해서는 단순히 세포 분열만 이루어지는 것이 아니라 다양한 조절 시스템도 회복되어야 한다. 피부 조직이 손상을 받아 출혈이 일어나면 혈액의 손실을 막는 시스템이 작동해서, 혈병이 형성되어 출혈을 막는다. 이러한 출혈 방지 시스템의 작동과 함께 PDGF, EGF, GM-CSF, M-CSF, NGF, Angiogenetic Factor 등과 같은 Cytokine이 작동해서 피부 조직을 재생하도록 한다. 상처 조직의 재생에는 피부 세포의 분열에 의한 치유와 더불어, 늘어난 조직에 영양성분의 물질을 공급할 수 있는 혈관 재생 작용과 신경 세포 재생 작용도 일어나야 한다(그림 2.3).

2) 피부 재생에 관여하는 인자

- Cell differentiation factor: Tissue Cell growth Activator
- EGF: Epidermal Growth Factor
- FGF: Fibroblast growth factor
- PDGF: Platelet-derived growth factor
- VEGF: Vascular endothelial growth factor
- GM-CSF: Granulocyte-macrophage colony-stimulating factor
- M-CSF: Macrophage colony-stimulating factor
- NGF: Nerve growth factor
- Angiogenetic Factor

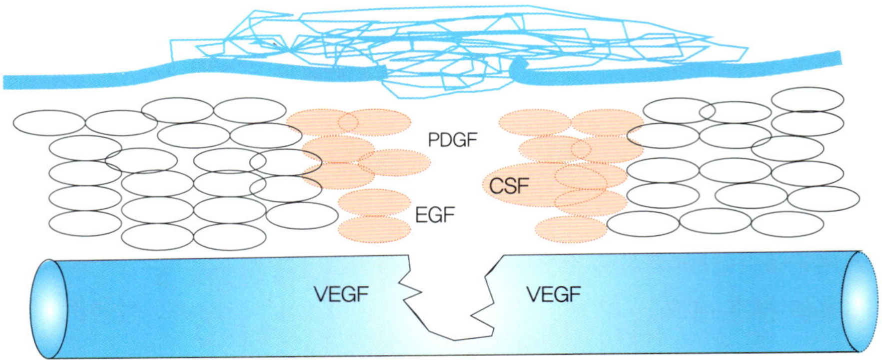

그림 2.3 조직의 재생에 관여하는 Cytokine.

3) 혈관 재생

혈관 재생은 Integrins, Prostaglandins과 함께 VEGF, FGF와 같은 다양한 cytokine의 자극을 받아 이루어지며, 피부를 늘어나게 하는 물리적 자극과 왕성한 근육 운동 또한 재생을 촉진한다. 혈관 재생은 원래의 혈관에서 분기되어 자라는 방식으로 일어난다(그림 2.4).

혈관 재생에는 FGF, Ang, PDGF, TGF-β, CCL2, Histamine, Integrin, VE-cadherin과 CD31, Ephrin, Plasminogen activator, Plasminogen activator inhibitor-1, eNOS와 COX, AC133, ID1/ID3, Class 3 semaphorins 등과 같은 다양한 혈관 재생 인자들이 관여한다.

FGF는 혈관의 내피 세포, 평활근, 섬유 세포의 분열과 분화를 유도하고, Ang(Angiopoietin 1과 2)는 혈관을 안정화시키며, PDGF는 평활근 세포의 분열을 유도하고, TGF-β는 세포외 기질의 생산을 증가시킨다. CCL2(monocyte에 대한 주화성 활동을 나타내는 Cytokine)는 백혈구를 염증 부위로 유도하고, Histamine은 염증을 매개하며, Integrin은 세포외 기질의 고분자 물질을 결합시킨다. VE-cadherin과 CD31은 이웃한 세포와 연접을 만들고, Ephrin은 신경과의 접합 부위를 유도하며, Plasminogen activator는 성장인자를 활성화하고 방출시켜 세포외 기질을 보충하게

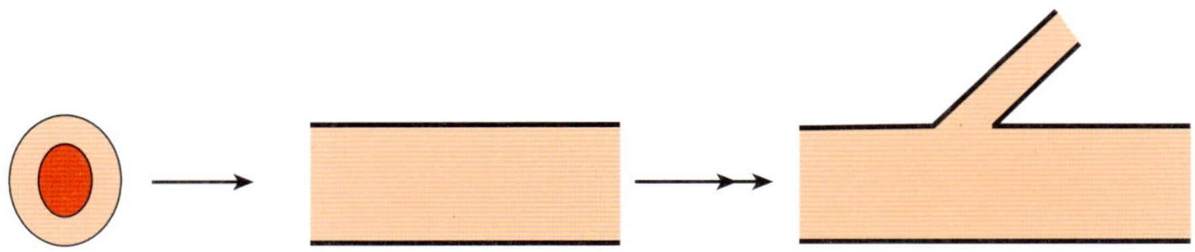

그림 2.4 Vasculogenesis and Angiogenesis.

한다. Plasminogen activator inhibitor-1은 재생 혈관의 주위를 안정화하고, eNOS와 COX는 혈관을 이완시켜서 물질 공급이 늘어나게 하며, AC133 (Hematopoietic stem cell의 마커)은 내피 세포의 분화를 조절한다. 또한 ID1/ID3는 내피 세포의 역분화를 조절하고, Class 3 semaphorins은 내피 세포의 부착과 이동 및 분화를 중계한다.

6 성장호르몬과 관련된 문제

1) 나이가 들면 상처가 왜 빨리 아물지 않는가?

상처가 난 조직의 피부 세포에 작용하여 세포 분열을 촉진하고 치유하는 반응을 이끌어 가는 주된 Cytokine은 EGF이다. EGF는 정상적인 조직에서는 낡은 세포의 치환을 돕고 피부를 젊은 상태로 유지시키는 역할을 하며, 손상 받은 조직에서는 세포 분열을 촉진해서 상처 부위를 회복시키는 역할을 한다.

혈액에 존재하는 성장호르몬의 농도는 30대 중반까지 높은 상태를 유지하다가 떨어지기 시작해서 50대 중반 이후가 되면 낮은 상태를 유지하게 된다. 성장호르몬의 농도가 높은 상태에서 상처가 발생하면, 재생하는 조직에 성장호르몬과 EGF가 함께 작용해서 상승 효과를 내기 때문에 상처의 치유 효과가 증가돼서 회복 기간이 짧아진다. 나이가 들면 성장호르몬의 농도가 낮아져 있으므로, 상처를 입은 조직이 회복하는 반응을 진행할 때 성장호르몬과 EGF의 상승 효과가 줄어든다. 이는 조직의 상처가 회복되는 시간이 길어지는 결과로 나타난다.

젊은 사람 GH ↑ ⇒ EGF의 효과가 증대된다. 상처 치유의 효과가 증대된다.
치유 기간이 짧아진다.

2) 성장호르몬과 에너지 대사의 관계는?

세포 분열을 왕성하게 진행하는 성장기에는 GHRH의 분비 증가로 성장호르몬의 분비가 증가하는데, 이는 IGF-1의 생산 증가로 이어져서 세포 분열을 촉진하는 Cytokine의 분비를 증가시킨다. Cytokine의 자극을 받은 세포는 분열을 진행하게 된다. 분열하는 세포는 유전자의 복제와 세포 구성 물질의 합성 및 세포 분열을 진행하는 도구들의 합성에 막대한 에너지를 사용하므로 세포의 에너지 대사가 급격하게 증가하게 된다. 에너지 대사의 증가는 에너지 생산에 필요한 영양물질의 요구 증가를 가져온다. 실제로 많이 성장하는 청소년기에는 많이 먹어도 살이 찌지 않는 경우가 많지만, 성장이 멈추는 30대 중반이 되어서도 식습관을 왕성한 상태로 유지하면 대부분 비만형의 체형이 된다. 한편 세포 분열이 왕성한 성장기일지라도 세포 분열에 필요한 양보다 과도하게 섭취하면, 신체는 남는 영양성분을 배출하지 않고 저장 조직에 계속해서 저장한다. 따라서 젊은 사람도 과하게 먹으면 비만이 된다.

성장이 멈추는 30대 중반 이후에 성장호르몬의 농도가 낮아져서 상대적으로 Prolactin의 농도가 높아지면 세포 분열에 필요한 에너지 요구량 또한 급격하게 줄어든다. 정지기에 있는 사람은 그 사람이 먹는 양과 움직이면서 소비하는 에너지 양의 상관관계에 따라 체형이 결정된다.

젊은 사람: GHRH → Growth Hormone → IGF-1, IGF-2 → Growth Cytokine 분비 촉진 → 세포 분열↑, 에너지 대사↑, 영양 요구↑

나이든 사람: GH↓ PRL↑→ IGF-1, IGF-2 ↓ → Growth Cytokine 분비 억제 → 세포 분열↓, 에너지 대사↓, 영양 요구↓

3) 나이가 들면 암의 발생이 왜 많아지는가?

사람은 30대 중반을 기점으로 해서 혈중 성장호르몬 농도가 감소하기 시작하며, 50대 중반이 되면 더 이상 떨어지지 않고 유지되는 시기가 된다. 이에 따라 30대 중반을 기점으로 세포 분열 또한 감소하기 시작하며, 50대 중반에 저점에 도달한 이후에는 유지하거나 조금씩 줄어들게 된다. 나이가 들어감에 따라 세포의 노화가 서서히 진행되고, 활력이 떨어지며, 세포에서 일어나는 돌연변이가 축적돼서 나타난다. 활력이 떨어진 세포의 내부에서는 활성산소의 생성이 많아지며, 이에 따라서 고분자 물질의 변이와 돌연변이 발생이 많아진다.

정상적인 활력을 가진 조직에서는 노화된 세포가 Apoptosis를 진행하여 없어진 후 새로운 세포로 치환되며, 변이가 일어나 기능을 상실한 세포들 중에서 Apoptosis가 진행되지 않은 세포는 면역 세포인 NK 세포들이 제거한다. 하지만 나이가 들수록 Apoptosis가 진행이 되지 않고 계속 유지되는 세포들이 많아지고, NK 세포 또한 활력이 줄므로 변이가 축적되는 세포의 숫자가 늘어나게 된다. 세포에 축적되는 돌연변이는 정상 세포가 암세포로 전한되는 것을 가속화시키기 때문에 암 발생이 많아진다.

GH↓, 노화 세포↑, 돌연변이 축적 세포↑, 면역력↓, 세포 교환↓, 암 발생↑

4) 고령자에게 암이 발생하는 경우, 수술을 대개 권하지 않는 이유는 무엇인가?

성장호르몬의 감소는 50대 중반을 기점으로 해서 저점에 이르지만, 감소 추세가 완전하게 멈추지 않고서 서서히 낮아지다가 70세 이상의 고령 상태가 되었을 때 가장 저점으로 떨어진다. 세포의 증식은 Cytokine의 영향을 받지만 성장호르몬이 함께 작용할 때 상승 효과가 있어서 더욱 빠르게 나타난다. 이러한 Cytokine과 성장호르몬의 상승 효과는 정상 세포에서도 작동하지만 암세포에서도 작동한다. 따라서 성장호르몬의 농도가 가장 낮은 상태인 고령에서는 성장호르몬으로 인한 암세포의 성장 촉진 효과가 나타나지 않으므로, 매우 느리게 진행된다. 더욱이 환자의 상태가 수술을 이겨낼 수 없다면, 수술을 안 하는 것이 좋을 수 있다. 하지만 암세포의 종류에 따라서는 증식과 전이가 빠르게 진행되는 세포도 있으므로 정확한 검사를 통해 암세포의 특성을 파악하여야 한다.

고령 GH ↓, 암 조직의 성장↓

5) 암이 젊은 나이(10~ 30)에 발병하면 치유가 어려운 이유는 무엇인가?

청소년기는 신체의 성장이 급격하게 이루어지는 시기로 성장호르몬의 농도가 최고치에 이르며, 세포 분열과 분화가 계속해서 일어난다. NK 세포가 왕성한 세포 분열 과정에서 돌연변이가 일어난 세포들을 수시로 제거하기 때문에 암세포로 전환되는 경우는 거의 발생하지 않는다. 즉, 젊은 사람들은 유전적으로 결함이 있어서 암이 발생하는 특별한 경우를 제외하고는 암 발생이 적게 일어난다. 하지만 많은 스트레스와 과도한 에너지 사용 등으로 인해 면역력이 떨어지는 상황에서는 NK 세포의 활동이 완벽할 수 없게 되고, 이는 돌연변이의 축적으로 이어져서 암이 발생하게 된다. 성장호르몬의 농도가 높은 상태에서 Cytokine이 함께 작용하면 상승 효과를 나타내므로 세포가 빠르게 분열된다. 이러한 성장호르몬의 상승 효과는 정상 세포에서도 작동하지만 암세포에서도 작동한다. 따라서 암세포는 더욱 빠르게 성장하게 되고, 암 조직에서 떨어져 나온 세포들이 다른 조직으로 옮겨가는 전이가 일어나면 치유가 어려운 상황을 맞이하게 된다.

청소년기 GH↑, 암 조직의 성장↑, 암 전이↑

6) 성장기의 청소년들은 왜 열이 많을까?

성장이 일어나고 있는 시기에는 세포 분열이 활발하게 일어난다. 세포가 분열을 하고 성장하기 위해서는 유전 물질의 복제와 세포 구성 물질의 합성 및 세포 분열에 필요한 도구들의 합성에 막대한 에너지를 사용해야 한다. 즉, 정상 기능을 수행하는 세포에서는 일을 하는 데 필요한 최소한의 에너지를 사용하지만, 분열하고 있는 세포에서는 세포 분열을 준비하면서 필요한 물질의 합성에 추가적인 에너지를 많이 사용하는 것이다. 세포 분열이 일어나면 알맞은 조직으로 분화가 일어나고, 성장기에도 노화된 세포를 수시로 교환을 해야 하며, 왕성한 세포 분열에 따른 돌연변이 세포의 제거를 위한 면역 세포의 활성 또한 증가해야 하는데, 이러한 모든 활동에는 에너지가 사용된다. 신체의 성장과 성장의 견인에는 성장호르몬 농도의 증가가 기본적이다. 조직의 분화와 관련된 Steroid 호르몬의 분비에 의해 세포 분열과 분화가 수반되고, Thyroid 호르몬의 증가에 따라 에너지 사용의 증가가 일어나므로, 청소년들에서 대체적으로 열이 많이 나게 된다. 이처럼 열을 많이 발생하는 청소년기에 발열 식품을 과다 섭취하면 과도한 에너지 발생으로 인해서 과열된 상태가 되기도 하며, 이에 행동을 스스로 제어하지 못하는 상태가 발생하기도 한다.

성장기의 청소년이라고 해서 모두가 많은 열을 내는 것은 아니며, 개인에 따라서는 체력과 에너지가 부족하여 문제가 되는 경우도 있다. 신체의 기를 보충해 주는 식품은 기력이 부족한 사람이 복용하여야 한다. 그러나 열이 많이 나는 사람이라고 해서 기를 보충해 주는 식품을 아주 먹지 말아야 하는 것은 아니다. 열이 많은 사람이라도 피로가 쌓여 있는 상태에서는 피로를 해소하기 위해 소량을 섭취하는 것은 상관이 없다.

세포 분열, 세포 분화, 세포 교환, 면역 작용 ⇒ 에너지 대사의 증가

GH↑, Steroid Hormone↑, Thyroid Hormone↑

7) 고령자에게 성장호르몬을 투여했을 때 예상되는 부작용은 무엇인가?

노화가 진행되면 세포의 활력이 떨어지고 피로 물질의 전환이 느려지면서 쉽게 피곤해진다. 이러한 변화로 인해 일상생활을 하는 데 어려움을 겪는 사람들이 많다. 이러한 사람들에게 성장호르몬을 적절하게 투여하면, 세포가 활력을 되찾고, 기능을 못하던 세포에서 치환이 잘 일어나 피로 물질의 전환이 이뤄지며, 세포가 정상 기능을 유지한다. 따라서 조직 전체에서 피로 물질의 누적이 없어져서 상쾌한 상태로 회복되기 때문에 신체 전반적으로는 회춘을 한 느낌이 든다.

이와 같이 성장호르몬은 신체의 전반적인 상태를 성장으로 이끌어내는 중심적인 호르몬이므로 상태를 호전적으로 만든다. 하지만 스테로이드 호르몬의 증가에 의한 조직 세포의 분열과 분화 그리고 면역력 상승에 따른 돌연변이 세포의 제거와 같은 전반적인 생리적 상황을 동시에 왕성하게 만들기에는 부족하다.

나이가 들어서 축적된 돌연변이를 가진 세포들이 성장호르몬의 자극에 의해 세포 분열을 왕성하게 진행해서 암세포로 발전할 가능성 또한 높아진다. 또한 암세포로 발전돼서 느린 성장을 하고 있던 세포가 성장호르몬의 자극을 받아 왕성하게 분열하여 암 조직으로 성장할 가능성도 높아진다. 즉, 성장호르몬의 투여는 발생하지 않은 암세포의 발생을 증가시키거나 이미 발생해 있는 암세포의 성장을 자극함으로써 암의 발병 가능성을 높이게 된다.

다른 관점에서 보면 노화된 세포들은 대부분 분열을 멈추고 있기 때문에 성장이 느리게 일어나고, 일부의 세포에서만 분열이 일어나서 신체의 균형을 유지하고 있다. 성장호르몬의 투여는 분열을 멈춘 세포보다는 성장이 일어나고 있는 세포들을 자극해서 세포 분열이 활발하게 일어나도록 촉진한다. 따라서 상대적인 분열 속도의 차이로 인해 신체의 불균형적인 성장이 유발될 수 있다. 과거 서양에서는 주걱턱을 가지고 있고, 코가 길며, 긴 손가락을 가진 나이 많은 여자를 마녀라고 불렀다. 이러한 외모를 가진 사람은 나이들어 가면서 다른 호르몬들의 농도가 낮아져 조직의 기능이 떨어지는 노화가 진행이 되었지만, 성장호르몬의 농도는 상대적으로 높은 수준을 유지함으로 인해서, 이 호르몬의 작용을 받는 세포들은 분열이 활발하게 일어난다. 또는 일반적인 호르몬의 농도가 모두 낮아졌음에도 골조직의 분열 가능한 세포의 수가 높게 유지된 영향 때문이다.

8) 암환자가 암을 이겨 내려면 잘 먹어야 할까?

어떻게 먹는 것이 암을 이겨내는 데 도움이 될까?

정상 세포가 암세포로 변이되면, 세포의 분열과 분화에 필요한 에너지를 공급하기 위한 에너지 생산 시스템으로 전환된다. 암세포에서 에너지를 생산하는 대사과정이 포도당을 중점적으로 이용하는 시스템으로 전환되며, 분열을 하지 않는 세포에 비해 현저하게 증가된 에너지 요구를 나타낸다. 암세포의 에너지 요구는 암세포의 성장이 빠를수록 증가한다. 암세포의 에너지 대사는 포도당을 이용하는 시스템으로 전환되고 다른 물질대사는 정상적으로 일어나기 때문에, 세포 분열에 필요한 구성물질의 합성을 위한 물질대사가 정상적으로 진행된다. 암세포의 성장은 세포분열에 필요한 에너지의 원활한 공급과 세포 구성물질의 합성을 위한 기본 물질의 공급에 의해 좌우된다. 암환자가 암세포의 분열에 이용되는 세포 구성물질의 합성에 필요한 영양성분이 잘 공급되도록 하는 식사를 하는 경우, 정상 세포에도 공급되지만 세포 분열을 활발하게 진행하는 암세포의 증식에 상대적으로 더 많이 이용되면서 증식을 돕게 된다. 즉, 암을 이겨내는 데에 체력이 필요하기에 아무거나 잘 먹어야 한다는 생각은 잘못된 것이다. 그 동안 잘 먹어서 암이 발생했다면, 암을 치유하기 위해서는 죽지 않을 만큼 근근이 유지할 수 있는 정도로만 먹으면서 자신의 면역력을 키워서 이겨내야 한다. 세포의 증식을 돕는 식단을 피해 채식 위주의 비타민과 미네랄의 공급은 충분하지만 열량은 다소 부족한 가난한 식사를 해야 한다.

수술로 제거할 수 있는 암은 그나마 다행이라고 한다. 암세포의 대부분을 외과적 방법으로 제거하게 되므로 암을 이겨내는 데 도움이 되는 것임에는 틀림이 없다. 수술적인 방법을 통해 암 조직을 제거했다고 해서 몸속에 암세포가 존재하지 않을 것이라고 100% 확신할 수 없다. 암 조직을 외과적인 수술이나 다른 방법으로 제거했더라도 떨어져 나간 세포가 전이되어 남을 수 있기 때문에 화학요법 치료를 병행한다.

암 치료를 하는 동안 체력이 고갈돼서 문제가 될 것이란 생각은 안 해도 된다. 정상적인 생활을 했던 사람이라면, 한 달 동안 단식을 해도 체력에 문제가 없을 정도로 많은 에너지를 비축하고서 살아가는 사람들이 대부분이다.

암세포의 에너지 요구량↑, 세포 구성물질의 합성량↑, 암 치료의 식단 ⇒ 가난한 식사

7 성장을 개선시키는 방법에는 어떠한 것이 있는가

1) 성장을 촉진하는 물질

(1) MBP

MBP(Milk Basic Protein)는 우유와 계란의 노른자에 많이 들어있는 단백질로 유아의 장내에서 철분 흡수, 염증의 조절 및 림프구의 성장 촉진 효과 등을 나타내어 뼈의 대사 개선 및 골다공증 예방과 개선 효과를 나타낸다.

(2) GF-1

성장인자의 유사체(Anabolic growth factor)로 세포의 성장과 재생을 돕는다. 체지방을 감소시키고 근육을 증가시키는 IGF-1과 유사한 효과를 나타낸다.

(3) Alpha GPC: Alpha-glycerophosphocholine

콩에서 추출하는 Phospholipid – 성장호르몬의 생산을 증가시킨다.

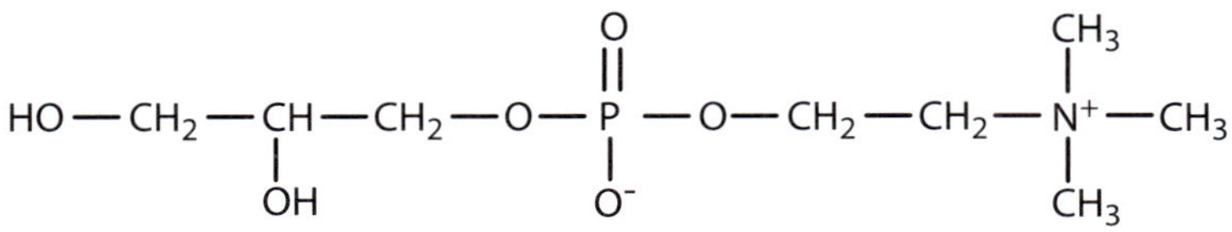

(4) L-Arginine

위약을 복용했을 때 성장호르몬이 1.1ug/L인 사람에게 Arginine을 복용시키면 최대 3.5ug/L까지 증가하며, Arginine을 먹은 상태에서 운동을 병행하면 4.7ug/L까지 증가한다. Arginine을 섭취와 운동이 상승효과를 나타낸다. 하지만 Arginine을 먹지 않고 운동을 했을 때 7.0ug/L까지 증가하는 것으로 보아 성장호르몬의 상승효과는 운동이 가장 효과적임을 알 수 있다. 또한 운동을 할 수 없는 조건일 경우에 Arginine을 섭취가 성장호르몬의 증가에 효과적임을 알 수 있다(그림 2.5). Arginine은 인삼, 마카, 비트 등과 같은 세계적인 건강식품에 많이 함유되어 있는 아마노산이다.

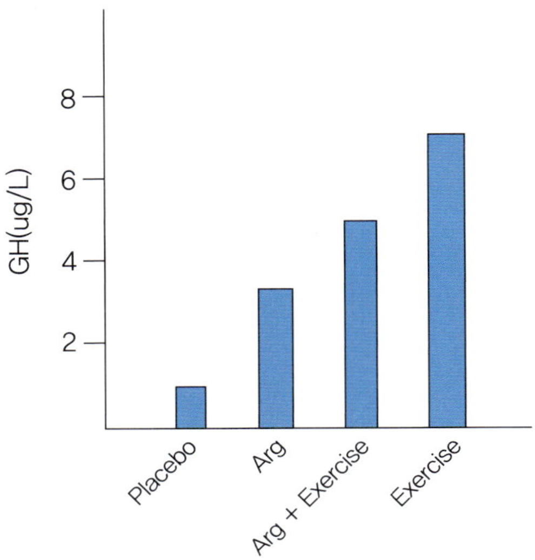

그림 2.5 Arginine(Arg)과 운동이 성장호르몬 분비에 미치는 효과
(Journal of Appiled Physiology, V101, No3, 848–852, 2006)

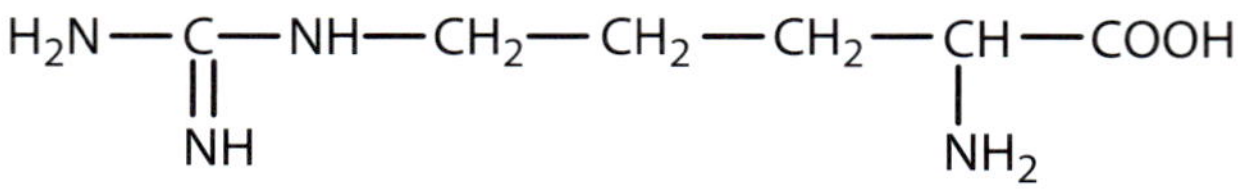

(5) L-Ornithine

무기력증을 개선시켜서 근력을 증진시키며, 상처 치유 능력을 증가시켜 운동 후 회복이 빨라지고, 수면이 개선되어 몸의 상태를 향상시킨다.

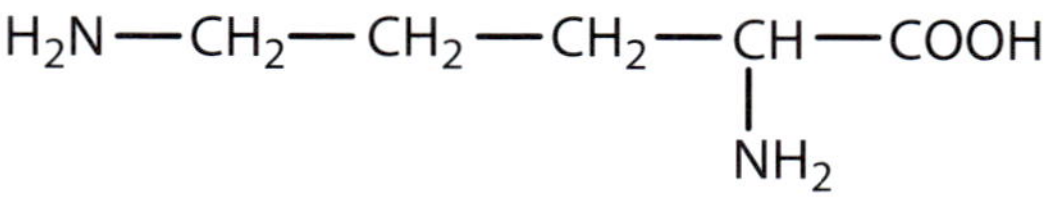

(6) L-Tyrosine

체중과 식욕을 감소시키며, 분노를 조절하게 하고 우울증을 개선시킨다. 직접적으로 성장호르몬의 분비를 촉진한다.

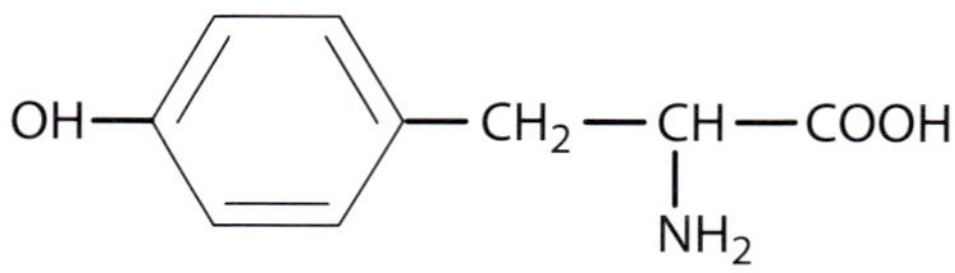

2) 성장을 촉진하는 호르몬제

발육이 느린 어린이의 성장을 촉진시키고자 하는 목적 또는 유전적 이상으로 인해 왜소증을 가진 환자에게 성장호르몬 제제를 직접 투여하는 방법이 사용되고 있다. 호르몬제로는 GH과 IGF-1을 사용하는데, 체내에서 분비되는 성장호르몬과 같은 효과를 나타낸다.

3) 성장호르몬의 분비를 촉진시키는 식품

(1) 멜라토닌이 풍부한 식품

송과선의 Melatonin과 Serotonin의 분비를 촉진해서 수면의 질을 개선시키고, 숙면에 들도록 유도해서 성장호르몬의 분비를 촉진시킨다.

(2) 날생선

생선의 섭취하면 Omega-3를 많이 흡수할 수 있고, 필수 아마노산과 많은 양의 Selenium, B vitamins, Vitamin D, Vitamine E and Magnesium을 공급해 준다.

(3) 계란

높은 콜레스테롤을 함유하여 있어 Estrogen, Testosterone, Cortisol, DHEA, Progesterone과 같은 스테로이드 호르몬 생산의 원료로 사용되며, 다른 호르몬의 생산에도 사용된다. Amino acids, Vitamin D, Vitamin B와 Vitamins A, K, E와 같은 다양한 비타민을 함유하고 있어 에너지 생산과 성장호르몬의 농도를 증가시키는 데 도움을 준다.

(4) 초콜릿

초코릿에는 Tryptophan 성분이 많이 들어 있어서 뇌하수체를 자극하고, 숙면을 유도하는 기능도 있어서 성장호르몬의 분비를 돕는다. 따라서 잠자리에 들기 2~3시간 전에 Raw dark chocolate을 30그램(1온스 28.35g) 정도 섭취하면 숙면에 도움이 된다.

(5) 구기자 열매

구기자 나무의 열매에는 성장호르몬의 분비를 촉진하는 Sesquiterpenoids(Cyperone) 성분이 들어 있어서 성장을 개선하는 효과가 있다. 구기자 열매 건조물 100g에는 Asparatic acid가 1.7g, Glutamin acid가 1.4g, Arginine 0.7g 정도가 들어 있다.

(6) 견과류

피스타치오스(Pistachios), 호두(Walnuts), 피칸(Pecans), 아몬드(Aalmonds)와 다른 견과류에는 많은 양의 L-Arginine이 들어 있다. L-Arginine은 성장호르몬의 생산을 돕고 체지방을 감소시킨다.

(7) 요구르트

요구르트에는 성장호르몬의 생산을 촉진하는 아미노산인 Glutamine이 많이 함유되어 있다. 저녁식사를 한 다음에 섭취하면 성장호르몬 농도를 최대로 높일 수 있다.

(8) 초유

소가 새끼를 낳은 후 1주일 동안 분비되는 우유를 초유라고 한다. 초유에는 세포의 성장을 돕는 IGF-1과 GF-1 단백질이 들어 있다.

(9) 황산화 물질을 함유한 베리: 예) Acai Berry

베리에는 많은 항산화 물질이 함유되어 있어서 세포의 라디칼 물질에 대항하는 능력을 키워 주고, 전체 체지방을 낮춘다.

(10) 녹용

녹용에는 글루코사민, 콘드로이틴, 아미노산, 미네랄 등 40여 가지 이상의 영양성분이 함유되어 있다. 관절 통증 개선, 노화로 인한 기력의 감소에 효과적인 식품이다. 녹용에는 유사성장인자인 GF-1이 함유되어 있어서 세포의 성장과 분화를 촉진한다. 여성에서는 근육량을 증가시키고, 체지방을 감소시키며, 휴식시 빠른 회복을 돕는다.

4) 성장호르몬의 분비를 촉진하는 생활습관

(1) 숙면

성장호르몬은 숙면을 취하는 동안 생성되므로 충분한 숙면을 취하면 성장호르몬의 생산이 증가하여 개체의 성장이 개선된다.

(2) 간헐적인 강한 운동

유산소 운동은 성장호르몬의 생성을 이끌어내지 못하지만, 매우 짧고 강한 무산소 운동은 성장호르몬의 생산을 증가시킨다. 간헐적인 강한 운동(High-Intensity Interval Training: HIIT)으로 근육의 피로 강도가 높아지면, 성장호르몬의 분비를 300~500% 증가시킨다.

(3) 당의 섭취 감소

당의 섭취로 인슐린 농도가 증가하면 지방 축적량이 많아지고, 지속되면 비만으로 인한 체중 증가가 나타난다. 당 섭취가 많아지면 성장호르몬 생산이 감소한다.

(4) 체지방 감소

체지방의 양은 성장호르몬 생산과 직접적으로 연관되어 있다. 비만인 사람은 성장호르몬과 IGF-1의 농도가 낮다. 체중을 줄이면 정상으로 돌아온다.

(5) 간헐적 단식

금식은 성장호르몬의 농도를 증가시킨다. 단식 3일째에는 성장호르몬이 300% 정도로 증가하고 일주일 후에는 1,250% 증가한다. 하지만 연속적으로 단식을 지속하는 것은 어렵기에 간헐적 단식의 방법을 채택한다. 간헐적 단식의 한 방법은 하루 24시간 중 8시간 내에 식사를 마치고서 16시간 동안 금식을 하는 방식이다.

(6) 수면 전 금식

성장호르몬은 수면 동안에 생산된다. 인슐린 농도가 높으면 성장호르몬의 생산이 줄어든다. 고탄수화물 또는 고단백질의 식사는 인슐린 농도를 높이게 되고, 이는 밤시간의 성장 호르몬의 분비를 억제한다. 식사를 한 후 2~3시간이 지나야 인슐린 농도가 떨어지기 시작하므로 잠을 자기 2~3시간 전에는 음식을 먹지 말아야 한다.

(7) 금주

술은 성장호르몬의 분비를 억제한다. 성인의 경우 술을 마셨을 때 성장호르몬의 농도가 75% 정도까지 낮아진다. 술을 마시지 않는 습관은 성장호르몬의 분비를 정상으로 유지시켜서 몸의 상태를 개선시켜 준다. (https://www.projectcheck.org/best-hgh-supplements-exercises-foods/)

5) 가축의 성장을 촉진시키는 사료 첨가제

가축의 성장을 촉진시키는 목적으로 사료에 첨가되는 물질은 크게 항균성 성장 물질과 비항균성 성장 물질로 구분된다. 항균성 성장 물질은 가축의 장내 미생물 균총과 유해균의 증식을 억제하여 사료의 효율을 높이는 방식이다. 비항균성 성장 물질은 미네랄 복합제 및 비타민 등의 첨가에 의한 사료 효율 개선과 호르몬제 투입을 통해서 사료의 소화흡수율을 증대시킬 목적으로 사용한다. 동물에서는 비육과 비유에 있어서 성장 촉진의 목적이 다르므로, 사육 상태에 따라 사료 첨가제를 달리하여 사용하는 경우가 많다.

6) 항균성 성장 물질

(1) 항생제

항균성 성장 물질은 장내 유해균의 증식을 막고 유익균의 증식을 유도하여 장내 환경을 개선함으로써 소화흡수율을 개선하고, 영양물질의 흡수가 많아지도록 해서 성장을 돕는 역할을 한다. 항균성 성장 물질의 사료 첨가제로는 항생제를 주로 사용한다.

(2) 유산균 제제

Lactobacillus acidophilus를 배양한 우유를 공급하면 유해균은 감소하고 유익균은 증가한다. 소장 내의 diamine 생성이 감소하여 설사의 증상이 경감되고, 장염의 발생이 감소하며, 음식의 소화흡수율이 증가한다. 즉, 음식물의 소화 흡수 효과가 증진되어 성장이 개선된다.

(3) 유기산 제제

사료에 유기산을 직접적으로 첨가하는 방법이다. Propionic acid, Sorbic acid, Lactic acid, Fumaric acid, Citric acid 등을 사료의 첨가제로 사용한다. 유기산은 장내 미생물의 군집 형성과 산도를 높여 사료 효율을 증가시킴으로써 성장 촉진 효과를 나타낸다.

7) 비항균성 성장 물질

(1) 광물질

동물의 성장에 필요한 대량원소 및 미량원소의 다양한 미네랄 성분들을 공급함으로써 성장을 개선시키는 효과를 가져 온다. 가축의 성장에 필수적인 원소인 Ca, P, Na, K, Se, Mo, Cl, MG, Fe, S, I, Mn, Cu, Co, Zn, F, N, Vd, Si, Cr, Ti 등을 함유하는 복합체를 만든 후 사료에 투여하여 가축의 성장을 개선시킨다.

이러한 미네랄 복합물은 어린이에게 공급하는 영양제에서도 널리 사용하는 방법이다.

(2) 호르몬제

사육하는 가축의 비육과 비유를 촉진하는 목적으로 성장호르몬 복합체, 에스트로겐(Estrogen), 프로게스테론(Progesterone), 제제, 항갑상선 화합물 등을 사용한다. 성장호르몬은 체중의 증가와 지방의 감소를 목적으로 사용한다. Estrogen은 가축의 비육을 위해 사용하며, Progesterone은 발정 억제에 의한 체중의 증가와 사료의 효율 개선을 위해 사용한다. 항갑상선 제제로는 Thiourea와 Thiouracil이 비육을 위해 사용되었으나 현재는 사용이 금지되었다.

(3) 영양복합체

사료에 첨가하는 영양복합체로는 효모제를 많이 사용한다. 효모는 장내에서 유기산을 생성하여 유익한 세균의 증식을 늘리는 역할을 하며, 유익균이 장 점막에 정착해서 유해균의 증식을 억제시킨다. 효모는 장염 또는 설사에 동반되는 장관 점막의 손상을 치유시켜서 장의 기능을 회복시키는 작용을 하며, 장의 기능이 회복되면 가축의 전체적인 기능이 향상된다. 효모는 효소, 조효소, 비타민과 세포 성분들을 가지고 있으므로 동물의 소화 작용에 도움을 준다.

신호의 증폭과 다양화 03

외부의 신호를 받아 진행되는 생물체 내부의 생리적인 조절을 위해서는 받아들인 신호를 여러 기관에 적절하게 전달해야 한다. 또한 신호를 전달하는 과정에서 신호가 증폭돼서 신체 전반에 미치는 효과가 충분하게 발현되어야 한다. 신호가 표적 기관에 전달되면, 표적 기관의 세포에서 신호가 잘 작동되고 적절하게 발현되어야 한다.

1 신호의 증폭

신체의 한 조직에서 분비한 신호 물질은 혈관에 채워진 혈액의 흐름을 따라 이동하

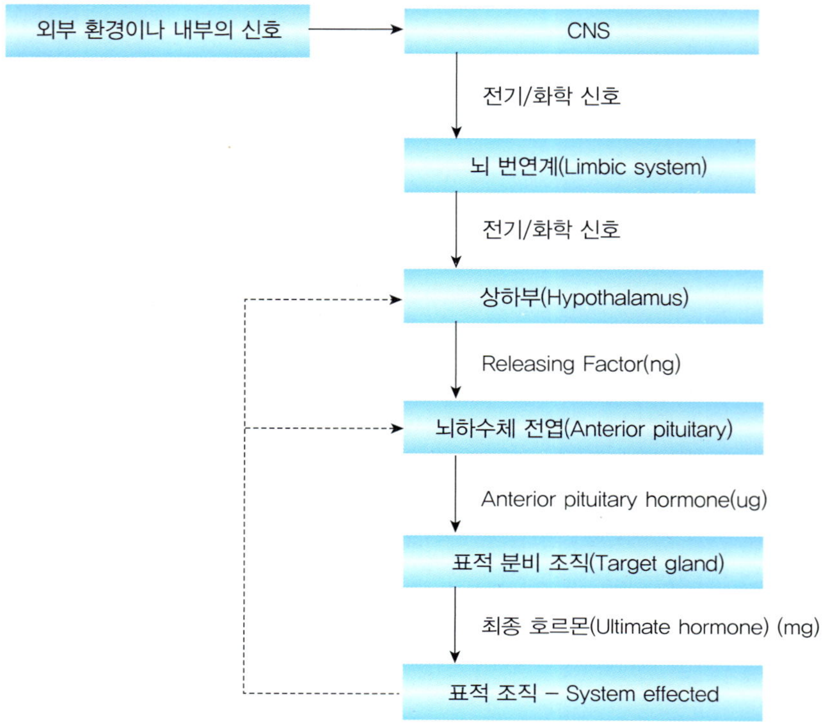

그림 3.1 생리적 신호전달 작용의 다단계 시스템. Hormonal cascade system.

다가 표적 기관에 도달하면 표적세포의 수용체에 결합해서 신호를 전달한다. 표적 기관에서는 분비 세포에서 보내 온 신호를 받아서 일을 하게 된다. 분비 세포에서는 제한된 수의 신호 분자를 만들어 분비하기 때문에 표적 세포에 결합해서 작동하는 신호 분자는 실제적으로 몇 개되지 않는다. 따라서 표적 세포의 수용체에 먼저 결합한 신호 분자의 신호가 세포 내부로 전달되면 해당 신호를 증폭시켜서 세포 전체가 일을 하도록 해야 한다. 세포 외부에서는 다음에 오는 신호 분자가 결합돼서 중복된 신호가 발생되지 않게 해야 한다.

외부에서 도달한 생리적 신호를 증폭하는 과정은 Hormonal cascade system과 같은 다단계로 이루어진다(그림 3.1).

외부의 환경이나 내부에서 발생한 신호는 내부의 다단계 신호전달 작용을 거치면서 신호가 증폭되는데, 이는 신체 전반에 영향을 나타낼 수 있을 정도의 강도이다. 뇌에서 감지된 신호의 반응으로 전기화학적인 신호가 만들어져서 시상하부로 전달된다. 시상하부에 전달된 신호가 다시 1차 화학적인 신호 분자의 분비를 촉진하게 되면 ng 단위의 신호 분자가 방출된다. 시상하부에서 방출된 신호 분자는 다시 뇌하수체 세포를 자극하게 되고, 자극을 받은 뇌하수체 세포는 μg 단위의 2차 화학 신호 분자 물질을 방출한다. 뇌하수체에서 분비한 2차 화학 신호 분자가 혈관의 혈액에 섞여서 다양한 표적 분비 기관으로 전달되면 mg 단위의 3차 화학 신호를 방출한다. 최종적인 3차 화학 신호는 표적 기관의 표적 세포에 있는 수용체에 결합하여 자극을 세포 안으로 들여 보낸다. 외부의 신호를 받아서 적절한 신체 기관으로 보내는 시스템에는 여러 단계의 조직들이 있으며, 단계를 거칠 때마다 신호의 크기가 증폭된다. 즉, 처음에 받는 신호는 외부 자극의 물리적인 신호 또는 내부의 수용체에서 받아들여 뇌로 보낸 전기적인 신호이지만, 전파가 시상하부 → 뇌하수체 → 표적 분비 기관 → 표적 기관으로 순차적으로 이루어지면서 ng → μg → mg의 단위로 신호 분자의 양이 늘어나고, 표적 기관의 숫자 또한 늘어나서 신호의 증폭과 함께 분할도 이루어진다.

2 신호는 어떻게 다양한 조직에 전달되는가?

신호의 증폭과 함께 일어나는 다양화는 단계를 거치면서 신호 분자의 수가 늘어나고 표적 기관의 수 또한 늘어난다. 이에 따라 외부나 내부에서 가해진 하나의 신호가 신체의 전반에서 다양한 효과를 낼 수 있게 된다(그림 3.2).

이러한 시스템의 예로 부신의 수질에서 만들어지는 Adrenaline(Epinephrine) 호르몬을 들 수 있다. 뇌가 스트레스를 받으면 신경을 통해 부신을 자극하게 되고 부신의 수질에서 Adrenaline이 분비된다. Adrenaline은 혈액을 따라 이동하다가 다양한 표적 기관의 세포에 결합해서 생물학적 반응을 이끌어낸다. 소화 장기에서는 소화

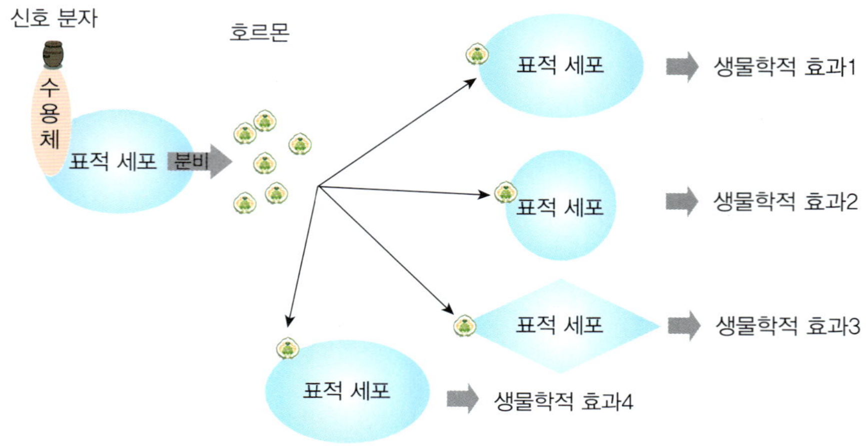

그림 3.2 하나의 호르몬 신호가 다양한 생물학적 결과를 이끌어낸다.

의 속도를 늦추고, 심장에서는 박동수와 수축력을 증가시키며, 간에서는 글리코겐을 분해해 포도당으로 만든 후 혈액에 방출해서 혈당을 높인다. 또한 소동맥을 수축시켜서 혈압을 올리는 것과 같은 다양한 반응을 발생시킨다.

3 세포 내부의 다단계 신호전달 시스템

1) 다양한 외부 신호는 세포 내부에서 단순화되고 그룹화되어 전달된다

조직에 있는 세포는 외부와 내부에서 가해지는 다양한 신호를 받게 되지만 하나의 세포는 한 가지 기능만 수행한다. 어떤 조직에서 다양한 기능을 수행한다면 각각의 기능을 수행하는 세포의 집단이 존재한다고 보아야 한다. 세포는 최종적으로 하나의 기능을 수행하도록 분화를 진행한다. 동일한 기능을 수행하더라도 외부에서 받아들이는 신호는 다양하며, 내부에서 발생시키는 신호의 강도 또한 다를 수 있다.

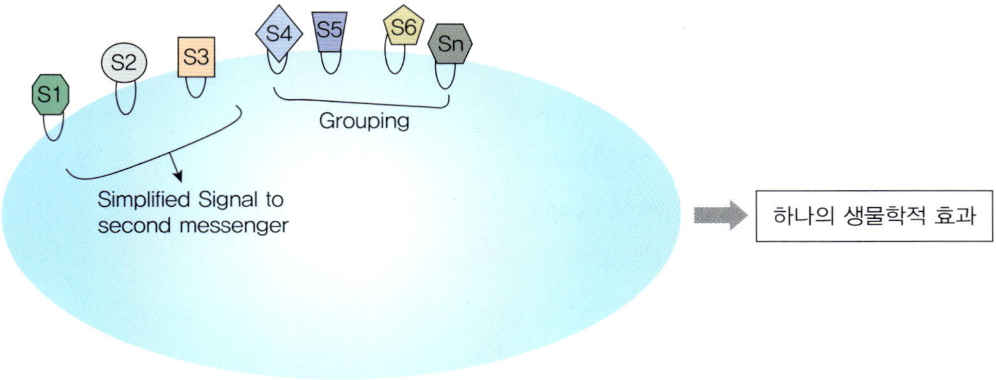

그림 3.3 다양한 신호를 통합해서 하나의 생물학적 효과를 만들어낸다.

외부의 다양한 신호를 받는 세포가 하나의 기능을 도출해 내기 위해서는 외부에서 가해지는 신호들을 하나의 신호전달 시스템으로 묶는 과정이 필요하다. 이러한 과정은 수용체 분자의 구조적 다양성을 통해 이루어진다.

세포의 바깥에서 전달된 신호라도 세포에 수용체가 존재하는지 여부에 따라 반응의 유무가 달라진다. 신호 물질이 수용체에 결합하는 것은 구조적인 특이성에 기초한 것이므로, 신호 물질의 구조가 달라지면 수용체의 구조 또한 알맞게 달라짐으로써 특이적인 결합을 이루게 된다. 세포 외부에서 오는 신호 분자의 구조가 매우 다양하기 때문에 표적 세포에 있는 수용체의 외부에 노출된 구조는 신호 분자에 맞는 구조를 하고 있다. 하지만 세포 내부의 구조에 공통 부분을 둠으로써 단일화시키고 세포 내부에 전달되는 신호가 모아지게 한다. 즉, 외부 신호에 맞는 각각의 수용체가 존재하지만 내부의 신호는 하나로 통합되는 구조이다. 하지만 외부의 신호가 매우 다양하고 세포에 요구하는 생물학적 반응의 강도 또한 다르기 때문에 이러한 문제를 해결할 필요성이 있다. 세포는 이러한 문제를 해결하기 위해서, 유사한 기능을 요구하는 신호 분자들을 그룹으로 묶어 신호를 다르게 만드는 방법을 취하고 있다(그림 3.3).

2) 외부 신호의 수용체 분자는 세포 내부의 중계자를 통해 신호를 통일한다

외부 신호에 대한 수용체 분자는 다시 세포 내부의 신호전달을 중계하는 단백질과 만나 신호를 전달하게 된다. 중계하는 단백질은 다양한 수용체와 결합할 수 있기 때문에 한 세포에 도달한 외부의 다양한 신호가 하나의 중계자를 통해 단일 신호로 통합된다(그림 3.4). 중계자 단백질의 하나인 G-protein은 Gα, Gβ, Gγ의 3개 단백질이 모여서 작용을 하고, GDP와 결합되어 있는 Gα-GDP-βγ의 복합체에서는 중계의 활성이 없는 상태이지만 호르몬이 수용체에 결합하면 Gα-GDP-βγ의 복합체를 자극하게 된다. Gα-GDP-βγ의 복합체가 호르몬-수용체 복합체의 자극을 받으면 GDP는 GTP로 치환되면서 Gα-GTP와 βγ의 형태로 분리가 일어난다. Gα-GTP가 다른 단백질에 신호를 전달한 후에는 Gα-GTP 자체의 GTPase 활성에 의해 GTP가 GDP로 분해돼서 Gα-GDP가 되고, Gα-GDP는 다시 βγ와 결합해서 Gα-GDP-βγ의 복합체로 된다.

이러한 중계자를 통해 세포 내부의 신호전달 방식을 단순하게 만듦으로써, 몇 가지의 단순한 신호전달 시스템을 갖고서도 수만 가지의 신호를 처리할 수 있게 된다.

이러한 신호전달의 예는 혈당을 증가시키는 호르몬들이 간 세포에 작용했을 때 신호가 전달되는 시스템에서 볼 수 있다(그림 3.5).

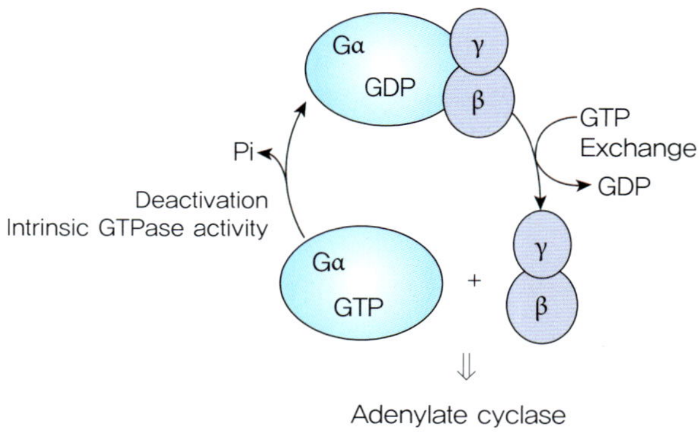

그림 3.4 수용체와 내부 신호전달 시스템을 연결하는 중계 단백질 G-Protein cycle.

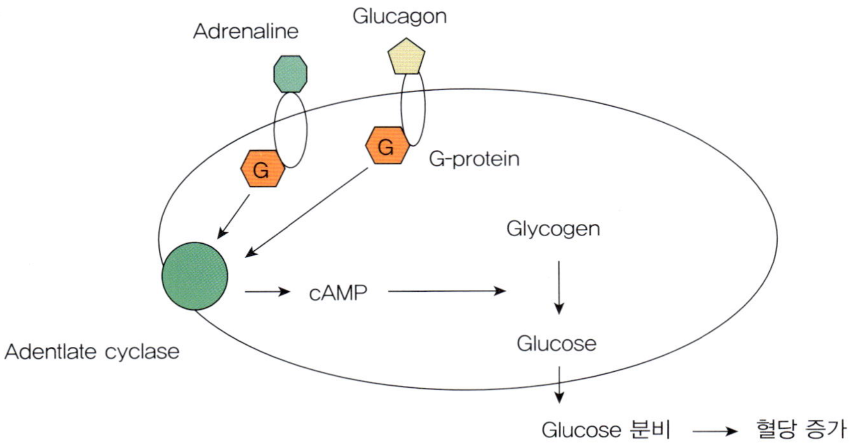

그림 3.5 간 세포에 작용하는 Adrenaline과 Glucagon 수용체의 신호전달 시작.

Adrenaline은 교감신경의 작용으로 부신의 수질에서 분비되는 호르몬이고, Glucagon은 저혈당의 자극으로 췌장에서 분비되는 호르몬이다. 두 호르몬 모두 간 세포에 작용해서 혈당을 증가시키는 작용을 한다. 두 호르몬의 수용체는 각기 다른 구조를 가지고 있지만, 수용체의 세포질 부분에는 G-protein과 결합할 수 있는 부위를 가지고 있다. 호르몬들이 각자의 수용체에 결합하면 G-protein이 작동해서 신호를 Adenylate cyclase에 전달해서 활성화시킨다. 활성화된 Adenylate cyclase는 cAMP를 만들어낸다. cAMP가 신호전달계의 이차 전달자가 돼서 다른 단백질들을 활성화시키면 여러 단계를 거친 후 Glycogen phosphorylase를 활성화시켜 글리코겐 폴리머의 일부가 포도당으로 분해된다. 세포 내부의 유리된 포도당을 세포 밖으로 보내면 혈당이 높아지게 된다. 즉, 한 세포에 다른 생리적인 조건에서 분비된 신호 분자인 Adrenaline과 Glucagon이 각자 다른 수용체에 결합하였지만, 같은 중계자 단백질인 G-protein이 Adenylate cyclase로 신호를 전달하면서 세포 내부의 신호전달 시스템이 같은 경로를 이용함으로써 혈당을 높이는 작용을 한다.

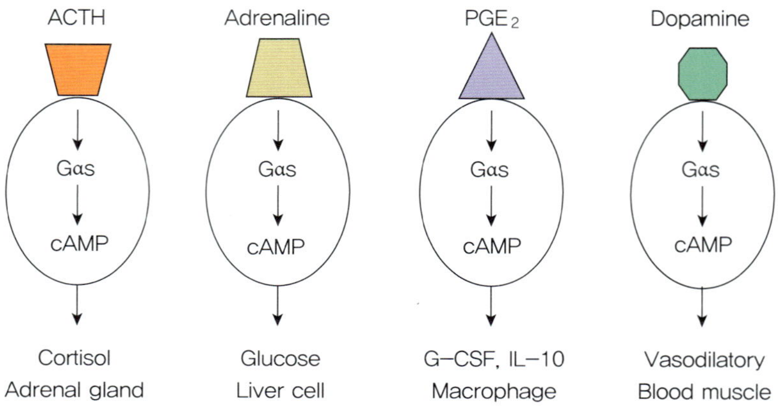

그림 3.6 다른 조직의 세포에서 같은 신호전달 시스템을 이용한다.

3) 다른 조직의 세포에서도 동일한 신호전달 시스템을 이용한다

신체에는 세포에 작용해서 생리적인 조절을 하는 다양한 호르몬과 Cytokine들이 있다. 하나의 호르몬이 다른 세포에 작용하기도 하고 다른 호르몬들이 같은 세포에 작용하기도 한다. 종류가 다른 대부분의 호르몬들은 표적 기관이 다른 경우가 많은데, 호르몬의 종류도 다르고 작용하는 세포도 다르지만 세포 내에서는 같은 신호전달 시스템을 이용하는 경우가 있다. 뇌하수체에서 분비되어 부신 피질의 세포에 작용하는 ACTH는 Cortisol의 분비를 촉진하고, 부신 수질의 세포에서 생산되어 간세포에 작용하는 Adrenaline은 포도당의 분비를 늘려서 혈당을 증가시키는 기능을 한다. 뇌의 여러 부위에서 분비되는 Dopamine과 대식세포에 작용해서 G-CSF와 IL-10의 분비를 촉진하는 PGE2 모두 cAMP를 이차 전달자로 이용하는 신호전달 시스템을 사용한다(그림 3.6).

4 세포 내부에서 일어나는 신호의 증폭

외부 자극이나 내부 신호의 영향에 의해 생산되는 호르몬의 신호가 여러 단계의 호르몬 생산 시스템을 거치면서 신호를 전달하는 물질의 수가 많아지는 것처럼, 세포에 도달한 신호 분자의 정보 또한 증폭된 후 여러 분야로 나누어져서 신호 분자가 세포에 주는 정보에 따라 기능을 수행해야 한다. 세포가 기능을 수행하기 위해서는 효소의 반응과 분자의 이동을 통해 물질의 생산과 분비 및 운동 같은 일을 해야 한다.

세포에서 일어나는 모든 일에는 에너지가 필요한데, 에너지를 생산하기 위해서는 물질대사를 통해 합성되는 ATP의 에너지 분자가 충분하게 준비되어 있어야 한다. 세포에서 어떠한 일을 수행할 때 단지 한 분자만 관여하는 것이 아니라 같은 일을 하는 많은 수의 단백질들이 관여한다. 많은 수의 단백질들을 활성화시키고 억제시키려면 그 만큼의 조절자가 필요하다. 일을 시키는 조절자를 조절하는 것은 외부에서 오는 신호 분자의 정보이므로 세포에 도달한 신호 분자의 정보가 증폭되어야 한다. 이러한 신호는 1차 효소 반응을 통한 이차 전달자 물질의 생산과 2차 전달에 의한 2차 효소 반응을 통해 증폭된다. 즉, 다단계의 연속적인 신호전달 시스템을 통해 신호가 전달되는 동안 신호의 증폭이 일어나는 것이다.

Signal molecule– Receptor – mediator protein – Enzyme reactions:

1단계 신호 증폭 → Second messrnger → Target enzyme reaction:

2단계 신호 증폭 → Target Enayme modification:

3단계 신호 증폭 → Enzyme reaction → Cellular effect

다단계 신호전달 시스템에서의 신호 증폭 과정을 간 세포에서 일어나는 Adrenaline의 신호전달 시스템을 예로 정리하면 다음과 같다(그림 3.7).

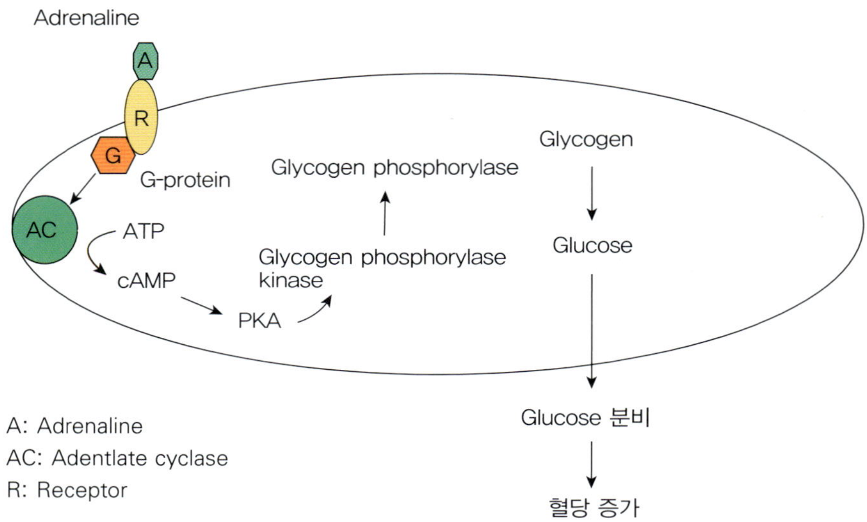

그림 3.7 Adrenaline 신호전달계에서 일어나는 신호의 증폭.

1단계 : Adenylate cyclase 반응을 통한 이차 전달자 cAMP 생산

2단계 : PKA 활성에 의한 Glycogen phosphorylase kinase 활성화

3단계 : Glycogen phosphorylase kinase 반응에 의한 Glycogen phosphorylase 활성화

5 세포 내부에서 일어나는 신호의 분할

Single Molecule → Modulations of multiple target proteins

One Enzyme reaction → Modification of multiple proteins

하나의 신호 분자가 세포의 수용체에 결합해서 정보를 세포 안으로 보내면 세포 내부의 다양한 반응을 거쳐 생물체에 필요한 일을 수행한다. 세포가 일을 수행하기

위해서는 효소들의 반응과 분자들의 이동 등과 같은 다양한 세포의 활동이 이루어져야 한다.

세포에서 일어나는 모든 활동에는 에너지가 필요한데, 세포는 물질대사를 통해 합성해 놓은 ATP를 ADP와 인산(Pi)으로 분해해서 나오는 에너지를 사용한다. 세포에 존재하는 ATP는 소량이므로, 세포가 일을 수행하기 위해서는 필요할 때마다 에너지 대사를 진행해서 생산해야 한다.

이러한 에너지 생산과 함께 물질의 합성이나 이동에 관련된 일을 수행하기 위해서는 다양한 세포소기관이 동시에 활성화되어야 한다. 이를 위해서는 신호가 증폭된 다음, 이 신호를 분할하는 과정이 필요하다. 세포에서 일어나는 신호의 분할은 이차 전달자가 여러 단백질을 활성화시키는 과정과 이렇게 활성화된 단백질이 다른 단백질을 순차적으로 활성화시키는 과정을 통해 일어난다. 이러한 예로 cAMP가 PKA(Protein kinase A)에 결합하여 활성화시키는 것과 함께 CNG(cyclic nucleotide gated ion channel)에 결합하여 활성화시킨다. cAMP에 의해 활성화되는 PKA는 주로 세포질에서 일어나는 반응을 활성화시키는 기능을 가지고 있으며, CNG는 세포 내부로 Ca^{2+} 이온을 이동시켜서 에너지 대사를 활성화시키는 일을 담당한다. 따라서 cAMP에 의한 PKA와 CNG의 활성화는 1차적으로 세포질에서 진행하는 생물학적 역할을 나타내는 신호와 에너지 대사를 활성화하고, Ca^{2+}에 의한 세포소기관의 활성화를 유도하는 신호로 분할하는 역할을 하는 것이다.

cAMP에 의해 활성화된 PKA는 다시 ion channel, endocytosis, metabolism, cytoskeleton dynamics, gene expression 등과 관련된 단백질을 인산화하여 관련된 세포의 활동을 조절한다. 즉, cAMP에 의해 활성화된 PKA는 다시 세포의 다양한 활동에 필요한 단백질들을 인산화시키는 방법을 통해 신호를 세포 활동의 전반으로 분할하는 역할을 하는 것이다(그림 3.8).

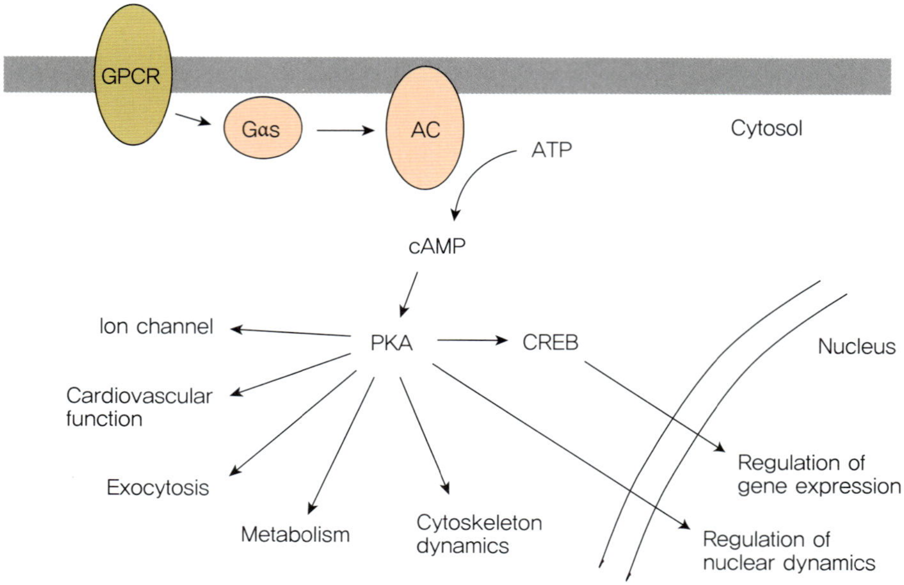

그림 3.8 세포 내부에서의 다단계 신호전달과 cAMP 신호의 분할.

6 세포에서의 다단계 신호는 어떻게 조절되는가?

외부에서 온 신호 분자가 수용체에 결합해서 정보를 세포 안으로 전달하였을 때, 세포 안에서는 다단계 신호전달 시스템에 의해 신호의 전달이 순차적으로 일어나게 된다. 신호전달 시스템에 관여하는 신호 분자들의 활동은 임무수행이 끝나는 적절한 시기에 활동을 멈추어야 하며, 시간이 지나면 신호가 전달되기 전의 상태로 돌아가서 다음의 신호를 받을 수 있는 상태가 되어야 한다. 만약 다음 신호를 받을 필요가 없는 경우에는 신호 분자를 제거해야 한다. 세포의 수용체에 결합한 신호 분자의 명령을 수행하는 세포는 같은 신호를 중복해서 받을 필요가 없으므로, 나중에 도착한 신호 분자가 수용체에 결합하지 않게 하는 반응을 진행할 필요가 있다. 전체적으로는 세포 내부에서 진행되는 일련의 반응들을 멈추게 한 후, 원상태로 되돌리는 반응들을 진행해서 장기적인 조절을 위한 반응을 진행한다.

세포에서 일어나는 신호전달의 모든 단계들은 단기와 장기의 분자적 반응을 통해 정교하게 조절이 되고 있으며, 이러한 조절이 안 되는 경우에는 세포의 기능에 문제가 발생한다. 세포에서 일어나는 분자 활동에 대한 생물학적 조절은 보통 초 단위, 초~분 단위, 분~시간 단위, 시간~장기에 걸쳐 단계적으로 일어난다.

1) 초 단위의 조절 – 반응 속도를 조절한다

초 단위의 아주 짧은 시간에 일어나는 조절은 효소 반응의 경우에서처럼 이용 가능한 기질을 줄여서 효소 반응의 속도를 즉각적으로 낮춘다. 신호전달의 과정에서도 이차 전달자에 의해 효소 반응이 조절된다. 이차 전달자의 농도를 낮추면 즉각적으로 활성화된 반응이 줄어든다. 이차 전달자를 세포소기관으로 이동시키거나 세포 밖으로 능동적으로 내보내서 농도를 낮추면 신호전달 반응이 줄어든다. 이러한 예는 세포질의 Ca^{2+}를 소포체로 이동시키거나 세포 밖으로 내보내서 효소나 단백질의 작용을 제어하는 방법에서 볼 수 있다(그림 3.9).

Reduce available substrate ⇒ Reduce enzyme reaction velocity

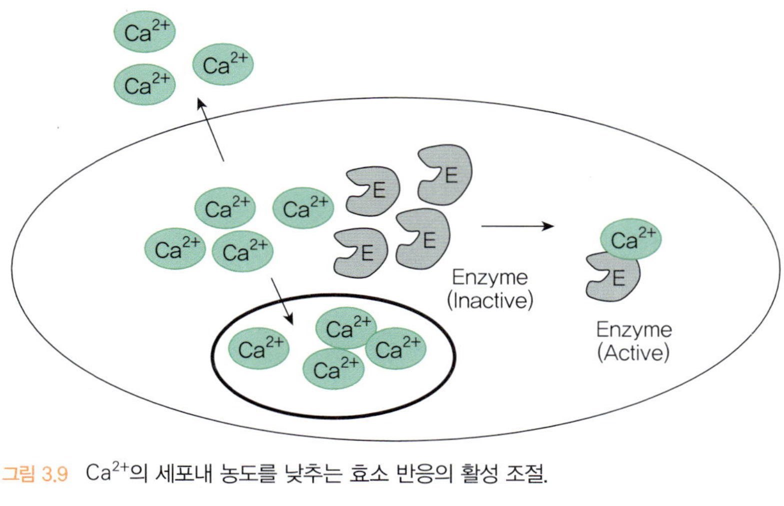

그림 3.9 Ca^{2+}의 세포내 농도를 낮추는 효소 반응의 활성 조절.

2) 초~분 단위 조절 - 조절 물질에 의한 효소의 조절이 이루어진다

다단계로 일어나는 반응에서 최종산물이 만들어지는 데 약간의 시간이 소요되는 경우에는, 최종산물이 되돌아와서 개시 반응을 조절하는 반응인 되먹임 억제 반응과 다른 물질이 결합해서 효소의 활동을 활성화시키거나 억제시키는 반응을 진행하는 조절 물질의 조절 작용(Ligand regulation)이 있다. 신호전달에서 만들어지는 cAMP, cGMP, Inositol phosphate, DAG 등과 같은 이차 전달자는 모두 조절 물질로 활용된다. 이는 조절 물질로 사용된 이차 전달자를 분해하거나 세포의 다른 소기관으로 운반시켜서 농도가 낮아지면 활성화 작용이 해소되는 방법이다. cAMP와 cGMP는 분해되어 각각 AMP와 GMP로 전환돼서 불활성화되고, Inositol phosphate와 DAG는 다른 물질로 전환시켜서 활성화 반응을 중단시킨다. 물질이 만들어지는 반응과 작용을 한 다음 분해되거나 전환되는 데에 시간이 걸리므로 조절이 분 단위로 이루어진다.

분 단위 조절의 예를 보면, 간세포에서 일어나는 Adrenaline의 다단계 신호전달 과정에서 생성된 이차 전달자인 cAMP는 PKA를 활성화시키고, 이렇게 활성화된 PKA는 다시 불활성 상태의 PPDase(cAMP dependent phosphodiesterase)를 인산화시켜서 PPDase-Ⓟ를 활성화된 형태로 전환시킨다. 활성화된 PPDase-Ⓟ가 cAMP를 AMP로 전환시키면, cAMP의 농도가 낮아져서 PKA의 활성이 멈추게 된다. 이처럼 Adrenaline → G-protein → Adenylate cyclase → PKA → PPDase로 이어지는 다단계 신호전달을 거치는 동안 시간이 소요되기 때문에 Adrenaline 작용 후의 조절은 분 단위로 이루어진다(그림 3.10).

Ligand regulation, Ligand activation and inhibition, Regulation of Feedback control

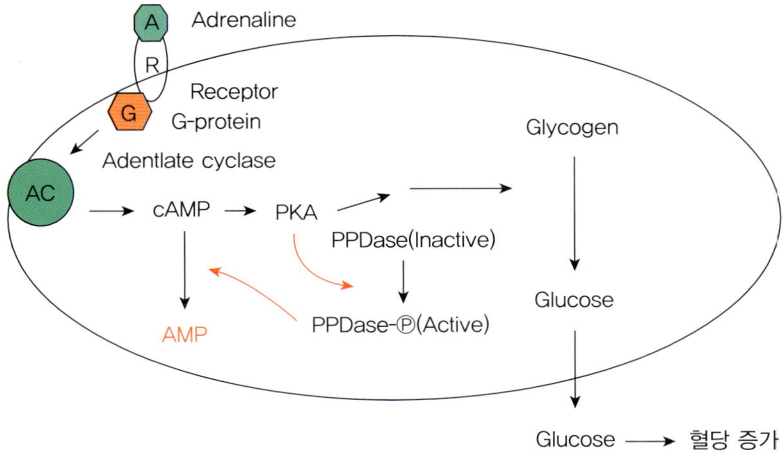

그림 3.10 Adrenaline 신호전달에서 PPDase(cAMP dependent phosphodiesterase)에 의한 cAMP의 분해 경로.

3) 분~시간 단위 조절 – 공유결합에 의한 분자 구조의 변형으로 조절한다

신호전달에 관여하는 전달자들의 작용을 조절하는 문제는 세포의 효율적인 운용을 위해 아주 중요한 문제이다. 신호가 세포에 전달되면 세포 내부의 생리적인 상황에 따라 명령을 어떻게 진행할지가 결정되는데, 이러한 조절은 관여하는 단백질들의 기능을 정지시키고 다시 활성화하는 기작을 통해 정교하게 조절된다. 이러한 기능 정지와 활성화 과정은 주로 공유결합을 통한 단백질의 변화를 통해 일어난다. 생리적인 상황에 맞게 변화된 단백질의 기능은 생리적인 조건이 개선되는 상황에서 다시 되돌리는 반응이 진행되므로, 분~시간 단위의 상당한 시간이 소요된다. 생물체의 세포에서 공유결합을 통한 분자의 변형을 조절의 방법으로 활용하는 반응에는 Kinase와 Phosphatase의 반응에 의해 조절되는 Phosphorylation-Dephosphorylation 반응, Ribose를 결합시켜서 변형하는 Ribosylation 반응, Methyl 그룹을 결합시켜서 변형하는 Methylation 반응, Acetyl기를 결합시켜서 변형하는 Acetylation 반응, Lipid 성분을 결합시키는 Lipidation 방법 등이 활용되고 있다. 이중 신호전달에 관여하는 단백질들의 활성 조절에 세포가 가장 많이 이용하

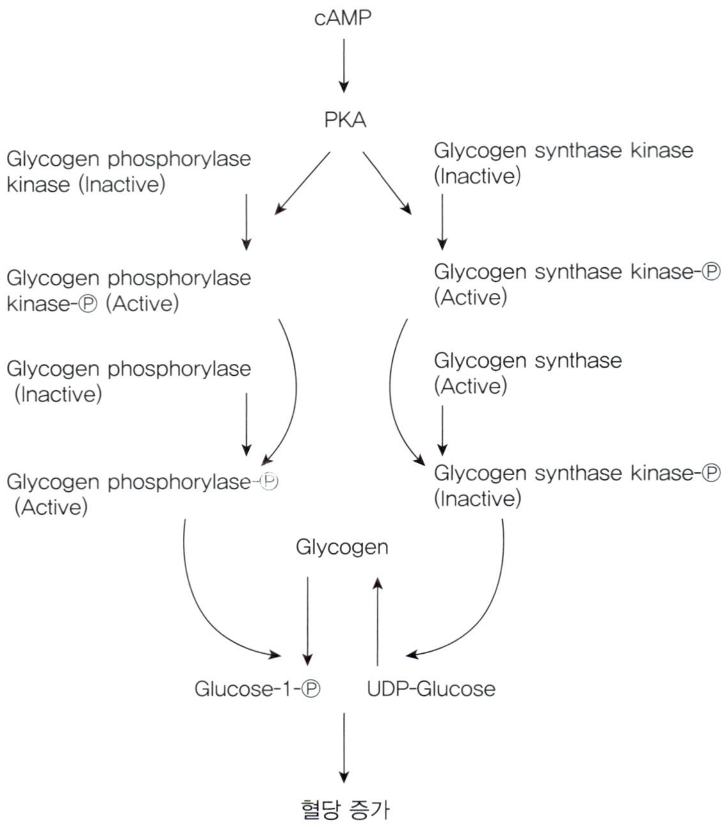

그림 3.11 Kination에 의한 Glycogen의 분해에 관여하는 효소의 생리적 조절.

고 있는 방법은 Kinase와 Phosphatase의 반응에 의해 조절되는 Phosphorylation-Dephosphorylation 반응이다.

이러한 조절의 한 예로 Glycogen phosphorylase와 Glycogen synthase의 생리적 조절에 관여하는 kinase 시스템을 들 수 있다(그림 3.11).

간 세포가 Adrenaline의 신호를 받으면, 세포 내부에서 cAMP의 농도가 높아지며, cAMP는 PKA를 활성화시킨다. 활성화된 PKA는 다시 불활성화 상태로 대기하고 있는 Glycogen phosphorylase kinase와 Glycogen synthase kinase를 인산화시켜서 활성을 갖는 상태로 만든다. 인산화로 활성화된 Glycogen phosphorylase kinase-Ⓟ는 불활성화된 상태로 대기하고 있던 Glycogen phosphorylase를 인산화시켜서 활성형인 Glycogen phosphorylase-Ⓟ가 되게 한다. 활성화된 Glycogen phosphorylase-Ⓟ가 Glycogen을 분해해서 Glucose-1-Ⓟ를 만들어내면 Glucose가 되어 세포 밖으로 나가게 되고, 이에 따라서 혈당이 높아진다.

세포에 도달한 신호가 작동해서 생리적인 요구가 해소되고 나면, 신호전달 과정에 동원되었던 단백질들이 더 이상의 일을 하지 않도록 조절해야 하고, 다음으로 신호를 받기 전의 상태로 회복시켜야 한다. 활성화시키는 방법에는 kinase에 의한 인산화 반응이 주를 이루는 반면에, 회복시키는 반응에는 phosphatase 반응이 주를 이룬다(그림 3.12).

Adrenaline의 신호전달에서 회복 반응은 수용체가 활성화시키는 GRKs(G-protein coupled receptorkinase)의 반응으로부터 시작된다. GRKs가 수용체를 인산화시키면 세포가 일을 하고 있는 동안 다른 신호를 받지 못하도록 하는 반응이 진행된다. Receptor의 인산화가 일어나, 이를 β-Arrestin 단백질이 인지해서 결합하면, Receptor 단백질의 G-proetein 결합 부위가 봉쇄되고 불활성화되어서 더 이상의 신호를 받지 못하므로 신호를 세포 내부로 전달하지 못하게 된다. 다음으로는 PKA가 인산화시킨 PPDase(cAMP dependent phosphodiesterase)에 의해 진행되는 반응으로 cAMP를 분해해서, AMP로 전환하여 PKA를 불활성화시키는 반응이다. PPDase의 반응이 cAMP의 유사체인 Caffeine과 같은 물질에 의해 저해되면, cAMP의 분해가 이루어지지 않아 세포내 농도가 높은 상태로 유지하게 되고, PKA가 계속해서 활성화되므로 세포는 일을 계속하게 된다.

마지막으로는 인산화된 단백질에 붙어 있는 인산기를 제거해서 원래의 상태로 돌아오게 하는 반응을 진행하여 회복시킨다. PKA가 인산화를 통해 활성화하는 단백질에는 Phosphatase가 있다. Phosphatase는 인산화되어 있는 단백질에 작용해서 인산기를 제거하는 반응을 진행한다.

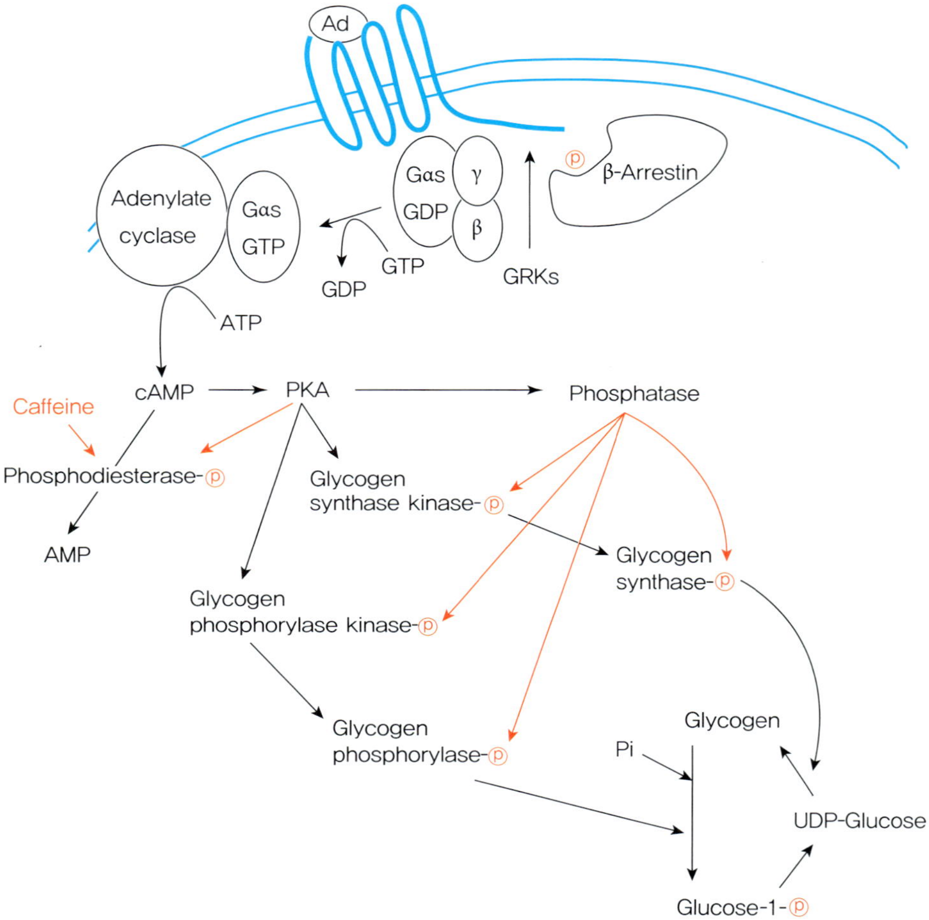

그림 3.12 Adrenaline 신호전달 시스템의 회복 기작.

4) 시간 ~ 장기적인 조절

세포에서 일어나는 신호전달에 있어서 생리적인 조건이 자주 변하는 상황에서는 단기적인 조절이 주를 이루지만, 모든 단기적인 조절의 후에는 장기적으로 대비하는 반응들이 일어난다. 즉, 세포에 도달한 다음 세포 내에 정보를 전달해서 신호전달 시스템을 활성화시키는 모든 신호는 단기와 장기적인 조절을 함께 가져간다. 세포

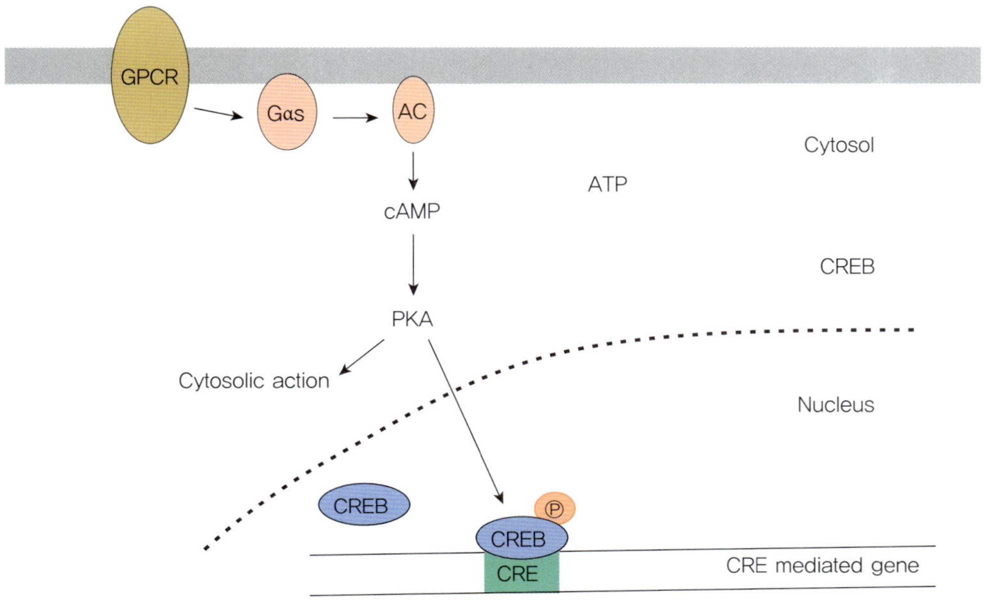

그림 3.13 Adrenaline 신호에 의한 CREB의 유전자 발현 조절.

내부의 신호전달 후에 일어나는 장기적 조절은 대부분 세포질에서 신호를 받은 전사인자가 핵으로 이동해서 유전자 발현을 조절하는 방식으로 나타난다(그림 3.13). Adrenaline 신호를 예로 들면, Receptor → Adenylate cyclase → cAMP → PKA로 이어지는 신호전달에 이어 PKA가 CREB를 인산화시키면, CREB-Ⓟ는 핵에 있는 특정 유전자의 프로모터 부위에 있는 CRE(cAMP response elelent) 부위에 가서 결합하고, 유전자의 전사인자로 작용하여 유전자의 발현을 촉진한다.

세포는 생리적인 필요에 따라 효율성이 최대가 되도록 운용하는 쪽으로 진화되어 왔다. 따라서 반응이 많이 필요한 쪽에는 단기적인 조절로 기질이 되는 물자를 많이 공급해서 속도를 높이고 인산화를 통해서 지속적으로 반응이 일어나도록 촉진하는 방법도 동원한다. 하지만 이러한 시스템은 기존에 갖추어 놓은 시스템 안에서의 조절로 인한 한계를 가지고 있다. 장기적으로는 생리적인 요구의 증가와 감소에 따라 일을 할 수 있는 시스템 자체를 늘리거나 줄이는 방법을 통해 조절한다. 이렇게 일하는 시스템의 수를 조정하는 과정에서 증가가 필요한 경우에는 주로 유전자 발현을 통해서 관련된 단백질을 새롭게 합성하여 보충하는 방법을 이용하고, 감소가 필요한 경우는 단백질을 분해해서 제거하는 방법을 이용한다. 세포는 기본적으로 일정한 단백질을 주기적으로 제거하는 방법을 이용한다. 새롭게 합성되는 단백질로 보충을 하지 않으면 세포 안에 있는 단백질들은 최소한의 양이 남을 때까지 계속해서 줄어들게 된다. 즉, 세포는 주기적으로 단백질을 서서히 제거하고서 생리적인 요구가 발생할 때 합성해서 보충하는 방식을 택하고 있다. 이러한 단백질의 제거는 Proteosome의 Protease 작용으로 진행된다. Proteosome은 필요 없는 단백질과 손상을 받아 기능하지 않는 단백질을 우선적으로 제거한다.

Induction-Regulation of gene expression-Protein degradation

유전자 발현의 유도와 전사의 조절 이외에 장기적인 조절 방법인 DNA methylation과 Histon acetylation을 통해서도 유전자의 발현에 관한 조절이 이루어진다. 유전자 프로모터 부위의 CpG methylation은 유전자 발현을 억제하는 효과를 나타낸다. 유전자 발현 조절은 또한 Histon acetylation과 deacetylation을 통해서도 일어난다. Histon acetylase가 작동해서 Histon 단백질들이 Acetylation되면 Chromatin은 이완된 상태가 되어 유전자 발현이 가능한 상태가 된다. 하지만 Histon deacetylase가 작용해서 Acetylation되어 있던 Histon 단백질에서 아세틸기가 제거되면 Chromatin은 응축된 상태가 되어 유전자 발현이 억제되는 상태가 된다.

신호의 세포 수용체와 세포내 중계자

04

1 세포막의 수용체

외부에서 오는 신호 분자가 세포에 신호를 전달하기 위해서는 결합할 수 있는 수용체를 가진 세포에 도달해야 한다. 대부분 혈액을 따라 이동해서 표적 기관의 세포에 도달하게 된다. 신호 분자에 대한 수용체를 가지고 있는 표적 세포의 근처를 지나가는 신호 분자는 세포막에 있는 수용체에 결합하고, 세포막을 통과할 수 있는 분자는 세포 안에 있는 수용체에 결합해서 정보를 전달한다. 호르몬으로 작용하는 모든 신호 분자가 각 기관의 세포들을 거쳐서 지나가지만, 수용체가 없으면 결합하지 않고, 수용체를 가지고 있는 표적 세포에만 결합한다. 신호 분자와 세포의 수용체는 서로 상보적인 구조를 가지고 있어서, 매우 특이적으로 결합한 후에 신호를 전달하므로 수용체를 가지고 있지 않은 세포는 영향을 받지 않는다.

세포막에 있는 수용체들은 공통적으로 신호 분자와 결합하는 세포 바깥의 부위, 세포막을 관통하는 부위, 세포 내에 신호를 전달하는 부위와 같이 3가지 부위로 구성되어 있다. 수용체 분자가 가지고 있는 구조적인 특징에 따라 분류하면, 수용체 단백질이 세포막을 한 번만 통과하는 Single transmembrane receptor와 한 번 이상 통과하는 Multiple transmembrane receptor로 나눌 수 있다.

1) Single transmembrane receptor

세포막을 한 번 투과하는 수용체들은 같은 분자들이 모여서 작용하는 것과, 다른 형태의 분자들이 서로 모여서 작용하는 것 등 다양한 형태를 취하고 있다. 세포의 바깥 부분에는 신호 분자와 결합하는 특징적인 구조를 가지고 있어서 선택적인 결합을 하는데, 세포의 안쪽 도메인에는 효소 부위가 하나 이상 존재한다. 외부에 신호 분자가 와서 결합하면 세포 내부에 있는 효소 부위가 활성화돼서 효소 활성을 나타내고 세포 내에 정보를 전달한다.

세포막을 한 번만 통과하는 수용체의 대표적인 예로는, 동일한 분자 2개가 모여서 작용하는 EGF, TGF-α, PDGF receptor 등이 있다. 여기에서 PDGFR은 α 및 β 수용체와 α2, β2, αβ 중합체를 이뤄서 작용한다. 세포 안쪽에 있는 수용체의 부분에는 Tyrosine kinase 부분이 있어서 단백질에 있는 Tyrosine에 인산기를 결합시키는 반응을 진행한다.

Insulin receptor는 세포 바깥에서 신호 분자와 결합하는 부위에 2개의 동일한 분자가 disulfide 결합으로 연결된 α2, 그리고 세포 안쪽으로 연결된 2개의 단백질이 αβ의 사이를 연결하는 disulfide 결합으로 연결되어 있다. 세포 바깥의 α2 부위에 인슐린이 결합하면 β 단백질의 세포 안쪽에 있는 Tyrosine kinase가 활성화되어 단백질의 Tyrosine 부위를 인산화한다.

Atrial natriuretic peptide receptor는 동일한 2개의 수용체로 되어 있으나, 세포

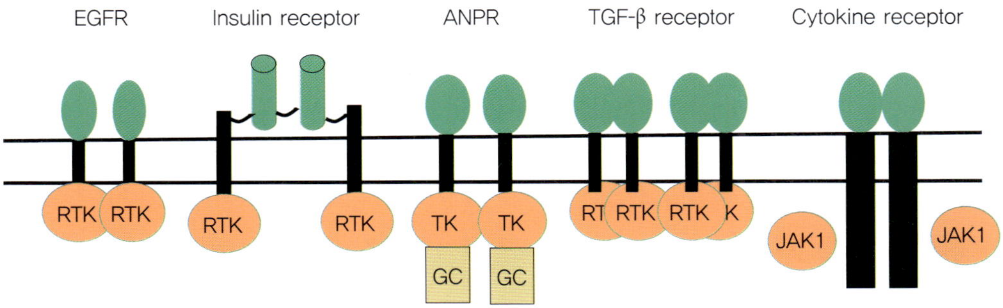

EGFR: Epicellial growth factor receptor
ANPR: Atrial natriuretic peptide receptor
RTK: Receptor tyrosine kinase
TGF-β: Transforming growth factor-β
TK: Tyrosine kinase homology
GC: Guanylyl cyclase
JAK1 : Janus kinase 1

그림 4.1 Single transmembrane receptor의 모식도.

안쪽에 Tyrosine kinase 유사 부위와 Guanylyl cyclase의 효소 부위를 가지고 있다. 수용체의 바깥 부분에 ANP가 결합하면 세포 안쪽의 Guanylyl cyclase가 활성화되어 cGMP를 생산한다. TGF-β receptor는 TGF가 αβ의 복합체에 결합하면 다른 αβ의 복합체에 합류해서 αβ-αβ의 tetramer를 이룬다. TGF-β receptor의 세포질 부분에는 Tyrosine kinase 부분이 있어서 단백질에 있는 Tyrosine 부위를 인산화한다. 세포막을 한 번 관통하는 IL2, GM-CSF와 같은 Cytokine의 수용체들은 Tyrosine kinase 활성을 가지고 있지 않지만, 세포질에 존재하는 JNK1(Janus kinase1)과 같은 Cytosolic tyrosine kinase가 결합하는 부위를 가지고 있다. Cytokine이 수용체에 결합하면 JNK1이 결합해서 활성화되고, 활성화된 JNK1이 다른 단백질의 Tyrosine을 인산화해서 신호를 전달한다(그림 4.1).

(1) EGF Receptor

Homodimer

Extracellular portion – multiple domains

Intracellular portion – Tyrosine kinase domain

(2) Insulin Receptor

α2 β2 tetramer

Extracellular portion – multiple domains

Intracellular portion – Tyrosine kinase domain

(3) Atrial natriuretic peptide receptor

Extracellular portion – Two domains

Intracellular portin – Protein kinase Homology domain and Guanylyl cyclase domains

(4) TGF-β receptor

Tetramer : αβ–αβ

Extracellular portion – Two domains

Intracellular portion – Tyrosine kinase domain

(5) Cytokine receptor

αα, αβ, αβγ polymer

Extracellular portion – multiple domains

Intracellular portin – Cytosolic tyrosine kinase binding site

(6) Single transmembrane receptor의 신호전달 중계자

Single transmembrane receptor들은 대부분 수용체의 세포질 안쪽에 위치한 부분에

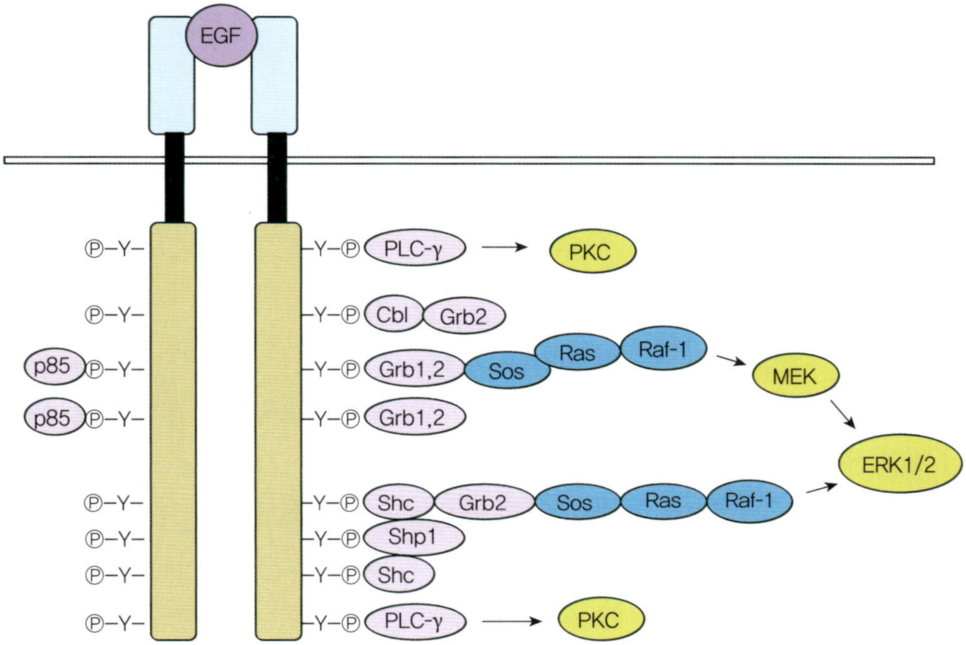

PLC-γ: Phosphoinositide phospholipase C-γ
Cbl: Casitas B-lineage Lymphoma에서 이름이 붙음
Grb1,2: Growth factor receptor-bound protein 1,2
Shc: Phosphotyrosine binding domain을 가지고 있는 단백질 중의 하나
Sos: Son of Sevenless-genes encoding guanine nucleotide exchange factors
Ras: 바이러스 유래의 Rat sarcoma에서 명칭 유래
Raf-1: Rapidly Accelerated Fibrosarcoma-serine/threonine-specific protein kinases
MEK: Mitogen-activated protein kinase kinase
ERK: Extracellular signal-Regulated Kinase

그림 4.2 EGFR 결합 단백질.

효소 활성을 가진 도메인을 분자 내부에 가지고 있거나 효소의 기능을 가진 단백질이 결합해서 활성화되는 방식으로 신호전달을 중계한다. 수용체 분자 내부가 가지고 있는 효소는 주로 Tyrosine kinase의 활성을 가지고 있으며, Atrial natriuretic peptide receptor의 Guanylyl cyclase와 같이 일부에서만 다른 효소의 기능을 가지고 있다. 외부의 신호가 수용체에 결합하면, 수용체는 같은 수용체 분자나 다른 수

용체 분자와 중합체를 만들고, 중합체 내부의 Tyrosine kinase의 활성에 의해 스스로 인산화하거나 다른 단백질을 인산화시킨다.

단백질의 인산화가 일어난 곳에 Tyrosine-o-ⓟ 부위를 인지하는 중계자 단백질이 결합하면서 다단계 신호전달 과정이 진행된다(그림 4.2).

2) Multiple transmembrane receptor

(1) GPCR

세포막을 여러 번 관통하는 구조를 가지고 있는 Adrenaline의 수용체는 한 단백질이 막을 7번 통과하는 구조를 가지고 있으며, 신호전달의 중계자인 G-protein과 결합하는 성질로 인해 G-Protein Coupled Receptor 또는 GPCR이라 부른다.

GPCR은 내부에는 세포 외부의 신호 물질이 와서 결합하는 Oligosaccharide 결합 부위와 막을 관통하는 부위, G-protein과 결합하는 부위, 인산화가 이루어지는 부위가 있다.

GPCR과 결합해서 활성화되는 단백질에는 G-protein과 G-protein coupled receptor kinase(GRKs)가 있고, 인산화된 GPCR과 결합하는 Arrestin이 있다(그림 4.3).

외부 신호의 자극을 받아 GPCR이 활성화되면 G-protein이 활성화되어 세포 내에 신호를 전달한다. 활성화된 GPCR은 또한 GRKs를 활성화시킨다. GPCR의 자극을 받아 활성화되는 GRKs(G-protein coupled Receptor Kinase)는 GPCR을 인산화시키는 효소이다. GPCR이 인산화되면 인산화된 부위에 β-arrestin 단백질이 와서 결합을 하게 되고, 내세포 운동이 유발되어서 GPCR이 세포 내부로 이동하게 된다. 세포 내부에 들어온 GPCR은 분해 반응을 거쳐 제거되거나 세포막으로 돌아가서 재사용되는 경로를 거친다.

GPCR receptor family

Acetylcholine : 신경전달 물질

Bradykinin : 염증 반응을 중계하는 peptide로 혈관의 평활근을 확장시킨다.

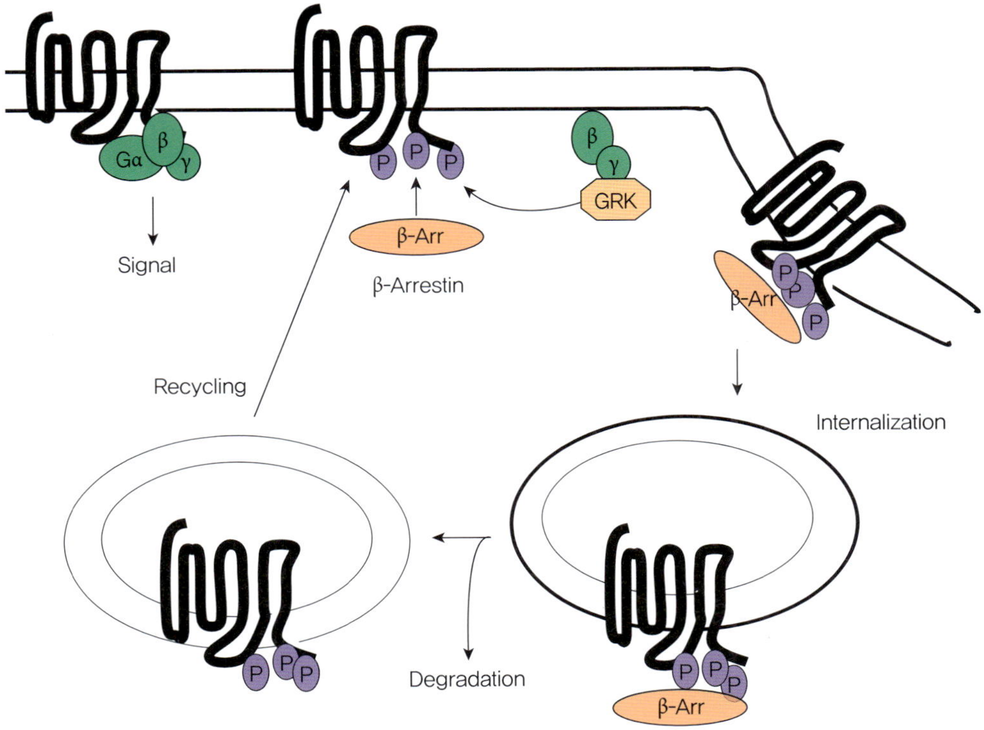

그림 4.3 GPCR 구조와 작용 및 세포내 이동.

Calcitonin : 부갑상선에서 분비되는 호르몬으로 혈중 칼슘 농도를 감소시킨다.

Dopamine : 중추신경계에서 발견되며, 호르몬과 신경전달 물질로 이용된다.

Epinephrine(Adrenaline) : 부신의 수질에서 분비되는 호르몬으로 교감신경계에 작용한다.

Glucagon : 췌장의 α 세포에서 분비되는 호르몬으로 혈당을 상승시킨다.

Histamine : 백혈구인 호염구와 비만 세포에서 분비되며, 빠른 염증 반응에 관여한다.

Leukotrienes : 백혈구에서 생산하는 물질로 면역 반응을 중계하는 Eicosanoid의 일종이다.

LH(Luteinizing hormone) : 뇌하수체 전엽에서 분비되는 호르몬으로 생식에 관여한다.

Neurotensin : LH와 Prolactin의 분비를 조절하는 13개 아마노산의 neuropeptide.

Oxytocin : 뇌하수체 후엽에서 분비되는 호르몬으로 자궁을 수축한다.

Parathyroid hormone : 부갑상선에서 분비되는 호르몬으로 혈중 칼슘 농도를 조절한다.

Prostaglandins: 아라키돈산에서 합성되는 Eicosanoid의 일종으로 다양한 기능을 한다.

Serotonin : 신경전달 물질의 하나로 위장관, 혈소판, 중추신경계에서 행복감에 기여한다.

Somatostatin : 시상하부에서 분비되는 Growth hormone inhibiting hormone이다.

Thrombin : Serine protease로 혈액 응고와 PARs의 활성화에 기여한다.

Thyrotropin : 뇌하수체 전엽 호르몬으로 thyroid-stimulating hormone(TSH)이다.

Vasopressin : 뇌하수체 후엽에서 분비되는 호르몬으로 수분의 재흡수를 촉진한다.

(2) GABAB Receptor

막을 여러 번 관통하는 수용체가 중합체로 작용하는 경우도 있다. 예로 $GABA_B$ 수용체를 들 수 있으며, $GABA_{B1}$과 $GABA_{B2}$ 수용체가 중합체를 형성해서 작동한다. $GABA_{B1}$-$GABA_{B2}$ 수용체 복합체는 G-protein의 $G\alpha_{i/o}$를 활성화시켜서 Adenylyl cyclase을 억제하며, K^+ channel을 활성화하고, Ca^{2+} channel을 억제한다. 수용체의 세포질 부분에는 부착 단백질, 운반 단백질, 전사인자 등과 결합하는 부위를 가지고 있다. 수용체의 세포질 부분에 결합한 부착 단백질은 β-Filamin의 결합 부위를 가지고 있어서 actin microfilament와의 부착으로 세포의 미세섬유를 붙잡는 역할을 하고 있다(그림 4.4).

(3) Ion-channel receptor

Ion-channel receptor는 Ligand-gated ion channe 또는 Ionotropic receptors라고도 부르며, 여러 개의 단백질이 모여서 통로를 이루는 단백질이다. 외부의 산호가 수

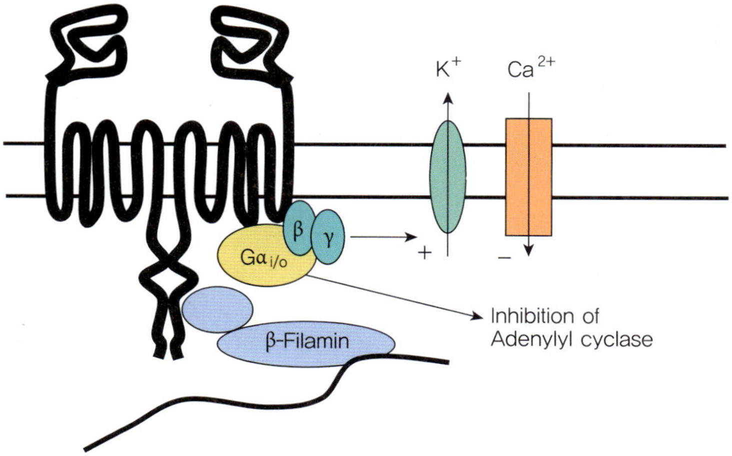

그림 4.4 $GABA_{B1}$과 $GABA_{B2}$ 수용체가 중합체의 구조를 형성.

용체에 결합하면 이온 통로가 열려서 이온이 통과하게 된다. Calcium channel, Sodium channel, Potassium Channel, Chloride Channel 등이 있으며, 신호의 종류에 따라 각각 특이성을 가지고 있다(그림 4.5).

2 Cytosolic receptor

외부의 신호물질 중에서 세포막을 통과하여 세포 안으로 들어갈 수 있는 물질의 상당 수에는 세포 안쪽의 세포질에 수용체가 존재한다. 세포질에 존재하는 수용체에는 Steroid Hormone receptor, Cholic acid receptor, Long chain fatty acid receptor, Retinoic acid receptor, Vitamine D receptor, Thyroid hormone receptor, Orphan receptor 등이 알려져 있다.

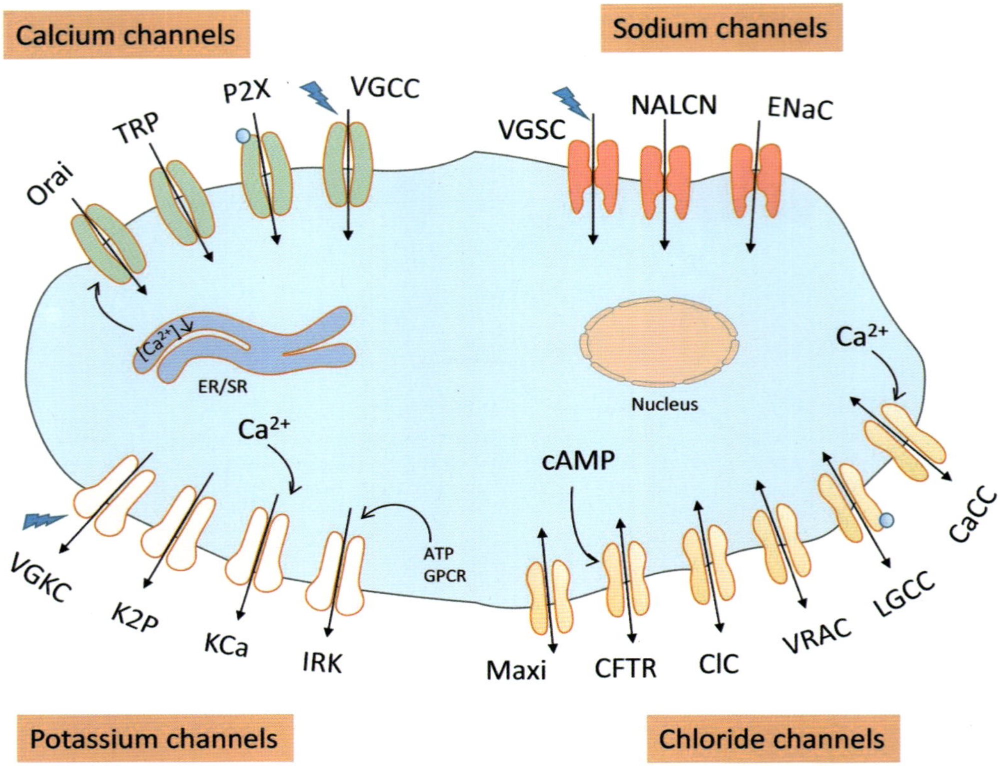

그림 4.5 Plasma membrane ion channels.
Ref: Endocrine-Related Cancer 23, 11; 10.1530/ERC-16-0334

1) Steroid Hormone receptor

세포질에 수용체가 존재하는 스테로이드 호르몬의 일반적인 일차 구조를 보면 Transactivation-DNA Binding-Dimerization-NLS(NuclearLocalization Signal)-Hormone binding-Transactivation 도메인의 순서로 구성되어 있다(그림 4.6). Transactivation 도메인은 단백질의 Ser/Thr 자리에 인산화되는 부위를 가지고 있어서 조절 작용을 받는 부위이다. DNA Binding 도메인은 수용체에 호르몬이 결합하여 활성화되었을 때 DNA에 결합하는 부위이다. Dimerization 도메인은 호르몬

A/B	C	D	NLS	E	F

A/B: Transactivation Ser/Thr phosphorylation site를 갖고 있다.
C: DNA Binding
D: Dimerization
NLS: Nuclear Localization Signal
E: Hormone binding Hormone 이 결합하지 않고 있는 상태에서는 HSP56, HSP70, HSP90 등이 결합함
F: Transactivation

그림 4.6 Steroid hormone receptor의 일반적인 모식도.

이 결합하여 수용체가 중합체로 될 때 서로 결합하는 부위이다. NLS(Nuclear Localization Signal)는 수용체가 핵으로 이동하는 데 필요한 부위이다. Hormone binding 도메인은 호르몬이 직접적으로 수용체와 결합하는 부위이며, Coactivator와 Corepressor 단백질에 대한 결합 부위를 가지고 있어서 전사의 조절에 호르몬이 관여하고 있지 않을 때에는 Hsp56, Hsp70, Hsp90 등의 단백질이 결합해서 보호하고 있다. 말단의 Transactivation 도메인은 유전자 발현의 촉진 효과를 갖는 부분으로 일부의 수용체에서는 활성화와 관련이 없는 경우도 있다.

지금까지 잘 알려진 Steroid Hormone receptor에는 Progeaterone 수용체의 PRA와 PRB, Testosterone 수용체의 AR, Cortisol 수용체의 GRα, GRβ, GRa, GRb 등이 있으며, Aldosterone 수용체로는 MR, 17β-Estradiol 수용체로는 ERα와 ERβ 등이 있다.

스테로이드 호르몬은 세포막을 통과하여 세포 안으로 들어가서 세포질의 수용체와 결합한다. 호르몬-수용체 중합체는 핵으로 이동한 후 유전자의 호르몬의 결합 부위에 결합하여 유전자의 발현을 조절한다(그림 4.7).

(1) Classical Action

Altered gene transcription: Steroid hormone의 일반적인 작용 기작으로, 호르몬이 직접 세포막을 통과하여 이동하고, 세포질 내부의 수용체에 결합한 다음 핵으로 이동해 전사인자로 활동하면서 특정 유전자의 발현을 조절해서 세포의 생리적 현상을 조절하는 기작이다.

Steroid hormone

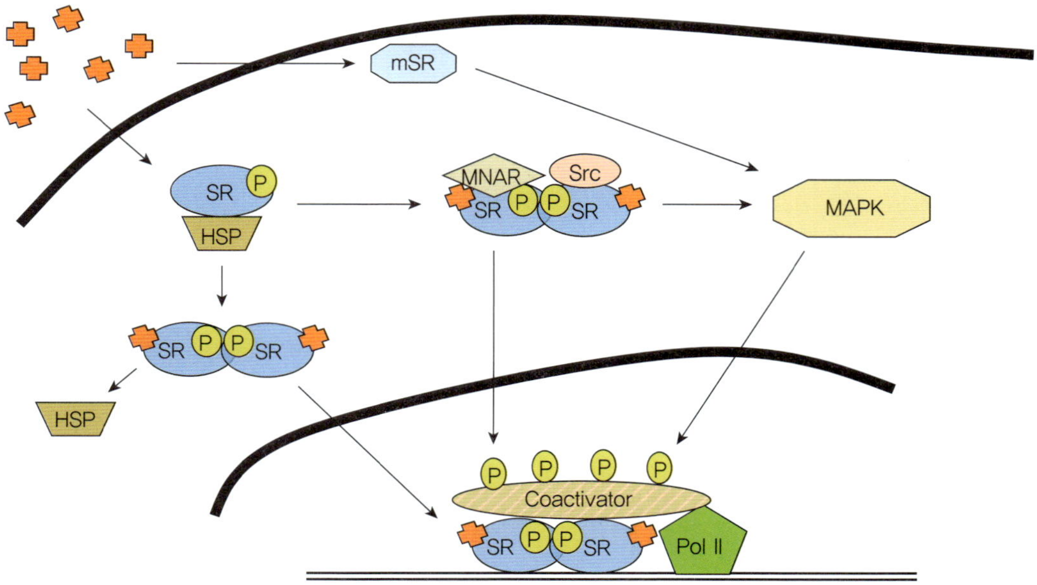

SR: Steroid hormone receptor, HSP: Heat shock protein,
mSR: membrane Steroid hormone receptor,
MAPK: Mitogen activated protein kinase, Src: Src kinase
MNAR: nongenomic actions of estrogen receptor

그림 4.7 Mechanism of steroid hormone action.

(2) Receptor mediated endocytosis

Steroid hormone이 세포막에 있는 수용체에 결합하면, Receptor mediated endocytosis 기작에 의해 세포 안으로 들어간 후 스테로이드 호르몬이 세포질로 방출되어 세포 내부의 대사 또는 활성을 나타낸다.

(3) Signaling through cell surface receptor

세포막에 존재하는 수용체에 결합한 후 다단계 신호전달 시스템을 통해 신호를 전달해서 세포의 생리적 현상을 조절하는 수용체이다.

2) Bile acid(Cholic acid) receptor

소장의 세포에서 Cholic acid를 흡수하면 세포질에 있는 수용체인 Farnesoid X receptor(FXR)에 결합한다. Cholic acid-FXR 복합체는 Fibroblast Growth Factor 15/19(FGF15/19)의 유전자 발현을 촉진한다. FGF15/19는 간세포로 가서 FGF4 신호전달과 JNK 신호전달 경로를 통해 CYP7A1의 활성을 억제한다. CYP7A1의 활성이 억제되면 cholesterol에서 Cholic acid가 합성되는 반응이 억제된다. 담즙산인 Cholic acid는 대식세포 M1에서 INF-γ와 IL-6의 생산을 억제하고, 대식세포 M2에서는 IL-10의 발현을 촉진시키며, Dendritic cell에서는 TNF-α와 IL-12의 생산을 억제하고, NkT 세포에서는 Osteopontin의 발현을 억제시킨다.

Bile acid는 또한 세포막의 수용체인 G-protein-coupled bile acid receptor, Gpbar1(TGR5)를 활성화시킨다. TGR5의 신호는 G-protein → cAMP → PKA → CD95 경로로 전달되면서 Anti-apoptosis 효과를 나타낸다(그림 4.8).

3) Long chain fatty acid receptor

Arachidonic acid와 5-hydroxyeicosatetraenoicacid 및 5-oxo-eicosatetraenoic acid와 같은 Arachidonic acid의 유사체인 불포화 지방산에 의해 활성화되는 수용체는 PPAR-γ or PPARG이다. Peroxisome proliferator-activated receptor gamma (PPAR-γ or PPARG)는 glitazone receptor, 또는 NR1C3로 알려져 있던 수용체이다. PPAR-γ는 포도당 대사와 지방의 저장을 조절한다. 지방세포에서 지방산의 흡수를 촉진하고, 지방의 합성을 촉진하며, 지방세포의 분화를 촉진하고, 간세포의 인슐린 민감성을 높여서 포도당의 흡수를 촉진하며, 지방 합성으로의 전환을 활성화 한다.

4) Retinoic acid receptor

Retinoic acid receptor(RAR)는 all-trans retinoic acid와 9-cis retinoic acid에 의해

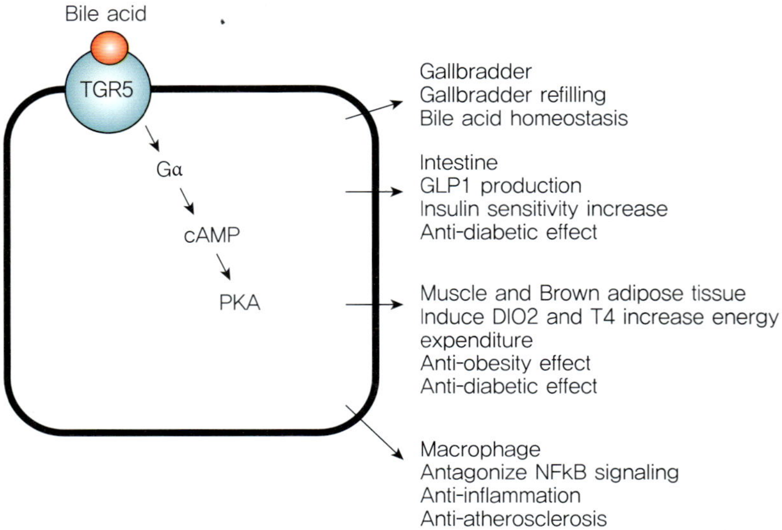

DIO2: Type II iodothyronine deiodinase

그림 4.8 Bile acid-TGR5 signaling effect.

활성화돼서 전사인자로 작용하는 핵 수용체의 한 종류이다. RAR에는 RAR-α, RAR-β, RAR-γ의 세 가지 형태가 있다. RAR은 RXR과 이형중합체를 형성해서 RAR/RXR 중합체가 되고, Co-repressor와 함께 유전자의 프로모터 부위에 있는 RARE에 결합한다. 이러한 복합체에 Retinoic acid가 결합하면, Co-activator 복합체와 결합하고 유전자의 전사를 촉진하게 된다(그림 4.9).

5) Vitamine D receptor

Vitamine D와 결합하여 유전자 발현을 조절하는 수용체를 Vitamine D receptor (VDR)이라 한다. VDR은 세포질로 들어온 1,25$(OH)_2D_3$와 결합하여 복합체가 되고, 다시 RXR과 결합하여 1,25$(OH)_2D_3$-VDR-RXR 복합체로 된다. 1,25$(OH)_2D_3$-VDR-RXR 복합체는 핵으로 이동한 후 유전자의 VDRE에 결합해서 전사를 촉진시킴으로써 조직 특이적인 세포 반응을 이끌어낸다(그림 4.10).

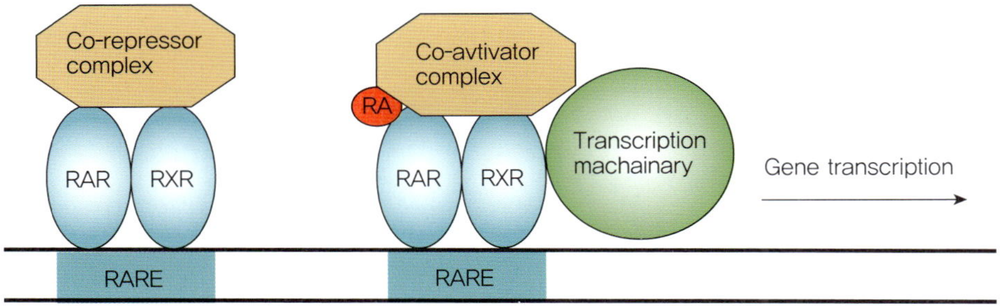

그림 4.9 Mechanism of Retinoic acid receptor.

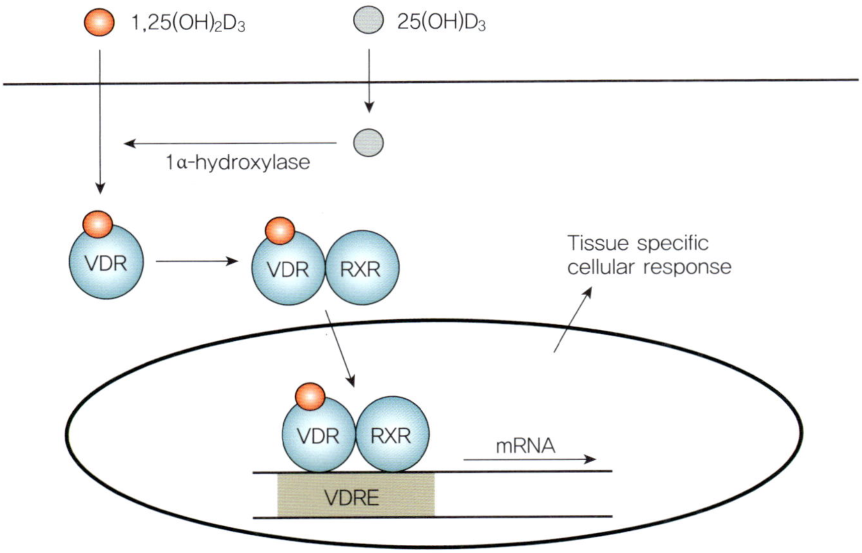

그림 4.10 Mechanism of Vitamine D receptor.

6) Thyroid hormone receptor

Thyroid hormone의 결합에 의해 활성화되는 수용체인 Thyroid hormone receptor (TR)은 핵수용체의 한 종류이다. Thyroid hormone이 세포질에 있는 Thyroid hormone receptor(TR)에 결합하면, RXR이 결합하면서 T3-TR-RXR 복합체가 되고

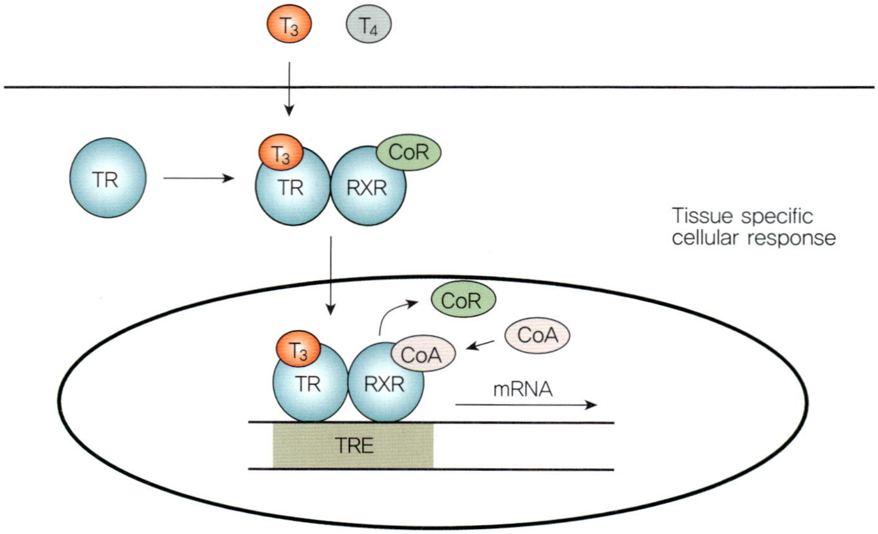

그림 4.11 Mechanism of Thyroid hormone receptor.

핵으로 이동해서 유전자의 TRE에 결합한다(그림 4.11).

7) Orphan receptor

세포에 존재하는 수용체와 화학적으로 유사한 구조를 가지고 있으나 활성화시키는 물질이 알려져 있지 않은 수용체를 Orphan receptor라 한다. 원래는 핵 수용체를 중심으로 구조적인 유사성에 기초하여 찾아낸 수용체 중에서 조절자를 알지 못하는 수용체를 일컫는 용어이었으나, 현재는 조절 작용을 나타내는 조절자가 밝혀지지 않은 수용체를 일컫는다.

핵 수용체로는 COUP-TFs, DAX-1, GCNF, SHP, TR4 등의 Orphan receptor가 알려져 있으며, COUP-TFs, DAX-1, GCNF, SHP의 유전자 knockout 동물과 DAX-1 자연 돌연변이 동물실험에서 유전의 발현을 억제하는 것이 밝혀졌다.

GPCR과 관련된 Orphan receptor를 GPR이라 부르며, 100여 가지가 알려져 있으나 대부분 Orphan으로 남아 있는 상태이다.

3 Plant steroid receptor-Brassinosteroid

식물체에는 스테로이드 호르몬과 유사한 생장 조절 호르몬인 Brassinosteroid가 있으며, 이들의 수용체에는 BRI1(BR insensitive)과 BAK1이 있다. 수용체가 BRI1과 Brassinosteroid에 결합하면 BAK1이 와서 중합체를 이루고, 인산화가 되면 유전자 발현을 위한 신호전달이 이루어져서 Brassinosteroid에 반응하는 유전자들의 발현이 유도된다(그림 4.12).

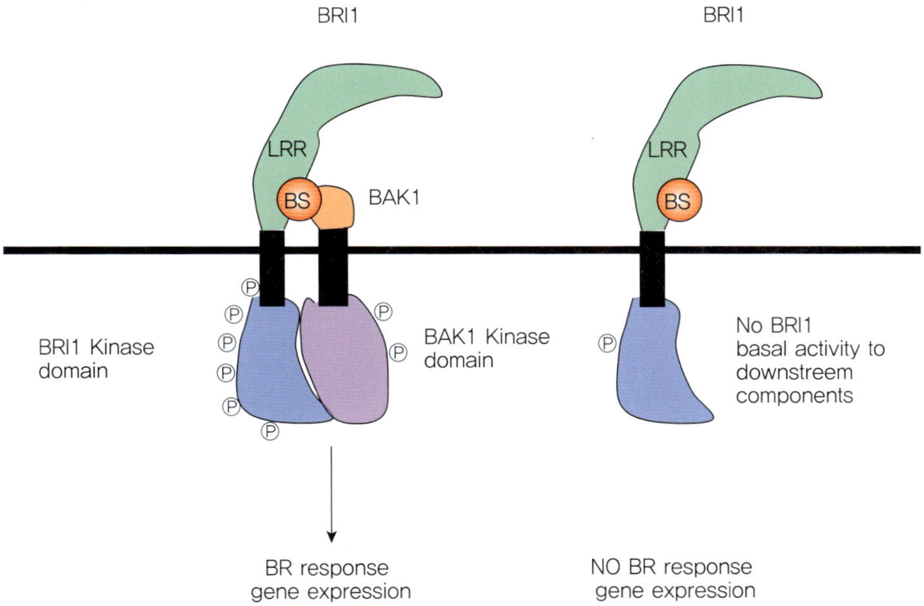

BRI1: Brassinosteroid insensitive 1
LRR: Leucine Rich Repeat
BS: Brassinosteroid
BAK-1: BRI1-associated receptor kinase 1
BAK-1 = SERK3: somatic embryogenesis receptor kinase 3로 알려짐

그림 4.12 식물의 Brassinosteroid receptor 구조.

4 신호의 중계자

1) GPCR family의 중계자 Heterotrimeric G-protein

GPCR 중에서 cAMP를 경유하여 신호가 전달되는 호르몬들을 정리하면 표 4.1과 같다.

표 4.1 cAMP를 경유하는 GPCR 그룹.

호르몬	조직
ACTH	Adrenal cortex, Fat
Epinephrine(adrenaline)	Muscle, Fat, Heart
Glucagon	Liver, Fat
LH(Lutenising Hormone)	Ovaries
Parathormone	Bone
TSH(Thyroid Stimulating Hormone)	Thyroid gland Fat
Vasopressin	Kidney

GPCR의 신호를 Adenylyl cyclase에 전달하는 중계자는 G-protein이다. G-protein은 Gα, β, γ의 3가지 단백질이 모여서 기능하는 중합체이다. 외부의 신호 분자가 GPCR의 세포 바깥 부분에 결합하면 활성화되고 세포질 부분에 G-protein이 붙어서 활성화된다. G-protein이 활성화되면 결합되어 있던 GDP가 GTP로 치환되면서 Gα-GTP와 βγ의 단위로 분리된다. Gα-GTP가 Adenylyl cyclase를 활성화시키면 Gα-GTP 내부의 GTPase가 활성화되어서 Gα-GDP로 된다. Gα-GDP는 다시 βγ와 결합하여 Gαβγ-GDP가 된 후에 다음 신호를 기다린다. 이러한 전체의 과정을 GTP-binding-protein cycle이라 한다(그림 4.13).

2) GTPase 기능이 없는 heterotrimeric G-protein ⇒ Permanent activation

GTP-binding protein cycle 복합체 내부의 GTPase의 기능이 없어지면, Gα-GTP는

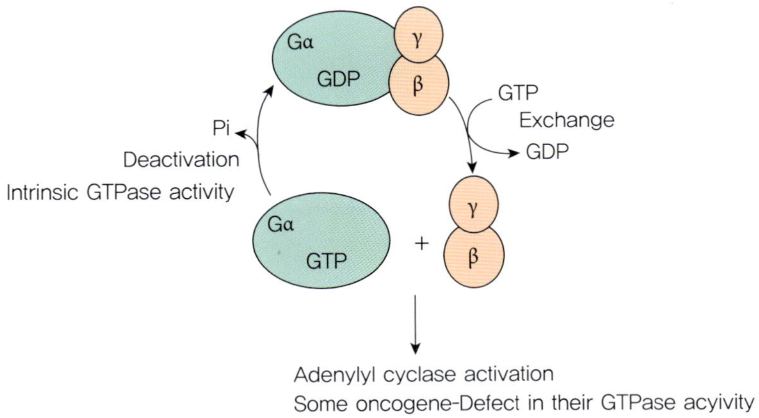

그림 4.13 GTP-binding protein cycle.

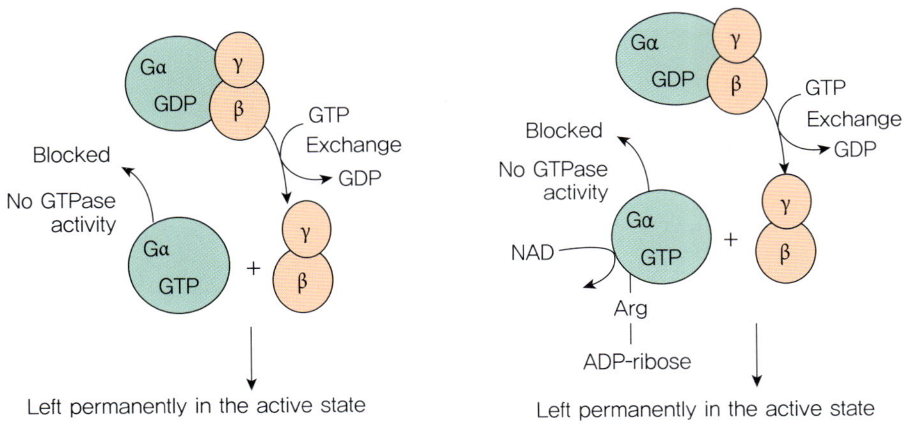

그림 4.14 G-protein GTPase 기능의 상실을 유발하는 ADP ribosylation.

Adenylyl cyclase를 계속해서 자극하게 된다(그림 4.14).

이러한 Gα-GTP 복합체가 GTPase 기능을 상실하는 예는 Vibrio cholera toxin이 작용하는 기작에서 볼 수 있다. Cholera toxin은 A 단위 하나와 B 단위 5개가 뭉쳐서 AB5의 복합체를 이루는 단백질이다. AB5 복합체가 장 점막의 상피세포 막에 있는 GM1 Ganglioside에 결합하면, 세포 안쪽으로 A 단위가 들어가 Gα-GTP의 Arg

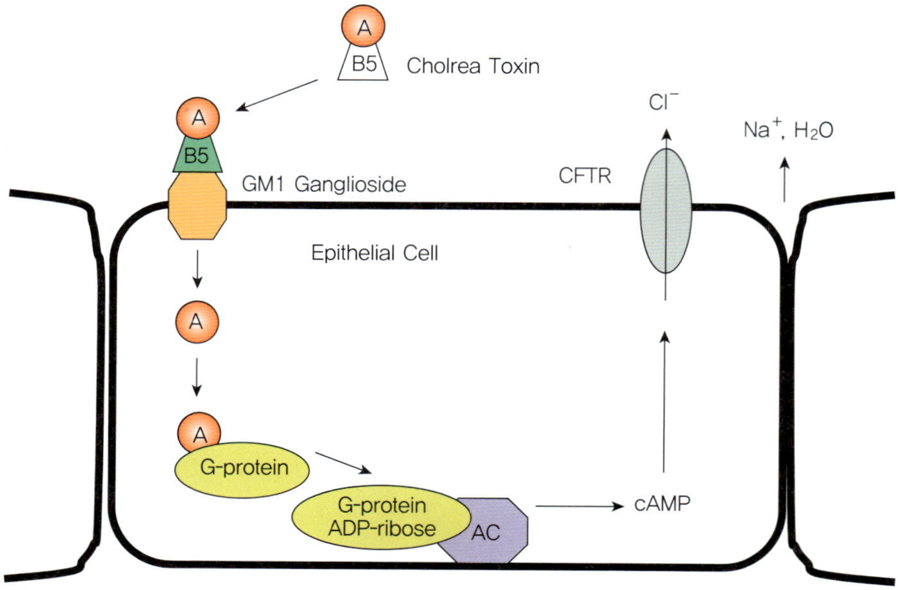

AC: Adenylyl cyclase
CFTR: Cystic fibrosis transmembrane conductance regulator

그림 4.15 Cholera toxin의 작용.

에 ADP-ribose를 결합시키는 ribosylation을 진행해서 변형시킨다(그림 6.14). Cholera toxin의 작용에 의해 생성된 Gα-GTP-ADP-ribose 복합체는 분자 내부의 GTPase 기능이 상실되어 Adenyl cyclase를 계속해서 자극하게 되고, 생산된 cAMP는 지속적으로 높은 농도가 된다. 장 점막의 상피세포 내부의 cAMP는 계속해서 CFTR을 자극해 세포에서 Cl^-를 내보내게 한다. 세포 바깥의 Cl^- 농도가 높아지면 삼투 농도가 높아지는데, 이를 해소하기 위해 Na^+와 H_2O가 따라 나오게 된다(그림 4.15). 이로 인해 장 내부의 수압이 높아져서 심한 설사를 하게 된다. 설사는 장 점막에 이상 번식한 병원균을 내보내는 역할을 하며, 설사를 하고 나면 증상이 완화되는 것처럼 느낀다. 심한 설사가 반복적으로 나타난다면 Cholera toxin의 중독을 의심해야 한다.

Cholera toxin에 의해 변형된 단백질을 선택적으로 제거하는 기작이 없으므로,

세포의 재생에 의해 회복되어야 증상이 멈춘다. 또한 세포의 면역계가 작용해서 독소 단백질에 대항하는 항체가 생성되면 서서히 회복된다. 세포 재생에 의한 회복 과정과 항체가 생성되기까지 1~2주일 정도의 시간이 소요되는데, 설사로 인한 심한 탈수 증상이 지속되면 사망에 이르는 경우가 발생한다. 증상이 심하면 주사를 통해 수분을 공급해 주어야 하고, 항생제를 투여하여 병원균의 증식을 막아야 한다.

이러한 기작은 Ras 단백질을 ADP ribosylation시키는 ARF(ADP ribosylation factor)에서도 볼 수 있으며, Ras-ADP-ribose가 생성된다.

Gαs를 활성화시키는 다른 예로는 $AlF4^-$, Mg^{2+}가 있다.

3) Heterotrimeric G-protein의 종류

Heterotrimeric G-protein에는 Gi, Gs, Gq, G12/13의 4가지 종류가 있으며, 각각에는 하나 이상의 subtype을 가지고 있다.

(1) G-pretein family : Gi

① Subfamily : Gi/o

- Gα-subunit : Gi, Go

  신경, 동맥 혈관, 심장, 내분비 조직 등에 분포한다. 신경세포에서 G-protein의 직접적 작용으로 K^+ 통로를 열어 후신경전위의 발생을 억제함으로써, 동맥 혈관의 평활근을 수축시키고, 심장 박동을 느리게 한다. 또한 백혈구 세포에서는 Interlukin 분비를 촉진하고, 내분비 조직에서는 호르몬 분비를 조절하는 역할을 한다.

- Signal : Adenylyl cyclase를 억제한다(그림 4.16).

  K^+-channels (via β/γ subunits)를 열리게 한다.

  Ca^{2+}-channels을 닫게 한다.

- Receptors ex) : Muscarinic M2 and M4,[8] chemokine receptors, α2-Adrenoreceptors, Serotonin 5-HT1 receptors, Histamine H3 and H4, Dopamine

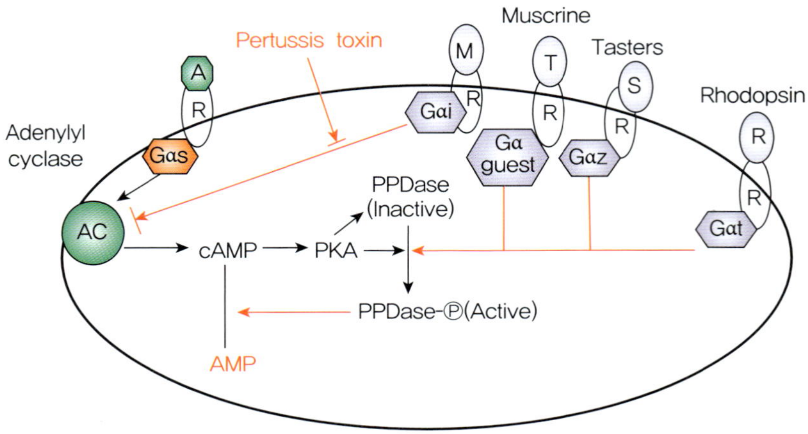

그림 4.16 G-pretein family : Gαs와 Gαi의 신호 전달.

D2-like receptors, type 2 cannabinoid receptors (CB2)

② Subfamily : Gt

- Gα-subunit : Gαt (Transducin)

Gαt(Transducin)는 Rhodopsin 수용체의 신호를 Phosphodiesterase(PDE)에 전달하여 활성화한다. 눈의 망막에 있는 간상세포의 세포질에 있는 soluble guanylyl cyclase는 빛이 차단되어 어두운 상태가 되면 활성화되어서 cGMP를 생성한다. cGMP에 의해 $Ca^{2+}-Na^{+}$ 통로가 열려서 세포 안의 Ca^{2+} 농도가 높아지면 암순응의 반응이 유도된다. 빛이 간상세포에 비치면 로돕신 수용체가 활성화되어 Gαt(Transducin)가 활성화되고, Phosphodiesterase(PDE)를 활성화한다. 활성화된 PDE는 cGMP를 GMP로 전환한다. PDE의 작용으로 cGMP의 농도가 낮아지면 활성화되었던 Na^{+} 통로가 닫히면서 세포는 회복된다(그림 4.17).

③ Subfamily : Ggust

Gαgust(Gustducin)은 혀의 미각세포에서 분자적으로 동정된 첫 번째 단백질이다. 글루탐산과 같은 맛을 내는 물질이 GPCR 수용체에 결합하여 만들어낸 신호를 PLCβ3와 cAMP Phosphodiesterase(cAMP-PDE)에 전달한다. 신호를 받은 PLCβ3의 작용으로 IP3와 DAG의 이차 전달자가 만들어져서 세포 내의 Ca^{2+} 농도를 높

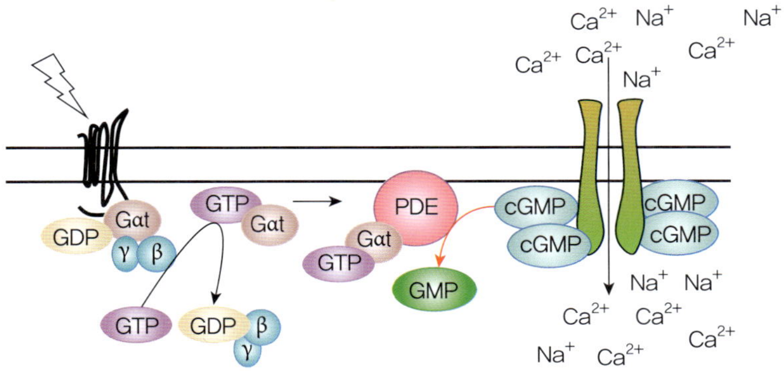

그림 4.17 G-pretein family : Gαt의 신호 전달

혀 맛을 느끼는 신호를 발생하게 한다. Gαgust가 cAMP-PDE를 활성화시키면 세포내의 cAMP를 AMP로 전환시켜서 PKA의 활성을 막아 세포의 활성화 반응을 멈추게 하는 역할을 한다.

④ Subfamily : Gz

Gαz는 ADP, Epinephrine 등의 GPCR 수용체 신호를 받아서 Gαi와 유사하게 Adenylate cyclase를 억제하며, PI3Kγ를 활성화시킨다. 혈소판의 응고를 촉진시키는 기능과 함께 피부의 반복적 떨림증상의 질환인 진동두드러기와 경련성 마비 등의 증상과 연관되어 있으며, 세포외 기질과 연결되어 있는 세포막 단백질인 Adhesion G Protein-Coupled Receptor B2(ADGRB2)의 신호를 받아서 nuclear respiratory factor 2로 알려진 단백질인 GABP에 전달한다. GABP는 nuclear E26 transformation-specific transcription factor의 한 종류이며, 미토콘드리아의 산화적인산화와 전자전달계에 필요한 유전자의 발현을 촉진하는 기능을 한다. Gαz는 Rho가 유도하는 Serum Response Factor(SRF)의 전사 촉진작용을 억제하는 기능을 가지고 있다.

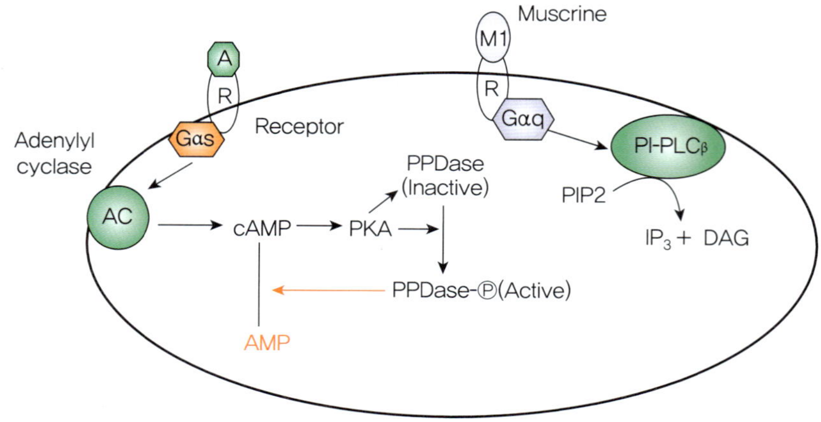

그림 4.18 G-protein family 신호전달: Gs – Gαs와 Gαq.

(2) G-pretein family : Gs

① Subfamily : Gs

Gα-subunit(Gαs)는 Adenylate cyclase를 활성화 시키는 G-protein이다. Gαs에 신호를 전달하는 세포막 수용체는 Beta-adrenoreceptors, Serotonin 5-HT4, 5-HT6 and 5-HT7; Dopamine D1–like receptors, Histamine H2, type 2 cannabinoid receptors와 함께 더 많은 매우 다양한 수용체가 있다. 신호전달의 예로 Adrenaline이 수용체에 결합하면 Gαs가 활성화되어 Adenylyl cyclase를 활성화 시킨다(그림 4.18). 신호전달의 효과에 대한 몇 가지 예로는 심장 박동 증가, 평활근 이완, 신경 활동 증가, 백혈구 세포의 interleukin 분비 촉진 등이 있다.

② Subfamily : Golf

Gαolf는 코의 점막세포에 존재하는 G-protein 중의 하나로 Adenylate cyclase를 활성화한다. 냄새 분자 수용체는 Olfactory receptors로, 향기 분자가 이 수용체에 결합하면, Golf가 Adenylate cyclase에 신호를 전달하는 역할을 한다.

(3) G-pretein family : Gq

① Subfamily : Gq

Gq 그룹의 Gα-subunit에는 Gαq, Gα11, Gα14, Gα15, Gα16 등이 있으며, 수용체에 결합한 외부 신호를 받아서 Phospholipase Cβ(PLCβ)를 활성화시킨다(그림 4.18). Gq를 활성화시키는 수용체의 몇 가지 예로는 α1-Adrenoreceptors, Muscarinic M1, M3, and M5, Histamine H1, Serotonin 5-HT2 receptors 등이 있다.

PLCβ가 활성화되면 효소 작용에 의해 IP3와 DAG의 이차 전달자가 생성되고, 세포 내의 Ca^{2+} 농도를 높여서 평활근 수축과 같은 작용을 나타낸다.

(4) G-pretein family : $G_{12/13}$

① Subfamily : $G_{12/13}$

$G_{12/13}$ 그룹의 단백질에는 $G\alpha_{12}$와 $G\alpha_{13}$ 등이 있으며, 수용체에 결합한 외부 신호의 정보를 Rho 단백질에 전달하여 GTPases를 활성화시킨다(그림 4.19). $G_{12/13}$ 그룹을 자극하는 수용체에는 Lysophosphatidic acid(LPA) receptor, Bombesin/gastrin releasing peptide(BN/GRP) receptor, Sphingosine-1-phosphate(S1P) receptors, Thrombin receptor 등이 있으며, 세포골격을 조절하고 평활근을 수축시키는 작용을 한다.

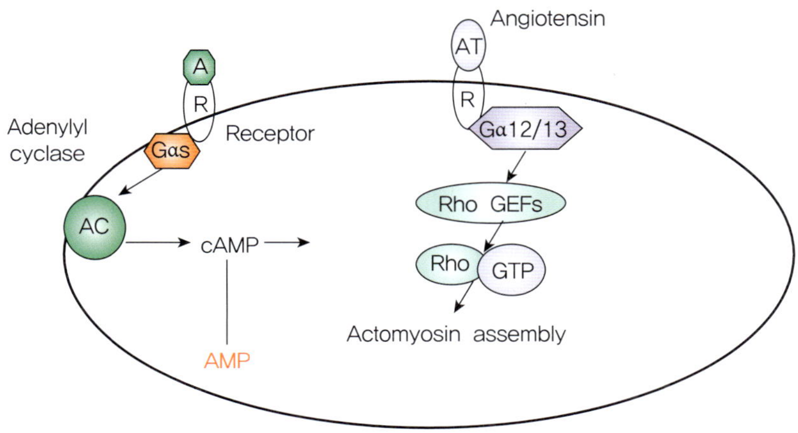

그림 4.19 G-protein family 신호전달: $G_{12/13}$.

5 Monomeric G protein(Small G-protein)

Monomeric G protein 또는 Small G-protein에는 Ras, Rab, Arf, Ran, Rho 등의 단백질이 알려져 있으며, 세포의 성장과 분열 및 세포의 분화, 운동, 운반을 유발하는 신호전달 과정의 중계자이다.

Ras : **Ra**t **s**arcoma
Rab : **Ra**s-related in **b**rain-Ras 그룹의 한 단백질로 70가지가 알려져 있다.
Arf : ADP ribosylation factor
Ran : RAs-related Nuclear protein
Rho : Transcription termination factor로 박테리아에서 전사의 종결을 중계하는 단백질

불화성화 상태의 Small G-protein(Monomeric G-protein)이 신호전달 과정의 신호를 받으면 GNRP(Guanie nucleotide releasing proteins)의 도움을 받아 GDP를 GTP로 치환한다. GTP와 결합한 Monomeric G-protein은 전달받은 신호를 표적 단백질과의 결합을 통해 전달하며, 단백질 내부의 GTPase 활성에 의해 GTP를 분해하고 GDP와 결합된 불활성인 상태로 돌아간다(그림 4.20).

① Ras

Ras : **Ra**t **s**arcoma-Harvey Sarcoma Virus와 Kristen Sarcoma Virus에서 처음 발견된 암유전자이다. Ras 단백질은 H-Ras, K-Ras, N-Ras 등의 3종류가 알려져 있다. 세포의 액틴 단백질의 해체 유발, 세포 분화와 성장 촉진, 세포의 부착 견인, 세포의 이동 유발 등의 신호를 전달하는 시스템의 중간에서 신호를 중계한다.

Ras 단백질의 p12Gly → p61Glu 돌연변이가 일어나면, GTPase 활성이 감소하여 신호를 계속해 보냄으로써 암을 유발한다. V-Ras 단백질의 59Thr는 Autophosphorylation

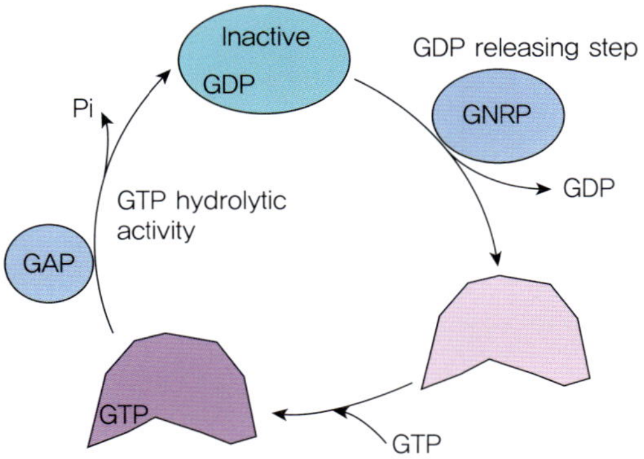

그림 4.20 Monomeric G-protein cycle.

에 의해 59Thr-ⓟ가 됨으로써 암을 유발한다.

② GAP

GTPase 활성은 GAP(GTPase-activating proteins or GTPase-accelerating proteins) 단백질이 조절한다. G-protein-GTP 복합체의 GTPase 활성은 GAP이 없을 때는 느리게 일어나 세포의 성장과 분열을 견인하지만, GAP 단백질이 결합해서 G-protein-GTP-GAP 복합체가 되면 GTPase 기능이 활성화되어 GTP가 빠르게 분해되고 G-protein-GDP 복합체로 전환된다. G-protein-GDP 복합체는 불활성화 상태이며 세포의 성장은 정지된다.

GAP의 기능이 상실되면 G-peotein의 GTPase 활성이 느리게 진행되고 세포의 분열이 계속 일어나므로, 세포는 암세포와 유사한 성질을 나타내게 된다. 이러한 예로 T24 직장암 세포의 경우에, 12번째 아미노산이 Glycine에서 Valine으로 변이된 G12V이거나 결실 돌연변이가 발생해 GAP이 기능하지 못하게 됨으로써 암세포가 된다. Ras 단백질의 기능이 정상일지라도 GAP이 기능하지 못하면, Ras 단백질이 지속적으로 활성화된 상태로 남아서 신호를 계속 보내게 되므로, 세포는 계속해서 분열하는 암세포가 된다.

신호전달의 이차 전달자 05

세포 외부의 신호를 수용체가 받아서 중계자에게 전달하면, 중계자는 신호를 이차 전달자(Second messengers)를 만드는 단백질에 전달한다. 신호전달에 있어서 이차 전달자는 외부 신호물질이 가지고 있던 정보를 증폭하고 필요한 분야로 보내기 위해 분할하는 데 필요한 분자를 만드는 중요한 역할을 한다. 이차 전달자로 사용하는 물질은 대부분 세포 내부를 구성하고 있는 물질을 효소 반응을 통해 변형하여 만들거나 세포 외부와 세포 내부의 소기관에 저장하고 있던 물질을 세포질 안으로 들어오게 해서 이용한다. 이차 전달자로 이용하는 물질 중에서 Nucleotide 물질로는 cAMP와 cGMP가 이용되며 내부적인 신호 물질로는 AMP와 Adenine이 사용된다. 인지질 성분 중에서 이차 전달자로 사용하는 물질에는 DAG(Diacylglycerol), Phosphoinositol, phosphocholine 등의 인지질의 분해 산물과 Arachidonic acid에서 만들어지는 Arachidonate, Prostaglandins, Leukotrienes, Thromboxanes 등과 같은 Eicosanoids 등이 있다. 미네랄 성분으로 이차 전달자로 사용하는 물질은 세포질과 세포내 소기관에 저장하고 있는 Ca^{2+}을 이용한다. 또한 세포에서 만드는 라디칼 물질인 O^{2-}, H_2O_2, NO, CO 등도 이차 전달자로 이용되고 있다. 이차 전달자는 외부 신호에 대한 수용체의 신호를 받아 효소적인 반응을 거치면서 신호의 증폭과 다양화가 일어나는데, Cytokine receptor-Jak-STAT의 신호전달 경로와 같이 효소의 작용에 의한 신호의 증폭 과정을 거치지 않고 직접적인 단백질의 상호작용을 거치면서 신호를 핵으로 전달하여 유전자 발현 조절을 통한 신호의 증폭으로 세포의 생리적 현상을 이끌어 내는 전달자도 있다.

- Nucleotides cAMP, cGMP
- Lipid derivatives: Phospholipid derivatives, Eicosanoids: Arachidonate, Prostaglandins, Leukotrienes, Thromboxanes
- Ca^{2+}
- Radicals: O^{2-}, H_2O_2, NO, CO
- Direct gene expression regulators

1 이차 전달자: Nucleotides

1) Adenylyl cyclase – cAMP

Adrenaline과 같은 외부 신호가 수용체에 결합하면 중계자인 G-protein이 받아서 Adenylyl cyclase에 전달한다. G-protein의 자극을 받아 활성화된 Adenylyl cyclase의 효소 반응으로 이차 전달자인 cAMP가 생성된다. Adenylyl cyclase는 지금까지 포유류에서 10가지 형태가 밝혀졌으며, 대부분 세포의 막에 존재하지만 일부는 세포질에 자유롭게 존재한다. 막에 존재하는 단백질은 막을 6회 관통하는 부위가 2회 반복되는

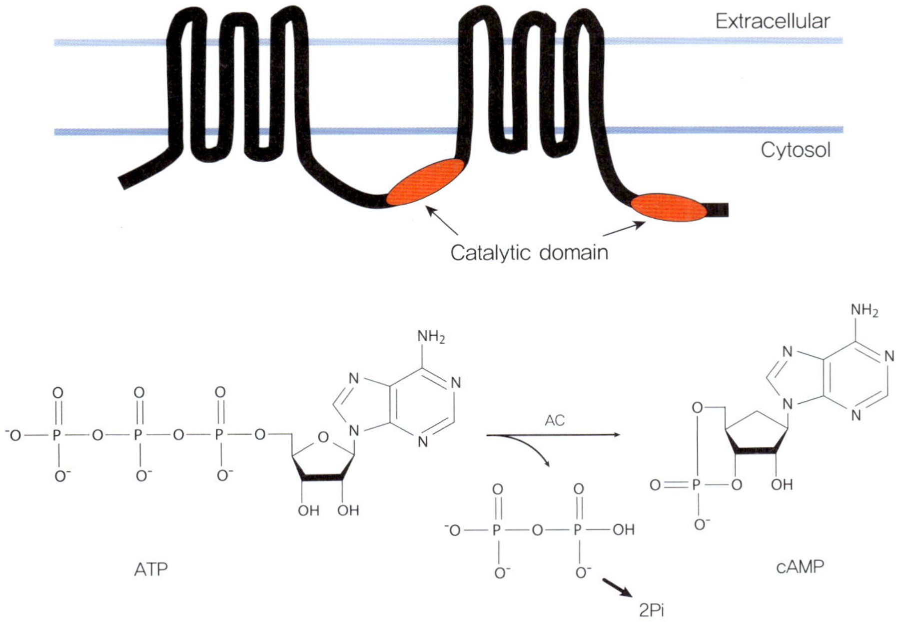

그림 5.1 Adenylyl cyclase 구조와 효소 반응.

구조를 하고 있으며, 단백질의 중간과 말단에 촉매 부위가 위치한다(그림 5.1).

활성은 주로 G-protein의 Gα가 조절하는데, Gαs는 활성화시키고 Gαi는 억제한다. 효소의 형태에 따라서는 다른 특별한 조절 작용을 받으며, 지용성의 diterpene인 Forskolin에 의해 활성화되고, ATP-Mg^{2+} 유사체인 3′-AMP가 경쟁적으로 억제한다. 신경에서는 Calcium 이온 통로 다음에 Calcium-sensitive adenylyl cyclases가 위치해 있어서 Ca^{2+}의 유입에 의해 빠르게 반응한다.

- Isoforms I, III, VIII – Ca^{2+}/Calmodulin에 의해 반응이 촉진된다.
- Isoforms V, VI – Calmodulin과 상관없이 Ca^{2+}에 의해 반응이 억제된다.
- Isoforms II, IV, IX – Gαs에 의해 활성화된다.
- Isoforms I, V, VI – Gαi에 의해 억제된다.
- Soluble Adenylyl cyclase는 세포막에 있지 않고 세포질에 있으면서 G-protein

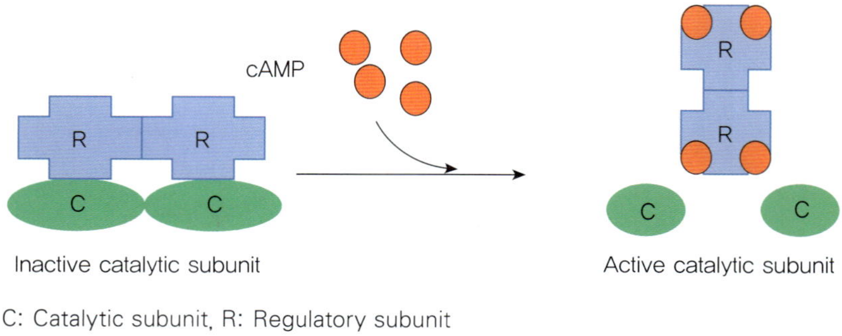

그림 5.2 cAMP에 의한 PKA 활성화 모식도.

의 조절을 받지 않고 Bicarbonate/pH Sensor로 작용한다.

외부 신호의 자극을 받아 세포질에서 생성된 cAMP는 Protein kinase A(PKA)를 활성화시켜서 신호를 전달한다. PKA는 2개의 촉매 단위와 2개의 조절 단위로 구성되어 있는데, cAMP는 PKA의 조절 단위(PKA R)와 결합한다. 조절 단위에는 PKA RIβ와 PKA RIIα의 형태가 있고, PKA의 촉매 단위(PKA C)에는 PKA Cα, PKA Cβ, PKA Cγ의 3가지 형태가 있다.

cAMP가 PKA의 조절 단위에 결합하여 조절 단위가 떨어져 나가면, 촉매 단위는 자유로운 상태가 되고 다른 표적 단백질들을 인산화시켜서 신호를 다양하게 전달하여 세포의 생물학적 반응을 이끌어낸다(그림 5.2). 활성화된 PKA의 촉매 단위는 세포의 반응을 이끌어내는 표적 단백질도 인산화시키지만 cAMP dependent phosphodiesterase(PPDase)도 인산화시켜서 활성화시킨다.

활성화된 PPDase가 cAMP를 분해해서 AMP로 전환시키므로, cAMP의 농도가 낮아져서 PKA의 조절 단위에서 떨어져 나오게 되고 조절 단위와 촉매 단위가 서로 합쳐지면서 PKA가 불활성화된다(그림 5.3).

• Caffeine의 각성 효과

PKA에 의한 인산화로 활성화된 PPDase가 cAMP를 분해해서 AMP로 전환시키면

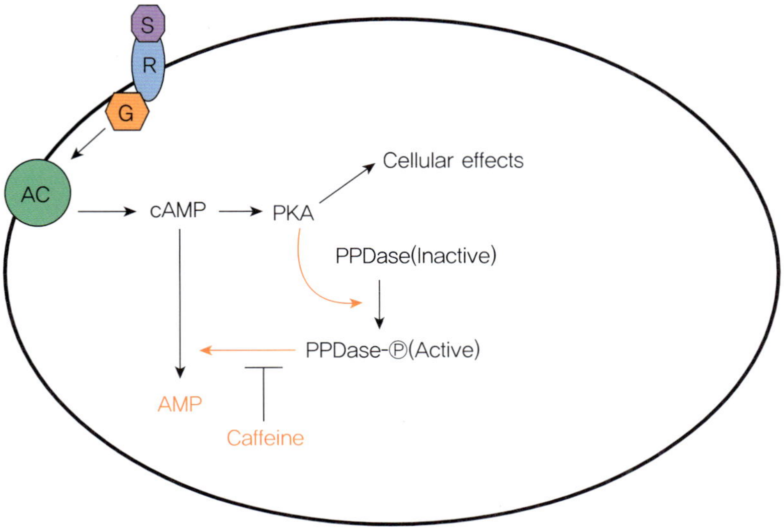

S: Extracellular signal molecule, R: Receptor, G: G-protein, AC: Adenylyl cyclase

그림 5.3 PKA의 활성화와 조절 작용.

외부 신호에 의해 활성화되었던 세포의 생리적 효과의 반응들은 멈추게 되는데, 우리가 마시는 음료에 들어 있는 Caffeine은 활성화된 PPDase의 반응을 억제한다. Caffeine의 작용으로 PPDase의 활성이 저해되면 세포 내부의 cAMP 농도가 유지되면서 PKA를 계속해서 활성화시키기 때문에 세포는 일을 계속하게 된다. 이러한 Caffeine의 각성 효과는 고혈압 환자에서는 심장의 박동을 증가시키고 혈압을 상승시키므로 위험할 수 있다.

Caffeine이 함유된 식품은 커피, 차나무 잎을 가공한 차(녹차, 우롱차, 황차, 홍차, 보이차 등), 마테나무(감탕나무과의 *Ilex paraguariensis*)의 잎을 가공한 차, 커피, 초콜릿, 콜라 등처럼 매우 다양하다(그림 5.4).

식품에 들어 있는 Caffeine은 분자 구조가 모두 같은 동일한 물질이며, 식재료를 찌고, 굽고, 발효하는 등의 일반적인 식품 가공의 공정에서는 잘 변하지 않는 안정한 물질이다. 보이차의 경우는 수백 년이 경과되어도 Caffeine의 농도는 별로 낮아지지 않는다. 하지만 같은 Cafeine을 함유하고 있는 식품임에도 우리가 어떤 식품

그림 5.4 Caffeine을 함유하고 있는 식품. A 녹차 청태전, B 녹차 우려낸 찻물, C 홍차를 우려낸 찻물, D 커피, E 초콜릿, F 콜라.

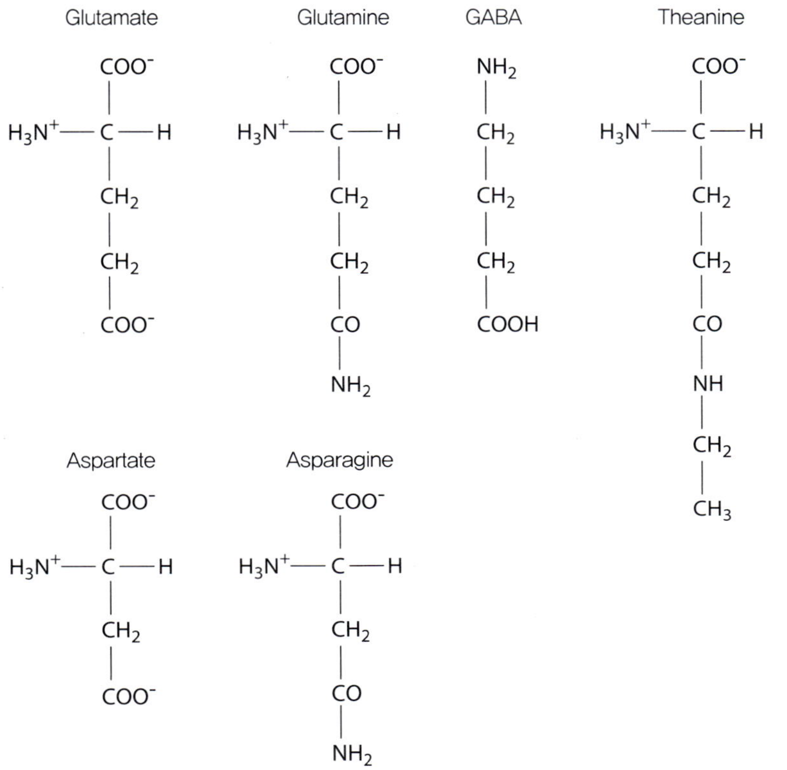

그림 5.5 신경전달 물질의 아미노산과 Glutamate, Glutamine, Asparatate, Asparagine과 차의 성분인 GABA, Theanine의 분자 구조.

을 섭취하느냐에 따라 느낌은 매우 다르게 나타난다. 이는 식품마다 Caffeine과 함께 들어 있는 성분의 조성이 다르기 때문이다. 일례로, 녹차와 발효차에는 Theanine 성분이 들어 있고, 일부의 발효차에는 GABA 성분이 들어 있어서 신경세포의 흥분 작용을 억제시키는 효과를 나타낸다. 즉, Caffeine이 작용하여 세포 내부에서 물질대사를 진행하기 때문에 cAMP의 작용을 받는 신체의 전반적인 세포를 깨워서 일을 시키므로 몸의 상태가 개선된 느낌을 갖게 한다. 반면에 Theanine과 GABA와 같은 성분들은 신경 억제 작용을 하는 Asparagine, Glutamine과 유산한 구조를 가지고 있어서 뇌의 신경 세포를 안정화시키므로 정신적인 안정감을 느낄 수 있게 된다(그림 5.5). 차나무의 잎을 가공하여 만든 식품일지라도 차나무 잎의 채

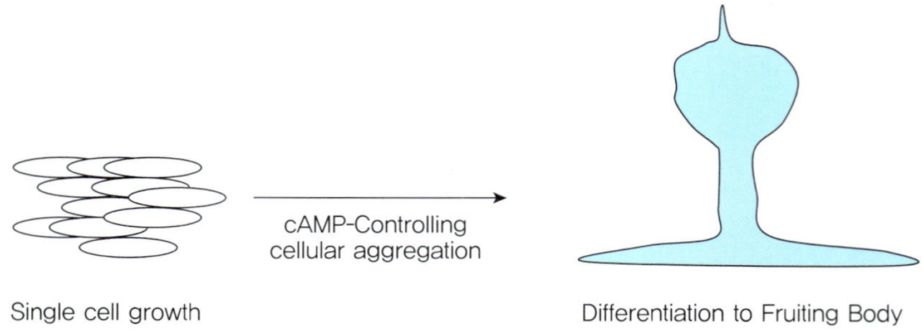

그림 5.6 Dictyostelium의 생활사 전환 신호로 이용되는 cAMP.

취시기 가공 방법에 따라 Theanine과 GABA, Glutamate 등의 아미노산 조성과 함량이 각기 다르기 때문에 차에 따라서 느낌도 다르게 나타난다.

• Extracellular signal as cAMP

이차 전달자로 이용되는 cAMP는 어떤 생물체에서는 세포 외부의 신호 물질로도 사용이 된다.

단세포 생활을 하는 진핵세포인 Dictyostelium은 영양성분이 고갈되면 cAMP를 분비하여 주위의 세포들을 불러 모은 후 집단을 만들고 자실체로 분화하는 반응을 진행한다. 이러한 단세포 생활에서 cAMP를 자실체의 형태로 전환시키는 신호 물질로 이용하고 있다(그림 5.6).

2) Guanylyl cyclase-cGMP

(1) Guanylyl cyclase에 이한 이차 전달자 cGMP 생산과 신호전달

Guanylyl cyclase는 외부의 신호를 받는 세포막 수용체와 세포질에 있는 두 가지의 형태로 존재한다. 세포막에 존재하는 형태는 신호 물질의 수용체로 Atrial natriuretic peptide와 같은 신호 물질이 Atrial natriuretic peptide receptor에 결합하면 세포질 면에 있는 Guanylyl cyclase가 GTP를 기질로 하여 cGMP를 생산한다. 세포질에 위치한 Soluble Guanylyl cyclase는 외부 신호인 NO와 같은 물질이 결합할 수 있는

Heme 그룹을 가지고 있다.

cGMP는 세포막의 CNGC(Cyclic nucleotide-gated channel)를 자극해서 세포 내의 Ca^{2+}와 Na^{+}의 농도를 변화시켜 반응을 이끌어낸다. Protein kinase G를 활성화시켜 다른 단백질을 인산화시킴으로써 평활근 이완을 통한 혈관의 확장을 유도하고, 혈소판의 응집을 막으며, 항-염증 작용 등의 생물학적 효과를 나타낸다(그림 5.7).

Guanylyl cyclase에 의해 생성된 이차 전달자인 cGMP의 작용은 cGMP가 활성화시키는 Cyclic nucleotide phospohdiesterase가 활성화되어서 cGMP를 GMP로 전환시키면 멈추게 된다. Cyclic nucleotide phospohdiesterase 또는 3′5′-cyclic nucleotide phosphodiesterases(PDE)는 지금까지 11개의 Isoform이 알려져 있으며, 조직의 분포 또한 다양하다. 잘 알려진 PDE5는 세동맥과 폐의 평활근 세포와 생식기의 근육에 많이 발현되어 있다. cGMP 유사물질로 합성한 약물인 Sildenafil은 PDE5를 억제한다. PDE5의 활성이 억제되면 cGMP의 농도가 높아지고 혈관의 평활근 이완으로 인해 혈압이 낮아지며, 성 기능이 개선되는 효과가 나타난다(그림 5.8).

(2) NO에 의한 cGMP 생성 촉진과 혈관 확장의 신호전달

혈관의 수축을 이완시키는 신경의 신호 물질인 Acetylcholine은 혈관의 내피세포에 있는 GPCR 수용체에 결합하여 신호를 전달한다. 혈관 내피세포의 GPCR에 전달된 신호는 Gαq → PLCβ → Ca^{2+} → Calmodulin → NOS(Nitric oxide synthase)에 전달된다. NOS가 Arginine을 분해하여 Citrulline과 NO를 생산한다. 생산된 NO는 세포막을 통과한 후 평활근 세포로 이동하여 Guanylyl cyclase를 자극해서 GTP로부터 cGMP가 생산되도록 한다. cGMP가 Protein kinase G를 활성화시키면 단백질의 인산화로 인한 근육의 이완이 일어나고, 전체적으로는 혈관의 이완으로 나타난다(그림 5.9)

NO의 자극에 의해 생산된 cGMP의 작용으로 혈관이 확장되면 조직에서는 혈류의 흐름이 많아지고, 영양성분의 공급과 노폐물의 이동이 원활해져서 활기를 찾게 된다. 이러한 기작에 의해 피로회복의 효과를 내는 식품들에는 대부분 많은 양의 Arginine을 함유하고 있다. Arginine을 많이 함유하고 대표적인 건강식품으로는 인

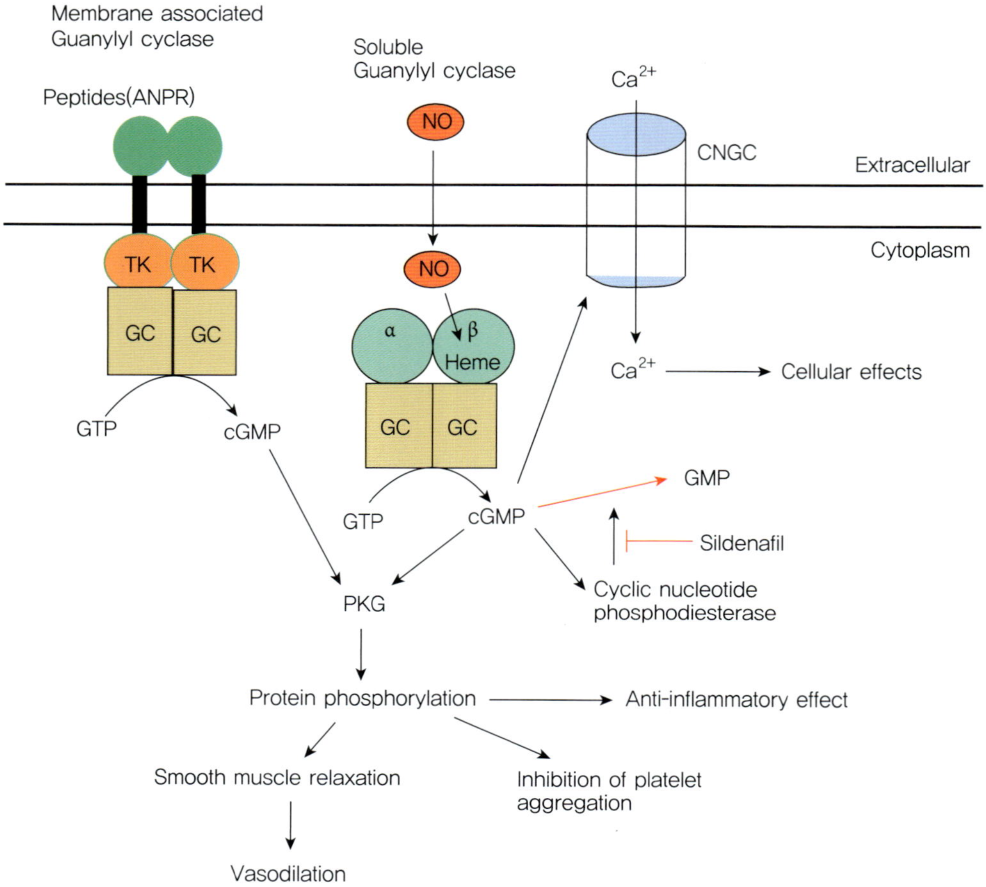

ANPR: Atrial natriuretic peptide receptor
Heme: Heme binding domain
TK: Tyrosine kinase homology domain
GC: Guanylyl cyclase
PKG: Protein kinase G
CNGC: Cyclic nucleotide-gated channel

그림 5.7 세포막과 세포질의 Guanylyl cyclase.

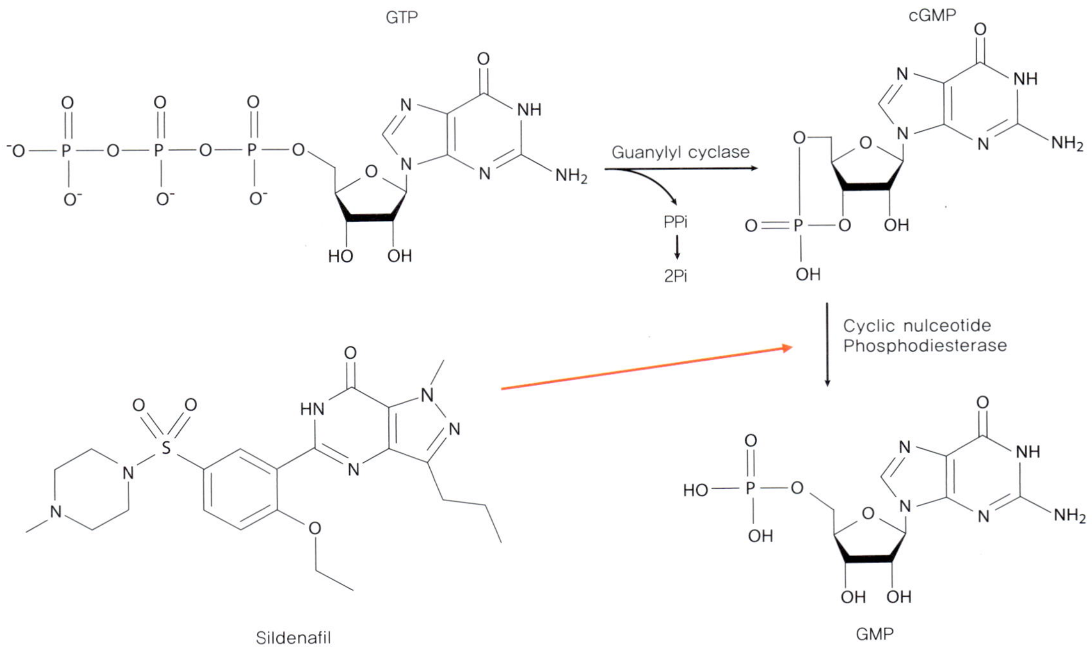

그림 5.8 Guanylyl cyclase 반응과 Cyclic nucleotide phospohdiesterase의 억제자 Sildenafil 분자 구조.

삼, 구기자, 마카 등을 들 수 있다.

3) 세포 내부의 Nucleotide 신호물질 - AMP

세포의 생명 활동에는 항상 에너지의 소비를 동반한다. 세포에 필요한 에너지의 공급은 주로 ATP의 형태로 제공이 된다. 세포의 활동이 왕성해지면 에너지 사용이 늘어나서 ATP가 부족해지는 상황이 발생하고 분해산물인 ADP도 AMP로 전환해서 ATP를 만들어 사용하게 된다.

ATP → ADP + Pi + 에너지 이용

2ADP → ATP + AMP → AMP 농도 증가 → AMPK 활성화

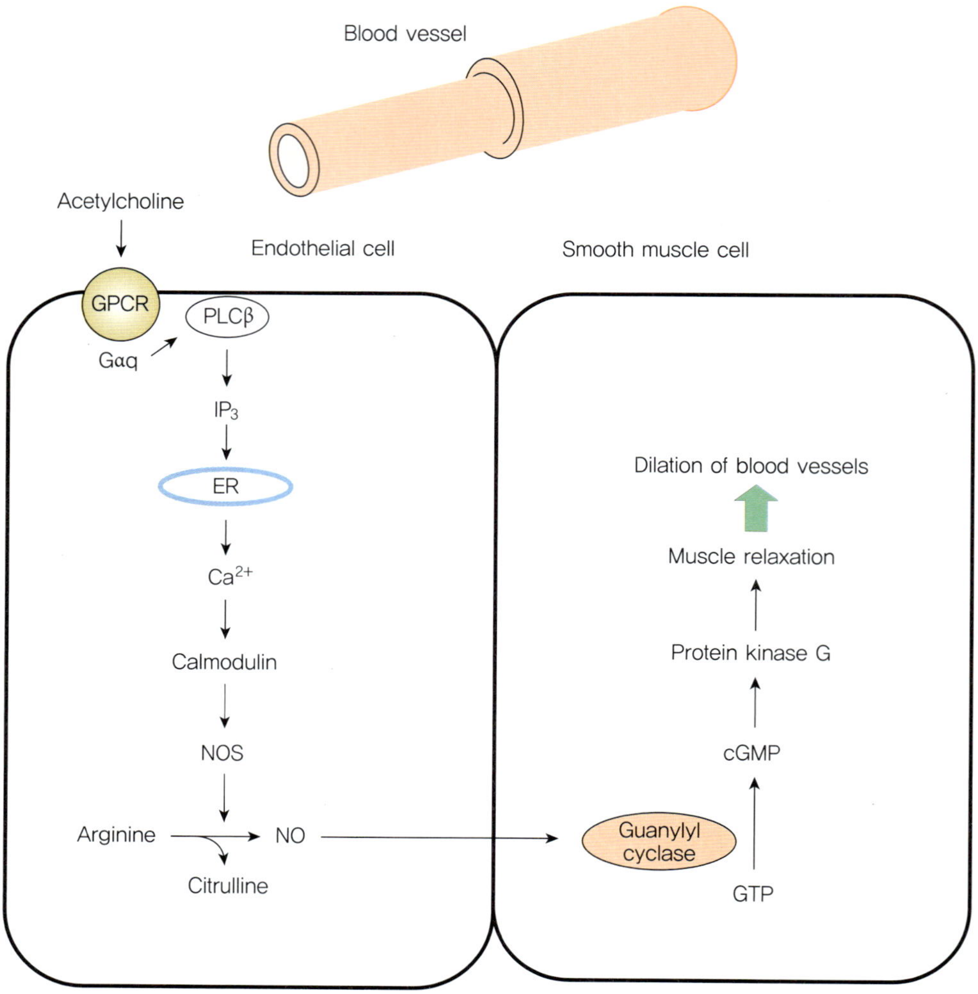

그림 5.9 NO의 신호전달에 의한 혈관 확장의 신호전달 과정.

AMP 농도가 증가하면 AMP-activated protein kinase(AMPK)가 활성화되어 다른 단백질들을 인산화시켜서 ATP의 생산을 촉진하고 ATP 소비의 경로를 억제한다. AMPK의 신호는 세포 내부의 에너지에 대한 연료와 탐지기의 역할을 하며 에너지 항상성의 유지에서 중심적인 역할을 한다. AMPK는 세포의 급격한 에너지 소비 증가로 인한 세포내 ATP의 공급 부족과 함께 포도당과 산소의 부족, 신체에 가해지

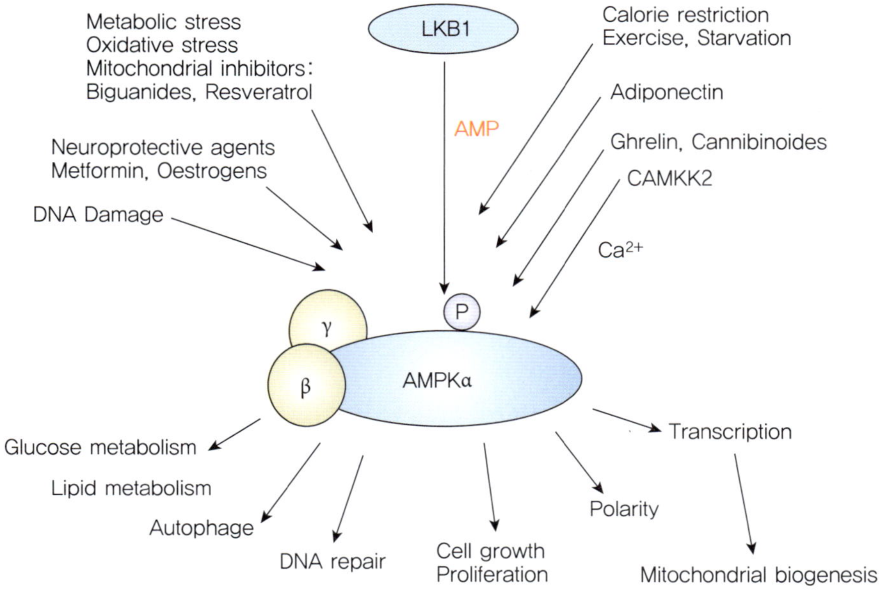

LKB1: Liver kinase B1 or Serine/threonine kinase 11 (STK11)
CAMKK2: Calcium/calmodulin-dependent protein kinase kinase 2

그림 5.10 AMPK 활성화와 생물학적 기능.

는 열 충격, 혈액의 부족으로 인한 허혈(ischemia)과 같은 상황의 세포 ATP 공급 부족을 초래하는 스트레스 반응에 의해 활성화된다. 즉, AMPK의 활성화는 세포의 에너지를 공급하고 보충하도록 하는 신호전달을 활성화시키는 신호이다. 이러한 예로 AMPK의 활성화는 포도당의 운반을 돕는 GULT4 단백질의 전사와 이동을 촉진해서 인슐린이 자극하는 포도당의 흡수를 촉진시키는 작용을 한다(그림 5.10). AMPK의 전반적인 생물학적 기능으로는 포도당과 지방의 대사를 촉진하여 에너지 생산을 증가시키고, Autophage를 늘리며, 세포의 성장과 분화를 촉진하고, 세포의 극성을 증가시키며, 미토콘드리아의 생성을 증가시켜서 에너지 생산을 늘린다.

AMPK는 α,β,γ의 소단위가 합쳐진 heterotrimeric 단백질 복합체이다. 전사인자, Co-activators, Co-repressors 등의 인산화를 통해서 전사의 조절 작용뿐만 아니라 에너지 생산과 소비에 관련된 많은 효소들을 직접적으로 인산화시켜 조절함으로써 에너지의 항상성 조절을 이루어낸다. 이러한 전체적인 에너지 항상성 조절의 역할로 인해 AMPK는 제2형 당뇨 치료제 개발의 주요 표적이 되고 있다.

2 이차 전달자: Lipid derivatives

세포 내부의 이차 전달자로 사용되는 물질은 합성에 필요한 원료 물질을 쉽게 얻을 수 있어야 하고 쉽게 접근할 수 있어야 한다. 이러한 관점에서 보면 세포막에 존재하는 수용체의 근처에 있어서 접근이 쉽고 많은 수가 존재하는 세포막의 인지질 성분들은 이차 전달자의 좋은 원료가 된다. 세포막 성분을 분해하여 이차 전달자를 만들어내는 효소에는 인지질 성분을 분해하는 효소와 Sphingomyelin을 분해하는 Sphingomyelinase(ASM)가 있다. 인지질 성분을 분해하는 효소인 Phospholipase에는 Phospholipase A1, Phospholipase A2, Phospholipase C, Phospholipase D의 4가지가 있다(그림 5.11).

Phospholipase 중에서 세포 밖에 존재하는 효소는 소화작용을 하는 효소들이며, 세포 안에 존재하는 효소들의 작용으로 생산되는 분해 산물들이 신호전달에 관여하는 이차 전달자가 된다. 신호전달에 관여하는 Phospholipase에는 PhospholipaseA_2, Phospholipase C, Phospholipase D 등이다. Phospholipase A_2의 작용에 의해서는 Arachidonic acid가 생성되며, 신호전달에 관련된 Phospholipase C에는 phosphatidylinositol 4,5-bisphosphate(PIP2)를 기질로 하여 이차 전달자로 이용되는 inositol 1,4,5-trisphosphate(IP_3), diacyl glycerol(DAG)을 생산하는 Phosphatidylinositol-specific phospholipase(PI-PLC), Phosphatidylcholine을 기질로 하여 이차 전달자인 DAG를 생산하는 Phosphatidylcholine-specific phospholipase C(PC-PLC)가 있다.

세포막 성분 중에서 Sphingomyelin을 분해하는 효소인 Acid Sphingomyelinase (ASM)는 이차 전달자인 Ceramide를 생산하며, Ceramide는 다시 Ceramidase의 작용을 받아 이차 전달자인 Sphingosine이 된다. Ceramide와 Sphingosine 모두 이차

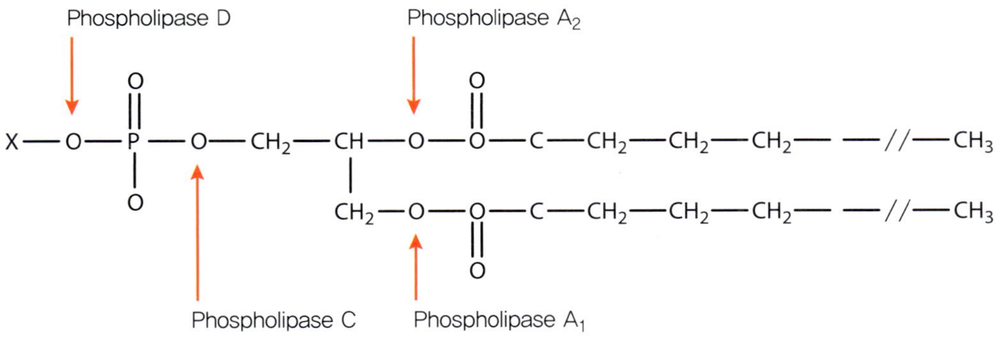

그림 5.11 Phospholipase의 인지질 절단 부위.

전달자로 이용된다.

1) Phosphatidylinositol-specific phospholipase(PI-PLC)

세포내 이차 전달 물질로 IP_3와 DAG를 생산하는 효소로는 PI-PLC와 PC-PLC가 있다. Phosphatidylinositol 4,5-bisphosphate(PIP2)를 기질로 하여 이차 전달자로 이용되는 inositol 1,4,5-trisphosphate(IP_3)와 diacyl glycerol(DAG) 생산 PI-PLC에는 PI-PLCβ, PI-PLCγ, PI-PLCδ, PI-PLCε, PI-PLCζ, PI-PLCη의 6가지 형태가 알려져 있다.

PI-PLCβ에는 PI-PLCβ1, PI-PLCβ2, PI-PLCβ3, PI-PLCβ4의 4가지 형태가 알려져 있으며, PI-PLCβ1의 경우 세포질에서의 Gαq의 자극에 의해 활성화되고, 핵에서는 AMPK에 의해 활성화되어 세포의 성장과 분화를 이끌어내는 작용을 한다. PI-PLCγ에는 PI-PLCγ1과 PI-PLCγ2의 2가지가 알려져 있으며, Growth factor의 세포막 수용체인 Receptor tyrosine kinase의 작용으로 활성화된다. PI-PLCε 형태는 Rho와 Rab에 의해 활성화되고 PI-PLC의 모든 형태는 이차 전달자인 Ca^{2+}에 의해 활성화된다. PI-PLC → DAG → PKC와 PI-PLC → IP_3 → Ca^{2+}으로 이어지는 신호전달 과정은 세포 내의 에너지 대사와 미토콘드리아의 에너지 생산을 촉진하고

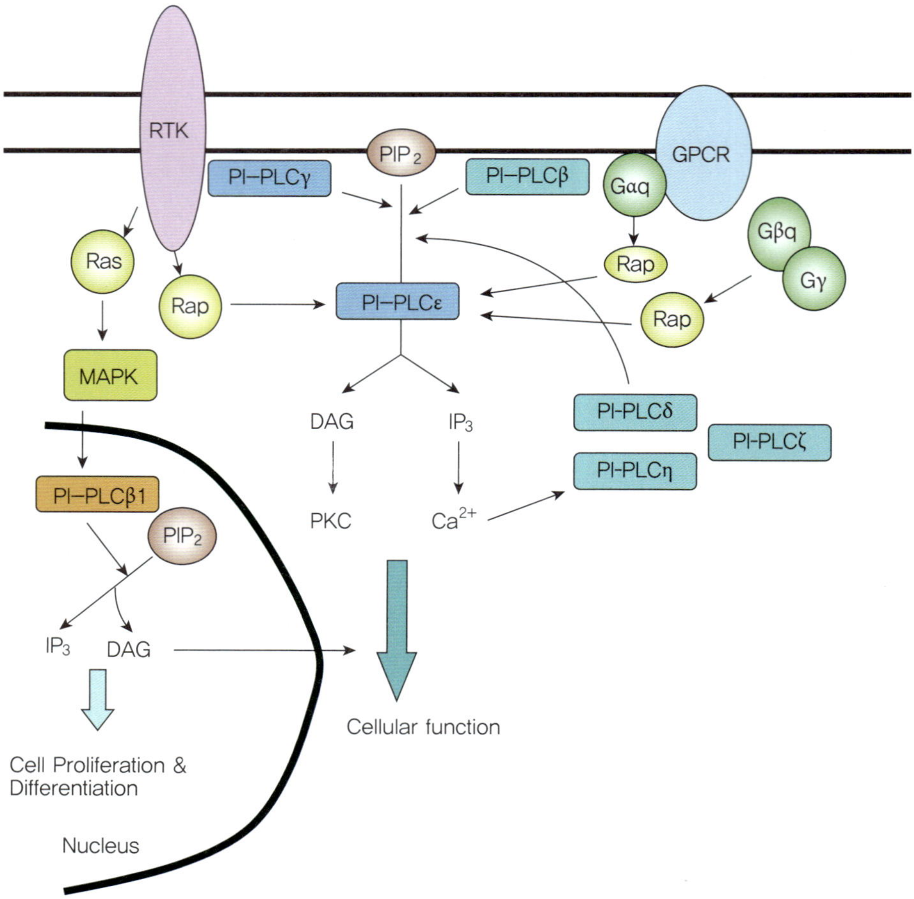

Rap: Ras-proximate-1 or Ras-related protein 1
MAPK: Mitogen-activated protein kinase (MAPK or MAP kinase)

그림 5.12 PI-PLC를 경유하는 신호전달 과정.

세포내 소기관의 운반 활동을 증가시키는 등의 세포의 전반적인 활동을 증가시킨다(그림 5.12). 세포의 활성 증가와 함께 나타나는 조직의 생리적인 효과로는 평활근의 수축, 생식기관의 배출 촉진, 위장관 조직의 수축, 기관지의 수축, 혈액에서의 혈소판 응고 촉진, 간 조직에서의 글리코겐 분해 및 당합성 증가, 피부의 땀 분비 촉진, 위의 위산 분비 촉진 등의 효과를 나타낸다.

• Protein kinase C(PKC)

PI-PLC와 PC-PLC에 의해 생성된 DAG에 의해 활성화되는 Protein kinase C(PKC)는 15가지의 isotype이 알려져 있으며, 활성화를 위한 Co-fector로 Ca^{2+}이나 DAG 또는 Phosphatidylserine 중에서 한 가지 이상을 요구한다. 효소는 하나의 단백질 내에 조절 부위와 촉매 부위를 가지고 있는 단백질이다. 효소의 활성으로는 다른 단백질에 있는 Serine과 Threonine의 hydroxyl 그룹을 인산화시키는 Ser/Thr kinase가 있다.

• **이차 전달자와 중계자 단백질에 의한 다양한 신호전달 과정의 연결**

Adrenaline과 Muscarine과 같은 물질의 세포막 수용체는 G-protein을 중계자로 이용하는 GPCR로 막을 여러 번 통과하는 형태의 수용체에 속하고, EGF와 PDGF 등의 성장인자들의 수용체는 Tyrosine kinase의 활성을 갖고 있는 Receptor tyrosine kinase(RTK)로 막을 한 번 통과하는 형태이기에 서로 전혀 다른 수용체 형태에 속한다. GPCR에 전달된 신호는 수용체와 연결되는 G−protein의 종류에 따라 GPCR → Gαs → Adenylyl cyclase → cAMP → PKA로 연결되는 다단계 경로와 GPCR → Gαq → PI−PLCβ → IP_3 → Ca^{2+} → protein kinase 및 PI−PLCβ → DAG → PKC의 다단계 신호전달을 통해 미토콘드리아의 활성을 조절하여 에너지를 생산하고 세포 활동을 이끌어내는 작용을 한다. Receptor tyrosine kinase(RTK)의 신호는 수용체의 Tyrosine이 인산화되면 이 자리에 결합하는 다양한 단백질이 각기 진행하는 단백질의 상호작용에 따라 신호가 전달된다. RTK와 상호작용하는 단백질의 하나인 PLCγ는 PLCβ의 경우와 같이 IP_3 → Ca^{2+} → protein kinase 및 DAG → PKC의 신호전달 과정을 통하여 세포의 작용을 이끌어낸다. 또한 RTK와 상호작용하는 Grb2는 → Sos → Ras → Raf → MEK → MAPK/MKK, MAPK → ERK → Fos와 MKK → JNKs → Jnu의 경로로 진행하는 다단계 신호전달 과정을 통해 전사를 조절함으로써 세포의 반응을 이끌어내게 된다. GPCR과 RTK의 다른 신호가 세포 안으로 전달되지만 각각 진행하는 다단계 신호전달 과정에서 공통으로 생산하는 이차 전달자인 Ca^{2+}가 연관이 없는 Adenylyl cyclase를 활성화시키고 PDE를 활성화

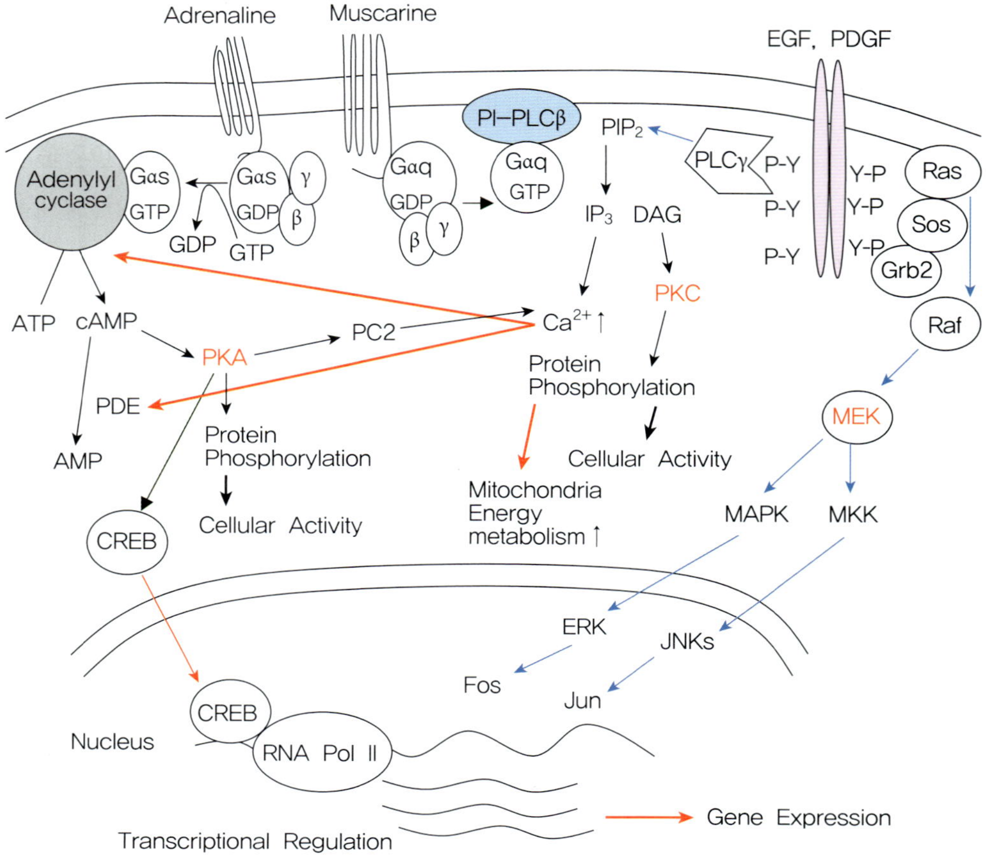

ERK: Extracellular-signal-regulated kinase (ERK)

Fos: a proto-oncogene

JNK: c-Jun N-terminal kinase

Jun: v-jun was discovered in avian sarcoma virus 17 and was named for ju-nana, the Japanese word for 17

MEK: also known as Mitogen-activated protein kinase kinase and MAP2K

MKK: MAP kinase kinase

Raf: Rapidly Accelerated Fibrosarcoma, serine/threonine-specific protein kinases

그림 5.13 이차 전달자와 중계자 단백질에 의한 신호전달 과정의 상호 연결.

시켜서 cAMP를 AMP로 전환시키는 기능을 하며, GPCR의 다른 신호전달 체계인 GPCR → Gαs → Adenylyl cyclase → cAMP → PKA의 경로에서 활성화된 PKA가 칼슘의 이온 통로인 PC2를 활성화시켜서 세포 내부의 Ca^{2+} 농도를 높이는 역할을 하게 된다. 세포 내부에서는 서로 다른 경로의 신호전달 관련 신호들이 상호 연결되어 신호를 전달하면서 필요한 세포의 반응을 이끌어내는 작용을 한다(그림 5.13).

2) Phosphatidylcholine-specific phospholipase C(PC-PLC)

LPS 수용체와 TNF-α와 IL-1β의 Cytokine 수용체는 PC-PLC를 활성화시켜서 DAG를 생산하고, DAG가 PKC를 활성화시키면 IκB 분해를 통한 NF-κB를 활성화하는 신호전달 과정을 통해 면역 세포를 활성화한다(그림 5.14).

3) Phospholipase D(PLD)

Phospholipase D(PLD)는 인지질인 phosphatidylcholine을 분해하여 이차 전달자인

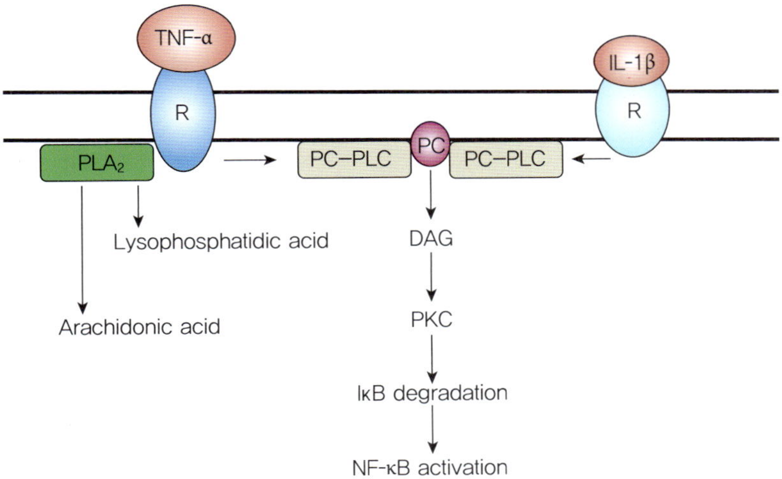

그림 5.14 TNF-α와 IL-1β의 PC-PLC를 경유하는 신호전달.

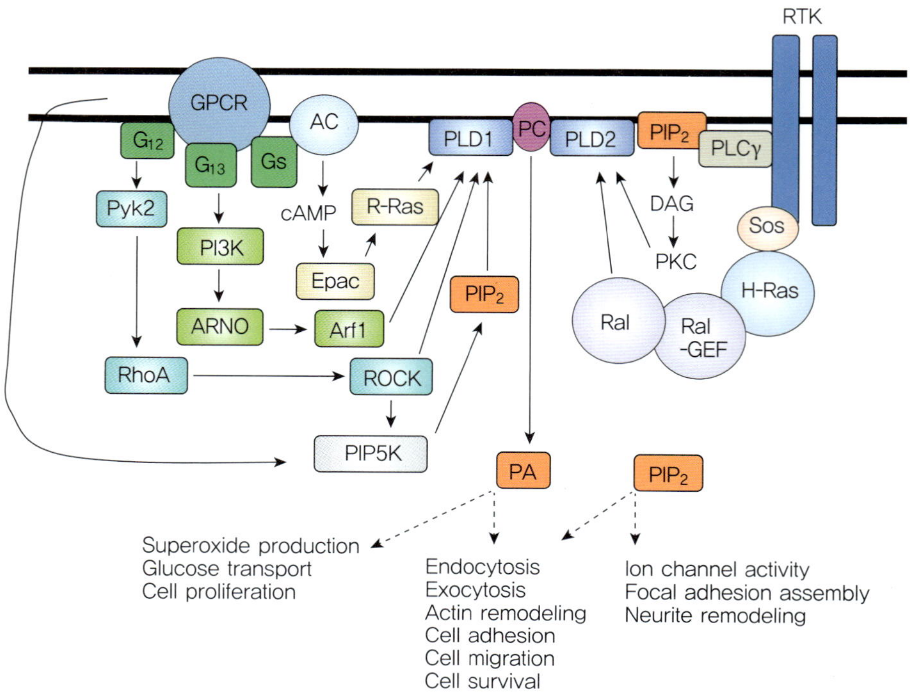

AC: Adenylyl cyclase
Arf1: ADP ribosylation factor1(Arf1)
ARNO: An Protein of endocytotic apparatus
H-Ras: Human-Ras
PA: Phosphatidic acid (PA)
PC: Phosphatidylcholine
PI3K: Phosphatidylinositol 3′-kinase(PI3K)
PIP2 : Phosphatidylinositol 4,5-bisphosphate
PIP5K: Phosphatidylinositol-4-phosphate 5-kinases (PIP5K)
Pyk2: Proline-rich tyrosine kinase 2
Ral: Ras-Like
Ral-GEF: Ral guanine nucleotide exchange factor(RalGEF)
Ral guanine nucleotide dissociation stimulator(RalGDS)
RhoA: Ras homolog family member A (RhoA)
ROCK: Rho-associated protein kinase (ROCK)
RTK: Receptor tyrosine kinase

그림 5.15 PLD를 경유하는 M_3 muscarinic receptor와 RTK 신호전달과 생리적 효과.

phosphatidic acid(PA)와 choline을 생산하는 효소이다. 동물에서는 PLD1과 PLD2의 2가지 형태가 알려져 있으며, 효소 작용으로 생성된 이차 전달자인 Phosphatidic acid(PA)의 신호전달로 막 수송 기작, 세포 골격의 재구성, 수용체 중재-내세포 운동, 외세포 운동, 세포 이동과 같은 생물학적 형상을 이끌어내는 데 기여하는 신호전달의 중요한 전달자이다. PLD를 경유하는 예로 M3 muscarinic receptor와 Receptor tyrosine kinase의 신호전달 경로를 그림 5.15에 표시하였다.

4) Sphingomyelinase(SMase)-Ceramide

Sphingomyelinase(SMase) 또는 Sphingomyelin phosphodiesterase의 효소에는 Lsosomal SMase, Secreted Zinc-dependent SMase, Magnesium-independent SMase, Magnesium-dependent SMase, Alkaline SMase 등이 있으며, 신호전달에 관여하는 세포질의 효소를 Neutral sphingomyelinase라고 한다.

SMase는 sphingolipid의 대사과정에 존재하는 가수분해 효소이다. SMase를 활성화시키는 요인으로는 외부의 열 스트레스, 면역 반응을 유도하는 TNF, IL-1, LPS, 산화적 스트레스로 생성되는 ROS와 같은 신호 등이 있다.

TNF-α를 예로 Apoptosis가 유도되는 신호전달을 살펴보면, 신호 물질의 작용으로 Sphingolipid가 SMase의 작용을 받으면 Ceramide가 생성되며 세포의 작용으로 Apoptosis가 일어난다. Ceramide가 세포 내에서 Apoptosis를 유도하는 신호전달의 과정은 Caspase를 활성화시켜서 작용을 나타내는데, 미토콘드리아를 활성화시켜서 Cytochrome C의 방출을 유도하고 Caspase-9,6,7 등을 활성화시키는 경로와 Caspase-3를 활성화시키는 경로 등 다양한 경로를 통해 신호가 전달된다(그림 5.16).

5) Phospholipase A2-Eicosanoides

Phospholipases A2(PLA2)는 인지질의 sn-2 위치를 절단하여 Arachidonic acid와 Lysophosphatidic acid를 생성한다. Arachidonic acid는 다시 Cyclooxygenases 또

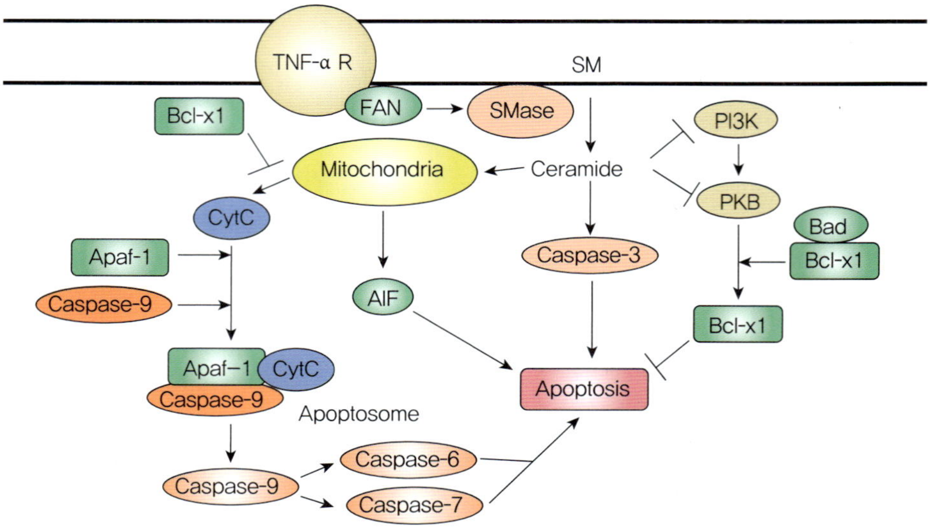

AIF: Apoptosis inducing factor
Apaf-1: Apoptotic protease activating factor 1 (Apaf-1)
Bad: Bcl-2 antagonist of cell death
Bcl-xl: B-cell lymphoma-extra large (Bcl-xL)
CytC: Cytochrome C
FAN: Factor associated with neutral sphingomyelinase activation
PKB: Protein kinase B

그림 5.16 TNF-α에 의한 Apoptosis 신호전달 과정.

는 Lipoxygenases의 작용을 받아 Eicosanoids라 불리는 화합물들이 된다. Prostaglandins과 Leukotrienes을 포함하고 있는 Eicosanoids는 염증과 항-염증의 매개자들이다. PLA2는 거미, 전갈 등의 거미강에 속하는 곤충 및 벌과 뱀의 독에 함유되어 있으며, 포유동물의 조직에서도 일반적으로 발견되는 효소이다. 벌과 뱀의 독에는 PLA2를 자극하는 Melittin이라는 폴리펩티드 물질이 많이 들어 있는데, 꿀벌의 독에는 건조중량의 40~60%에 달하는 양이 들어 있다. 곤충이나 뱀에 물리면 PLA2의 활성이 증가되고, 세포막으로부터 Arachidonic acid가 많이 방출되므로 물린 자리에서는 염증과 통증이 나타난다. 이러한 독에 들어 있는 Phospholipase는 세포의 용해를 촉진시켜 먹이를 움직이지 못하게 하므로 사냥하는 데 도움을 준다.

포유동물에서는 Secreted phospholipases A2(sPLA2), Lipoprotein-associated phospholipase A2(Lp-PLA2), Cytosolic phospholipases A2(cPLA2) 등의 3가지 형태가 있다. 췌장에서 분비하는 sPLA2는 음식으로 섭취한 지방에 함유되어 있는 인지질의 소화에 작용을 한다. 조직과 혈액에 있는 sPLA2는 인지질을 분해하여 Arachidonic acid 대사체들을 만드는 첫 번째 단계를 진행하여 염증 반응을 증가시킨다. 어린이에서 과다 분비된 sPLA2는 염증과 관련된 천식과 안구염증을 유발한다.

Lp-PLA2는 platelet-activating factor acetylhydrolase(PAF-AH)로 알려진 효소이며, low-density lipoprotein(LDL)과 high-density lipoprotein(HDL)이 함께 혈액에 돌아다닌다. Lp-PLA2가 염증 세포에서 분비되면 LDL의 인지질을 분해한다. 또한 Lp-PLA2는 platelet-activating factor(PAF) acetylhydrolase 활성에 의해 PAF을 활성이 없는 Lyso-PAF와 acetate로 분해한다(그림 5.17).

Cytosolic phospholipases A2(cPLA2)의 인산화는 Ca^{2+}의 농도에 의해 조절된다. cPLA2의 인산화를 유발하는 신호 물질로는 MAPK를 활성화시키는 Growth factor의 수용체들과 bFGF(basic fibroblast growth factor)의 수용체, 5-hydroxytryptamine의 5-HT2 수용체, IFN-α(Interferon-α)의 수용체, IFN-γ(Interferon-γ)의 수용체, Glutamate 수용체인 mGluR1(metabotropic glutamate receptor 1), LPS에 의해 활성화되는 TLR4(Toll-like receptor 4), 산화적 스트레스로 발생하는 산소 라디칼(ROS) 등과

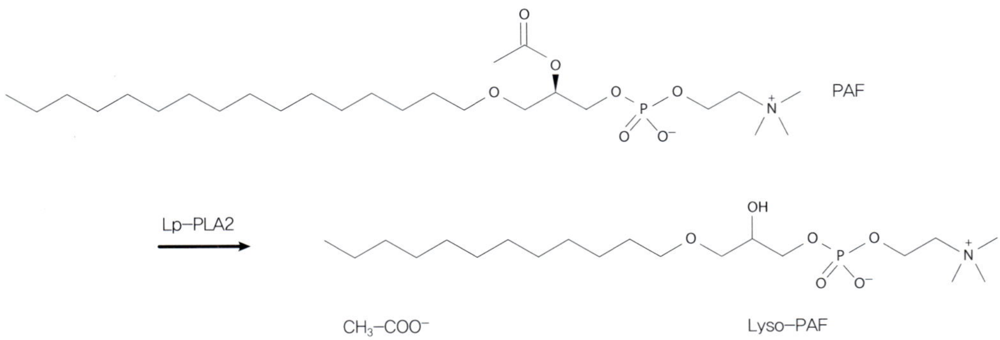

그림 5.17 Lp-PLA2의 FAF 분해 반응.

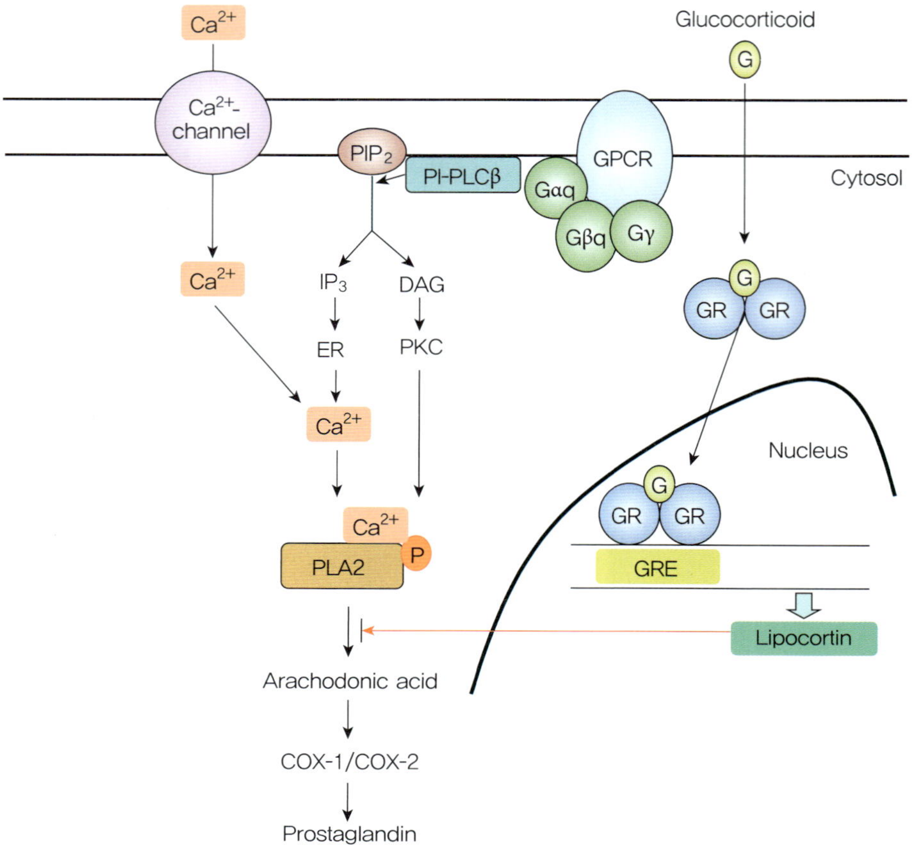

그림 5.18 염증 반응의 신호전달에 관여하는 cPLA2의 역할.

같이 매우 다양하다. 외부 신호가 GPCR 수용체에 결합 후 Gαq가 활성화되어 PI-PLCβ를 자극하면 효소의 작용으로 세포내 DAG와 IP_3 농도가 높아진다. DAG는 PKC를 활성화시켜서 cPLA2를 인산화시키고 IP_3는 소포체의 Ca^{2+}를 방출시켜 세포질의 농도를 높인다. 세포질의 칼슘이 cPLA2를 활성화시키면 염증 반응을 이끌어내는 Prostaglandin의 원료인 Arachidonic acid가 생산된다. Glucocorticoid가 수용체에 결합한 다음 전사 조절 활동으로 Lipocortin 생산을 촉진하면, Lipocortin이 cPLA2에 의한 Arachidonic acid의 생성 반응을 억제하게 되고, 결국에는 Prostaglandin의 생성이 줄어들어 염증 반응이 억제된다(그림 5.18).

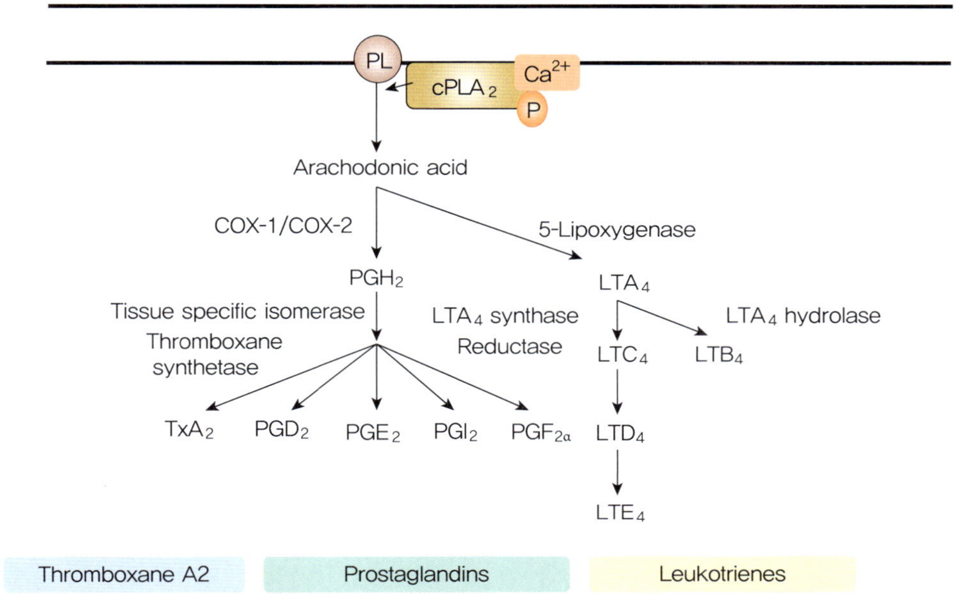

PL: Phospholipid, PG: prostaglandin, Tx: thromboxan, LT: leukotriene, COX: cyclooxygenase

그림 5.19 세포막의 인지질로부터 Eicosanoids를 생성하는 경로.

cPLA2에 의해 생성된 Prostaglandin은 COX의 작용을 받아 PGG2/PGH2로 전환된다. COX는 Prostaglandin-endoperoxide synthase(PTGS)로 알려져 있던 Cyclooxygenase(COX)이며, Arachidonic acid를 prostaglandins으로 전환시키는 효소로 Prostaglandin G/H synthase로도 알려져 있는 효소이다. COX에는 COX1과 COX2의 2가지 효소가 있으며, NSAIDs(non-steroidal anti-inflammatory drugs) 약물 개발의 중요한 표적이다(그림 5.19).

Thromboxan은 혈액응고 과정에 활성화된 혈소판에 의해 생성되는 물질 중의 하나로 Thromboxan의 GPCR 수용체에 결합하여 PLCβ를 활성화시켜서 세포내 Ca^{2+} 농도를 높여 혈소판 구조의 변화를 유도함으로써 새로운 혈소판의 활성화를 촉진시키고 혈관의 축소와 혈소판의 응집을 촉진시킨다.

Prostaglandin은 다양한 세포에서 생성되며, autocrine과 paracrine 방식으로 작

용하는 지방의 신호 물질로 GPCR 수용체에 결합하여 다양한 생리적 효과를 나타내는 물질이다. PGD_2는 백혈구의 호염구, 호산구, Th2 세포에서 생산되며, 뇌 조직과 비만 세포에 많은 양이 발견되고, 천식과 같은 알러지성 질환을 발병시키는 데 중요한 역할을 한다.

PGE_2는 신체에 가장 많은 양이 존재하며, GPCR 수용체인 EP_1, EP_2, EP_3, EP_4의 수용체가 알려져 있다. EP_1 수용체는 세포내 Ca^{2+} 농도를 높이고 PKC를 활성화시켜서 신호를 전달하며, 기관지와 위장관의 평활근을 수축한다. EP_2 수용체는 세포내 cAMP 농도를 증가시키고, PI3K를 활성화시켜서 신호를 전달하며, 기관지와 위장관의 평활근을 이완시키고, 혈관을 확장시킨다. EP_3 수용체는 세포 내의 cAMP 농도를 낮추거나 높이며, Ca^{2+} 농도를 높이고 PKC를 활성화시킨다. 또한 RhoA를 활성화시킨 후 신호를 전달하여 위산 분비를 억제하고, 위의 점액 분비를 촉진하며, 자궁을 수축시키고, 위장관의 평활근을 수축시킨다. 아울러 지방분해를 억제하고, 자율신경 전달 물질의 분비를 늘리며, 혈소판의 반응을 촉진시키는 기능을 한다. EP_4의 수용체는 세포 내의 cAMP 농도를 높이거나 낮추며 PI3K를 활성화시켜서 신호를 전달한다(그림 5.20).

PGI_2는 GPCR 수용체인 Prostacyclin receptor 또는 Prostaglandin I_2 receptoe(IP)에에 결합하여 세포내 cAMP의 농도를 높여서 신호를 전달하며 혈관을 확장시키

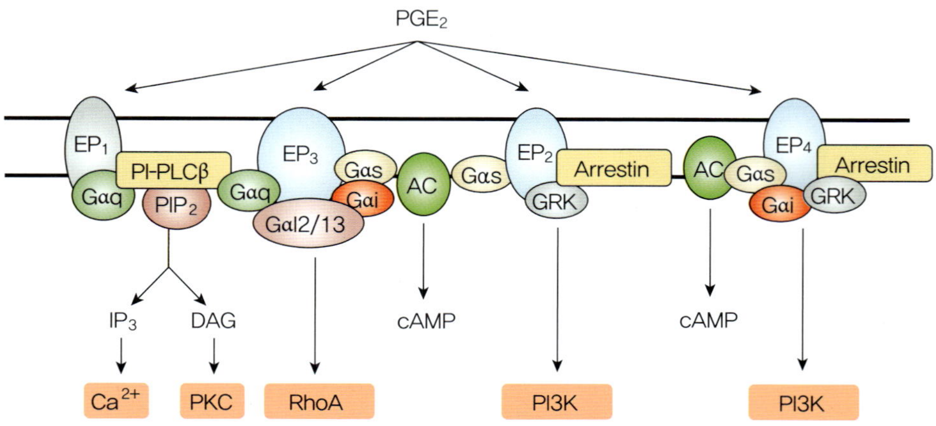

그림 5.20 PGE_2 수용체의 신호전달.

고, 혈소판의 응집을 억제하며, 기관지를 확장시키는 효과를 나타낸다.

$PGF_{2\alpha}$는 GPCR 수용체인 Prostaglandin F receptor(FP)에 결합하여 세포내 Ca^{2+} 농도를 높이고 PKC를 활성화시켜서 신호를 전달하며, 기관지를 수축시키고 자궁을 수축시키는 효과를 나타낸다.

• 자연계에 존재하는 COX inhibitor

버드나무에는 아스피린 성분인 acetylsalicylic acid 성분이 들어 있으며, COX-1을 억제한다. 물레나물속(Hypericum)의 서양고추나물(Hypericum perforatum)에 들어 있는 Hyperforin 화합물의 COX-1 억제효과는 아스피린의 18배에 달하며 COX-1과 5-Lipoxygenase를 동시에 억제하는 효과를 나타낸다(그림 5.21). 전통의학에서는 물레나물속의 식물이 진통을 완화시키고, 염증을 줄여주며, 출혈을 멈추게 하므로 지혈제로 사용한다. 또한 이 식물에서 추출한 Hypericin과 Hyperforin을 항우울제로도 사용한다.

식물체에 들어 있는 다양한 Flavonoids는 COX-2를 억제한다. 또한 Fish oil은

그림 5.21 물레나물속(Hypericum)의 좀고추나물(Hypericum laxum).

Arachidonic acid에 상응하는 지방산이 들어 있어서 COX에 의해 염증 반응을 매개하는 Prostaglandin이 합성되는 것이 아니라 약간의 Prostacyclin이 합성되어 항염증 작용을 나타낸다.

Vitamin D의 활성형인 Calcitriol은 COX-2 유전자의 발현을 강하게 억제함으로써 COX의 억제 효과를 나타낸다.

3 이차 전달자 Ca^{2+}

세포는 내부의 Ca^{2+} 농도를 낮게 유지하기 위해 많은 에너지를 사용한다. 세포 내의 Ca^{2+}은 세포막이나 세포 안의 소포체에 있는 Ca^{2+}-ATPase와 Na^{+}/Ca^{2+} exchanger를 세포 밖이나 소포체로 지속적으로 보내서 세포질의 농도가 0.0001mM이 되고, 세포 바깥은 2.5mM의 농도를 갖게 한다. 이에 따라 세포질과 세포 밖의 농도 기울기를 1,000배 이상으로 유지하게 된다. 외부의 신호나 내부의 자극으로 Ca^{2+}-channel이 열리면 일시에 많은 양의 Ca^{2+}이 세포 안으로 들어가게 된다. 신경전달 물질, 세포막 전위의 변화, 자율신경계 호르몬, 성장 인자, 항원 등과 같은 다양한 신호가 세포막의 Ca^{2+}-channel을 열게 하거나 수용체에 결합하여 세포 내부의 신호를 만들어내면 세포 내부의 Ca^{2+}-channel이 열려서 농도가 높아지게 된다. 세포 내부의 농도가 높아지면 Ca^{2+}이 직접적으로 다른 단백질에 결합하여 활성화시키거나 Calmodulin과 같은 단백질에 결합하여 다른 단백질을 활성화시키는 다단계의 신호전달 과정을 거쳐서 세포의 반응을 이끌어낸다. 결과적으로 Ca^{2+}은 외부 신호의 정보를 전달하는 세포내 다단계 신호전달 과정에 있어서 거의 모든 세포내 활동을 상호 조율하는 중심적인 역할을 하고 있다(그림 5.22).

세포막 수용체에 의한 이차 전달자의 생성과 이온통로를 통해 세포질로 들어오는 이온의 농도변화에 의해 칼슘의 농도변화가 유도된다. 세포 내부에는 소포체와 미토콘드리아 그리고 핵과 같은 다른 칼슘의 저장고가 있어서 세포질의 칼슘 농도

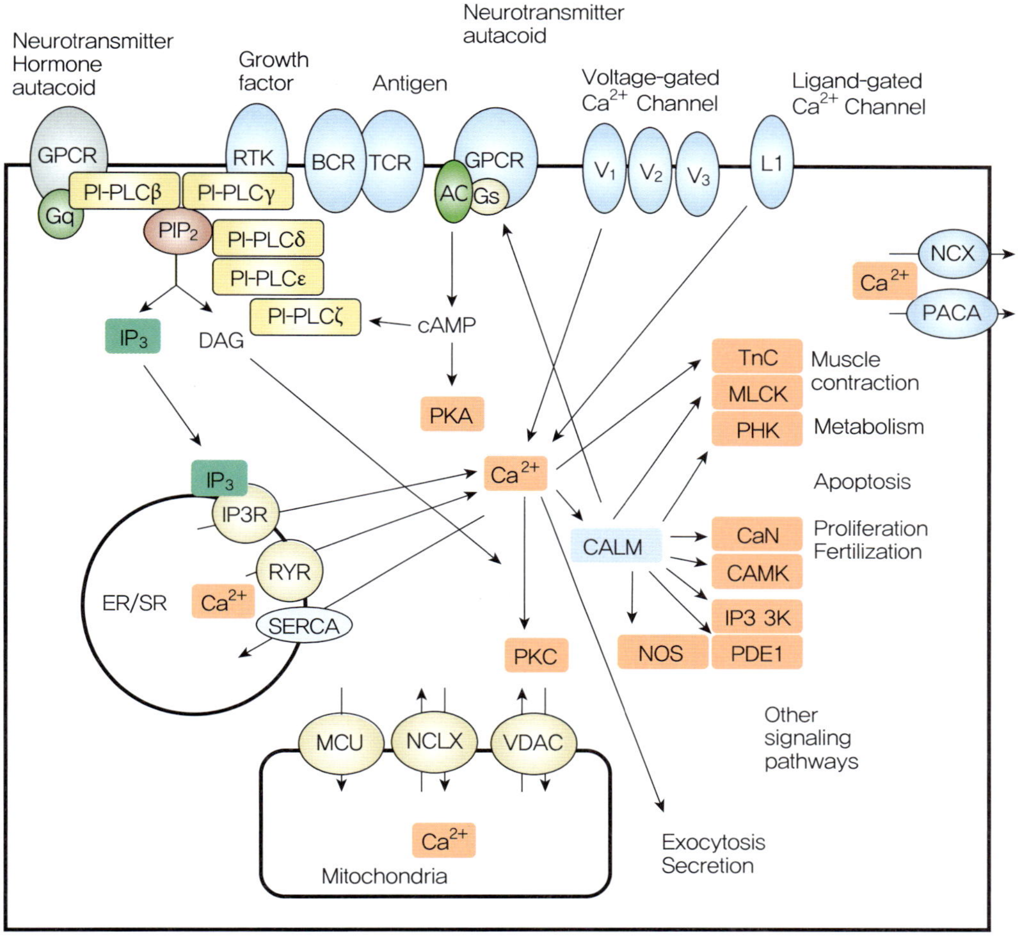

AC: Adenylyl cyclase

IP3Rs: inositol-1,4,5-trisphosphate receptors (IP3Rs)

MCU: Mitochondrial calcium uniporter

MLCK: myosin light chain kinase (MLCK)

NCLX: Mitochondrial sodium/calcium exchanger protein

NCX: sodium-calcium (NCX) exchangers

PHK: Phosphorylase kinase (PhK)

RYR: ryanodine receptors (RYRs)

SERCA: sarco/endoplasmic reticulum Ca^{2+}-ATPase

TnC: troponin C (TnC)

VDAC: voltage-dependent anion channel (VDAC)

그림 5.22 칼슘의 신호전달 경로.

에 민감하게 반응을 한다. 소포체에는 sarco/endoplasmic reticulum Ca^{2+}-ATPase(SERCA)가 있어서 세포질의 Ca^{2+}를 소포체 안으로 운반하여 세포질의 농도를 조절한다. 소포체에는 이차 전달자 IP_3의 수용체인 IP_3R과 ryanodine의 수용체인 RYRs이 있어서 이차 전달자의 자극에 의해 이온 통로가 열리면 세포질로 Ca^{2+}이 방출된다.

미토콘드리아 또한 세포질의 칼슘 농도를 빠르게 감지하여 받아들이는 역할을 한다. 이러한 칼슘의 유입과 방출에는 mitochondrial Ca^{2+} uniporter(MCU)와 Mitochondrial sodium/calcium exchanger protein(NCLX) 및 voltage-dependent anion channel(VDAC)이 중요한 역할을 한다. 최근에는 핵에 있는 PLCβ1 작용을 해서 IP_3와 DAG의 이차 전달자를 만들어내는데, IP_3가 핵 내부의 Ca^{2+} 농도를 높여 전사인자와 염색사의 구조를 변화시킴으로써 전사를 조절하는 것으로 밝혀졌다. 또한 DAG는 핵에 있는 PKC를 통해 전사인자를 인산화시켜서 전사를 조절한다.

외부 자극에 의해 세포질의 Ca^{2+} 농도가 높아지면 단백질을 인산화시키는 효소인 Protein kinase C(PKC), 근섬유다발에서 액틴 단백질에 붙어서 조절 작용을 나타내는 Troponin C(TnC), 다른 단백질을 조절 작용을 하는 Calmudulin(CALM) 등과 같은 단백질에 Ca^{2+}이 직접적으로 결합하여 활성화시키거나 Ca^{2+}-calmodulin 복합체의 형태로 다른 단백질에 작용해서 신호를 전달한다.

칼슘과 직접적으로 연관된 효능들을 살펴보면 근육의 수축에는 Troponin C, 에너지 생산의 활성화에는 Mitochondrial dehydrogenase, 세포막의 활성화에는 IP_3-receptor와 Calmodulin kinase, Apoptosis에는 Calpain, 호르몬의 분비에는 Vesicle-trafficking protein과 Tubulin-related protein, 유전자의 발현 조절에는 Phosphatase(calcinurin) kinase, NO의 생산에는 Nitroxide synthetase, 일반적인 물질대사에는 cAMP와 cGMAP를 생산하는 Adenylyl cyclase, Guanylyl cyclase 등이 관여되어 있고, 세포 분열, 분화, 형태 변화, 수정의 과정 등에도 Ca^{2+}의 영향을 받는 많은 단백질들이 관여되어 있다.

4 이차 전달자 Reactive oxygen species(ROS): O^{2-}, H_2O_2, NO, CO

1) 이차 전달자 Reactive oxygen species(ROS)

세포는 지속적으로 에너지를 생산하고 소비하는 기관이다. 에너지의 생산과 소비가 이루어지는 정상적인 조건에서는 Oxidants와 Antioxidants가 균형을 이뤄서 세포를 유지한다. 하지만 세포에 항산화 물질 결핍이 나타난 결과이거나 Reactive oxygen species(ROS)의 생산이 급격하게 증가하는 상황이 발생하면 산화적인 스트레스가 발생한다.

세포의 ROS는 외부적인 요인과 내부적인 요인에 의해 발생하는데, 외부적인 요인으로는 자외선, 염증 반응, 병원체, Cytokine, Growth factors 등이 있으며, 내부적인 요인은 미토콘드리아, 퍼옥시솜, 세포막, 세포질들에 존재하는 효소의 반응에 의해 발생한다. 생성된 ROS는 침입한 미생물을 퇴치하고, 세포의 분화와 성장을 견인하며, 세포의 이동과 부착을 유도하고, 신호전달과 전사를 조절하는 등의 역할을 한다(그림 5.23).

Cytokines과 Growth factors와 같은 외부 자극이나 내부의 자극에 의해 발생한 ROS 이차 전달자는 세포의 다양한 신호전달자에게 정보를 전달해서 세포의 반응을 이끌어낸다. ROS에 의해 활성화되는 세포 내의 신호전달 중계자에는 PLCγ, PI3K 같은 효소와 Akt, PKC, ATM, JAK, JNK, p38 같은 Protein kinase가 있으며, c-Jun, p53, Nrf2, NFAT 같은 핵의 전사 인자들도 있어서 유전자의 발현을 조절하고 세포의 반응을 이끌어낸다(그림 5.24).

세포 내에 존재하는 ROS는 효소적인 활성이나 항산화 물질에 의해 분해된다. 항산화 작용을 하는 세포 내부 물질로는 Alpha tocopherol(Vitamin E), Ascorbic acid(Vitamin C), Beta-carotene 등이 있으며, 효소로는 Superoxide dismutase(SOD), Catalase(CAT), Gluthaione peroxidase(GPx) 등이 있다(그림 5.23, 25).

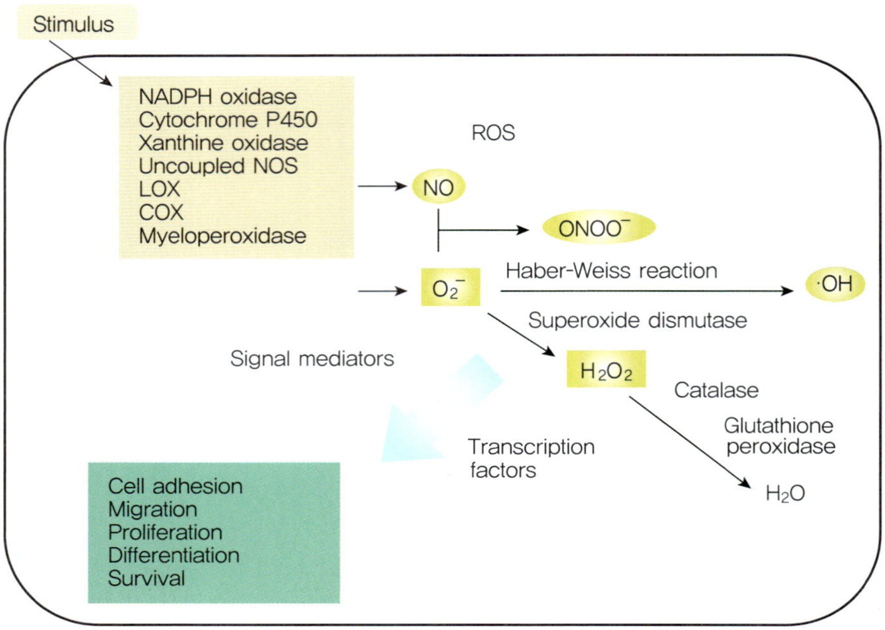

그림 5.23 Schematic representation of ROS metabolism and signaling.

세포 외부의 Xanthine oxidase와 NADPH Oxidase에 의해 생성된 ROS인 $\cdot O_2^-$는 Extracellular superoxide dismutase(Ec-SOD)에 의해 H_2O_2로 전환된다. 그런 다음 세포 밖에서 작용을 나타내거나 Aquaporin 1의 통로를 통하여 세포 안으로 들어가며, Catalase(CAT), Glutathione peroxidase(GPx), Peroxiredoxin(Prx), Thioredoxin (Trx), Thioredoxin reductase(TrxR) 등의 작용을 받아 H_2O로 전환된다.

Glutathione은 Glutamate-γ-Cysteine-Glycine으로 이루어진 3개의 아미노산으로 이루어진 펩티드이며, Cys-SH 그룹이 반응에 참여하여 환원된 GSH와 산화된 형태인 GS-SG 형태 간의 순환적인 경로를 통해 ROS를 불활성화시키는 작용을 한다. GSH가 단백질과 결합하여 생성된 Protein-S-SG의 disulfide 결합은 Glutaredoxins(Grx)이 신화되어 GS-SG로 되고 단백질은 Protein-SH의 환원된 형태로 바꾸어 준다. 산화된 GS-SG는 Glutathione reductase의 작용에 의해 NADPH로부터 전자를 받아

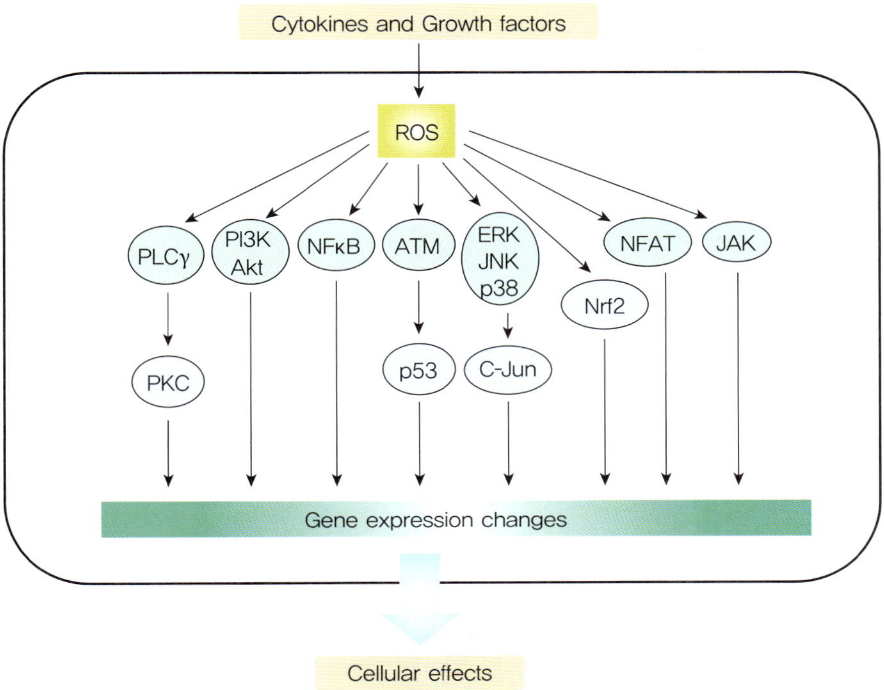

Akt: Protein kinase B (PKB), RAC-alpha serine/threonine-protein kinase
ATM: Adipose tissue macrophages, ATM serine/threonine kinase
c-JUN: The viral homolog v-jun was discovered in avian sarcoma virus 17 and was named for ju-nana, the Japanese word for 17.
ERK: Extracellular signal-regulated kinases (ERKs) or classical MAP kinases
JAK: Janus kinase (JAK) is a family of intracellular, nonreceptor tyrosine kinases.
JNK: c-Jun N-terminal kinase (JNK)
NFAT: Nuclear factor of activated T-cells (NFAT)
p38: p38 mitogen-activated protein kinase (p38 MAPK)
p53: Tumor protein p53, tumor suppressor p53
Nrf2: Nuclear factor erythroid 2-related factor 2 (NRF2)
PI3K: Phosphoinositide 3-kinase (PI3K)
PKC: Protein kinase C

그림 5.24 ROS signaling effects on Gene expression.

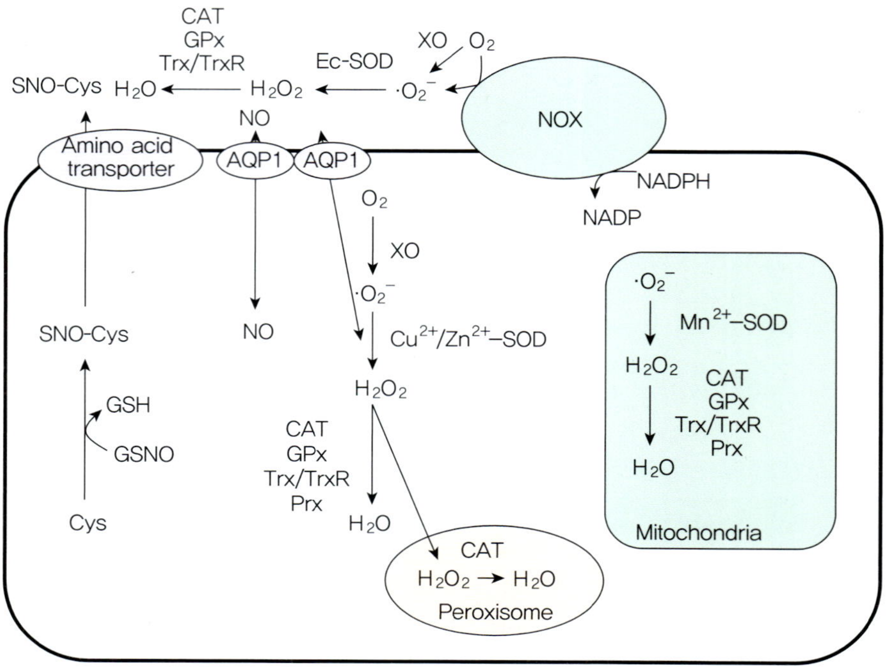

AQP1: Aquaporin 1
CAT: Catalase
GPx: Glutathione peroxidase (GPx)
NOX: NADPH Oxidase
Prx: Peroxiredoxin (Prx) is a family of thiol-based peroxidases
Ec-SOD: Extracellular superoxide dismutase
Mn-SOD: Superoxide dismutase 2, manganese-dependent superoxide dismutase
Cu^{2+}/Zn^{2+}-SOD: Cu^{2+}/Zn^{2+} Superoxide Dismutase
SNO-Cys: S-Nitroso-Cysteine (SNO-Cys)
Trx: Thioredoxin (Trx)
TrxR: Thioredoxin reductase (TrxR)
XO: Xanthine oxidase (XO)

그림 5.25 ROS metabolic pathways.

GSH의 환원된 형으로 전환된다. Peroxiredoxins(Prx)과 Glutaredoxins(Grx) 또한 ROS인 H_2O_2를 불활성화시키며, Sulfiredoxin(Srx)은 과산화된 2-Cys Peroxiredoxins(Prx)을 환원시키는 작용을 한다(그림 5.26).

2) Nitric oxide(NOS) signaling

NO는 혈관 확장, 신경전달 물질 등을 유도하는 외부의 신호 물질로도 사용이 되지만 세포 내부에서 신호를 전달하는 이차 전달자의 역할도 한다. Nitric oxide synthase(NOS)가 Arginine의 Guanidine nitrogen을 산화시키면 NO가 만들어지고 citrulline이 방출된다. NOS는 Endothelial NOS(eNOS 또는 NOS-3), Inducible NOS(iNOS 또는 NOS-2), Neuronal NOS(nNOS 또는 NOS-1) 등의 3가지 형태가 알려져 있다.

외부의 신호 물질에 의해 성장인자의 수용체와 AGE(Advanced Glycation End Product)의 수용체 등이 자극을 받으면 신호전달 과정에 NADPH oxidase와 Xanthine oxidase가 활성화되어 O^{2-}가 생산되고, iNOS에 의해 생산된 NO와 반응하여 preoxynitrite인 $ONOO^-$가 생성된다. Preoxynitrite는 다양한 세포의 신호 중계자를 활성화하거나 억제하는데, 근육 세포와 관련해서는 소포체의 칼슘 통로를 억제해서 세포질로 칼슘이 방출되는 것을 막고, DNA의 손상과 Lipid peroxidation, protein oxidation/nitration을 통해서 세포의 손상을 야기한다.

(1) Inducible NOS(iNOS)

조직에 가해지는 신호에 반응하여 생성되는 Inducible NOS(iNOS)는 정상적인 상태에서는 발현되지 않지만, 외부 신호물질이나 염증 반응을 유도하는 물질에 의해 유도되어 활성화된다. 활성화된 iNOS가 이차 전달자인 NO를 생산하면 세포질의 Guanylyl cyclase가 활성화되어 cGMP를 생산한다. cGMP는 Protein kinase G를 활성화하여 칼슘 통로를 인산화시켜서 억제하고, Cyclic nucleotide phosphodiesterase를 활성화시켜서 cAMP를 AMP로 분해하면 신호가 줄어들게 되며, 근섬유의

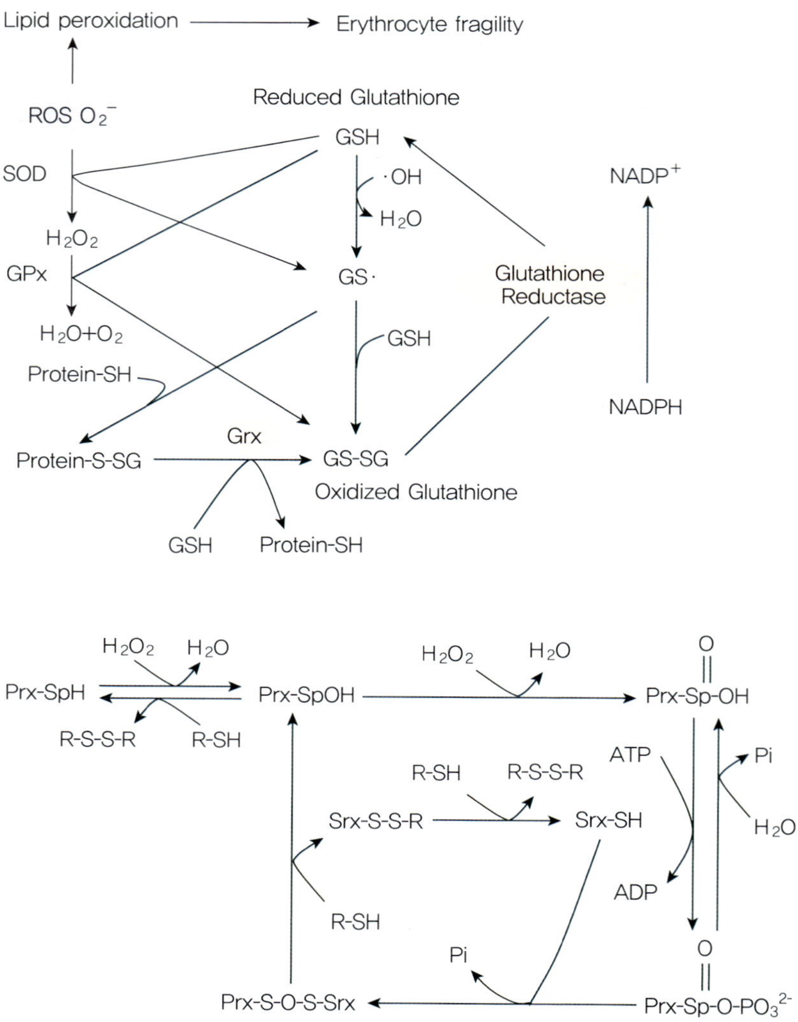

GPx: Glutathione peroxidase (GPx)

Grx: Glutaredoxins are small oxidoreductases

Prx: Peroxiredoxins- a ubiquitous family of antioxidant enzymes

R-SH; a Reducing agent

-SpOH: Sulphenic acid, -SPO2H: Sulphinic acid, -SO-S-: Thiosulphynate

Srx: Sulfiredoxin (Srx) is an antioxidant protein that exclusively reduces over-oxidized typical 2-Cys Prx

그림 5.26 Antioxidant enzyme Grx, Prx, Srx cycle for ROS incativation.

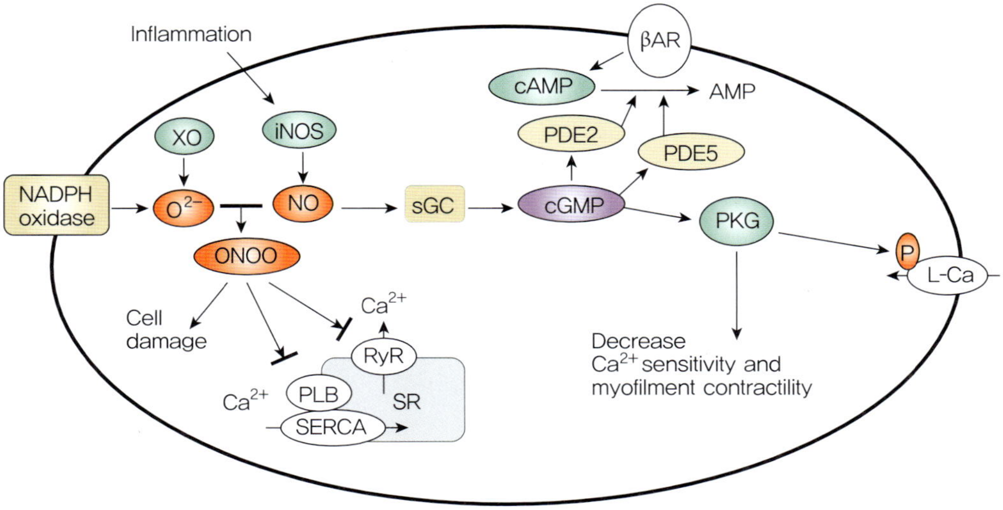

PLB: Phospholamban is a 52-amino acid integral membrane protein that regulates the Calcium (Ca^{2+}) pump

RYR: ryanodine receptors (RYRs)

SERCA: sarco/endoplasmic reticulum Ca^{2+}-ATPase

XO: Xanthine oxidase

그림 5.27 Inducible NOS Signaling.

인산화를 통해 Ca^{2+}의 민감도를 낮추므로 수축이 줄어들어 이완된다(그림 5.27).

(2) Endothelial NOS(eNOS)

혈관의 내피 세포에 존재하는 Endothelial NOS(eNOS)은 혈관의 수축과 이완을 담당하는 평활근의 이완을 유도하고, 세포의 성장 및 면역 반응의 진행에 필요한 반응을 조절하는 역할을 한다. 즉, 내피 세포에서 만들어진 NO가 혈관의 평활근 세포에 작용하여 효과를 나타내는 것이다.

혈관의 내피 세포에 있는 eNOS 작용으로 만들어진 NO가 평활근 세포로 이동한 후 Guanylyl cyclase를 활성화시켜서 cGMP를 만들어내면 Protein kinase G(PKG)가 활성화되어서 다른 단백질들을 인산화시킨다. PKG의 작용을 받아 인산화된 단백질들의 작용으로 세포질에 있던 Ca^{2+} 이온이 소포체로 이동하고 세포 안으로 들

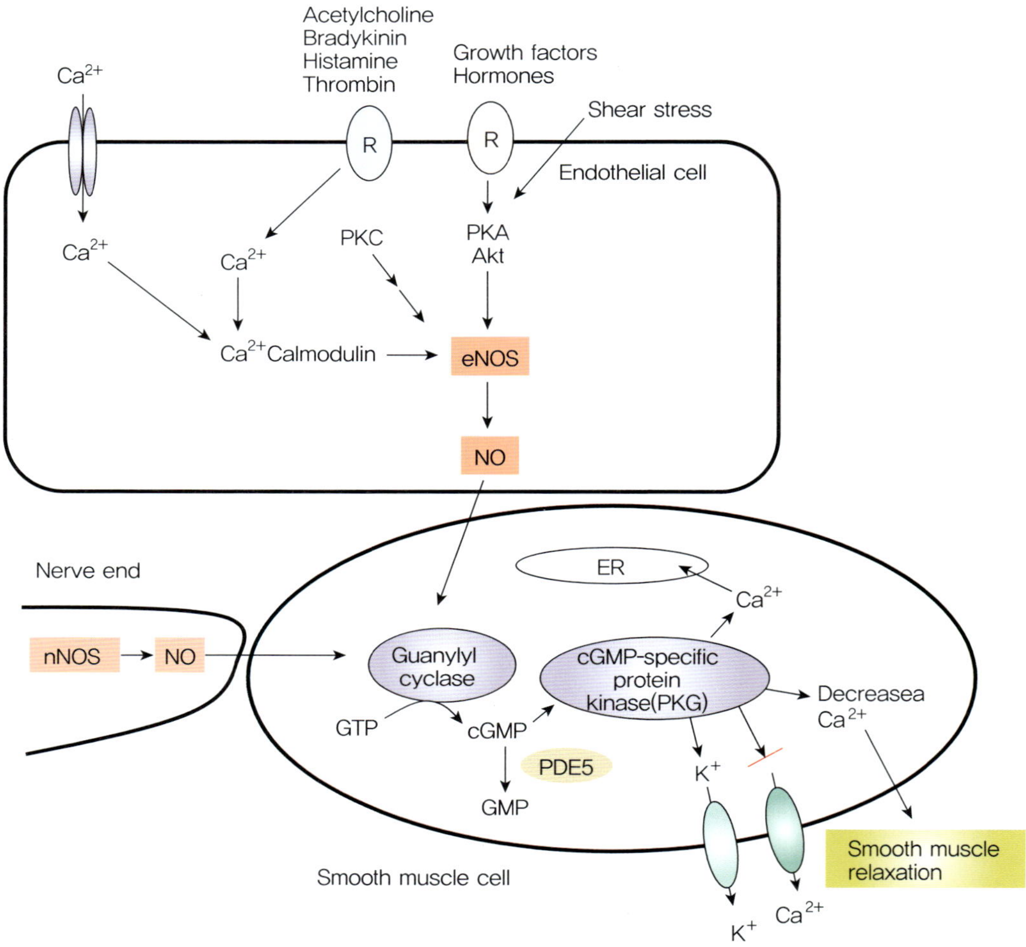

그림 5.28 Endothelial NOS(eNOS) and Neuronal NOS(nNOS) Signaling.

어오는 Ca^{2+} 통로가 닫히면 세포 안의 K^+ 이온이 세포 밖으로 빠져 나간다. 이러한 결과로 세포 안의 Ca^{2+} 농도가 낮아지면 평활근의 근섬유가 이완되는데, 이는 혈관이 확장되는 결과로 나타난다. 혈관이 확장되면 혈압이 낮아지고, 모세혈관에서는 조직으로 빠져 나가는 체액 성분이 많아지며, 면역 반응을 이끌어가는 백혈구 세포들의 통과 또한 많아진다.

(3) Neuronal NOS(nNOS)

외부의 신호에 반응하는 신경 세포의 이온 통로에는 세포 표면의 막에 있는 Voltage-gated ion channels(VGICs)과 외부의 신호에 반응하여 세포 내부에서 열리는 칼슘 통로인 RyR, IP_3R, NCLX 등이 있다. 세포막의 전위가 변하면 활성화되어서 열리는 이온 통로인 Voltage-gated ion channels(VGICs)에는 Voltage-gated calcium channels(VGCCs)이 있다. Ligand-gated calcium channels에는 NMDAR, AMPAR, P2XR, ASIC, TRP, ASICs 등이 있다(그림 5.29). ASICs는 신경 세포에 있는 voltage-insensitive sodium channels이다.

N-methyl-D-aspartate receptor(NMDAR)은 외부의 신호 물질이 와서 결합하였을 때 활성화되어 열리는 칼슘 이온 통로이다. NMDAR에는 Glycine과 Glutamate가 결합하는 부위와 조절 분자가 결합하는 부위를 가지고 있다. Acetylcholine, Glutamate, Aspartate 등과 같은 신경전달 물질이 신경 세포의 수용체에 결합하면 세포의 NMDAR 이온 통로가 열려서 Ca^{2+}이 세포 안으로 들어간다.

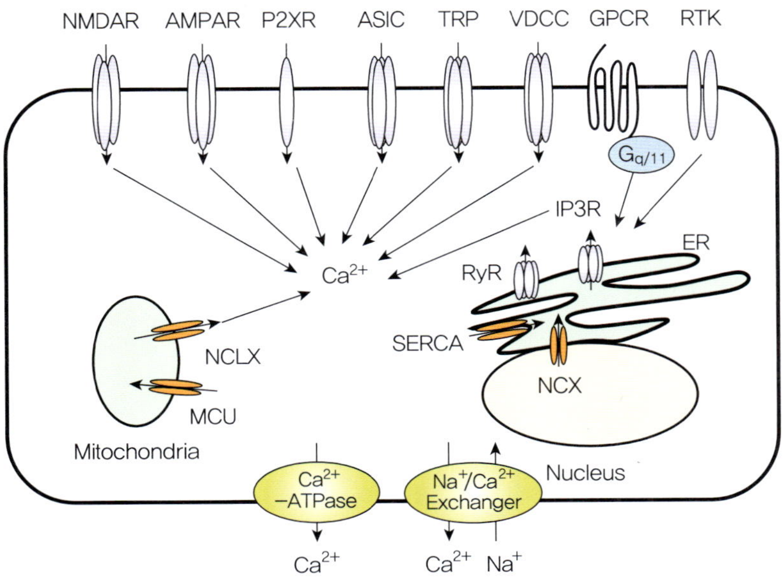

그림 5.29 Neuronal ionic channels.

AMPAR은 α-Amino-3-hydroxy-5-methyl-4-isoxazolepropionic acid receptor(AMPAR)를 일컫는데, Glutamate에 대한 ionotropic transmembrane receptor이며, Ca^{2+}, K^+, Na^+ 등의 다양한 양이온을 통과시키는 통로 단백질이다. NMDAR과 연결되어 있는 AMPAR은 Ca^{2+}의 이온 통로이다.

P2XR은 ATP-gated P2X receptor cation channel(P2XR) 또는 P2X purinoreceptor로 또는 Purinergic ionotropic receptors(P2X)로도 부른다.

Acid-sensing ion channels(ASICs)은 외부의 pH 변화를 인지해서 활성화되는 수용체로 voltage-insensitive sodium channels이다.

TRP는 Transient receptor potential channels(TRP channels)로, 30여 종류가 있으며 신경 세포에 있는 칼슘 통로에는 TRPC("C" for canonical)가 있다.

세포 안에 높아진 Ca^{2+}이 SERCA에 의해 소포체로 이동하거나 세포막의 Ca^{2+}-ATPase와 Na^+/Ca^{2+} exchanger에 의해 세포 밖으로 나가게 되면 농도가 낮아지므로 신경 세포는 안정을 찾게 된다.

신경 세포의 이온 통로가 열려 세포질의 Ca^{2+} 농도가 높아지면, 후신경 시냅스의 NMDA-receptor(PSD-95) 단백질과 결합하고 있는 nNOS가 활성화되어 NO가 생성된다. NO가 다른 세포로 이동해서 Guanylyl cyclase를 활성화시키면 cGMP가 생성된다. cGMP는 PKG를 활성화시켜서 DARPP-32(dopamine and cyclic AMP-regulated phosphoprotein, 상대적인 분자량 32,000)를 인산화시킨다. DARPP-32는 다시 serine/threonine kinase와 serine/threonine phosphatase를 인산화시켜서 활성을 조절한다(그림 5.30).

5 직접적인 유전자 발현 조절자

세포의 성장을 촉진하는 EGF, PDGF와 같은 Growth factor와 IL2, IL6, IL10, IL12 등의 Cytokine의 수용체들은 세포질의 작용에 필요한 신호의 중계자와 이차

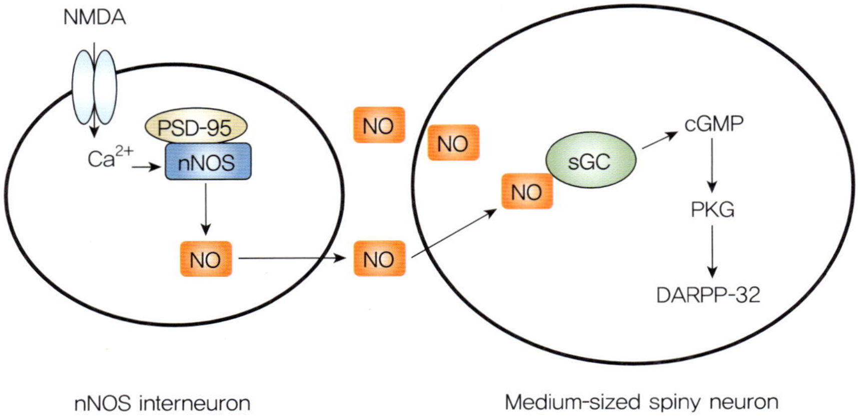

PSD-95: Postsynaptic density protein 95 or synapse-associated protein 90(SAP-90)
sGC: Soluble guanylyl cyclase
DARPP-32: Dopamine- and cAMP-regulated neuronal phosphoprotein (DARPP-32), also known as Protein phosphatase 1 regulatory subunit 1B (PPP1R1B)

그림 5.30 Neuronal nNOS signaling.

전달자를 만들어서 신호의 증폭 및 세포 활동의 다양화를 가져 온다. 하지만 핵에서 일어나는 활동을 조절하는 단백질에 대한 신호는 증폭 과정을 거치는 이차 전달자를 만들지 않고 직접적인 인산화를 통해서 단백질을 핵으로 이동시키고 전사를 조절하는 방식으로 작동한다. Growth factor 수용체가 전달하는 신호는 SHP2와 Jak에 전달되어 Jak의 Tyrosine이 인산화되면 SH2 도메인을 가지고 있는 단백질이 와서 결합할 수 있는 부위가 만들어지고, SH2 도메인을 가진 STAT 단백질이 와서 결합해서 인산화된다. 인산화된 STAT-Ⓟ는 STAT-Ⓟ-Ⓟ-STAT의 형태로 중합체가 되어 핵으로 이동하여 SOCS, CIS, PIM-1 등의 유전자 발현을 촉진하게 된다. STAT은 표적 유전자의 전사 촉진 활동에 CBP와 p300과 같은 Co-activators를 끌어들여서 유전자의 발현이 더욱 증진되도록 할 수 있다(그림 5.31).

Cytokine 신호가 다른 경로인 Src와 Jak에 전달되고, Jak → PI3K → AKT → mTOR의 신호전달 시스템과 Ras → Shc → GRB2 → Raf → Mek → Erk의 신호전달 경로를 통하여 STAT 단백질이 인산화되면 유전자 발현은 더욱 증가하게 된다.

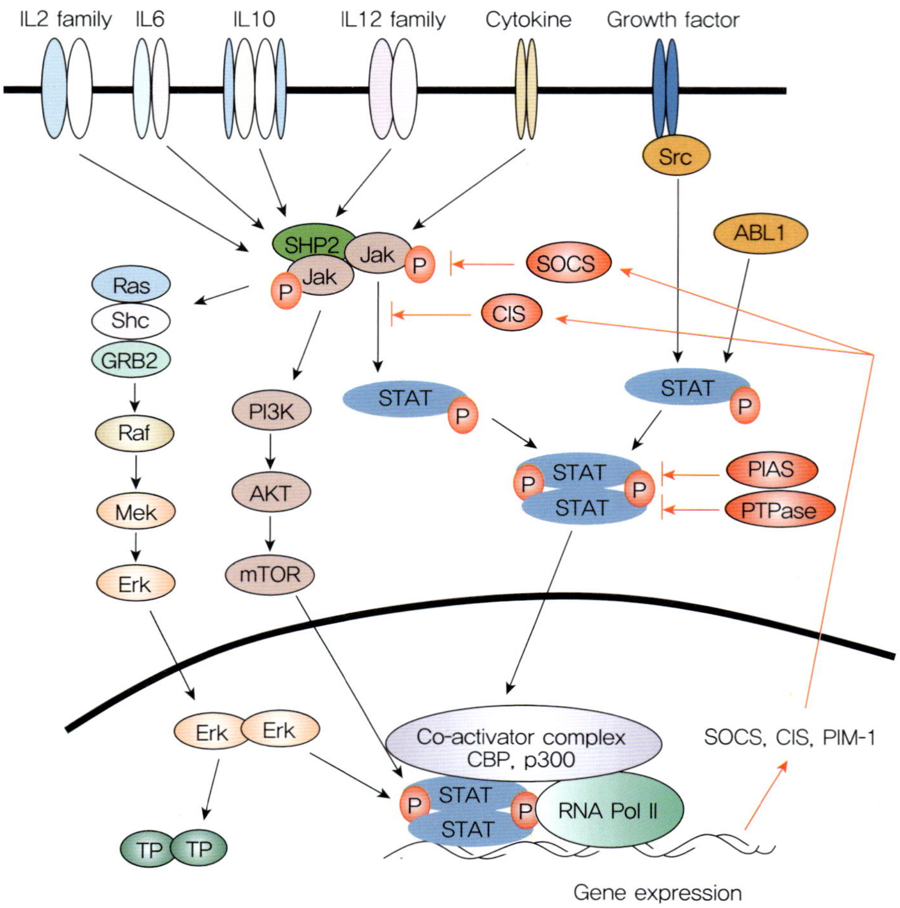

그림 5.31 Growth factor and Cytokines signaling pathway.

ABL1: Abelson murine leukemia viral oncogene homolog 1 also known as ABL1

AKT: Protein kinase B (PKB), also known as Akt, is a serine/threonine-specific protein kinase. The "Ak" in Akt refers to the AKR mouse strain that develops spontaneous thymic lymphomas. The "t" stands for 'thymoma'.

CIS: Cytokine-inducible SH2-containing protein. CIS is involved in the negative regulation of cytokines that signal through the JAK-STAT5 pathway.

Erk: Extracellular signal-regulated kinases (ERKs) or classical MAP kinases are widely expressed protein kinase intracellular signalling molecules.

GRB2:

Jak: Janus kinase (JAK) is a family of intracellular, nonreceptor tyrosine kinases that transduce cytokine-mediated signals via the JAK-STAT pathway.

Mek: Mitogen-activated protein kinase kinase (MAP2K, MAPKK) is a kinase enzyme which phosphorylates mitogen-activated protein kinase (MAPK)

mTOR: The mammalian target of rapamycin (mTOR) or FK506-binding protein 12-rapamycin-associated protein 1 (FRAP1), is a kinase. mTOR is a member of the phosphatidylinositol 3-kinase-related kinase family of protein kinases.

PIAS; Protein inhibitor of activated STAT (PIAS)

PI3K: The phosphoinositide 3-kinase (PI3K)

PTPase: Tyrosine-specific protein phosphatases (PTPase)

Raf: Raf is an acronym for Rapidly Accelerated Fibrosarcoma. RAF kinases participate in the RAS-RAF-MEK-ERK signaling pathway.

SHP2: Src homology region 2 domain-containing phosphatase-2 (SHP-2) also known as protein-tyrosine phosphatase 1D (PTP-1D), protein-tyrosine phosphatase 2C (PTP-2C) or Tyrosine-protein phosphatase non-receptor type 11 (PTPN11).

Src: Proto-oncogene tyrosine-protein kinase Src is a non-receptor tyrosine kinase protein. Src; pronounced "sarc", as it is short for sarcoma.

STAT: Signal transducers and activators of transcription

SOCS: The Suppressor Of Cytokine Signalling (SOCS) proteins

그림 5.31 (계속)

STAT의 유전자 발현으로 생산된 단백질의 일부인 SOCS는 Jak을 억제하며, CIS는 Jak에 의한 STAT의 인산화를 억제시켜서 Cytokine의 신호를 정지시키는 역할을 한다. 세포 내부의 중계자들은 이차 전달자를 만들지 않고 유전자 발현을 통해서 조절하지만, 한 번의 유전자 발현 촉진으로 여러 개의 단백질이 만들어지면서 신호를 증폭하는 과정이 진행된다.

영양 물질의 소화 흡수와 조절 06

1 굶주림

에너지원 섭취의 심각한 결핍을 굶주림(Starvation)이라 한다. 고탄수화물 식사를 주로 하는 인간의 신체는 일차적인 에너지원으로 혈액의 포도당을 사용하고 있다. 단식으로 혈당의 농도가 떨어지는 상황이 발생하면 췌장에서 글루카곤(Glucagon)이 분비되어 간에 저장된 글리코겐(Glycogen)을 포도당으로 분해시켜서 혈액으로 공급되는 양을 늘린다. 저장된 영양성분을 재분배하여 신체의 항상성을 유지하는 것에는 일정한 한계가 있으며, 굶주림의 상태가 지속되면 기관에서 심각하고 영구적인 손상이 발생하고 심지어 죽음에 이르기도 한다. 너무 허약한 상태에 이르면 갈증을 느끼지 못하게 되고 신체 전반에서 탈수가 일어난다. 탈수가 심각해지면 피부가 건조해지고 갈라지며 근육의 위축으로 인해 고통을 받게 된다. 허약한 신체는 질병의 집합체적인 증상을 나타내며, 심한 경우에는 식도에 곰팡이가 자라나서 음식을 삼키는 것도 고통스럽게 한다.

굶주림의 상태가 시작되면 생존에 필요한 시스템인 심장의 근육과 신경망의 세포를 유지하기 위해 자신의 근육이나 다른 장기를 분해하는 신체의 파괴 과정이 서서히 진행된다. 여성의 경우에는 신체의 지방 함량이 너무 낮아져서 태아를 지지할 수 없는 상태에까지 다다르게 되면 생리가 중단된다. 영양성분의 부족은 비타민의 결핍을 가져와 빈혈, 부종, 근무력증, 구강 출혈 등의 증상을 나타낸다. 외형적인 증상으로는 설사, 부종, 심장병, 피부 발진 등이 나타난다.

단식의 생화학적인 현상으로는 글루카곤(Glucagon) 호르몬 작용에 의해 저장 탄수화물을 포도당으로 분해해서 공급하는 현상이 나타난다. 저장하고 있던 Glycogen이 고갈된 후 2~3일 동안 뇌를 제외한 신체의 조직은 대사 과정의 에너지원으로 지방산을 사용하지만 뇌 세포는 계속해서 포도당을 사용한다. 뇌에는 뇌혈관 장벽이 있어서 이러한 장벽을 통과할 수 있는 물질만 영양성분으로 받아들인다. 뇌는 전체 기초대사량의 18%를 사용한다. 즉, 전체 1800kcal/day의 18%인 324 kcal 또는 80g의 포도당을 뇌가 사용하는 것이다. 이는 신체가 사용하는 전체 포도당 소비량의 25%에 이른다.

지방산을 분해하여 에너지원으로 사용하는 시기에는 뇌를 제외한 다른 조직에서 포도당의 사용이 중지되고, 남아 있는 모든 포도당을 뇌에 공급하여 사용하게 한다. 단식 2~3일이 지나 간에서 지방산을 분해하여 얻은 전구체로부터 케톤체(ketone bodies)를 생산하여 공급하기 시작하면, 뇌에서도 케톤체를 에너지원으로 사용할 수 있으므로 포도당에 대한 요구가 중단된다. 단식 3일 후가 되면 뇌는 케톤체로부터 30%의 에너지를 얻고, 4일째가 되면 70% 이상으로 늘어난다. 뇌에서 사용하는 에너지의 65% 정도를 케톤체로부터 얻으려면, 정상의 신체에서 요구하는 포도당의 35%가 필요하므로 포도당이 80g에서 30g(정상 신체의 35%)으로 줄어든다. 단식이 진행되는 동안에도 뇌에서 매일 요구되는 30g의 포도당 중에 20g은 지방을

표 6.1 뇌의 생명 활동에 필요한 에너지 물질의 양.

생리적인 조건	에너지 물질의 양
정상 신체의 뇌 조직에서 필요한 일일 포도당의 양	80g Glucose
단식을 하는 동안 뇌에서 케톤체로 대체하는 에너지 65%	50g Glucose
단식이 진행되는 동안에 뇌에서 필요로 하는 포도당의 양	30g Glucose
단식이 진행되는 동안 지방으로부터 합성되는 포도당의 양	20g Glucose
뇌의 생존을 유지하기 위해 필요한 최소 포도당의 양	10g Glucose
지방이 고갈된 후 단백질로부터 합성되어 공급되는 포도당의 양	10g Glucose
포도당 1g을 합성하기 위해 필요한 단백질의 양	2~3g Protein
뇌에 필요한 포도당 10g을 합성하기 위한 단백질의 양	20~30g Protein

분해에서 나오는 Glycerol을 활용하여 간에서 합성해 공급한다. 그러므로 나머지 10g의 포도당은 다른 원료에서 공급되어야 한다. 단식이 진행되는 동안 뇌에서 매일 요구하는 10g의 포도당을 공급해 주는 원천은 바로 자신의 단백질이다. 근육이나 생존에 급하지 않은 조직의 단백질을 분해하면 Alanine과 Lactate가 혈액으로 방출되는데, 이를 간에서 포도당으로 전환한 후 뇌에 공급한다. 포도당 1g을 생산하기 위해서는 2~3g의 단백질이 필요하다. 뇌를 살아 있는 상태로 유지하기 위해서는 최소한 하루 10g 정도의 포도당이 필요한데, 이는 탄수화물이 고갈된 상태에서는 하루에 20~30g의 단백질이 분해되어야 공급할 수 있는 양이다(표 6.1). 하지만 이러한 공급량은 단식이 길어지면 체내 단백질을 보존하기 위해 계속해서 감소한다.

단식이 진행되는 동안에 뇌의 포도당 의존도가 절반 이하로 떨어지는 것은 주된 에너지원으로 케톤체를 사용할 수 있기 때문인데, 이는 뇌의 생존에 필요한 포도당의 공급원인 근육의 분해를 늦추게 한다. 이러한 뇌의 에너지 물질대사의 변화는 뇌의 의식과 운동성을 수 주일 동안 유지시켜 준다. 이는 사람이 장기간의 굶주림 상황에 직면했을 때에도 음식을 계속해서 효과적으로 찾을 수 있게 하므로 인간의 진화에서 매우 중요했다.

하루에 필요한 포도당의 양을 포도에 들어 있는 당으로 계산해보자.

우리가 보통 맛이 있다고 느끼는 포도는 15~18Brix^{O}의 당 함량을 가지고 있다.

포도는 당의 대부분을 포도당으로 가지고 있으며, 포도 100g에는 15~18g의 포도당이 들어 있다. 그러므로 10g의 포도당을 포도로 섭취하기 위해서는 (100÷15~18)×10 = 56~67g을 먹어야 한다. 단식을 하는 동안에도 뇌를 살아있는 상태로 유지하기 위해서는 최소한 10g의 포도당을 공급해야 하며, 원활한 상태를 유지하기 위해서는 30g의 포도당이 공급되어야 한다. 따라서 하루 167~200g 정도의 포도를 섭취해야 한다. 포도 한 알의 무게가 6g 정도이므로 27~33알의 포도를 섭취해야 최소한의 뇌 상태를 유지할 수 있다. 만약 정상적인 생활을 하면서 단식을 하는 사람이라면 이보다 훨씬 많은 양을 섭취해야 한다. 실제로 지리산의 한 단식원에서는 포도 단식을 하는 사람들에게 매일 16알의 포도를 3시간 간격으로 5회를 섭취시킨다. 하루의 양으로 계산하면 80알 정도이며, 무게로는 480g 정도의 포도를 섭취하는 것인데, 이를 포도당으로 환산하면 72~86g/day의 양을 공급하는 것이다.

2 Festing Hormone

1) 배고픔의 반응

위가 비워지면, Ghrelin 호르몬의 분비가 많아지고 시상하부를 자극하므로 Neuropeptide Y(NPY)의 생산이 늘어나게 된다. NPY가 뇌의 연수에 있는 망상형성계에 작용하면 배고픔을 느끼게 된다. 연수의 망상형성계에서는 운동신경을 통해 섭식 작용을 늘려서 먹이 활동을 증가시키고, 교감신경을 통해 신체의 물질대사는 낮추는 반응을 진행하게 한다. 신체의 물질대사가 낮아지면 열의 발생이 줄어들어 추위를 느끼게 된다(그림 6.1). 굶주림이 발생하면 교감신경계의 노르에피네프린(Norepinephrine)의 분비가 급격하게 줄어들지만, 부신수질의 노르에피네프린과 에피네프린(Epinephrine)의 분비는 늘어나고, 갑상선 조직의 Thyroid hormone T4의 분비는 급격하게 줄어든다.

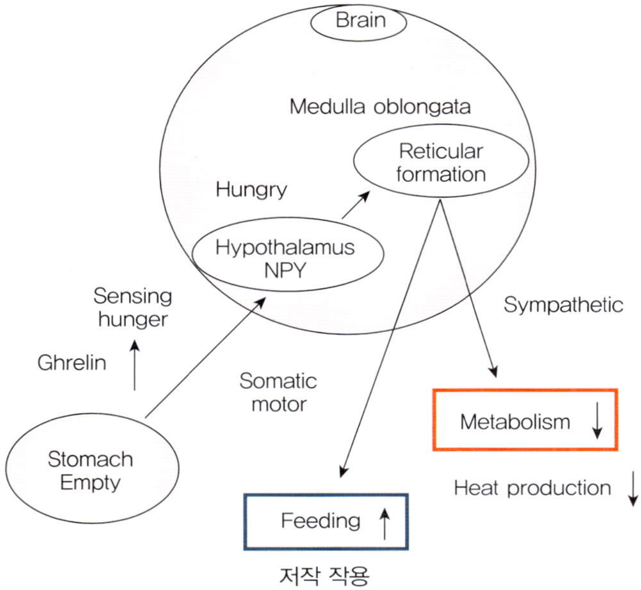

그림 6.1 배고픔의 신호전달.

2) Festing Hormone FGF21

단식이 진행되면 간에서 Fibroblast growth factor-21(FGF21)이 분비되어 굶주림에 대한 적응 반응의 다양한 효과를 나타낸다. FGF21이 간 조직에 작용하면 지방산의 생산이 감소하므로 중성지방의 생산이 줄어들고, 콜레스테롤의 생산이 줄며, 성장 호르몬에 대한 반응이 낮아지고, Leptin 호르몬에 대한 민감도는 높아진다. 단식으로 인한 혈당의 감소에 대한 반응으로써 FGF21이 췌장에 작용하면 인슐린의 생산이 감소되고, 뼈 조직의 Chondrocytes에 작용하여 성장호르몬에 대한 반응을 줄인다. 또한 부신에 작용하여 Cortisol의 생산을 증가시킴으로써 Cortisol에 의한 간세포의 유전자 발현을 바꾸도록 만든다. 한편 지방 조직에도 작용하여 저장 지방을 낮춰서 체중을 감량시키고, 에너지 소비를 늘리며, Adiponectin의 생산을 증가시킨다(그림 6.2). Adiponectin의 혈중 농도가 증가하면, 간에서는 AMPK와 PPAR-α가 활성화되어서 포도당의 새로운 합성이 감소하고 당의 분해가 줄어들며 지방 함량이

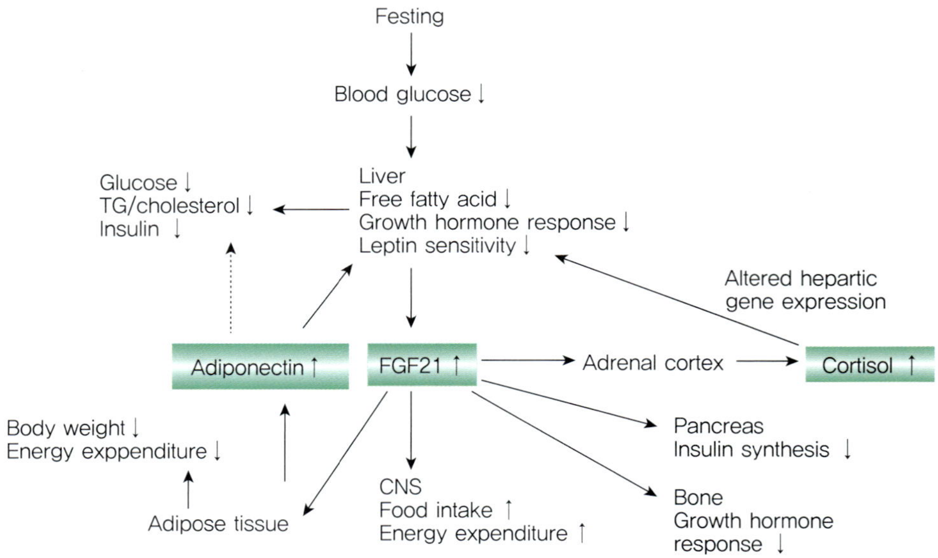

그림 6.2 단식에 의한 호르몬의 작용.

낮아진다. 골격근에서는 AMPK와 PPAR-α가 활성화되어서 지방산과 포도당의 사용이 증가하고 지방의 함량은 낮아진다. 지방 조직에서는 염증에 관여하는 Cytokine의 생산이 줄어들어 TNF-α, IL6 등이 감소하는데, 이로 인해 인슐린의 저항성은 감소하는데, 포도당의 흡수는 늘어난다.

단식은 지방세포에서 분비하는 Adiponectin의 분비를 증가시키고 Leptin의 분비는 감소시킨다. 단식으로 인한 Adiponectin의 분비 증가는 음식을 섭취하면 바로 억제되어서 감소한다.

Adoponectin 호르몬은 췌장의 β 세포를 보호하는 작용을 하고, 간에서는 당을 합성하는 물질대사, 글리코겐 분해 억제 및 지방의 함량을 낮추는 작용을 한다. 또한 골격근에서는 지방산과 포도당의 사용을 늘리고, 지방의 함량을 낮춘다. 지방 조직에서는 포도당의 흡수를 높이고, 중성지방의 분해를 촉진하며, TNF-α와 IL-6와 같은 염증 반응에 관여하는 Cytokine을 낮춘다. 또한 신체 전반의 Cytokine과 산화적 스트레스를 유발하는 iNOS와 NADPH를 줄여서 신체 전반적으로 인슐린의 저

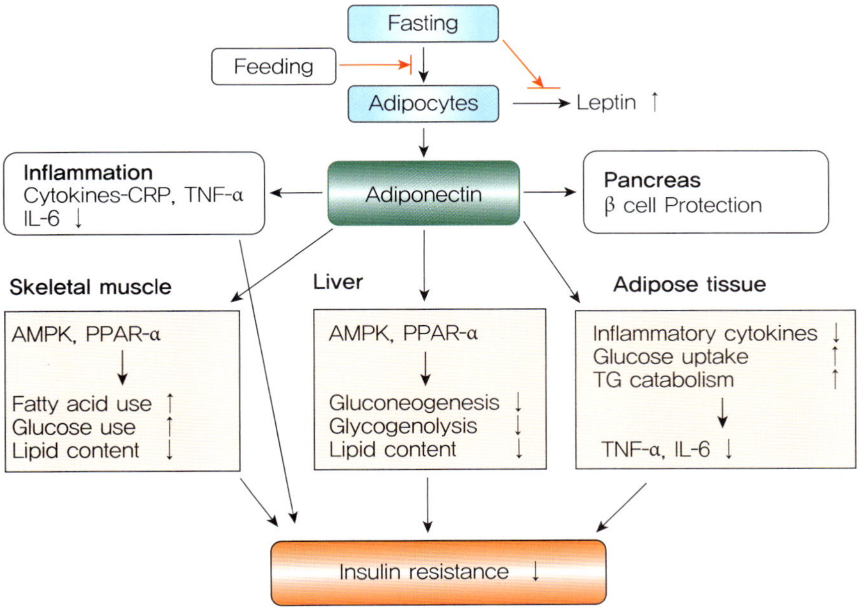

그림 6.3 단식에 의한 인슐린 저항성 감소.

항성을 낮춘다(그림 6.3). 인슐린에 대한 저항성이 낮아지면 인슐린에 대하여 민감하게 반응하게 되므로, 세포는 혈액의 포도당을 가져다 이용할 수 있는 상태가 된다.

또한 단식은 성장호르몬의 분비를 증가시킨다. 인간의 경우 단식 5일째가 되면 혈중의 성장호르몬 농도가 단식 전보다 300%가 증가하고, 26일째가 되면 1,300%까지 올라갔다가 33일째에 400% 정도로 낮아진다. 이러한 호르몬의 변화는 단식을 하는 동안 항상성을 유지하는 데 필요한 신체의 변화에 있어 매우 중요한 역할을 수행한다.

3) Refeeding syndrome

단식이 진행되면 신체의 주된 에너지원이 탄수화물에서 아미노산과 지방 조직의 지방산으로 전환되며, 비장에서는 적혈구 분해 활동을 감소시켜서 적혈구를 보존한다. 체액 성분에서는 전해질의 불균형이 발생하는데, 특히 인산이 부족해지는 현상인 Hypophosphoatemia가 나타나며, 인슐린의 분비가 억제되고 글루카곤의 분비가 증가된다. 적혈구에서는 인산화된 탄수화물이 부족해져서 세포 내의 ATP와 2,3-diphosphoglyerate가 감소하며, 세포 기능의 이상과 신체의 장기로 보내는 산소 부족 현상이 발생한다.

단식 후 음식을 다시 먹기 시작하면 혈당 증가에 의해 인슐린의 분비가 증가하고, 이는 글리코겐, 지방, 단백질의 합성이 증가되는 결과로 나타난다. 이러한 과정에는 인산, 마그네슘, 칼륨 등이 필요하므로 고갈되었던 것을 빠르게 채우게 된다. 이러한 현상은 신체 전반이 부어오르는 부종을 야기한다. 증가된 포도당은 인슐린의 급격한 분비 촉진을 유도하는데, 이로 인해 기초대사량의 급격한 증가가 나타나며, 조직으로의 전해질의 급격한 이동이 일어난다. 이에 따라서 혈청의 인산과 마그네슘을 포함한 전해질 농도가 떨어지는 현상이 발생해서 심장 박동의 이상이 초래된다. 이러한 사람에서는 칼로리 섭취가 증가하고, 칼로리 섭취의 증가는 다시 체중의 증가로 이어진다.

3 소화와 흡수

우리가 먹는 음식의 분해는 입 안에서 이루어지는 기계적인 저작 운동으로 시작한다. 치아의 작용으로 잘게 부수는 작용이 진행되는 동안 침샘에서 분비되는 침에는 α-Amylase, Lipase 효소가 들어 있는데, 이들 효소는 전분을 분해하여 maltose와 glucose를 만들고 일부의 지방을 분해하여 지방산을 만든다. 또한 침에는 Mucin이 함유된 윤활 작용의 역할을 하는 점액성 물질이 들어 있다. 입 안에서 느끼는 음식물의 맛은 소화액의 분비와 연결되어 있어서 단당류와 이당류, 아미노산, 지방과 뉴클레오티드 등이 수용체를 통해서 뇌에 신호를 보낸다. 뇌는 교감신경계를 통해서 소화기관에 신호를 보내는 연쇄적인 시스템이 작동한다.

입에서의 저작 작용으로 잘게 부수어지고 침의 점액 성분이 골고루 섞인 음식물을 몸 안으로 들여와 본격적으로 소화시키는 과정을 진행하기 전에, 먼저 외부에서 들여오는 물질을 소독하는 과정을 거쳐야 한다. 외부에서 들어오는 병원균을 죽이고 독성 물질을 무력화하는 소독은 위에서 일어나는 산 처리 과정에서 일어난다. 음식물이 위에 도달하면 위산을 분비해서 pH를 1~2 정도로 낮춘다. 이러한 위산으로부터 살아남는 균은 거의 없고 대부분 사멸된다. 음식물의 종류와 섭취하는 방법에 따라 위산의 살균 효과를 피해 가는 미생물들도 있다. 많은 음식물을 한 번에 먹는 경우 또는 덩어리진 음식물을 먹는 경우에 위산의 침투가 제한되어 살균되지 않은 상태로 병원균이 음식물과 섞여 소장으로 내려가는 경우가 있으며 일정 이상의 병원성 세균이 번식하면 배탈을 일으킨다. 하지만 대부분의 음식물은 위산에 의해 철저하게 살균된 상태로 소장으로 내려간다. 우리가 먹는 음식물에 들어 있는 성분 중에서 위산의 침투를 저해하는 물질은 탄수화물 폴리머와 단백질의 고분자 폴리머이다. 탄수화물 폴리머는 입에서 일어나는 소화 과정의 α-amylase에 의해 소화가 일부 이루어져 해소가 된다. 단백질 폴리머가 변성에 의해 서로 엉키면서 장벽을 만들지만, 위에서 분비되는 Pepsin이 단백질의 일부를 절단하면 해체된다. Pepsin의 적정 pH는 1~3 정도이므로 위산에서도 잘 작동하는 효소이다.

위를 지나온 음식물은 십이지장을 지나면서 췌장에서 분비된 알칼리 물질과 섞여 중화가 이루어진 후 소화효소에 의해서 분해가 되는 소화 작용이 일어난다. 또한 간에서 만들어진 소화액을 보관하고 있는 담낭에서 담즙이 분비되어 지방의 소화를 돕는다. 십이지장에서 중화되고 소화효소와 섞인 음식물은 소장으로 이동하는 동안 지속적으로 일어나는 효소의 작용에 의해 고분자 물질이 분해된다. 탄수화물은 단당류로, 단백질은 아미노산으로, 지방은 지방산으로 분해된 후, 담즙산과 섞여서 덩어리로 만들어진다. 핵산의 폴리머는 뉴클레오티드 등 기본 단위의 물질이 돼서 소장의 점막 세포를 통하여 흡수된다. 소장에서 기본 단위의 물질로 분해되지 않은 고분자 물질은 대장으로 이동한 후 다양한 미생물이 분해시키는 과정을 거쳐 대변으로 배설된다.

고분자 물질을 소화시키는 과정을 살펴보면, 탄수화물은 입에서 일어나는 저작

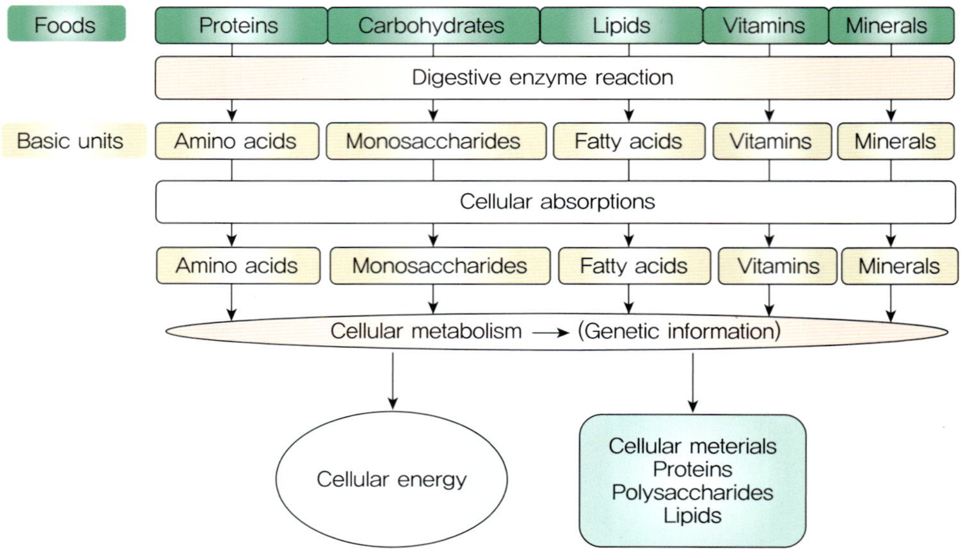

그림 6.4 음식물의 소화 흡수 과정.

운동에서부터 절단되는 과정을 거치지만, 단백질은 위에서 일어나는 Pepsin에 의한 부분적인 절단으로부터 시작된다. 소화 과정의 최종적인 목표는 섭취한 음식물을 인체를 구성하고 운용하는 데 필요한 기본 단위의 물질로 분해시켜서 흡수할 수 있는 형태로 만드는 것이다. 인체에서 직접적으로 이용하는 비타민 같은 물질은 분해하지 않은 채로 두어서 바로 흡수할 수 있게 한다. 미네랄과 같은 물질은 다른 물질과의 결합을 끊고, 세포 안에 들어 있는 것은 자유로운 상태로 만들어서 흡수할 수 있게 한다(그림 6.4).

1) 위의 소화액 분비 조절

위에 도착한 음식물에 의한 위벽의 물리적인 자극, 교감신경계와 연결된 신경 세포에서 분비되는 Acetylcholine, 음식물의 자극을 받은 비만 세포(Mast cell)에서 분비되는 Histamine, 췌장에서 분비되는 Gastrin 호르몬 등은 위산의 분비를 촉진한다.

위에 도착한 음식물의 자극 신경 세포의 Acetylcholine, 비만 세포의 Histamine, 췌장의 Gastrin Hormone	⇒	HCl 분비 촉진

위에 도착한 음식물에 의해 변화된 pH는 췌장에 전달되어 Gastrin의 분비를 촉진한다. Gastrin 호르몬은 위산과 Pepsinogen의 분비를 촉진하며, 위의 운동성을 증가시킨다.

2) 위의 소화 작용

위에서 일어나는 소화 작용은 단백질을 분해하는 단계로 Pepsin의 작용에 의해 일어난다.

Pepsin은 위의 Chief cell에서 Pepsinogen의 형태로 분비되며, Parietal cell에서 분비한 HCl에 의해 Pepsinogen이 Pepsin으로 전환된다. Pepsin이 다시 Pepsinogen을 Pepsin으로 전환시켜서 활성화되면, Pepsin은 단백질을 절단해서 작은 펩티드 조각으로 전환시킨다(그림 6.5). 단백질 분자가 작은 펩티드의 조각으로 분해되면 단백질 분자들이 엉켜서 뭉치는 현상이 일어나지 않으므로, 위산이 음식물 속으로 쉽게 침투할 수 있게 되어 전체적으로 산성으로 바뀌고, 살균 작용이 일어난다.

3) 지방과 단백질이 많은 음식물의 소화

우리가 즐겨 먹는 고기에는 지방세포가 들어 있으며, 식물에서 추출한 식용류 및 가공식품인 버터에는 많은 중성지방이 들어 있다. 자연계에서 얻는 식품에는 지방과 단백질이 함께 섞여 있으며, 사람이 가공해서 사용하는 식용유와 같이 지방을 전부 액체의 형태로 저장하는 생물체는 없다. 지방이 풍부한 식품은 단백질 또한 풍부하게 가지고 있으므로, 각각을 분리해서 섭취해도 함께 먹었을 때와 유사한 생

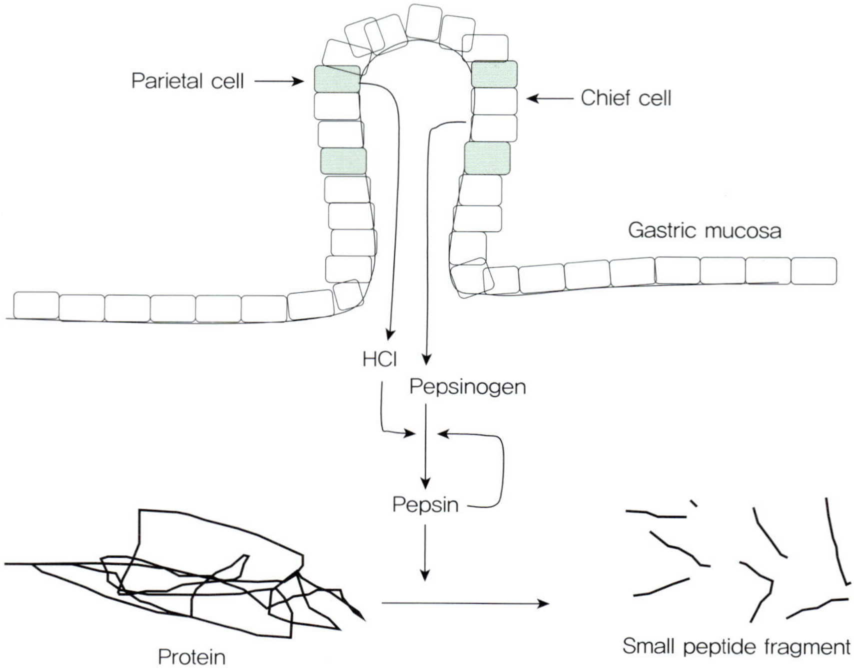

그림 6.5 Pepsinogen activation.

리적 반응을 나타낸다. 지방과 단백질이 풍부한 음식을 섭취했을 경우와 탄수화물이 많은 음식을 섭취했을 때 소화 장기의 활동이 매우 다름을 느끼게 된다(그림 6.6).

고단백질과 지방 성분은 CCK(Cholecystokinin)과 GIP(Gastric inhibitory polypeptide, Glucose-dependent insulinotropic peptide)의 분비를 촉진한다. CCK는 소장의 세포에서 분비하는 호르몬으로 담낭의 운동을 자극해서 담즙액의 분비를 촉진하고, 위액의 분비를 억제한다. 또한 간에서의 담즙산 생산을 증가시키고, 위의 운동을 억제해서 음식물의 이동을 지연시키며, 췌장의 소화효소 생산을 증가시킨다. GIP는 십이지장 내의 포도당 농도 증가에 의한 자극에 의해 분비되는데, 위산의 분비를 억제하고, 위의 음식물이 소장으로 이동하는 것을 감소시키며, 인슐린의 분비를 촉진시킨다.

소화효소의 작용이 느리게 일어나는 지방과 단백질이 많은 식품을 섭취하면 지

그림 6.6 A 탄수화물이 많은 감자와 쌀밥, B 지방과 단백질이 많은 식품 돼지수육과 단백질이 많은 식품인 두부.

방의 유화를 촉진하는 담즙산의 분비를 늘리고, 췌장의 소화효소를 생산하며, 분비하는 시간을 갖기 위해 위의 운동을 억제하는 호르몬인 CCK와 GIP 호르몬이 작용한다.

4) 포도당과 아마노산 섭취

어렸을 때 밥을 먹기 전에 단맛이 있는 과자를 먹거나 음료를 마시다 어른들에게 들키면 혼이 났던 기억이 있다. 단맛을 내는 음식을 먹고 나면 식욕이 떨어져서 다른 음식을 먹지 않게 되는데, 이러한 생리적 현상을 알고 있던 어른들이 나쁜 식습관을 고쳐 주기 위해 혼을 냈을 것이다.

단맛 성분은 왜 식욕을 떨어뜨릴까?

가공되어 있는 과자나 음료에는 단당류 형태의 당이 많이 들어 있기 때문에 특별한 소화 작용이 필요 없는 경우가 많다. 액상으로 되어 있는 음료가 위에 도달하면 분비되는 위산과 빠르게 섞여서 pH가 낮아지고, 이를 바로 십이지장으로 내려 보낸다. 일반적으로 십이지장에 도달한 음식물의 경우 부분적으로 소화된 상태이기 때문에 당이나 아마노산이 많지 않으므로 소화액 분비를 촉진하는 일을 한다. 하지만 음료에 포함된 당이나 아미노산은 바로 흡수할 수 있는 형태이기 때문에 특별한 효소 작용이 필요 없으므로 췌장에서 소화효소가 분비되지 않는다. 포도당의 자극을 받은 십이지장의 세포에서는 GIP(Gastrin Inhibitory Peptide) 분비가 촉진된다. GIP는 위산의 분비를 억제하고, 위의 운동을 억제하여 음식물이 위에서 소장으로 이동하는 것을 감소시키며, 췌장의 인슐린 분비를 촉진하고 β-세포의 분화를 촉진한다. 한편 간에서는 당의 합성을 억제하고, 지방 조직에서는 지방의 합성과 축적을 촉진한다.

5) 십이지장의 기능

위에서 내려온 음식물은 부분적으로 소화되어 있고, pH가 낮아진 상태이다. 이러한 음식물은 십이지장의 세포를 자극해서 Secretin의 분비를 촉진한다. Secretin의 분비는 십이지장의 pH가 4.5 이상으로 높아지면 중단된다. Secretin은 췌장의 Bicarbonate HCO_3^-와 H_2O의 분비를 촉진해서 음식물이 중화되도록 한다. 또한 위에 작용하여 위산의 분비를 억제하고 간에서의 담즙액의 생산을 촉진한다. 즉, 위의 소화 활동은 줄이고, 십이지장의 활동은 늘리는 작용을 한다. 반면 십이지장에서 분비되는 Cholecystokinin(CCK)은 담낭의 수축을 촉진하여 담즙을 십이지장으로 이동하게 한다.

6) 위장관의 운동 조절

음식물이 위에 도달하면 Gastrin의 분비를 촉진해서 운동을 증가시키고, 십이지장으로 내려온 산성의 음식물에 의해 CCK의 분비가 촉진된다. 이후 음식물의 산성이 중화되어 알칼리 상태로 pH가 높아지면 십이지장과 연결된 소장에서 Moltilin의 분비가 촉진되고, 배고픔의 신호에 의해 증가되었던 Ghrelin의 분비는 억제된다. 또한 소장에서 분비한 Moltilin이 Ghrelin의 분비를 억제한다. 음식물이 직장에 도달하면 Neurotensin이 분비되어 대장의 운동은 증가시키고, 위와 소장의 운동은 감소시킨다. 즉, 위장관의 운동 조절은 음식물의 진행 정도에 따라 분비되는 호르몬이 달라지는데, Gastrin → CCK → Moltilin → Neurotensin의 순차적인 분비를 통해

장 운동을 위 → 십이지장 → 소장 → 대장의 순서로 활성화시키며, 필요없는 장기의 활동은 순차적으로 멈추게 한다.

- 장 운동을 촉진하는 호르몬

  Gastrin, CCK, Moltilin
- 장 운동을 억제하는 호르몬

  Ghrelin, Pancreatic Polypeptide(PP), Secretin, VIP, Glucagon, Epinephrine, Norepinephrine, Neurotensin, Enteroglucagon, Enkephaline
- Moltilin

  소장의 점막에서 분비된다. 위, 십이지장, 소장, 대장의 운동을 증가시키고, 위의 pepsin의 분비를 증가시킨다. 또한 소장의 주기적인 운동을 유도하여 소장의 음식물을 내려 보낸 후 비워서 다음 음식물을 받을 수 있게 한다. 담낭을 수축시키고 식도와 위를 연결하는 부분을 수축시키는 압력을 증가시킨다. 췌장의 Somatistatin과 Pancreatic polypeptide(PP) 분비와 인슐린 분비를 촉진한다.
- Neurotensin

  소화계와 관련된 Neurotensin은 직장의 N-세포와 소화계의 신경 세포에서 분비된다. 위산과 췌장액의 분비를 감소시키고, 소장과 위의 운동을 억제하며, 대장의 운동을 촉진한다.
- Enteroglucagon

  대장과 직장의 점액 세포에서 분비된다. 소장에 지방과 포도당이 존재할 때 분비되며, 소장의 운동을 감소시켜서 영양분을 충분히 흡수할 수 있게 한다.
- Enkephaline

  신체의 통각을 조절하는 펩티드로 Tyr-Gly-Gly-Phe-Met의 Met-enkephalin과 Tyr-Gly-Gly-Phe-Leu의 Leu-enkephalin이 있다. 장 운동을 늦추고, 점액 분비를 감소시킨다.

신경이 민감한 사람은 왜 소화가 잘 안될까?

다른 사람이 하는 싫어하는 말과 잔소리에 민감하여 기분이 상하거나, 주위에서 들리는 작은 소음에도 신경이 쓰이고, 바닷가의 낭만적인 파도 소리에도 잠을 못 이루는 등 신경이 극도로 예민한 사람은 대부분 교감신경의 작용을 많이 받는다. 교감신경에서 분비되는 Epinephrine은 소화기관의 전반적인 운동을 억제하므로 소화 작용이 잘 이뤄지지 않는다. 교감신경의 이러한 현상은 신체의 에너지를 생존에 필요한 쪽에 사용하려는 것이며, 위급한 상황에서는 생존과 바로 직결되지 않는 소화기관의 활동을 줄이려 하기 때문이다.

7) 소장의 소화 작용

위에서의 소화 작용을 거친 점액 성분이 섞인 음식물은 십이지장을 거치면서 중화되고, 췌장에서 분비하는 소화효소와 담낭에서 분비한 담즙액이 섞여서 소장에 도달한다. 소장에서는 효소 반응으로 생산된 분해 산물인 기본 단위의 물질들과 비타민 같은 유기물 및 미네랄 등을 점막 세포를 통해서 흡수한다. 단백질이 분해된 작은 펩티드 조각들을 기본 단위로 분해하기 위해서 융모에 존재하는 효소들이 작동한다. 췌장에서 분비된 Carboxypeptidase와 융모에 존재하는 Aminopeptidase와 Dipeptidase가 동시에 작동해서 아미노산으로 분해하면 점막 세포가 이를 흡수한다.

Lipid의 중성지방은 Pancreatic Lipase에 의해 분해돼서 Fatty acid와 Monoglycerridea로 분해가 이루어지는데, 담낭에서 분비된 담즙산이 중성지방을 유화시켜서 Lipase의 작용을 돕는다.

탄수화물의 폴리머는 췌장의 Amylase에 의해 올리고당으로 분해된다. 소장의 융모에는 Dextrinase, Glucoamylase와 같은 효소들이 있어서 올리고당을 분해하여 포도당과 같은 단당류로 만든다. 단당류는 점막세포에 의해 흡수되고, 분해되지 않은 탄수화물은 대장으로 이동된 후 미생물에 의해 분해된다. Cellulose와 같은 탄수화물은 비록 포도당으로 구성되어 있을지라도 구조가 달라서 소화하지 못하고 내보낸다.

소장에서 일어나는 영양성분의 흡수는 확산과 능동수송을 통해 이루어지며, 당,

아미노산, 뉴클레오티드, 미네랄, 비타민 등의 흡수가 일어난다.

8) 대장의 소화작용

소장에서 소화 흡수가 일어나고 남은 음식물이 대장으로 내려와서 수분이 흡수되면 농축되어 대변으로 만들어진다. 이렇게 만들어진 대변은 배설 과정을 통해 밖으로 배출된다. 대장에서는 대장의 운동을 증가시키는 Glucagon-like peptide 1(GLP-1)의 분비가 일어나 배변 활동을 촉진시키고, 신경 작용으로 분비되는 Neurotensin 또한 대장의 운동을 증가시킨다.

대장으로 옮겨진 음식물에 지방 성분과 포도당이 존재하면, 대장과 직장의 점액 세포에서 Enteroglucagon이 분비되어 소장의 운동을 늦춤으로써 영양분을 충분히 흡수할 수 있도록 한다.

음식을 섭취하면 소장과 대장에서 분비되는 Peptide YY(PYY)가 신경에 작용하여 식욕을 떨어뜨림으로써 음식 섭취를 억제한다. 채소, 과일, 곡물에 들어있는 식이섬유는 소장에서 직장으로 이동하는 음식물의 속도를 높인다. 이로 인해 PYY의 분비가 증가해서 포만감을 증가시키는 작용을 한다.

대장에서 분비되는 Glucagon-like peptide 2(GLP-2)는 소장의 상피세포 성장과 치밀연접의 단백질 합성을 촉진한다.

9) 소화기관과 호르몬

입의 침샘, 위, 십이지장, 소장, 대장, 직장 등의 위 장관계와 췌장, 간, 신장과 같은 신체의 운용기관 및 뇌의 신경계에서 분비하는 호르몬들은 소화기관의 기능을 조절하는 데 영향을 미친다. 소화기관의 작용은 신체 전반의 생리적인 상태와 밀접하게 연관되어 있다. 음식을 섭취하면 신경 자극에 의해 소화 장기의 운동과 분비에 관련된 신경적인 조절이 일어나는데, Neuromedin B, GRP, Moltilin 등이 관여하여 소화 장기의 운동과 분비를 촉진하며, 음식물이 소장에 도달하면 Neurotensin

과 Moltilin 등이 분비되어 위와 소장의 운동을 지속시키고 촉진시킨다. 신경 조절과 함께 음식물의 직접적인 작용을 받은 위의 신경 자극으로 췌장에서 분비하는 호르몬의 분비가 촉진된다. 음식물이 위, 십이지장, 소장, 대장을 통과하면서 장기의 세포들을 자극하면, 소화기관과 연결된 췌장과 담낭 등이 반응을 하면서 적절하게 음식물의 소화와 흡수를 도우며, 소화되지 않은 잔여물은 대장으로 보내서 집합시킨다. 대장은 음식물에 들어 있는 영양성분에 따라 소장의 운동을 조절하는 Enteroglucagon을 분비해서 전체적인 소화 활동의 속도를 조절하고, Peptide YY를 분비하여 음식의 섭취를 억제한다. 음식물에 들어 있는 수분과 지방산과 같은 일부의 분자들을 흡수하면서 대변을 만들어내고, 대변의 양이 많아지면 GLP-1를 분비하여 배변 활동을 촉진시킨다(그림 6.7).

• Gastrin

위의 전정 부위에 있는 G 세포에서 분비되는 호르몬으로, 17~34개의 아미노산으로 이루어진 peptide이다. 위 내의 peptide와 아미노산, 미주신경의 자극, 위의 팽창 등에 의해 분비가 촉진된다. 기능으로는 위산(HCl)의 분비를 촉진하고, 위 운동을 촉진하며, 위점막의 성장을 자극한다. Insulin, Glucagon, Secretin 등의 호르몬 분비를 자극하고, 유문부(Pylorus-위의 십이지장쪽 부위)와 회맹장(ileocecal) 부위의 괄약근을 이완시키는 작용을 한다.

Gastrin의 분비량이 증가하면 Somatostatin의 분비도 증가해서 장의 신경 세포가 Gastrin 분비를 억제시킨다. Gastrin 분비가 억제되면 위산의 분비와 운동이 감소되며, CCK(Cholecystokinin), VIP(Vasoactive Intestinal Peptide), GIP 등의 호르몬 분비를 억제시킨다.

• GIP(Gastric inhibitory Peptide, Glicose-dependent insulinotropic peptide)

십이지장과 공장의 K 세포에서 분비되는 호르몬으로, 42개의 아미노산으로 이루어진 peptide이다. 지방 성분에 반응하여 분비된다. 위의 운동을 억제하고, 위산의 분비를 억제하며, 소장의 운동을 억제하고, 췌장의 인슐린 분비를 촉진한다.

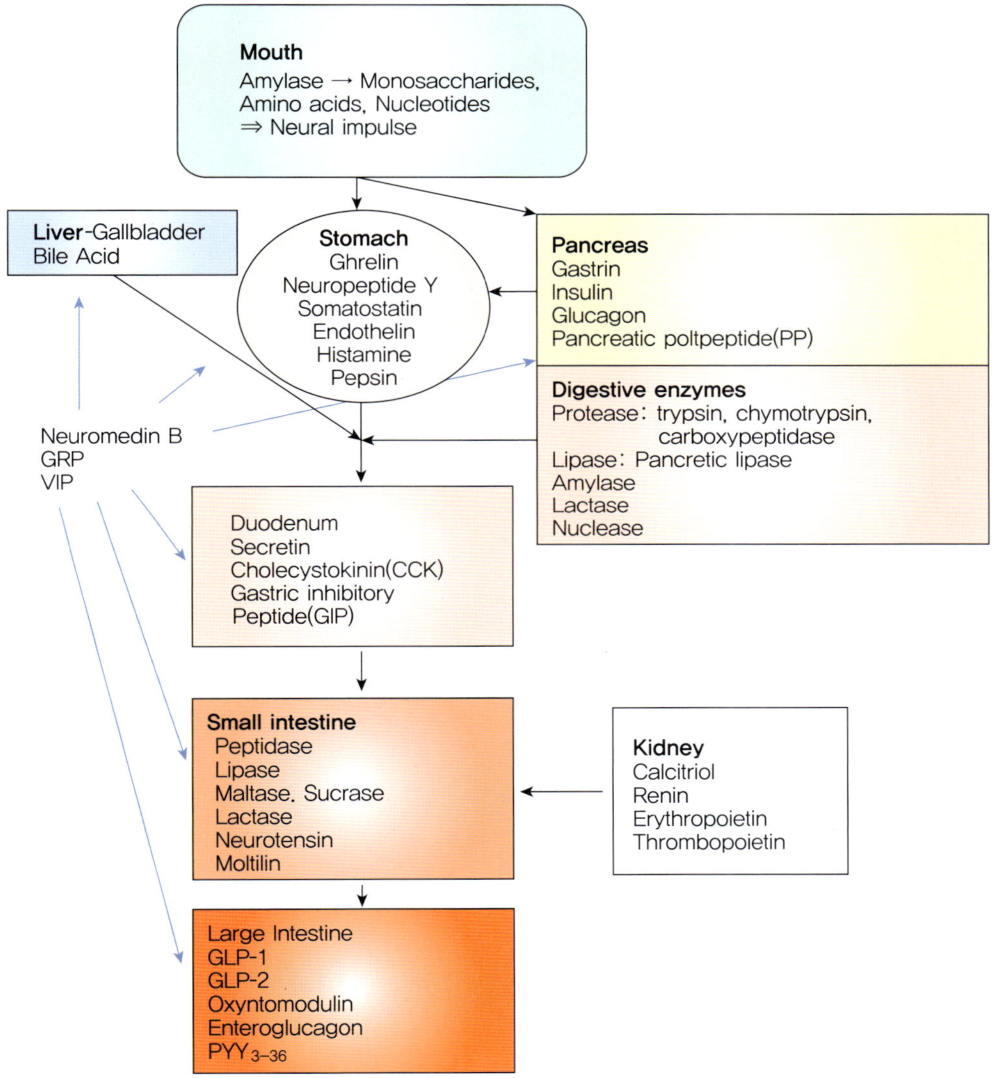

그림 6.7 소화기관의 조절 작용.

• Somotostatin(Growth hormone-inhibiting hormone GHIH)

췌장과 위의 세포 및 장관과 뇌의 신경 세포에 의해 분비되는 호르몬으로, 14 또는 28개의 아미노산으로 이루어진 peptide이다. 위의 산도와 아미노산에 반응하여 분비가 촉진되고, 혈당과 혈중 CCK 농도의 증가에 반응하여 분비가 촉진된다.

Insulin, Glucagon, Gastrin, VIP(Vasoactive intestinal polypeptide), Secertin, Motilin 등의 호르몬 분비를 억제하고, 위의 운동을 억제하며, 췌장 및 담즙의 분비를 억제하는 기능을 한다.

• Moltilin

소장의 공장(Jejunum) 부분 점막에서 분비되는 호르몬으로, 22개의 아미노산으로 이루어져 있다. 위와 소장의 운동을 조절한다. 음식을 섭취한 후 장에 음식물이 남아있을 때 분비되며, 단식 동안에도 100분 간격으로 분비가 일어난다. 공복시에 분비되는 호르몬에 의해서 위와 소장의 운동으로 소화되지 않은 음식물의 잔여물이 제거되는 효과가 나타난다.

• Pancreatic Polypeptide

췌장의 PP 세포에서 분비되는 호르몬으로, 36개의 아미노산으로 이루어진 peptide이다. 위 안의 단백질, 공복 상태, 운동 시의 낮은 혈당 자극으로 분비가 촉진된다. 음식물 흡수를 지연시키며, 췌장의 소화효소 분비를 조절한다.

• Glucagon-like peptide 1(GLP-1)

대장에서 분비되며, 배변 활동 증가, 인슐린 분비 증가, β-cell 증가, 인슐린 민감성을 증가시킨다.

• Glucagon-like peptide 2(GLP-2)

대장에서 분비되며, 소장의 상피세포 성장 촉진, 치밀연접 단백질 합성을 촉진한다.

• Neurotensin

소장의 분비 세포에서 분비되며, 13개의 아미노산으로 이루어 Neuropeptide이다.

• Enteroglucagon

대장에서 분비되며, 소장의 운동을 감소시켜 영양분의 흡수 시간을 늘린다.

• Peptide YY(PYY)

대장에서 분비되며, 포만감을 유발하여 음식 섭취를 줄이게 한다.

• Vasoactive intestinal polypeptide(VIP)

Vasoactive intestinal polypeptide(VIP)는 신경의 조절자 기능을 가진 neuropeptide이다. 혈관에 있는 평활근을 이완시킴으로써 위장관계로의 혈액 흐름을 늘린다. 위장관의 상피세포 분비와 흡수를 촉진하고, 췌장의 bicarbonate의 분비를 촉진하며, 담즙의 분비를 촉진한다. 다른 한편으로 식도의 위문부와 대장의 평활근을 확장시키고, 함-염증 작용을 한다.

• Gastrin-releasing peptide(GRP)와 Neuromedin B

GRP와 Neuromedin B는 모두 신경 세포에서 분비되는 Peptide이다. GRP는 27개의 아마노산으로 구성되어 있고, Neuromedin B에는 10, 30, 32개의 아마노산으로 이루어진 3가지의 isoform이 있다. GRP는 CCK, Gastrin, GIP, Glucagon, GLP-1, GLP-2, Motilin, PP, PYY, Somatostatin 등의 호르몬 분비를 촉진한다. GRP와 Neuromedin B는 위, 소장, 담낭의 평활근 수축을 촉진한다.

• Calcitriol

Calcitriol은 활성형의 Vitamin D로, 신장에서 만들어진다. 위장관에서의 칼슘 흡수를 촉진하고, 신장의 사구체에서 재흡수를 늘려서 오줌으로 배설되는 칼슘을 줄이며, 뼈에서 칼슘의 방출을 늘려서 혈액의 Ca^{2+} 농도를 높인다.

• Renin

Renin은 신장에서 분비되는 Protease의 일종으로, 간에서 분비하는 Angiotensinogen

을 Angiotensin I으로 전환시킨다. Angiotensin I은 다시 간에서 분비하는 Angiotensin converting enzyme(ACE)의 작용을 받아 Angiotensin II로 전환된다. Angiotensin II는 소장의 점막 세포에 작용하여 Na^+ 이온의 흡수를 늘린다.

• Erythropoietin

Erythropoietin은 신장에서 분비하는 호르몬이다. 크론병 및 궤양성 대장염과 같은 염증성 장 질환(Inflammatory bowel disease)에서 소장의 회복과 재생을 촉진하며, Fe와 Folate 흡수를 촉진한다. EPO → Enterocyte EPO-R → JAK2 ERK, PI3K/Akt activation → Folate transporter PCFT, RFC, MRP2 expression → folate absorption.

에너지의 이용과 저장 07

1 물질대사에 의한 에너지 생산

우리가 먹는 음식에 함유된 영양성분은 저작 작용과 위장관에서 분비하는 효소에 의해 기본 단위 물질인 아마노산, 단당류, 지방산, 비타민, 미네랄 등으로 분해된 후 세포에 흡수되어 이용된다. 비타민과 미네랄은 효소와의 공유결합을 통해 합쳐져서 작용하는 cofactor인 Prosthetic 그룹으로 되어 효소의 일부가 되거나 효소 반응에 직접적으로 관여하는 Cofactor 또는 간접적으로 작동하는 Coenzyme 등으로 이용된다. 세포에서 일어나는 대부분의 반응은 효소의 촉매 작용에 의해 진행되는데, 많은 효소들이 cofactor를 요구하고 있어 영양성분으로 비타민과 미네랄을 섭취하는 것은 필수적인 요인이다. 비타민과 미네랄이 세포가 물질대사를 진행하는 데 필요한 구성체인 효소를 만들기 위한 효소 반응의 보조 인자로서 필요한 존재라면, 아미노산, 탄수화물, 지방은 세포가 필요로 하는 에너지를 생산하고 구성체를 만드는 데 필요한 원료 물질이다.

생물계를 구성하고 있는 모든 생명체는 유기물을 분해해서 에너지를 얻는 동일한 시스템을 이용하고 있다. 일부 미생물에서는 다른 시스템을 이용하지만, 진핵생물체는 동일한 시스템을 이용하고 있다. 에너지를 생산하는 중심 경로에는 Glycolysis → TCA → Electron transport system → O_2로 진행되는 대사과정을 통해 ATP의 에너지를 생산한다(그림 7.1).

생물계의 일차 생산자가 광합성을 통해 생산한 후 저장하는 물질 중에서 타가영양생물체가 선호하는 물질은 포도당이다. 포도당을 분해하여 에너지를 얻는 과정은 타가영양생물체가 가진 에너지 대사의 중심 경로이다. 탄소가 6개인 포도당은 해당과정을 통하여 탄소가 3개인 피르부산의 2분자로 전환되는 과정을 거쳐서 ATP의 에너지를 생산한다. 피르부산은 다시 미토콘드리아에서 탄소가 2개인 Acetyl-CoA로 전환된 다음 TCA 회로로 들어가 CO_2로 산화되면서 전자를 만든다. 이 전자는 운반체를 통해 전자전달계에 전달돼서 O_2를 향해 이동하여 H_2O를 만드는 동안 에너지를 방출한다. 방출된 에너지는 산화적 인산화를 통해 ATP의 에너지로 전환되어 세포에 공급된다.

세포에 저장되어 있는 탄수화물이 고갈되면, 지방을 주된 저장 물질로 가지고 있는 일부 세포에서 지방을 분해하여 에너지를 생산한다. 소화 과정에서 지방산으로 분해되었던 지방은 흡수된 다음 중성지방(Triglycerides)으로 합성되어 조직의 세포로 이동하고, 다시 지방산과 Glycerol로 분해되어 에너지 생산에 이용된다. Glycerol은 해당과정의 중간으로 들어가서 에너지 생산에 쓰이거나 포도당을 합성하는 데 이용되고, 지방산은 미토콘드리아로 이동해서 분해된 후 Acetyl-CoA로 된다. 그런 다음 TCA 회로로 들어가 분해되면서 ATP 에너지를 생산한다.

신체가 저장하고 있던 탄수화물과 지방이 고갈되면, 신체를 유지하는 데 중요한 기관인 뇌와 심장에 에너지를 공급하기 위해 일부 조직의 세포에서 단백질을 분해

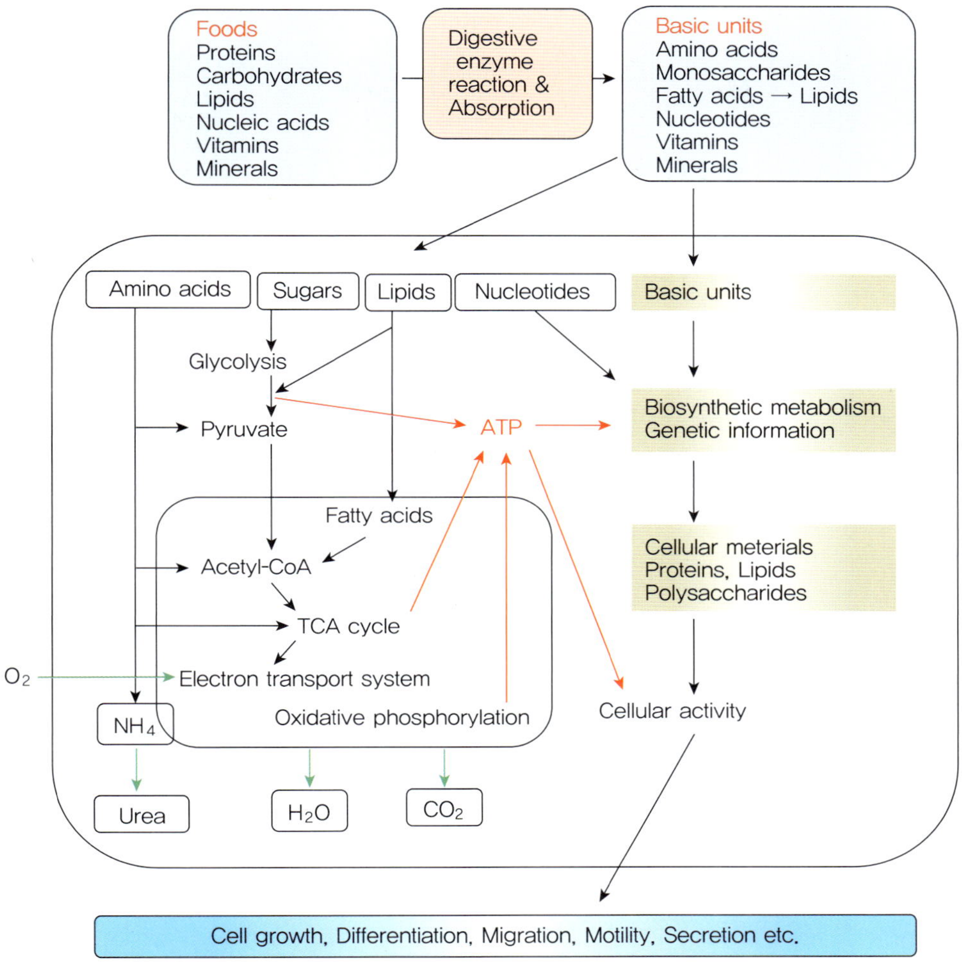

그림 7.1 식품의 소화 흡수와 세포 에너지 대사의 기본 경로.

하여 아마노산을 만들어 공급한다. 아마노산은 해당과정과 TCA 회로의 중간체로 들어가 분해되면서 ATP 에너지를 생산한다. 아미노산의 분해 과정에서 NH_4^+가 발생하는데, 육상의 동물들은 Uric acid 또는 Urea로 만들어 배출한다.

음식물에 들어 있는 Nucleic acid을 소화시켜 얻은 기본 단위의 물질로 흡수가 일어나는 것은 Base, Nucleosides, Nucleotides, Ribose, Phosphate 등이다. 이들

은 유전자 발현을 위한 RNA의 합성이나 세포가 분열하기 전에 일어나는 DNA 복제를 위해 합성되는 핵산의 원료로 제공되며, 필요가 없는 경우에는 간으로 보내서 분해시킨다.

유기물을 산화시켜서 에너지를 얻는 과정에는 산소가 필요하다. 산소는 폐 호흡을 통해 혈액으로 들어가고, 조직에서는 확산에 의해 세포 안의 미토콘드리아로 들어간다. 에너지 대사의 최종 산물은 물과 CO_2이다. CO_2는 확산을 통해 세포를 빠져 나와 혈액으로 이동하며, 폐에 전달된 후 폐 호흡 과정에서 신체 밖으로 배출된다.

세포의 에너지 물질대사를 통해 생산된 ATP 에너지는 세포의 생명 유지를 위한 세포 구성 물질의 합성과 세포의 분열과 분화, 이동, 운동, 물질의 분비 등과 같은 세포의 활동에 쓰인다.

2 생체 물질의 합성

음식을 소화 흡수하여 얻은 물질 중에서 세포에 필요한 에너지를 생산하는 데 사용하고 남은 물질은 저장되거나 세포를 구성하는 물질의 합성에 사용된다. 저장할 수 없는 물질은 분해해서 신체 밖으로 배출시킨다. 세포를 구성하고 있는 물질을 합성하는 경우는 세포가 분열을 준비하거나 분화를 진행하면서 다른 기능을 갖는 세포로 변환하는 과정에 필요한 경우와 에너지를 저장하기 위한 목적으로 합성하는 경우이다. 분열을 준비하는 세포에서는 DNA, RNA, 단백질, 탄수화물, 지질 등 모든 물질의 합성이 진행되고, 분화를 진행하는 세포의 경우에는 RNA, 단백질, 탄수화물, 지질의 합성이 필요하다. 에너지 저장을 위한 합성에는 탄수화물과 지질의 합성이 필요하다. 세포의 분열과 분화를 위한 생체 물질의 합성은 세포의 전반적인 변화를 수반하기에 물질대사가 활발하게 일어나고, 세포 내부의 물질 이동이 빠르게 진행된다.

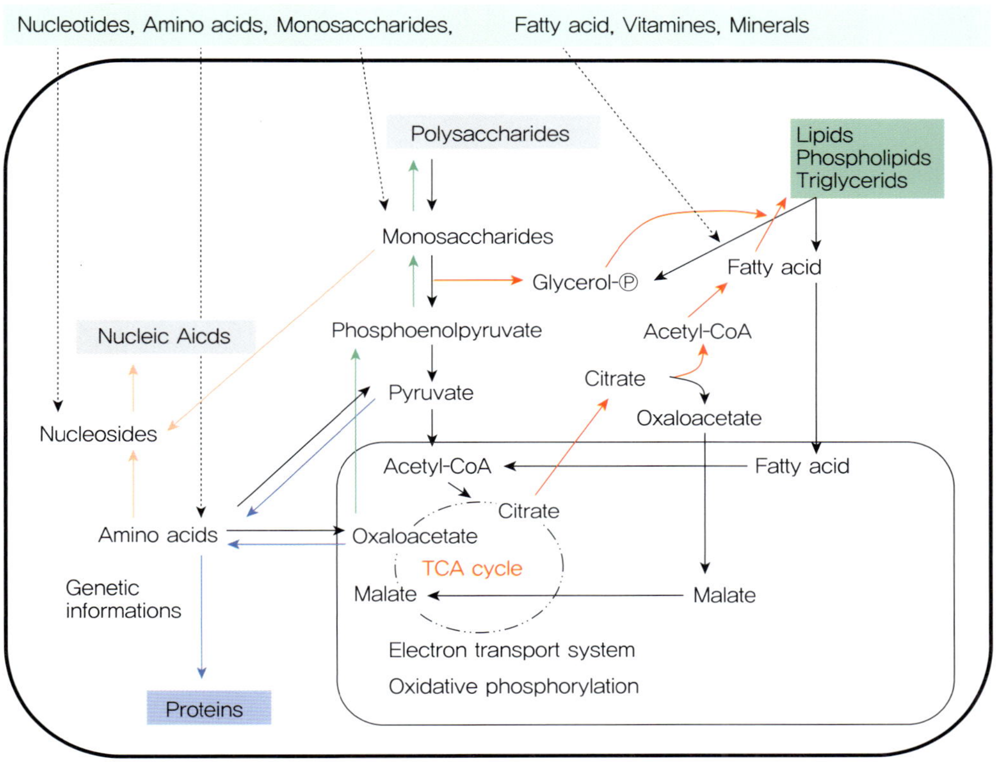

그림 7.2 세포 구성 물질의 합성 경로.

음식으로부터 흡수한 영양성분 중에서 탄수화물을 먼저 보충하고 나머지는 지방으로 합성하여 저장한다.

1) 탄수화물 합성과 저장

탄수화물의 합성은 TCA cycle의 시작 물질인 Oxaloacetate를 Phosphoenolpyruvate로 전환하는 반응으로 시작한다. Phosphoenolpyruvate는 해당과정의 역방향으로 진행되는 Gluconeogenesis을 통하여 단당류를 생성하고, 단당류를 다당류의 형태로 합성하여 보관한다(그림 7.2).

동물 세포는 탄수화물을 가지가 많은 형태의 폴리머인 Glycogen 형태로 저장하는데, 간에는 8%까지 저장 가능하므로 100~120g 정도를 저장하고, 근육에는 1~2%를 저장 가능하므로 70kg인 성인의 경우 400g 정도를 저장한다. 하지만 근육과 간에 저장되는 Glycogen의 양은 운동의 형태, 기초대사량의 차이, 식습관 등에 의해 크게 좌우된다. 신체의 다른 기관에 포도당을 공급하는 기관은 간이며, 근육에 저장된 Glycogen에서는 다른 장기의 조직에 포도당이 공급되지 않는다. 근육 세포에 저장된 탄수화물을 왜 다른 조직에 공급하지 않을까?

탄수화물 폴리머의 기본 단위인 단당류의 합성에 있어서 자가영양생물체의 경우 기본적으로 광합성 반응을 이용하여 포도당을 합성한 다음 전환하지만, 타가영양생물체는 Gluconeogenesis 과정을 통해 합성한다. 타가영양생물체의 경우 소화 흡수 과정에서 단당류를 얻을 수 있다면 Gluconeogenesis를 진행하지 않고 바로 폴리머를 합성하는 데 사용한다.

생물체가 에너지를 저장하기 위해 이용하는 탄수화물에는 Glycogen, Starch, Pullulan, Dextran 등이 있다.

(1) Glycogen

포도당의 α(1→4) glycosidic bonds로 연결된 폴리머로, α(1→6)-glycosidic bonds로 연결된 가지가 있다. 동물과 곰팡이에 존재하는 에너지 저장 물질의 하나이다.

(2) Starch

Starch는 식물에 많이 존재하는 저장 탄수화물이다. 포도당의 α(1→4) glycosidic bonds linked로 연결된 폴리머로, α(1→6)-glycosidic bonds로 연결된 가지가 있다. α(1→4) Glycosidic bonds로 이루어진 Amylose(15~20%)와 α(1→6)-glycosidic bonds로 이어진 Amylopectin(80~85%)이 있으며, 각각의 사슬에 있는 24 – 30 포도당의 단위마다 Amylopectin 사슬을 하나씩 가지고 있다.

(3) Inulin

Inulin은 식물체의 뿌리나 뿌리줄기에서 발견되며, 에너지를 저장하는 수단으로 활용되는 저장 탄수화물이다. 밀, 마늘, 이스파리거스, 아티초크, 치커리 등에 존재하는 식이섬유이다.

Glucose(α1-2)-Glucose(α1-5)-Fructose-$\{(\alpha6\text{-}5)\text{Fructose}\}_n$-(α6-4)-Glucose의 구조를 가진 Fructose의 폴리머이다.

(4) Pullulan

Pullulan-곰팡이인 *Aureobasidium pullulans*가 만드는 저장 탄수화물로, α-1,4- 또는 α-1,6-glucan으로 이루어진 maltotriose의 폴리머이다. 생물체는 이를 건조한 환경에 견뎌내고 포식자로부터 방어하기 위해 합성하는데, 산업에서는 이를 이용하여 먹는 필름을 제조한다.

(5) Dextran

Dextran(α-1,6-glucan with α-1,3-branches)은 포도당의 α-1,6-glycosidic bonds의 폴리머로, α-1,3-결합의 가지를 가지고 있다. *Leuconostoc mesenteroides*, *Streptococcus mutans*와 같은 미생물에서 생산하는 폴리머이다.

2) 지방의 합성

음식물로부터 얻은 영양성분 중에서 세포를 구성하는 물질의 합성과 저장 탄수화물로 전환하고도 남은 영양성분은 대부분 지방의 형태로 저장된다. 소장에서 지방산의 형태로 흡수해서 중성지방으로 전환한 다음, 공급된 지방 성분은 그대로 저장하는 데 이용된다. 우리가 먹는 음식에 들어 있는 지방 성분은 소화 과정에서 지방산으로 분해되지만, 필요시 지방으로 다시 합성되어 각 장기에 공급되기 때문에 지방산 사슬의 분자 구조가 그대로 유지된 채 이용된다. 지방산 사슬의 구조는 주로 이중결합의 유무에 따라 포화지방산과 불포화지방산으로 구분된다. 포화지방산은 세포막의 유동성을 떨어뜨리기에, 혈관에 쌓일 경우에 혈관의 탄력이 저하되고 통로가 막혀서 문제가 된다. 우리가 섭취하는 식품에 들어있는 지방은 그대로 이용되기 때문에 음식에 들어 있는 지방의 품질은 건강한 삶을 유지하는 데 매우 중요한 인자가 된다.

탄수화물과 단백질이 많은 음식을 먹었을 경우 세포가 이용하고 남은 대부분의 물질을 지방으로 전환해서 저장한다. 탄수화물과 단백질이 분해되어 흡수되는 형태는 단당류와 아미노산인데, 이들이 지방으로 전환되기 위해서는 미토콘드리아에서 일어나는 TCA cycle의 원료 물질인 Acetyl-CoA와 TCA cycle의 중간 물질로 전환되어야 한다. 단당류의 경우 해당과정을 통해 Pyruvate를 만들고 이를 미토콘드리아로 보내서 Acetyl-CoA로 전환한다. 아마노산은 분해 과정을 거쳐 Pyruvate, Acetyl-CoA, Oxaloacete, α-Ketoglutarate 등으로 전환된 후 TCA cycle로 들어간다.

TCA cycle은 세포의 에너지가 충분한 상태인 경우 첫 번째 산물인 Citrate에서 멈추게 되고, Citrate는 세포질로 빠져 나오게 된다. 세포질로 빠져 나온 Citrate는 Citrate lyase의 작용을 받아 Oxaloacetate와 Acetyl-CoA로 분해된다. Oxaloacetate는 Gluconeogenesis를 통해 Glucose의 합성에 이용되거나 Malate로 전환되어 미토콘드리아로 돌아가서 다음 반응을 진행한다. Acetyl-CoA는 Malonyl-CoA carboxylase의 작용으로 Malonyl-CoA로 전환된 다음 지방산 합성에 이용되거나 Cholesterol 합성에 이용된다(그림 7.3).

세포의 에너지 사용이 많아져서 AMP의 농도가 증가하거나 외부의 신호 분자에 의해 AMPK가 활성화되면, Malonyl-CoA carboxylase가 인산화되어 활성을 상실한 형태로 변해서 지방산 합성이 멈추게 된다. 이러한 조절은 외부의 신호 분자인 Glucagon과 Epinephrin에 의한 신호전달에 의해서도 Malonyl-CoA carboxylase가 인산화되어 활성이 억제된다. 이는 세포가 일을 하면서 에너지를 사용해야 하는 상황이기 때문에 지방산의 합성 과정을 억제하는 것이다. 하지만 Insulin에 의해서 Malonyl-CoA carboxylase가 탈인산화되어 낮은 활성을 갖는 형태로 바뀌면 Citrate가 결합하여 강한 활성을 갖는 형태로 전환시켜서 지방산 합성을 이끌어간다. 즉, 인슐린의 작용에 의해 Malonyl-CoA carboxylase의 활성화가 이루어지지만 Citrate

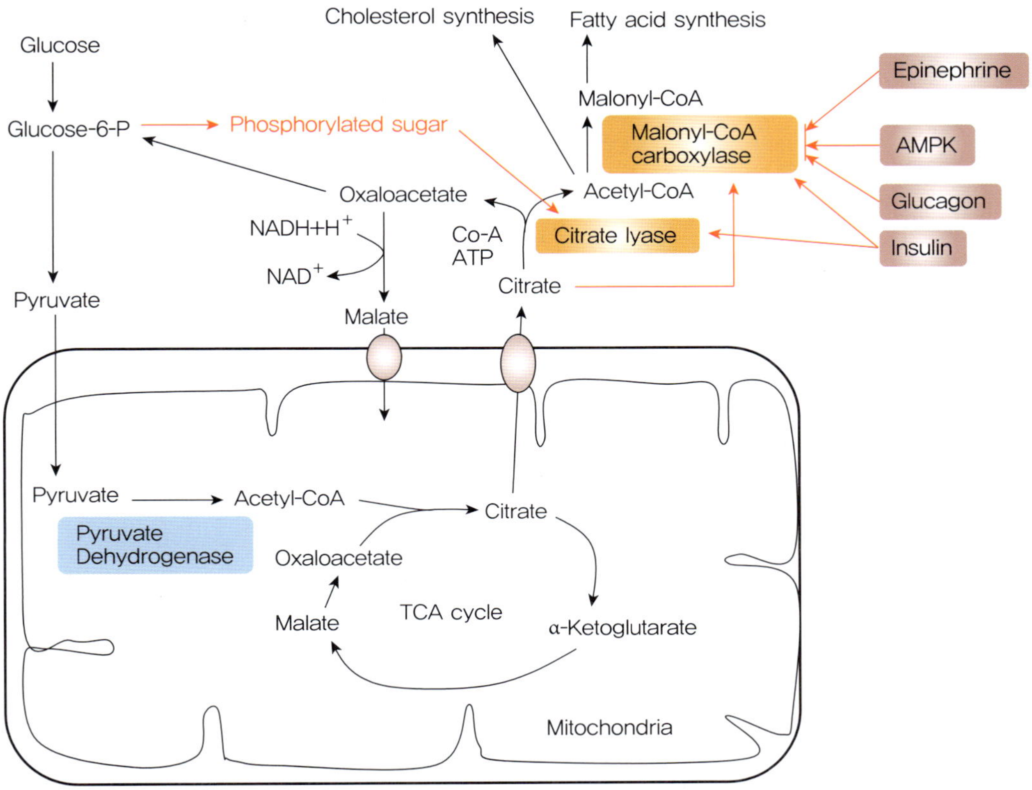

그림 7.3 지방산 합성의 조절.

의 농도가 낮으면 지방산의 합성이 느리게 일어나는 것이다.

Insulin의 자극을 받아 세포질로 이동한 Glucose는 바로 인산화돼서 Glucose-6-P의 형태로 전환되고, 세포의 에너지 사용 감소와 Glucagon의 자극을 받아 세포질의 인산화된 당의 농도가 높아지면 Citrate lyase가 활성화되어 Citrate가 Oxaloacetate와 Acetyl-CoA로 분해되는 반응이 증가한다. 또한 Insulin과 Glucagon의 신호전달 시스템은 Citrate lyase을 인산화시켜서 효소 반응을 활성화시킨다. 이러한 Citrate lyase의 활성화로 증가한 Acetyl-CoA로 인해 지방산 합성도 증가한다.

우리가 먹는 음료에는 많은 당과 유기산이 포함되어 있어서 사용하고 남은 성분들은 대부분 지방산으로 전환된다. 특히 음료에 포함된 Ethanol은 Acetate로 전환

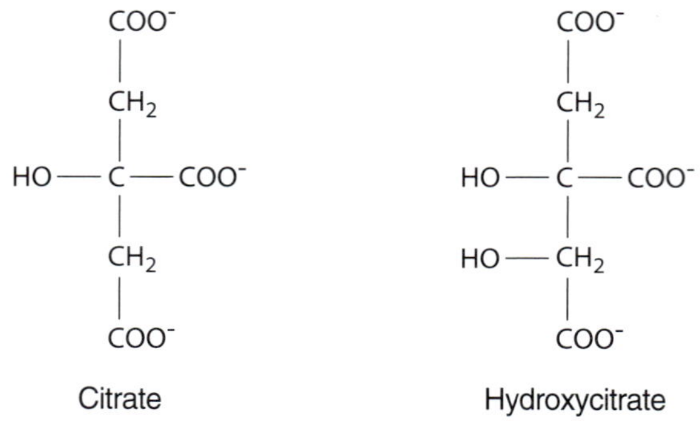

그림 7.4 Citrate와 Hydroxycitrate 분자 구조.

된 다음 Acetyl-CoA로 전환돼서 지방산으로 합성되거나 TCA cycle로 들어가 산화되면서 에너지를 생산한다.

사람 중에는 식탐을 이기지 못하고서 늘어난 체지방을 줄이기 위해 고민을 하는 경우가 많다. 이러한 욕구는 산업적으로 매우 유용한 아이템이다. 건강에 문제가 되는 체지방을 줄이기 위해서는 음식의 섭취를 줄이는 것이 최선이고, 지방이 새롭게 합성되지 못하게 막는 것이 차선의 방법이다.

자연계에서 이러한 요구에 부합하는 물질을 함유하고 있는 식물을 찾기 위해 노력을 한 결과, 일부 식물에서 Citrate와 유산한 구조를 가진 Hydroxycitric acid(HCA)를 찾아내었다(그림 7.4). 이 물질은 *Garcinia cambogia*와 *Hibiscus subdariffa*에 들어 있는 물질이다. Hydroxycitric acid(HCA)는 Citrate lyase를 억제함으로써, 탄수화물이나 단백질로부터 새롭게 합성되는 지방의 합성을 저해하게 된다. 이는 신체에서 중성지방의 함량을 줄이게 된다. 하지만 음식에서 섭취되는 지방의 축적은 막을 수 없기 때문에 지방질이 많은 음식의 섭취를 줄여야만 약물의 효과를 기대할 수 있다.

3) 단백질 저장

동물의 유선 조직과 일부 식물의 씨앗은 단백질을 생산해서 저장한다. 단백질의 생산에 외부에서 흡수한 아미노산을 바로 이용하거나 해당과정과 TCA cycle의 중간체로부터 새롭게 합성한다. 단백질의 아마노산 서열은 유전자에 수록된 암호 서열의 정보에 따라서 합성된다. 모든 생체 물질의 합성에는 많은 에너지가 사용되므로, 에너지 생산의 물질대사와 합성의 물질대사가 함께 일어나거나 에너지의 공급이 이루어지는 동안만 제한적으로 일어난다.

3 혈당의 조절에 관계되는 요인

1) 혈당을 증가시키는 조절인자

(1) 혈당을 조절하는 호르몬

혈당을 증가시키는 호르몬으로는 Glucagon, Epineprine, Norepineprine, Tyroxine, ACTH-Cortisol, Growth hormone, Steroid hormone, Dopamine, Serotonin 등이 있다. 신체 활동을 증가시키는 이 호르몬들은 모두 Glycogen의 분해를 촉진하거나 새롭게 합성하는 포도당을 늘리도록 하는 방법을 통해 혈당을 증가시킨다(그림 7.5).

혈당을 감소시키는 호르몬으로는 시상하부가 자극을 받을 때 부교감신경계를 통하여 췌장에서 분비되는 인슐린(Insulin)과 지방 조직에서 분비되는 렙틴(Leptin) 호르몬이 있다. 인슐린은 조직의 세포에 작용하며, 세포 안으로 포도당의 이동을 촉진해서 혈당을 낮춘다. Leptin은 식욕을 떨어뜨려서 음식의 섭취를 제한하며, Insulin에 대한 인슐린 수용체의 민감성을 높여 세포 안으로 포도당을 빠르게 이동시켜서 혈당을 낮춘다.

혈당의 조절은 단순하게 인슐린과 글루카곤과 같은 몇 개의 호르몬에 의해 이루어지는 고정된 조절 작용이 아니며, 우리가 신체를 장기적으로 어떻게 운용하는지에 따라 달라진다. 이러한 예로 신체가 성장하고 손상된 조직을 회복하며, 외부에서 들어오는 침입자를 막아내기 위해서는 신체 전반적으로 에너지가 필요한데, 이러한 조

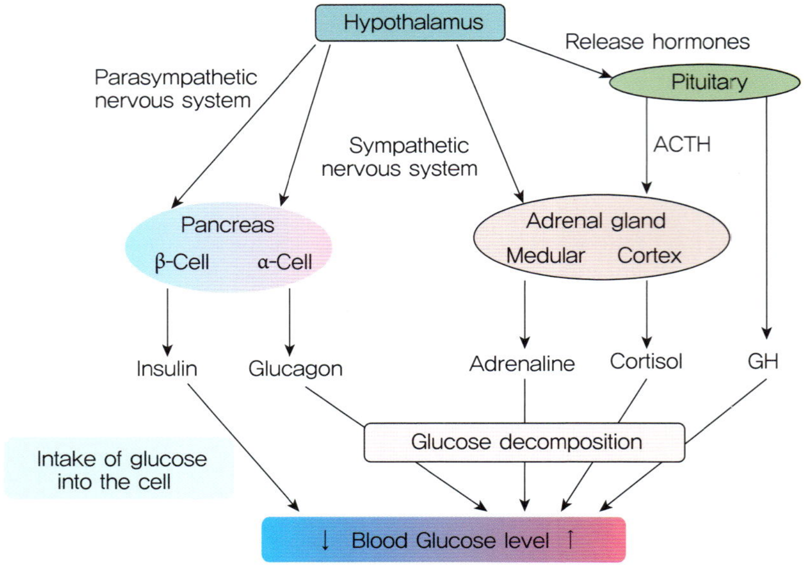

그림 7.5 혈당의 조절에 관련된 호르몬의 작용.

절은 수면을 취하고 있는 동안 분비되는 성장호르몬(Growth hormone)에 의해 이루어진다(그림 7.6). 저혈당의 신호가 뇌에 전달되면 신경에서 분비하는 Catecholamine과 5-Hydroxytryptamine이 시상하부 세포를 자극해서 각각 Growth hormone Releasing hormone(GRH)과 Thyrotropin-releasing hormone(TRH)의 분비를 촉진시킨다. GRH는 뇌하수체의 성장호르몬 분비를 촉진한다. TRH는 뇌하수체에서 Thyroid-stimulating hormone(TSH)과 Prolactin의 분비를 촉진하지만 성장호르몬 또한 촉진시킨다. 성장호르몬은 간, 신장, 혈관에 작용하여 글리코겐 분해와 포도당 합성을 통해 혈당을 높여서 신체의 회복 활동에 필요한 에너지를 제공하게 한다. 성장호르몬은 또한 췌장에 작용하여 글루카곤의 분비를 증진시켜 간에서 방출하는 포도당을 늘리고, 지방세포에 작용하여 지방의 분해를 촉진한다. 고혈당의 상태가 되면 뇌의 중추신경계가 자극을 받아 Melatonin을 분비하는데, Dopamine과 함께 작용해서 시상하부를 자극하면 Growth hormone inhibiting hormone(GIH) 분비가 늘어나 뇌하수체에서 성장호르몬의 분비가 억제된다. 성장호르몬의 감소는

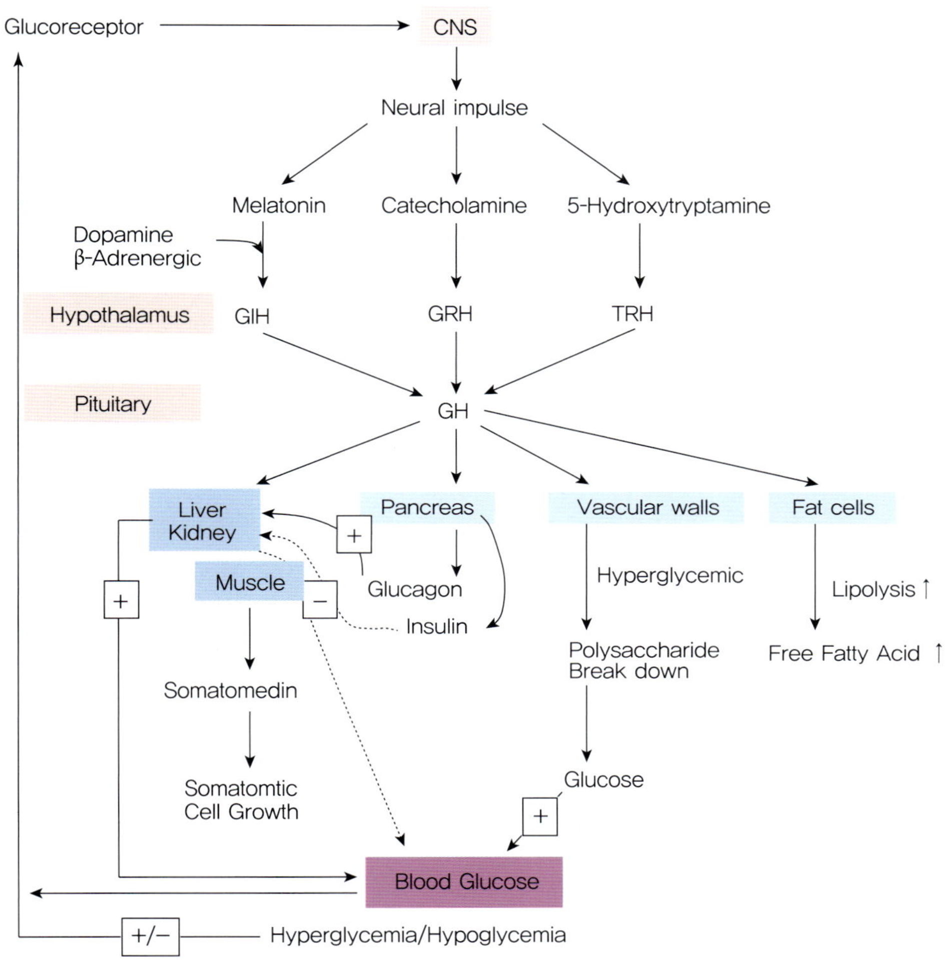

그림 7.6 혈당의 조절과 성장호르몬의 작용.

혈당 증가 요인들을 멈추게 하는 효과를 가져 온다. 혈당의 증가는 췌장의 인슐린과 지방세포에서 Leptin 분비를 증가시킨다. 이들 호르몬들이 간과 근육에서 혈당의 흡수는 늘리고 방출은 억제하는 작용을 통해 혈당을 낮추어 정상으로 되돌리는 작용을 한다. 이러한 이유로 인해 성장기에 있는 청소년에서 높은 혈당으로 인해 문제가 되는 당뇨병의 발생이 적게 일어난다.

(2) 신체에 가해지는 스트레스와 통증은 혈당을 상승시킨다

신체 활동으로 인한 근육통, 심근경색으로 인한 통증, 공포와 불안감 등으로 스트레스를 받으면, 교감신경의 자극으로 부신수질에서 Adrenaline의 분비가 증가하고, 말초신경계가 자극을 받아 Noradrenaline의 분비를 증가시킨다. 스트레스는 또한 뇌하수체의 ACTH와 성장호르몬의 분비를 촉진시키는데, ACTH는 부신의 피질에 작용하여 Cortisol 분비를 증가시킨다. Noradrenaline과 성장호르몬은 지방 조직에 작용하여 지방의 분해를 촉진함으로써 혈중 지방산 농도를 증가시켜 에너지 생산에 이용할 수 있게 한다. Adrenaline은 인슐린 분비를 억제하고, 간에서 Glycogen의 분해를 늘려 혈당을 높인다. Adrenaline과 Noradrenaline의 신체 전반적인 활동으로 인해 공격적인 행동이 유발되고, 심장의 박동수와 혈압이 증가하며, 호흡이 빨라지고, 상처의 치유 작용이 일어난다. 스트레스로 인해 증가한 Cortisol은 당의 합성을 촉진시켜 혈당을 증가시키는 작용과 함께 면역세포에 작용해서 염증 반응을 유발하는 Cytokine들의 생산을 억제하는 항-염증 작용을 나타낸다(그림 7.7).

2) 혈당을 감소시키는 조절인자

혈당을 감소시키는 인자로는 Insulin과 Leptin의 작용, 대사활동으로 인한 에너지 사용의 증가, 세포의 기계적인 운동 등 다양한 요인에 의해 혈액의 당이 세포로 이동하여 저장되거나 소비되면서 혈당이 낮아진다. 격렬한 근육운동은 Lactate를 만들어내는데, 이는 간으로 이동해서 포도당으로 합성된 후 다시 근육으로 보내진다. 운동을 하는 근육에서는 계속해서 포도당을 흡수하게 되고, 이는 혈당의 저하로 이어진다.

음식으로 섭취하였거나 간에서 합성하여 공급된 중성지방(TG)이 지방세포에 축적되면, 지방세포는 Leptin 호르몬을 분비한다. 이 호르몬은 뇌에 작용하여 식욕을 떨어뜨려서 음식의 섭취를 줄이게 한다. Leptin은 Glucagon과 Corticosterone의 분비를 억제하고, 근육과 지방 조직에서의 포도당 흡수를 증가시키며, 갈색지방 조직에서는 포도당을 이용한 에너지 소비를 늘리고, 간세포에서의 포도당 방출을 억제하여

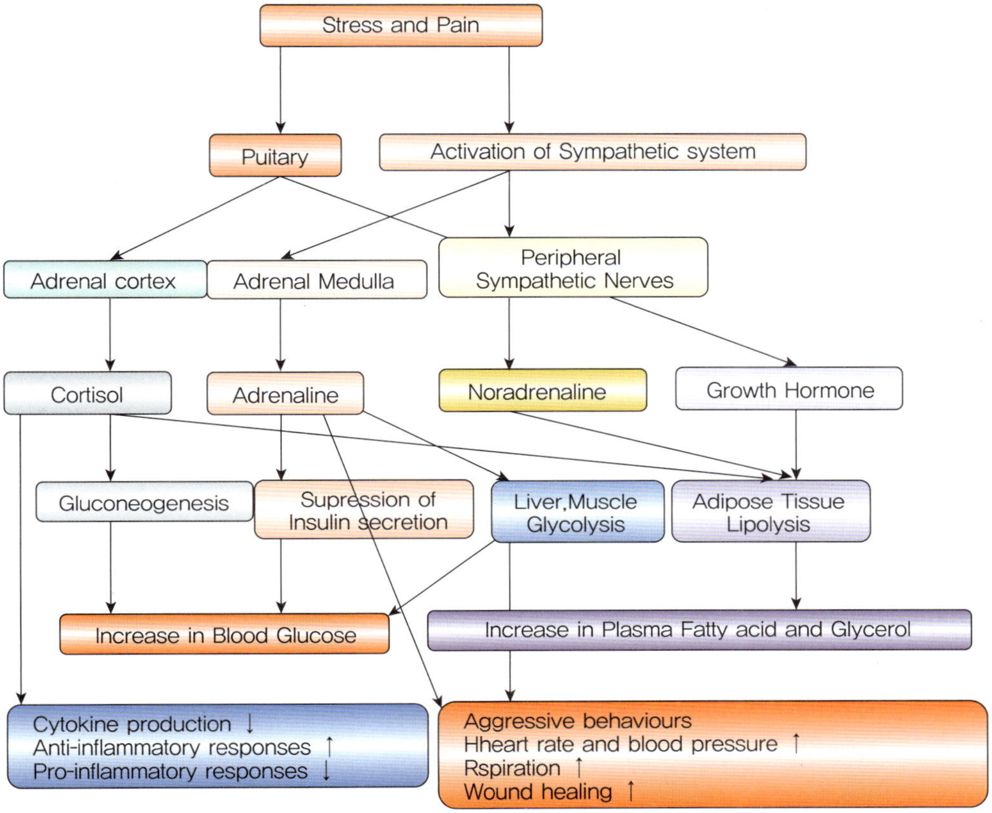

그림 7.7 스트레스와 통증에 의한 혈당의 증가.

혈당을 낮게 한다(그림 7.8).

3) 당뇨와 인슐린 분비

당뇨란 혈당이 오랜 기간 동안 높게 지속되는 대사질환을 말한다. 혈당이 높아지면 갈증과 배고픔이 발생하고, 소변이 잦아지는 증상을 보이며, 소변에서 당이 높게 검출되는 질환이다. 당뇨병은 보통 제1형 당뇨병, 제2형 당뇨병, 임신성 당뇨병 등으로 구분한다. 제1형 당뇨병은 인슐린 의존성 당뇨(IDDM: Insulin-dependent diabetes

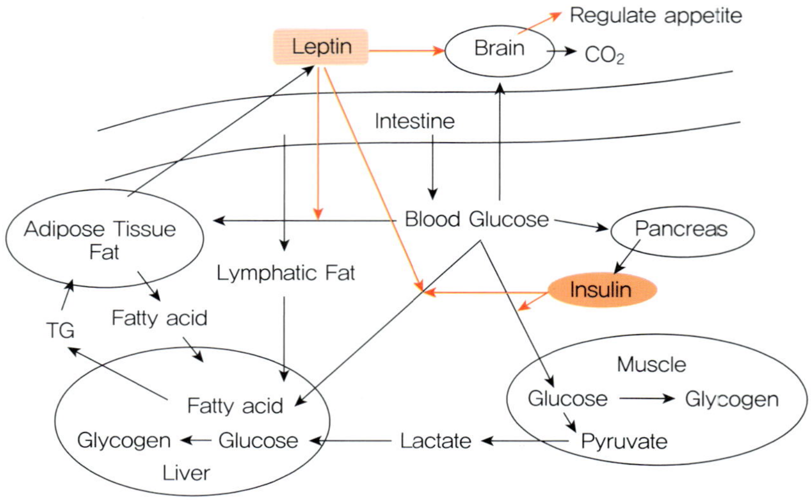

그림 7.8 Insulin과 Leptin의 혈당 조절 작용.

mellitus)라고 하는데, 인슐린을 생산하는 췌장의 β-세포 이상으로 충분한 양의 인슐린이 생산되지 않을 때 발병하며, 대부분 50대 이전에 발병한다. 제2형 당뇨병은 세포가 인슐린에 적절하게 반응하지 못하는 인슐린 저항으로 인해 발병한다. 인슐린 비의존성 당뇨(NIDDM: Non insulin-dependent diabetes mellitus)라고 하며, 운동 부족에 의한 체중 과다와 밀접한 관련이 있고, 약물의 과다 복용, 폭식과 과식 습관, 흡연과도 관련이 있다. 임신성 당뇨병은 당뇨병의 병력이 없는 임신한 여성이 고혈당으로 발전해서 발병하는 경우로, 출산 후에는 없어진다.

당뇨를 유발하는 원인을 전체적으로 정리하면, 췌장 β-세포의 인슐린 분비 저하, 인크레틴 호르몬의 분비 장애, α-세포에서 글루카곤의 과도한 분비, 지방세포에서 과도한 지방 분해, 간에서 당신생 증가, 근육에서 인슐린 저항성 증가, 신장에서의 혈당 재흡수 증가, 신경전달 물질 부전 등이다.

(1) 제1형 당뇨병

제1형 당뇨병이 발병하는 경우를 보면, 유전적 이상, 성장 환경적 이상, 약물이나 화학물질, 자가면역 질환 등의 영향에 의한 췌장의 β-세포 이상 또는 고혈당이나 저혈

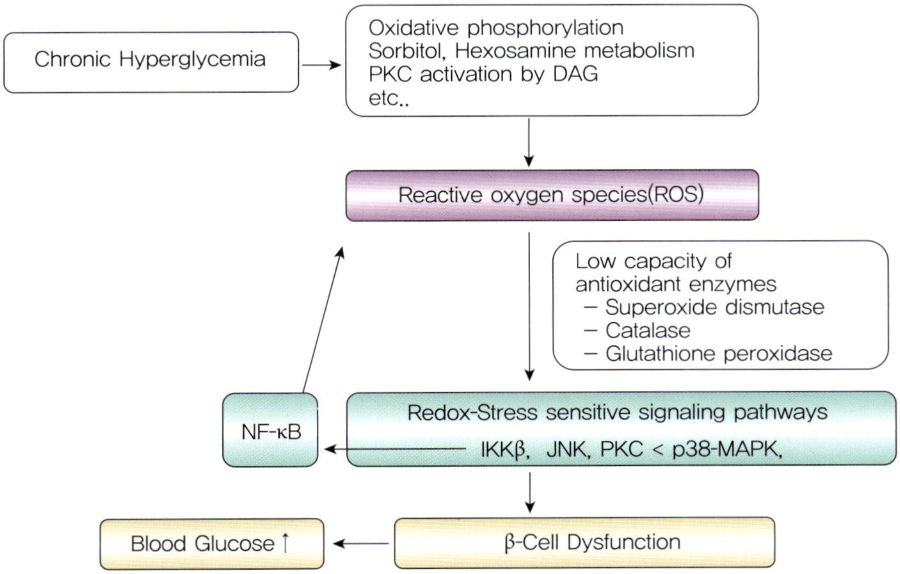

그림 7.9 ROS에 의한 혈당의 증가 기작.

당 조건에서의 α-세포 이상으로 발병한다. 자가면역 질환에 의해 발병하는 경우는 T-세포가 췌장의 β-세포를 공격하여 기능을 상실하게 만듦으로써 인슐린을 생산하지 못해 발병한다. 다른 요인은 고혈당이 지속되어 생산된 Reactive oxygen species(ROS)에 의해 발병하는 경우이다(그림 7.9).

(2) 제2형 당뇨병

다양한 요인에 의해 발병하는 인슐린 비의존성 당뇨(NIDDM: Non insulin-dependent diabetes mellitus)는 높은 혈당을 장시간 유지하고, 인슐린에 대한 저항성을 나타내며, 인슐린이 상대적으로 부족한 질병이다. 증상으로는 갈증이 심해지고, 배고픔이 증가하며, 소변을 자주 보게 되고, 예상하지 못하는 체중 감소가 일어난다. 장기적으로는 심장 질환, 뇌졸증, 시각 장애를 일으키는 당뇨병성 망막증, 신부전, 족부 괴양 등의 증상을 나타낸다.

원인으로는 췌장의 β-세포에서 인슐린을 충분하게 생산하지 못해서 발생하는 인

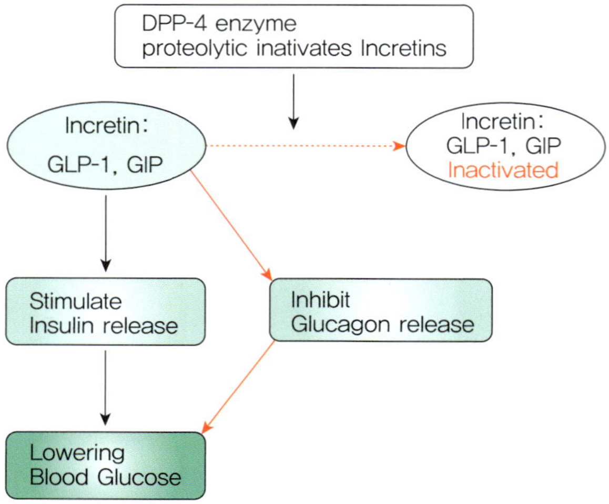

그림 7.10 GLP-1의 DPP-4 혈당 강하 기작.

슐린 저항성의 고착과 높은 Glucagon 농도, Incretin의 부족 등이 있다.

Incretin은 소장에서 분비하는 Peptide로 Glucagon-like peptide-1(GLP-1)과 Gastric inhibitory peptide(GIP 또는 glucose-dependent insulinotropic polypeptide)의 2가지 형태가 있으며, Insulin의 분비를 촉진하고 Glucagon의 분비를 억제하는 역할을 한다. Incretin은 DPP-4에 의해 빠르게 불활성화된다(그림 7.10).

DPP-4: Dipeptidyl peptidase-4 (DPP4)는 adenosine deaminase complexing protein 2, CD26(cluster of differentiation 26) 등으로 알려진 단백질로 Growth factors, Chemokines, Neuropeptides, Vasoactive peptides, GLP-1, GLP 등의 단백질을 절단해서 불활성화시키는 작용을 한다. DPP-4는 X-proline 또는 X-alanine의 dipeptides를 polypeptides의 N-말단으로부터 절단하는 serine exopeptidase이다.

(3) 제2형 당뇨와 운동

음식물이 소화된 다음 흡수되어 혈액으로 들어가면 혈당이 올라간다. 혈액 속 당 농도의 증가는 조직으로 당을 많이 이동시켜 조직의 당 농도를 높인다. 혈당의 증가는 췌장의 β 세포에서 일어나는 인슐린의 분비를 늘리게 되고, 늘어난 인슐린이

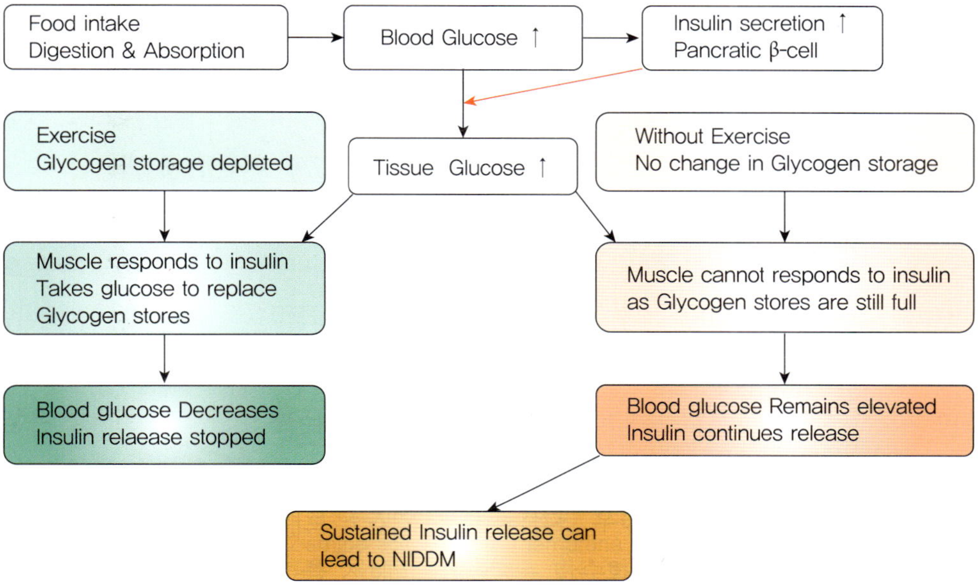

그림 7.11 제2형 당뇨병과 운동.

각 조직의 세포에 작용하여 당 흡수를 촉진하면 혈당의 농도가 낮아진다.

운동으로 저장하고 있던 글리코겐이 줄어든 근육 조직에서는 인슐린에 반응하여 포도당을 흡수하고 혈당을 낮추며, 이에 따라 인슐린의 농도가 낮아진다. 하지만 운동을 하지 않아서 저장된 글리코겐의 양에 변화가 없는 근육 조직의 세포는 인슐린에 반응하지 않고 포도당을 흡수하지 않으므로 혈당의 농도가 높은 상태를 유지한다. 따라서 인슐린의 분비 또한 지속되어 높은 상태를 유지하게 된다. 이처럼, 인슐린이 높은 상태를 오랜 기간 동안 유지되면 인슐린비의존성당뇨병(NIDDM)이 발병된다(그림 7.11). 인슐린비의존성당뇨는 기본적으로 음식을 통해 흡수된 당이 많아서 발생하는 문제로, 세포에서 당을 소모시키면 필요한 당을 흡수하는 시스템이 작동하여 혈당을 낮추는 작용을 하게 된다. 사람의 세포는 필요한 단백질을 필요한 시기에 유전자 발현을 통해서 합성하여 사용한다. 필요 없는 단백질을 일부러 만들지는 않으며, 기존에 가지고 있던 단백질을 지속적으로 분해해서 기능을 하지 못하는 단백질이나 변형된 단백질을 제거하고 있다. 유전자의 사용 또한 자주 사용하는 유전자는 열어서 쉽게 발현될 수 있게 하지만, 사용하지 않은 유전자는 지속적으로 잠겨 있기 때문에 유전자의 발현 패턴이 필요하다고 해서 바로 돌아오지 않는다. 이러한 점이 당뇨병을 오랜 기간 앓아온 사람에서 치료가 어려운 이유이다.

지속적이고 꾸준하게 운동을 하는 노력은 세포막의 포도당 운반에 필요한 유전자들의 발현을 증가시켜주므로, 제2형당뇨병 또한 개선시킬 수 있다. 여기에 탄수화물을 소비하는 식습관을 올바른 식습관으로 교정하는 노력을 병행한다면 훨씬 효과적으로 증상을 개선시킬 수 있다.

(4) 당뇨병 치료제

① Dipeptidyl peptidase-4 (DPP-4) inhibitor

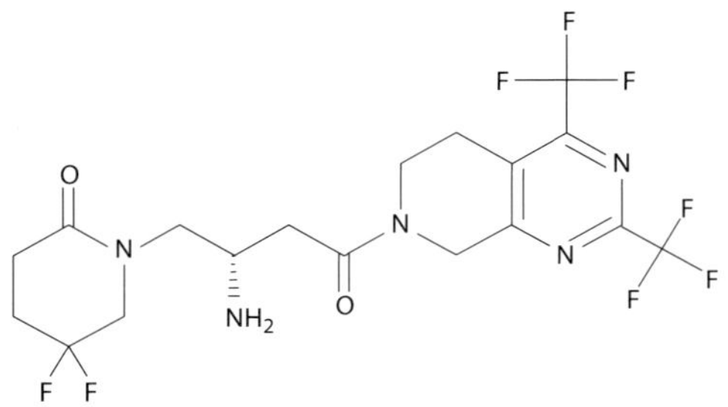

Gemigliptin(LG Life Sciences)

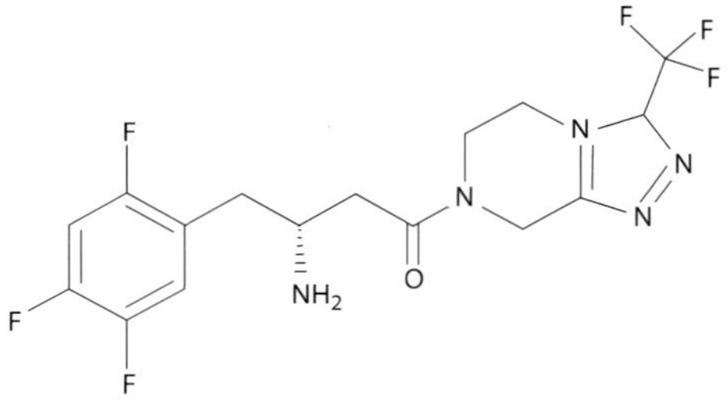

Sitagliptin

② Insulin 민감성을 증가시키는 물질-Metformin

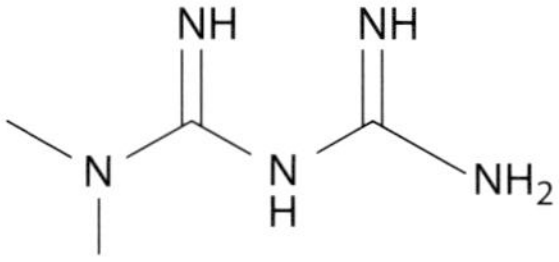

③ 인슐린 분비 촉진제

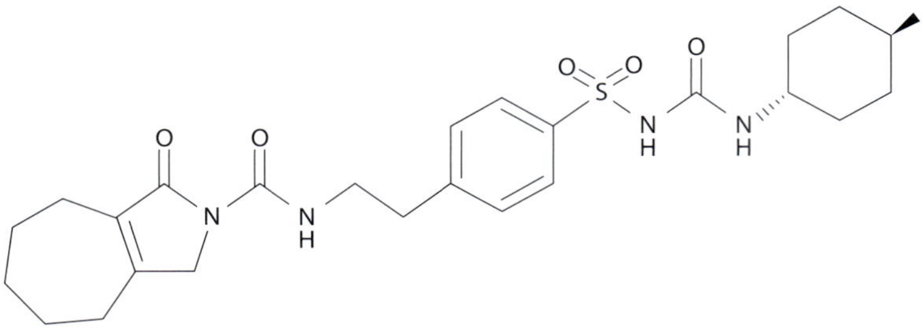

Sulfonylureas - Glimepiride(일반명 Amaryl)

④ Alpha-glucosidase inhibitor

탄수화물 폴리머는 침샘의 amylase와 췌장의 효소에 의해 Oligosaccharides로 절단된다. 이 조각들은 소장의 점막 세포 표면에 있는 Alpha-glucosidase에 의해 단당류로 분해되어 흡수되는데, Alpha-glucosidase inhibitor는 이러한 반응을 억제하여 탄수화물의 흡수를 차단한다. 천연물인 노니 열매와 운지버섯의 자실체에 들어 있으며, 약물로는 Acarbose, Miglitol, Voglibose 등이 있다.

4 지방의 축적과 조절

1) 지방의 축적에 관여하는 호르몬의 작용

지방이 축적되어 비만을 유발하는 과정에는 Acylation stimulating protein, Adiponectin, Ghrelin, Melanin-concentrating hormone(MCH), Growth hormone, Inflammatory factors, Insulin, Leptin, Sex hormones 등 다양한 호르몬이 관여하며, 생활습관과 유전적 요인 또한 중요한 원인이다. 공복시에 위에서 분비하는 Ghrelin은 배고픔의 신호가 되어 음식 섭취를 늘리고, 산화적인 스트레스는 지방세포의 생산을 늘리며, 과도한 지방의 섭취는 축적으로 이어진다. 또한 에너지 이용

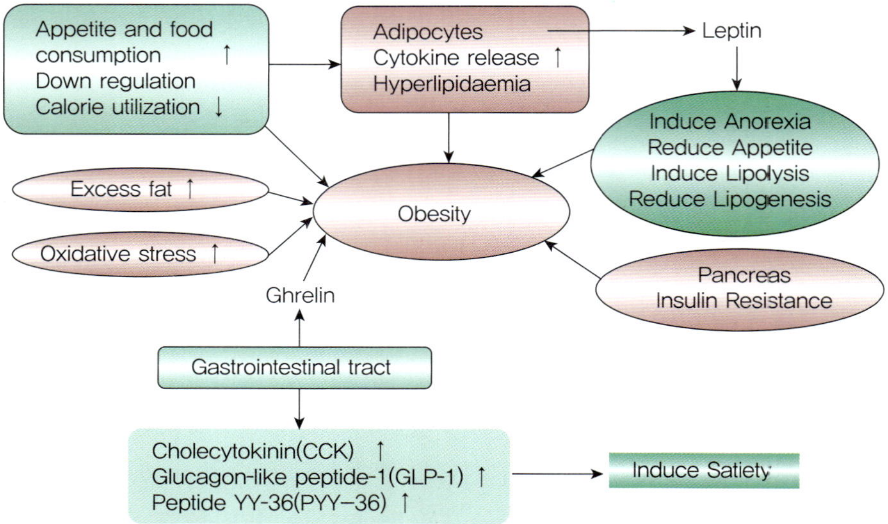

그림 7.12 비만을 유발하는 요인.

의 감소는 지방의 사용을 줄이게 되고, 음식의 섭취량 증가는 고지혈증을 유발하여 지방세포의 Cytokine의 분비를 늘려서 비만으로 이어진게 한다. 음식 섭취로 Leptin이 증가하면 식욕 감소 및 신경성 식욕 부진을 유발하고, 지방 분해를 유도하며, 지방의 합성을 감소시켜서 비만이 되는 것을 억제한다. 하지만 Leptin에 대한 저항성이 증가하면 음식 섭취가 계속되고, 이로 인해 지방 축적이 계속 이루어져서 비만으로 이어진다. 음식의 섭취로 소화 장기에서 분비하는 Cholecytokinin(CCK), Glucagon-like peptide-1(GLP-1), Peptide YY-36(PYY-36) 등의 호르몬이 증가되면, 포만감을 유발하여 음식 섭취를 억제시킴으로써 비만을 예방하게 된다. 하지만 인슐린 저항성의 증가는 혈액의 중성지방을 늘리고, 지방세포의 크기를 키워서 체지방의 함량을 늘리므로 비만의 상태가 증가된다(그림 7.12).

• Acylation stimulating protein

ASP(Acylation stimulating protein)은 지방세포에서 분비하는 물질로, 사람의 지방 조직과 피부의 섬유세포에서 중성지방의 합성을 현저하게 증가시킨다. 지방조직으로 포도당의 운반을 촉진하고, hormone-sensitive lipase의 작용을 억제하며, 지방산의 합성을 촉진한다. 중성지방의 합성과 저장을 늘리고, Insulin 분비를 촉진시키는 작용을 한다.

• Adiponectin

Adiponectin은 간 조직에서의 포도당 생산을 감소시키고, 지방산의 분해를 촉진한다. 근육 조직에서는 지방산의 분해를 촉진하고, 중성지방을 줄인다. 전체적으로는 인슐린의 민감도를 증가시키고, 혈액의 지방산 농도를 감소시키며, 혈당을 낮추는 작용을 한다.

• Ghrelin

공복시에 위에서 분비되는 호르몬으로 뇌에 작용하여 배고픔을 느끼게 한다.

• Melanin-concentrating hormone(MCH)

Melanin-concentrating hormone(MCH)은 시상하부의 신경에서 분비하는 펩티드 호르몬으로 식욕을 촉진한다. 공복시에 위에서 분비하는 Gherlin의 자극을 받은 시상하부에서 분비된 NPY/AGRP의 자극으로 MCH가 분비된다. MCH 호르몬은 음식의 섭취를 증가시켜 체중이 늘어나게 한다. Leptin과 Insulin은 POMC의 분비는 촉진하지만, NPY/AGRP의 분비는 억제한다. 운동으로 에너지 소비가 늘어나거나 지방의 분해로 지방 조직에서 방출하는 Fatty acids가 늘어나면 NPY/AGRP의 분비는 억제된다. 이러한 이유로 공복에 운동을 계속하면 배고픔을 잠시 잊게 된다. MCH 신경은 POMC 세포에 의해 억제되지만, NPY/AGRP 신경이 길항 작용을 한다. 체중이 감소하면 Ghrelin이 증가해도 Insulin과 Leptin의 분비되는 양은 줄어든다(그림 7.13).

• Growth hormone

성장호르몬은 사람의 성장을 위한 근육과 뼈에 영향을 미치고, 장기의 분화에 중요

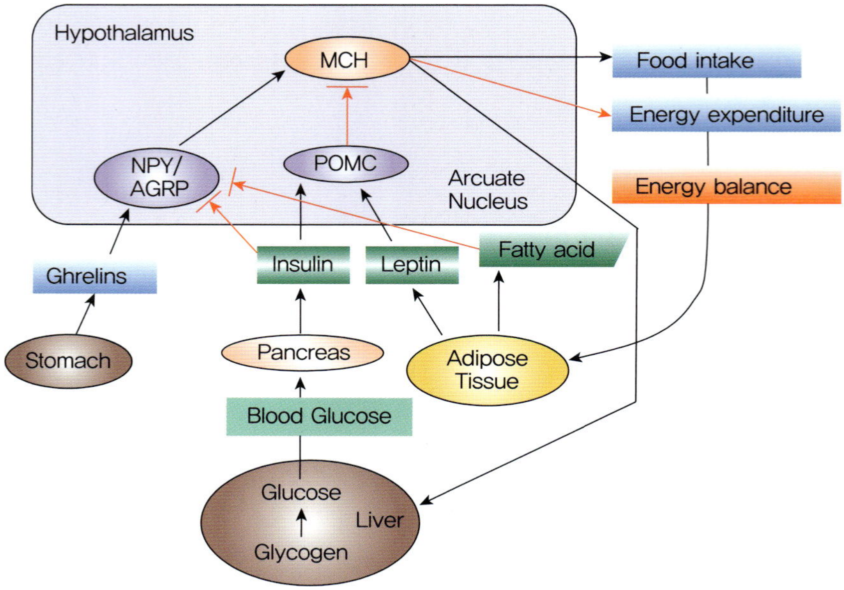

AGRP: Agouti-related protein(AgRP), or agouti-related peptide
MCH: Melanin-concentrating hormone(MCH)
NPY: Neuropeptide Y
POMC: Pro-opiomelanocortin(POMC)

그림 7.13 음식의 섭취와 호르몬 조절.

한 역할을 하며, 에너지 대사에 영향을 줘서 에너지의 소비를 증가시킨다. 성장호르몬의 농도가 낮아지면, 신체의 에너지 소비가 줄어들고 지방으로 저장하는 양이 늘어나서 비만으로 발전되는데, 비만인 사람의 경우 정상인보다 낮게 유지되는 경우가 많다.

• Inflammatory factors

지방세포의 성장에는 많은 Cytokine이 관여하는데, 초기에는 대식세포(Macrophage cell)에 의해 유도되는 VEGF, PDGF, TNF-α, MCP-1, IL-6, MIF 등이 관여하고, 혈관 생성이 일어나는 시기에는 Leptin, Adiponectin, VEGF 등이 관여하여 지방세포를 자극해서 지방을 축적하게 한다.

• Leptin

Leptin은 중추신경계에 작용해서 식욕을 떨어뜨려 음식 섭취를 줄이게 하고, 에너지 소비를 증가시키며, 생식 기능을 증가시키고, 신경내분비 활동을 증가시킨다. 근육에서는 지방산의 분해를 촉진하여 중성지방을 줄이고, 인슐린의 민감도를 높여준다. 다른 기능으로 면역계를 활성화시키고, 혈관의 신생을 촉진하며, 상처 치유를 촉진한다.

정상 체중을 가진 사람보다 비만인 사람에서 Leptin이 높게 유지된다. 비만인 사람에서 농도가 높아도 식욕이 감소되지 않는 것은 호르몬에 민감하지 않기 때문이며, 따라서 음식을 먹은 다음에도 포만감을 느끼지 못한다.

• Sex hormones

여성의 경우 난소에서 생산하는 Estrogen으로 인해 복부 주위에 지방이 축적되는데, 폐경 후에는 지방 조직에서 생산하는 Estrogen의 영향을 받아 복부에 국한하지 않고 신체 전반에 걸쳐 지방이 축적됨에 따라 체중의 급격한 증가가 유발된다. 지방 축적이 많이 된 여성의 지방세포에서는 TNF-α, MCP-1, CRP, IL-6 등과 같은 Proinflammatory cytokine이 증가하고, Insulin의 민감도는 감소하며, Adiponectin의 분비량이 감소한다. 또한 Resistin의 분비량이 증가하고, Leptin의 분비량이 증가하여 비만성의 염증을 유발한다.

남성의 경우 Estrogen이 정소에서는 생성되지 않지만 지방 조직에서는 생성된다. 내장 지방이 증가하면 Aromatase의 활성이 증가하여 Testosterone을 Estradiol로 전환하는 양이 많아진다. Estradiol이 시상하부를 억제하여 GnRH의 분비량을 감소시키면, 뇌하수체에서 생산하는 FSH와 LH의 분비가 감소된다. FSH의 감소는 정소 Sertoli 세포의 정자 형성 감소로 나타나고, LH의 감소는 Testosterone를 감소시켜 남성의 생식력이 떨어진다(그림 7.14).

• Visfatin

Nicotinamide phosphoribosyltransferase, pre-B-cell colony-enhancing factor 1

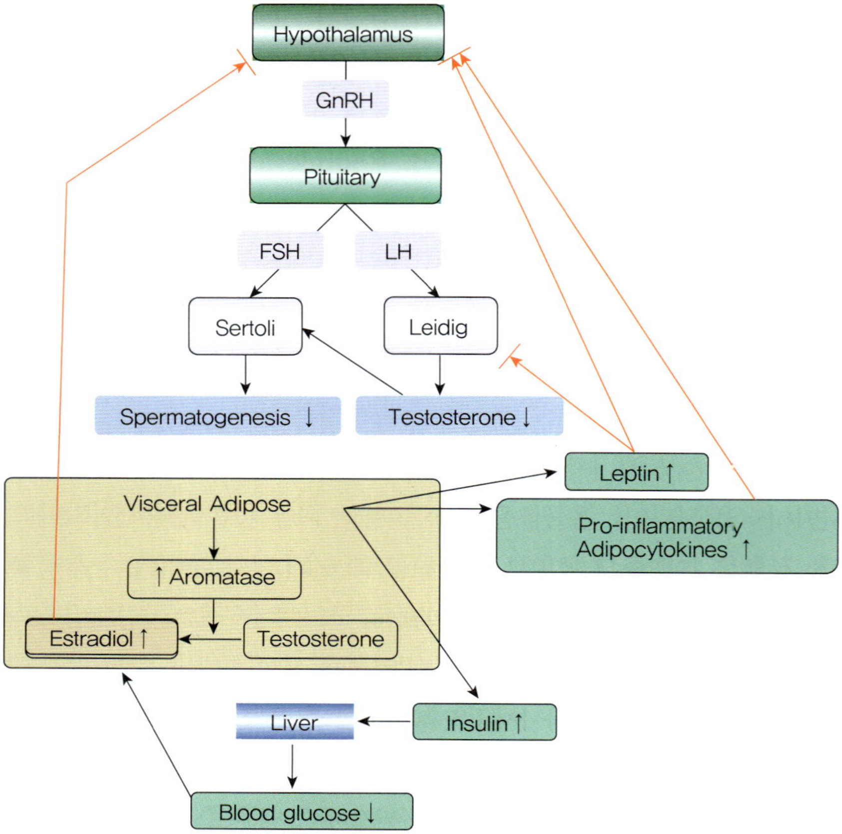

그림 7.14 내장 지방의 증가가 남성의 성호르몬에 미치는 영향.

(PBEF1) 등으로 알려진 효소이다. 인슐린 수용체에 결합해서 인슐린과 유사하게 작용하여 혈당을 낮추며, 지방세포와 근육세포에서 포도당의 이용을 늘리고 중성지방의 합성을 증가시킨다.

2) 내분비기관으로서의 지방 조직

(1) 지질대사와 에너지 저장

ASP(Acylation stimulating protein), Angiopoietin like protein 4, Lipoprotein lipase 등

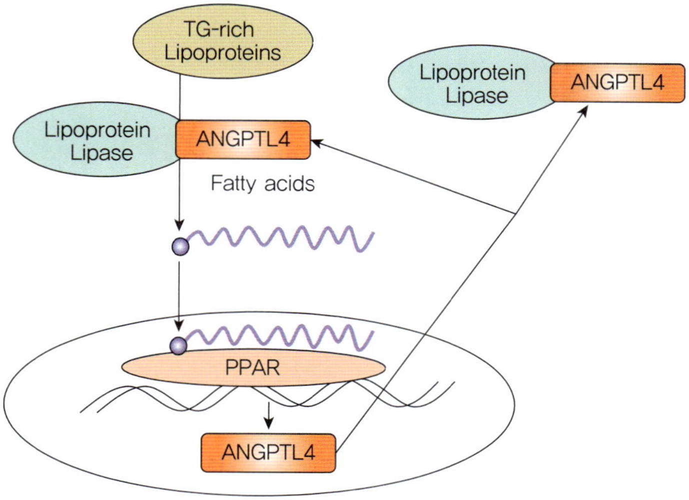

그림 7.15 Angiopoietin like protein 4 작용.

이 관여하는데, 지질대사를 조절하고, 에너지 물질로 지방을 축적하는 작용을 한다.

• Angiopoietin like protein 4

Lipoprotein lipase가 지방산을 만들어내면, 지방산은 전사인자인 PPAR을 활성화시켜서 ANGPTL4(Angiopoietin like protein 4)의 발현을 촉진하고, ANGPTL4는 Lipoprotein lipase를 억제하는 단백질로 중성지방의 분해를 막는다(그림 7.15).

(2) 에너지 항상성과 물질대사

지방세포와 관련된 항상성과 물질대사의 조절에는 Adiponectin, IL-6(Interleukin 6), Leptin, TNF-α(Tumor necrosis factor-α), Visfatin 등이 관여하고 있다.

(3) Hematopoiesis

Leptin은 골수에서 지방세포의 분화를 촉진하고, 조골세포(Osteoblasts)로의 분화를 억제하며, 혈구세포의 분화에 관여한다.

(4) Modulation of Immune system

Adipsin, IL6, IL8, Leptin, Migration inhibitory factor, Monocyte chemoatractant factor-1, Resistin

• Adipsin

Adipsin 또는 Complement factor D는 지방세포에서 분비하는 Serine protease의 하나로 염증 반응에 관여하며, 연골 주위로 Neutrophils을 유도하여 염증성 관절염(Inflammatory Arthritis)을 발생시킨다.

• Resistin

Resistin은 지방세포에서 분비하는 Adipose tissue-specific secretory factor(ADSF) 또는 C/EBP-epsilon-regulated myeloid-specific secreted cysteine-rich protein (XCP1)로 알려진 Cysteine이 많은 단백질 호르몬이다. 침입이나 감염이 발생했을 때 백혈구를 집적시키고 염증 반응하는 Cytokine의 분비를 촉진한다.

(5) Angiogenesis

지방세포에서 분비하는 Adiponectin, Angiopoentin-2, Leptin, VEGF(Vascular endothelial growth factor) 등이 혈관의 형성을 조절한다.

(6) Bone metabolism

뼈 조직에서 일어나는 물질대사의 조절에는 골수의 지방세포에서 분비하는 Adiponectin, IL 1, IL 6, Leptin, TNF-α 등이 관여한다.

(7) Steroid hormone conversion

지방조직에서는 혈액에서 공급되는 Progesterone으로부터 → DHEA → Testosteron → Estradiol로 전환하는 반응과 Cortisol ⇄ Cortison의 상호전환 반응이 일어난다.

(8) Coagulation and fibrinolysis

지방 조직에서 분비하는 Leptin, Plasminogen activator inhibitor-1 등이 혈액 응고와 혈전을 용해하는 반응의 조절에 관여한다.

(9) 혈관의 수축과 확장

혈관의 수축과 확장에는 Adrenomedulin, Adiponectin, Angiotensin I-7, Angiotensin II, Asymetric dimethylarginine, Hydrogen sulfide, Leptin, NO(notric oxide), Omentin, Prostaglandin E2, Resistin, Visfantin 등의 신호 분자들이 관여한다.

(10) Kidney Function

당뇨성 신장 질환에는 지방 조직에서 분비한 Adiponectin이 인슐린의 민감도를 높여 당 농도를 낮추고, 항염증성 작용으로 신장질환의 증상을 개선시키며, 만성신장질환(Chronic kidney disease)에는 Leptin이 혈당을 조절하고 중성지방의 축적을 감소시켜서 만성신장질환의 증상을 개선시킨다.

3) 비만 조절에 이용하는 방법

(1) 지방 흡수 차단제

키토산, 알긴산, 이눌린 등과 같이 식품에 함유된 식이섬유들은 지방과의 흡착을 통해 흡수를 차단해서 장 밖으로 배출시키는 효과를 나타낸다.

지방의 흡수를 차단하는 방법은 지방의 분해를 억제하는 약물을 이용하는 것이다. 이러한 약물로는 Lipase inhibitor인 Orlistat와 Lipase 기질 유사체로 지방을 변형시켜서 만든 Olestra 등이 있다. 이들 약물에 의해 지방의 분해가 억제되면 지방이 흡수되지 못하고서 배출되지만, 비타민 A, D, E, K도 함께 배출되는 부작용을 초래할 수 있다.

(2) 지방산 합성 억제제

앞서 탄수화물로부터 지방산을 합성하는 기작에서 설명하였듯이, Citrate lyase inhibitor인 Hydroxycitrate(그림 7.4)은 지방산의 합성을 억제한다. 지방산 합성 억제제는 탄수화물 중독으로 인한 고지혈증과 비만에 대한 개선제로 이용되며, 지방 흡수 차단제와 혼합하여 사용하는 경우가 많다.

(3) 물질대사 촉진제

물질대사를 촉진시켜서 항비만 효과를 얻는 자연적인 물질로는 Lycophene, Quercetin, Resveratrol, Caffeine 등이 많이 이용되고 있다. Lycophene은 LDL의 산화와 지방의 과산화를 억제하고, Quercetin은 AMPK 신호를 활성화시켜서 Adipogenesis를 억제한다. 또한 Resveratrol은 지방의 산화를 막아 LDL-cholesterol의 농도를 낮추며, Caffeine은 지방의 분해를 증가시키므로 항-비만 효과가 나타난다.

자연계에 존재하는 AMPK의 활성화제로 알려진 물질에는 Resveratrol, Quercetin, Berberine, Genistein, EGCG, Curcumin, Anthocyanins, Apigenin, Nicotine, Palmitoylethanolamide, Bitter Melon, Carnitine, Glucosamine, Olive Oil, Fish Oil DHA, Cinnamon, Astragalus, Reishi, Ginseng/Ginsenosides, Apple Cider Vinegar /Acetic acid, Pomegranate vinegar, Rooibos tea, Creatine, CoQ10, Gynostemma, Hydroxytyrosol, Baicalin, Fucoidan, Danshen/Salvia Miltiorrhiza/Tanshinone IIA, Red yeast rice (monascin and ankaflavin), Arctigenin from the seeds of burdock, Panduratin from Chinese ginger 등이 있고, 합성 화합물에는 Metformin, Phenoformin, Aspirin 등이 있다. AMPK를 활성화시키는 호르몬으로는 Adiponectin, Leptin, Thyroid hormone T3, Nitric Oxide 등이 있다. 시상하부의 AMPK를 활성화시키는 신호 물질에는 Ghrelin, Cannabinoids, Cortisol 등이 있고, 시상하부의 AMPK를 억제시키는 신호 물질에는 Leptin, Insulin, GLP-1, Estradiol 등의 호르몬과 Lipoic acid, Quercetin, Nicotine, Ketones 등이 있다.

이외의 방법으로 운동, 단식, 칼로리 제한 식이요법 등이 활용되고 있다.

(4) Adipocyte regulators

비만을 개선하기 위해서, 지방세포의 분화를 막아 지방의 축적을 저해하는 방법과 지방세포의 사멸을 유도하는 방법 등이 이용되고 있다. 지방세포의 분화를 막는 방법은 Preadipocyte가 Adipocyte로 분화하는 Adipogenensis를 저해하는 약물을 투여하는 것이다. Xanthene analog로 합성된 물질인 MI-401, 강황이나 울금에 들어 있는 Curcumin, Retinoic acid, 고로쇠나무 추출물, 고추 씨앗 추출물인 Capsicoside A와 G, 녹차 추출물(그림 7.16) 등이 Adipogenesis를 저해하는 작용을 한다.

Adipocyte의 apoptosis를 유도하여 비만을 개선하는 것으로는 sulforaphane과 myricetin이 있으며, 이 외에도 녹차 추출물, 고추 씨앗 추출물인 Capsicoside A와 G, 자색 옥수수 수염 등이 보고되어 있다.

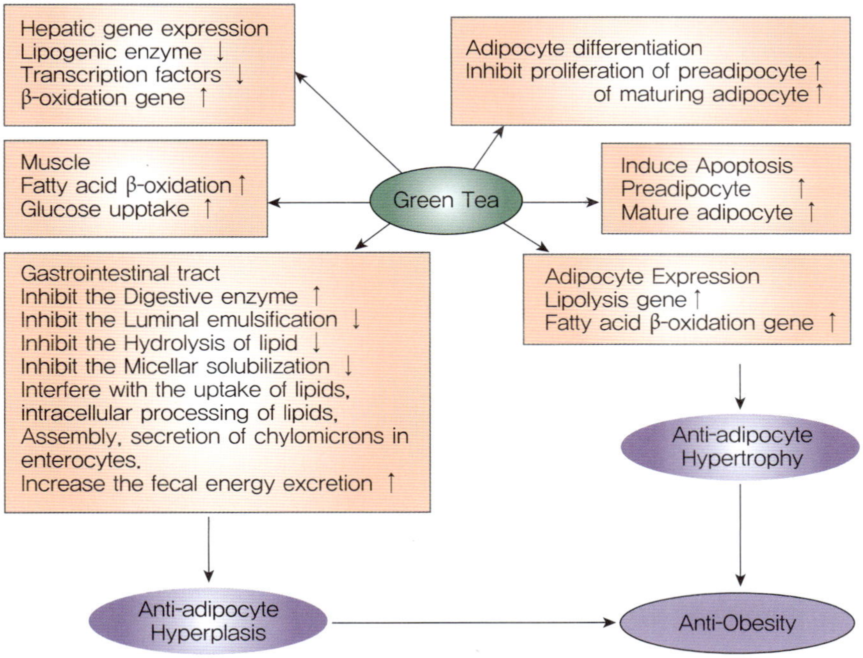

그림 7.16 녹차의 항비만 효과.

(5) 비만을 개선하는 약물 개발

비만을 개선하는 약물 개발의 다양한 표적 중에서 현재까지 개발되어 임상실험이 진행되고 있는 표적은 다음과 같다.

- Amylinomimetic
- 5-HT_{2c} receptor agonist
- Lipase inhibitor
- Mitochondrial transfer protein inhibitor
- Neurupeptide Y4 agonist
- Neurupeptide Y4 receptor antagonist
- Oxyntomodulin alalogue
- Protect β-cell apoptosis agent
- Sodium glucose transporter-2(SGLT2) antagonist

생체 물질순환의 조절 시스템 08

다세포 생물체로 진화해 거대해지고 복잡해진 생물체 내부에서 세포들이 살아남는 방법은 상호의존적인 협조를 통해 위험을 회피하고 에너지를 획득하면서 살아가는 것이다. 개체가 성장함에 따라서 세포의 수가 늘어나면 조직을 이루고 있는 각각의 세포에 영양 물질을 공급해 주어야 하는 문제가 발생한다. 세포가 성장하기 위해서는 유전 물질을 복사하고, 세포를 구성하는 물질을 합성할 준비를 해야 하며, 세포의 성장에 필요한 에너지를 생산해야 한다. 즉, 생명 활동에 필요한 에너지를 물질을 통해 공급 받아야 한다.

신체를 구성하고 있는 각 기관의 세포에 필요한 물질을 공급해 주는 시스템이 순환계이며, 모든 물질은 순환계를 통해서 전달이 된다. 생물체에 따라서는 완전한 관으로 연결된 시스템을 갖춘 폐쇄형이 있는가 하면, 관의 일부가 조직으로 열려 있어서 물질을 조직으로 보내고, 다시 열린 부분을 통해 다시 들어와서 흘러가는 개방형이 있다. 사람을 포함한 포유동물들은 폐쇄형의 순환계를 가지고 있어서 물질을 효율적으로 빠르게 운반할 수 있다. 순환계에는 혈액을 보내고 받는 혈관계와 체액의 일부를 순환시키는 림프계가 있다.

신체의 전반에 물질을 보내는 주된 통로가 혈관이며, 혈관을 채우고 있는 물질을 이동시키는 동력은 심장에 의해 제공된다. 심장의 박동력은 물질을 조직으로 보내는 동맥까지만 전달되고, 조직에서 빠져 나와 돌아오는 힘은 근육 조직의 수축에서 나오는 압력에 의한다.

신체를 이루고 있는 조직의 세포는 필요한 때에만 일을 하며, 필요가 없을 때에는 쉬면서 다음을 위해 회복하는 반응을 진행한다. 그러므로 신체의 모든 곳에 뻗어 있는 혈관이 모두 열려 있는 것이 아니라 필요에 따라 혈관을 열고 닫아서 물질의 공급을 조절한다. 즉, 에너지와 물질의 공급이 필요한 조직의 혈관을 열어서 우선적으로 이용하게 하는 시스템을 구축함으로써 효율적인 운용을 한다. 이러한 모든 조절의 중심에는 심장이 있다. 심장의 박동력과 박동수에 의해 조직으로 보내는 혈액의 양이 결정되며, 이는 혈관에 가해지는 압력으로 나타난다.

1 심장의 박동 조절

심장의 대동맥궁과 경동맥통에 있는 압력수용기(baroreceptor)와 화학적 수용기(chemoreceptor)에 압력 신호가 감지되면 감각신경섬유의 신경을 통해 연수로 전달된 후, 부교감신경을 통해 심장의 동방결절(SA node)로 전달한다. 또한 연수의 신호는 중추신경계를 통해 척수로 내려오다 교감신경 줄기에 전달되고, 교감신경 섬유를 통해 심장의 동방결절과 방실결절 및 심장의 근섬유에 전달된다. 척수의 중추신경에 전달된 자극이 교감신경을 통해 부신의 수질을 자극하면, Epinephrine과 Norepinephrine 호르몬이 분비된다. 이 호르몬은 혈관을 통해 이동하다가 심장

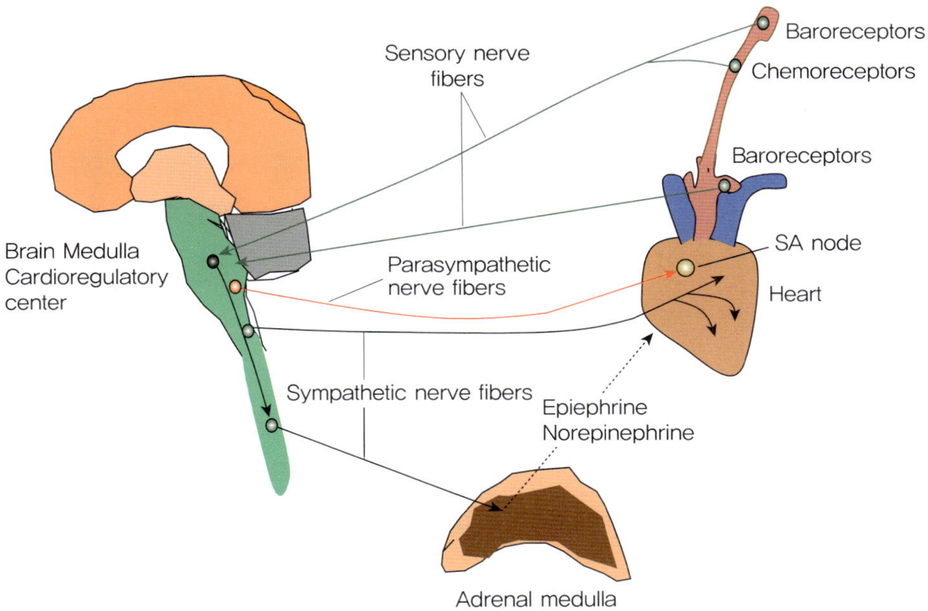

그림 8.1 호르몬에 의한 심장의 박동 조절.

세포에 있는 수용체에 결합해서 신호를 전달한다(그림 8.1).

교감신경의 작용은 심장의 박동을 촉진하고, 박동력을 높이며, 자극의 전도 속도를 빠르게 하고, 흥분된 작용을 나타내게 한다. 반면 부교감신경은 심장의 박동을 늦추고, 수축력을 감소시키며, 자극의 전도 속도를 느리게 하고, 흥분을 가라앉힌다.

심장의 박동이 빨라지는 요인에는 부정맥, 운동, 교감신경 자극, 분노, 두려움, 열, 갑상선 중독 등이며, 박동이 느려지는 요인에는 지속된 운동, 신경전달 차단, 깊은 슬픔, 잠, 갑상선 저하증 등이다.

심장의 변화는 박동수와 박동량의 변화로 나타나며, 이 2가지의 요인이 합쳐져서 심박출량에 영향을 미친다. 심박출량은 심장의 크기, 운동의 숙련 정도, 성별, 수축력, 수축 기간, 예압(preload)과 후압(afterload) 등의 영향을 받는다.

1) 심장의 박동을 증가시키는 요인

심장 박동수를 증가시키는 요인으로는 Cardioaccelerator nerves에 의한 Norepinephrine 분비, Proprioceptors에 의해 운동하는 동안의 박동 증가, 산소 농도 감소, H^+, CO_2, Lactate 농도 증가를 감지하는 화학수용기의 신호, 혈류량과 압력이 떨어지는 신호와 신체 운동 감소를 감지하는 압력수용기의 신호, 신체 운동에 대한 대처 또는 강한 감정적 변화에 대한 뇌의 번연계 작동, Catecholamines에 의한 Epinephrine과 Norepinephrine 분비 증가, Ca^{2+} 증가, K^+와 Na^+ 감소, 체온의 상승, 갑상선 호르몬 T3와 T4의 증가, Caffeine과 Nicotine 같은 약물 등이 있다.

카페인이 Phosphodiesterase를 억제해서 cAMP가 분해되는 것을 막으면, 세포 내의 cAMP 농도가 높아지고 PKA가 활성화되어서 세포 내부의 Ca^{2+} 농도가 증가하게 된다. PKA의 신호가 근육 단백질을 인산화시켜서 활성화시키고, Ca^{2+}이 Troponin에 결합해서 근육의 수축을 이끌어내기 때문에 심장의 수축력이 증가하게 된다. 또한 카페인은 심장의 박동을 조절하는 세포에 영향을 주는 자극을 만들어서 박동수를 증가시킨다(그림 8.2).

심장의 박동을 촉진시키는 작용을 하는 세포 내부의 Ca^{2+} 농도를 증가시키는 표적으로는 세포막의 Na^+-K^+ATPase의 억제자가 있다. Digitoxin과 같은 Cardiac glycosides가 Na^+-K^+ATPase를 억제하면, 세포 내부의 Na^+ 이온 농도가 높아지고 세포막을 경계로 한 농도 기울기가 사라져 세포 안의 Ca^{2+}를 내보내는 주된 통로인 Sodium-calcium exchanger(NCX)가 작동을 하지 못하게 되므로 Ca^{2+} 농도가 높게 유지된다. 이는 Troponin C에 결합하는 칼슘이 많아져서 근육의 수축력이 증가하고 혈압이 상승하는 결과로 나타난다(그림 8.3).

2) 심장의 박동을 감소시키는 요인

심장 박동수를 감소시키는 요인으로는 Cardioinhibitor nerves에 의한 Acetylcholine의 분비, Proprioreceptors에 의한 운동 후의 신체 신호 감지, 산소 농도 증가와 H^+

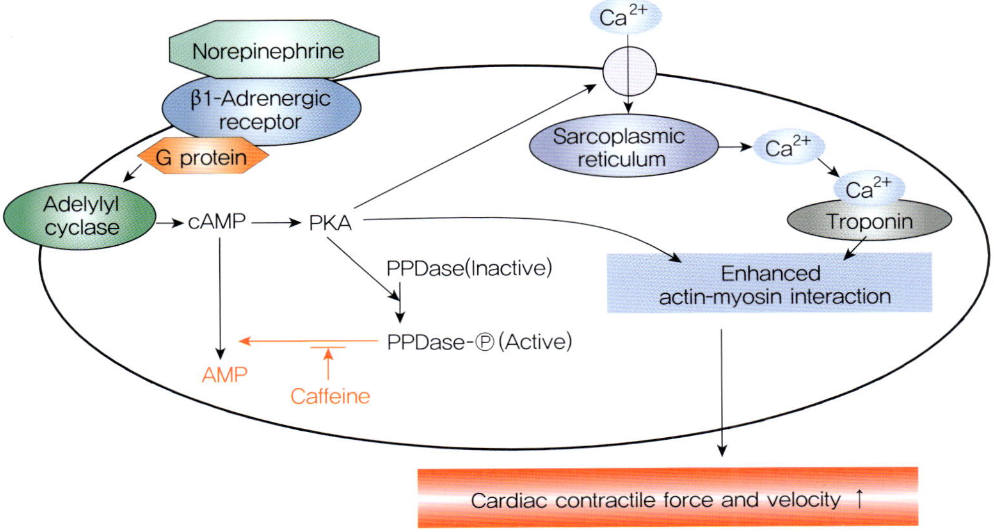

그림 8.2 Caffeine에 의한 심장의 수축과 박동의 조절 기작.

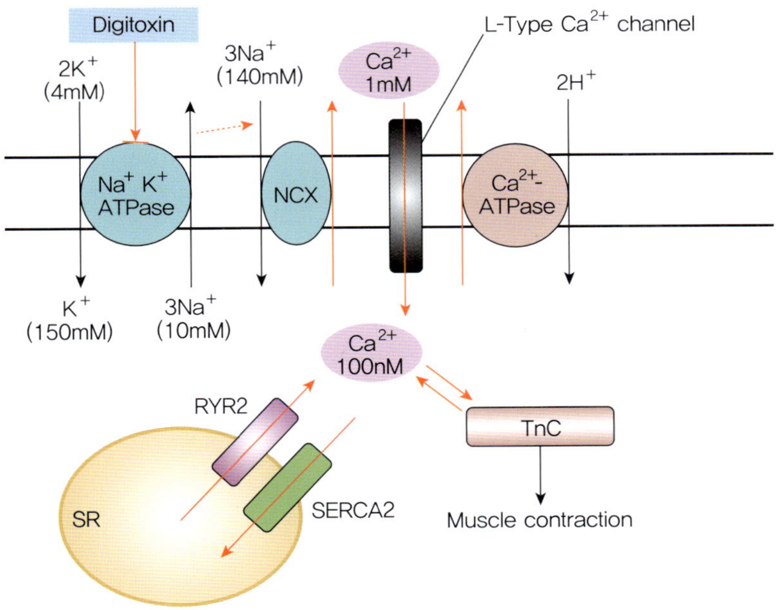

SR: Sarcoplasmic reticulum, NCX: Sodium-calcium exchanger, TnC: Troponin C, RyR2: Ryanodine receptor calcium channel2, SERCA2: Saccoplasmin endoplasmic reticulum calcium ATPase2

그림 8.3 Cardiac glycosides인 Digitoxin의 Na^+-K^+ATPase를 억제 효과.

및 CO_2 농도 감소를 감지하는 화학수용기의 신호, 운동으로 증가된 박동수 및 높은 혈압과 박출량을 감지하는 압력수용기의 신호, 휴식에 대한 뇌 번연계의 작동 신호, Catecholamines에 의한 Epinephrine과 Norepinephrine의 감소, Ca^{2+} 저하, K^+와 Na^+ 증가, 체온의 하락, 갑상선 호르몬 T3와 T4의 감소 등이 있다.

2 혈압의 조절

1) 심장의 Atrial naturietic peptide(ANP)에 의한 조절

심장의 대동맥에 가해지는 압력에 의해 혈압이 증가한 신호가 심장에 전달되면 Atrial naturietic peptide(ANP)가 분비되고, ANP는 여러 기관을 자극하여 혈압을 낮추는 반응을 이끌어낸다. ANP가 신장의 Juxtaglomerular cells에 신호를 보내 Renin의 분비를 감소시킨다. Renin의 농도 감소는 집합관에 신호를 줘서 Na^+와 H_2O의 재흡수를 줄이고, 이에 따라 혈액의 부피가 감소하여 혈압이 낮아진다.

ANP가 시상하부를 자극하면 Antidiuretic hormone(ADH)의 분비가 감소되고, 부신의 피질에 작용하면 Aldosterone의 분비가 감소된다. Antidiuretic hormone(ADH)와 Aldosterone의 분비가 감소하면 신장의 집합관에 영향을 줘서 Na^+와 H_2O의 재흡수가 줄어들게 되고, 이는 혈액의 부피 감소를 가져와 혈압이 낮아진다. 혈압이 너무 낮아지면 심장의 ANP 분비를 줄여서 혈압이 정상으로 돌아오게 한다(그림 8.4).

2) 중추신경계에 의한 혈압의 조절

중추신경계에 의한 혈압 조절은 심장의 박동수와 소동맥(Arterioles)의 수축을 통해서 작동한다. 심장 조절은 교감신경과 부교감신경의 작용을 받는데, Adrenaline에

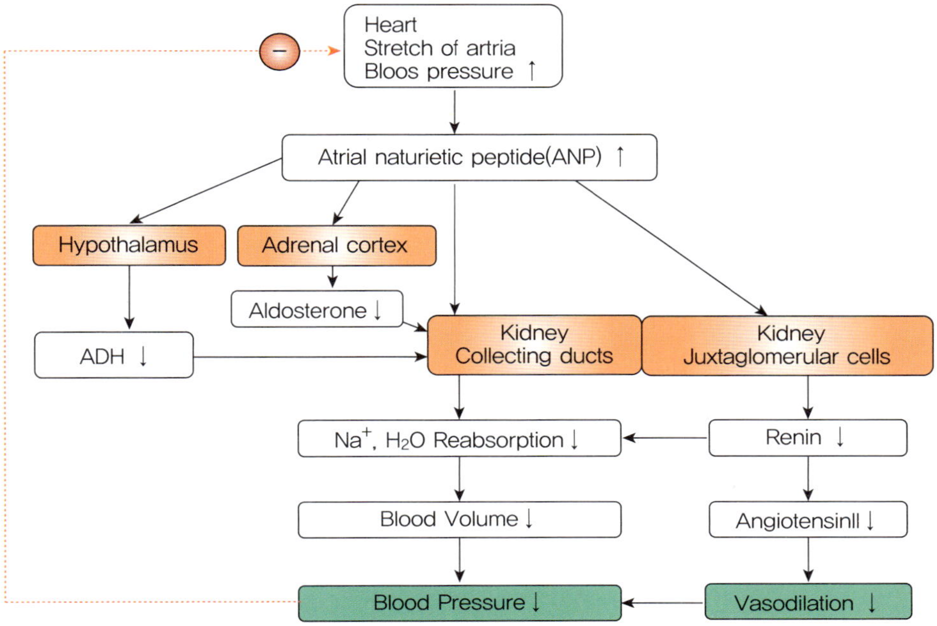

그림 8.4 심장의 Artrial naturietic peptide(ANP)에 의한 혈압의 조절.

의해 심장의 박동이 빨라진다. 소동맥(Arterioles)의 수축은 교감신경계의 작용을 받으며, Angiotensin II, Vasopressin, Adrenaline의 조절을 받는다. 교감신경의 자극은 신장의 juxtaglomerular apparatus 세포를 자극해서 Renin의 분비를 촉진한다. Renin의 효소 작용으로 Angiotensinogen을 Angiotensin I으로 전환하면, 다른 효소인 Angiotensin converting enzyme의 작용을 받아 Angiotensin II로 전환된다. Angiotensin II, Vasopressin은 소동맥을 강하게 수축해서 혈압을 상승시킨다.

중추신경계는 소동맥의 혈압을 계속 감지하고 있으면서, 심장이 빠르게 뛰어 혈압이 증가하면 연수에 신호를 보내 Acetylcholine이 분비되도록 한다. Acetylcholine이 심장의 동방결절(SA node) 세포의 수용체에 결합하면, Gαi가 활성화돼서 Adenylyl cyclase를 불활성화시킴에 따라 cAMP의 농도가 낮아지는데, 이러한 변화로 심장 박동이 느려진다(그림 8.5).

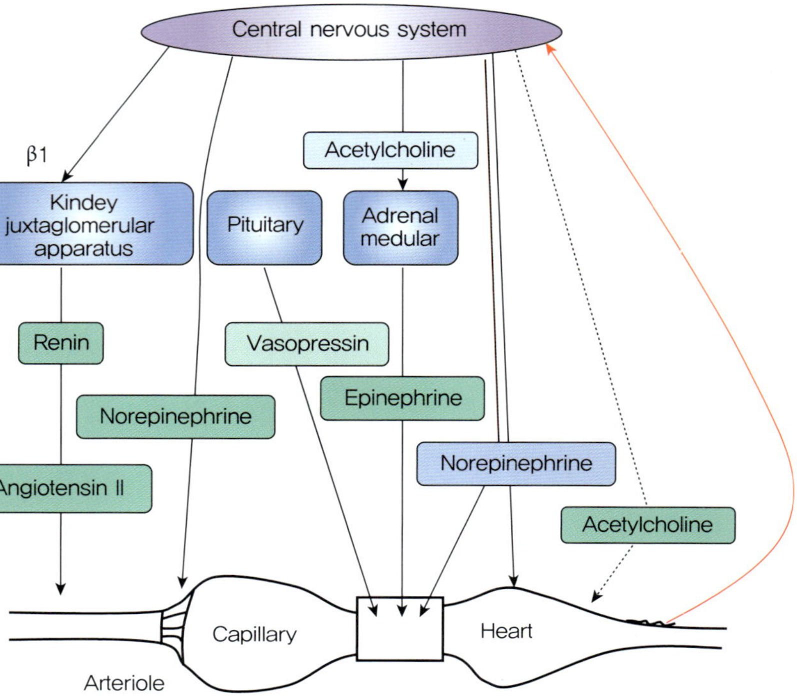

그림 8.5 중추신경계에 의한 혈압의 조절.

3) Renin-Angiotensin-Aldosterone System

혈압이 떨어지거나 신장의 사구체(Macular densa)로 운반되는 Na^+의 농도가 감소하거나 교감신경의 흥분 강도가 높아지면, 신장에서는 Renin을 분비한다. Renin은 다른 이름인 Angiotensinogenase로도 알려져 있으며, Angiotensinoge을 Angiotensin I으로 전환한다. Angiotensin I은 다시 폐와 신장에서 분비하는 Angiotensin converting enzyme(ACE)의 작용에 의해 Angiotensin II로 전환된다.

Angiotensin II는 혈관을 수축시켜서 혈압을 상승시키고, 동맥경화증(Atherosclerosis)을 증가시키며, 염증 반응이 있는 조직에서는 혈관을 생성시켜서 염증을 증가시킨다. 심장에서는 수축력을 증가(Ionotrophy)시키고, 심장박동을 증가(Chronotropy)시

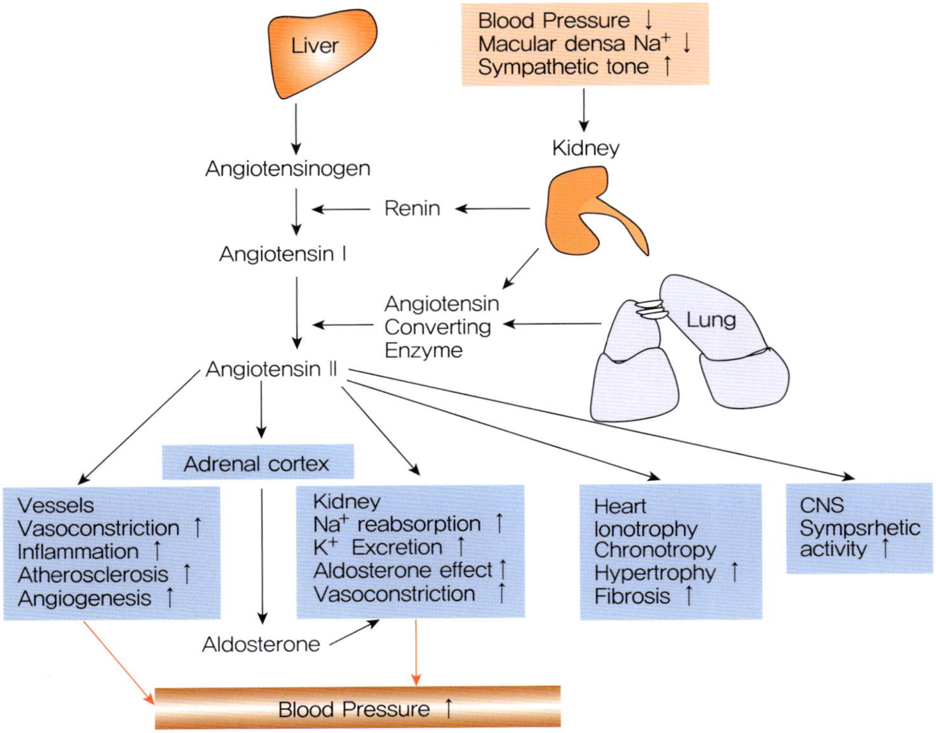

그림 8.6 Renin-Angiotensin-Aldosterone System에 의한 혈압의 조절.

키는데, 심한 경우에는 심장의 비대(Hypertrophy)를 유발한다. 중추신경계에서는 교감신경의 강도를 높이는 작용을 한다. 신장에서는 Na^+의 재흡수를 촉진하고, K^+의 배출을 촉진하며, 혈관을 수축시키고, Aldosterone의 작용 효과를 증가시킨다. 부신에서는 Aldosterone의 분비가 늘어나는데, 이는 신장에 작용하여 반응을 이끌어낸다. 신체 전반으로는 심장 박동 및 수축력의 증가와 함께 혈관이 수축되어 혈압이 전체적으로 상승한다(그림 8.6).

3 혈압을 조절하는 물질의 작용

혈압을 조절하는 물질의 작용을 보면, Angiotensin convertion enzyme(ACE) 억제자, epinephrine β recepror 차단제, Ca^{2+} channel 차단제, Angiotensin I receptor 길항제, vasodilators 등과 같이 매우 다양하게 나타난다. ACE 억제자가 작용하면 Na^+ 및 H_2O의 재흡수가 줄어서 혈액의 부피가 감소되어 혈압이 낮아지고, Angiotensin II의 생산이 감소돼서 활동하지 못하게 되므로 혈압이 낮아진다.

Epinephrine의 β receptor 차단제를 사용하면 뇌의 중추신경계에 작용하여 교감신경의 활동이 줄어들고, 심장의 박출량이 감소되며, 신장에서는 Na^+ 및 H_2O의 재흡수가 줄어서 혈압이 낮아진다.

Ca^{2+} channel 차단제를 사용하면 직접적으로 혈관을 확장시켜서 경직성을 낮추고, 신장에서는 Na^+ 및 H_2O의 재흡수가 줄어서 혈압이 낮아진다. 혈관을 확장시켜서 혈압을 낮춰 주는 작용제로는 Vasodialators와 함께 α1 receptor 차단제, Ca^{2+}channel 차단제, Angiotensin I receptor 길항제 등이 있다(그림 8.7).

1) Angiotensin convertion enzyme(ACE) 억제자

ACE 억제자를 가지고 있는 천연물에는 Rooibos 차, 녹차, 유청 peptide, 마늘, 생강, 뱀독 Peptide, 해삼 peptides, 홍화, 천마, Milk Thistle 등이 있다(그림 8.8).

① Rooibos 차, 녹차 추출물

Rooibos tea, Green tea 추출물은 ACE 활성을 억제하는 효과를 지닌다. 녹차의 Epigalocatechin-3-gallate(EGCG) 성분이 ACE 억제 활성을 나타낸다.

② Whey(유청) derived peptides

우유의 발효산물로 3개의 아미노산으로 구성된 Val-Pro-Pro와 Ile-Pro-Pro의 펩티

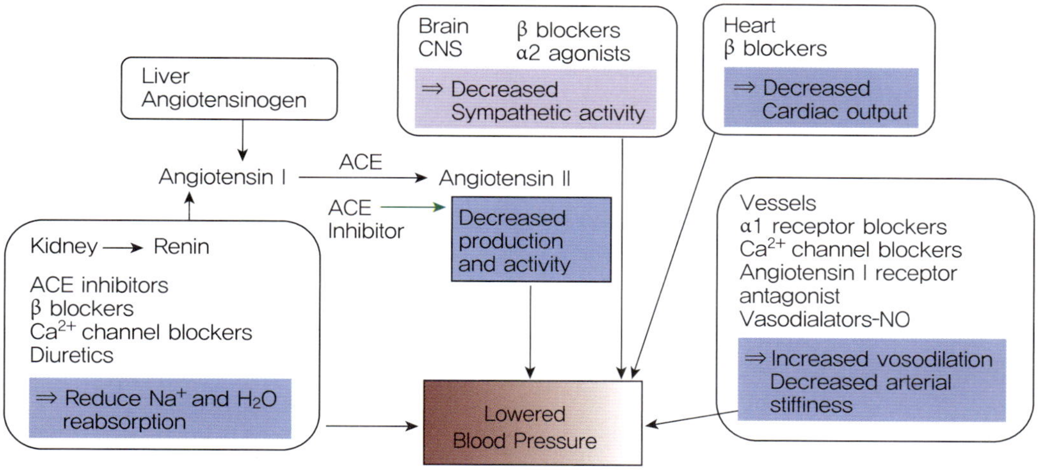

그림 8.7 혈압을 조절하는 물질의 작용 기전.

그림 8.8 ACE 억제 물질 함유 식물의 예. A 녹차 , B 마늘, C 생강, D 홍화.

드가 ACE 활성을 억제한다.

③ 마늘과 생강 추출물

마늘에 들어 있는 S-allyl cysteine은 혈압치료제로 이용되고 있는 Lisinopril과 유사하게 ACE 활성을 억제하는 효과를 나타낸다. 생강의 추출물을 이용한 실험에서는 ACE 활성을 억제하는 효과가 확인되었고, 추출물을 2개월 동안 복용시킨 임상실험에서는 혈압 개선 효과가 확인되었는데, 이는 생강에 들어 있는 10-gingerol과 6-shogaol이 ACE 활성을 상승적으로 억제하였기 때문이다.

④ 뱀독 Peptide BPP5A(Glu-Lys-Phe-Ala-Pro)

뱀독에서 분리한 성분인 BPP5A(Glu-Lys-Phe-Ala-Pro)의 구조에 기초해서 유기 합성을 통해 개발된 ACE inhibitor로는 Captopril(2-methyl-3-sulfanylpropanoyl pyrrolidine-2-carboxylic acid)이 있다(그림 8.9).

이러한 구조에 바탕을 두고 Enalapril, Ramipril, Enalaprilat, Fosinopril Lisinopril 같은 다양한 약물들이 개발되어 시판되고 있다.

⑤ 해삼(Sea Cucumber) peptides

천연물에 대한 연구는 계속되고 있으며, 해삼에서는 ACE 활성을 억제하는 peptide가 추출돼서 보고되었다.

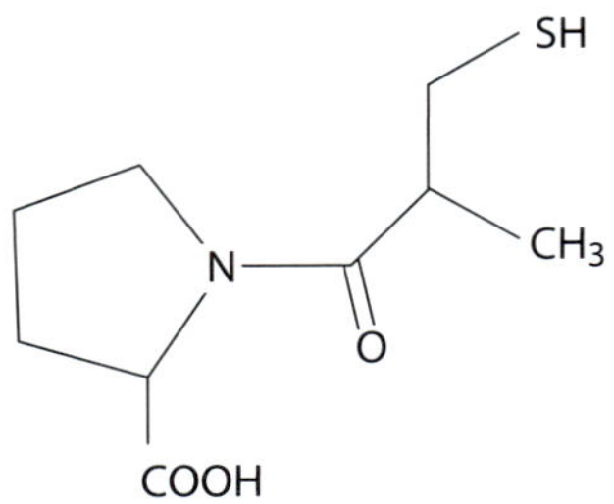

그림 8.9 ACE 억제자 Captopril.

⑥ **홍화(Safflower, Carthamus tinctorius)**

홍화 추출물은 Renin 활성 감소와 Angiotensin II 농도 감소를 통한 혈관 확장에 의해 혈압 강하 효과를 나타낸다. 홍화에서 추출한 Hydroxysafflor yellow A는 K-channels을 열도록 하는 효과가 있으며, N-(p-coumaroyl)serotonin(CS)와 N-feruloylserotonin(FS)는 세동맥을 확장시키는 효과가 있다.

⑦ **천마(Gastrodia elata blume, tianma)**

천마에 들어 있는 Gastrodin 성분이 Ang II의 농도를 감소시키고, ACE와 AT1R의 발현을 감소시켜서 혈압 강하 효과를 나타낸다.

⑧ **Milk Thistle(Silybum marianum)**

밀크 시슬에 함유되어 있는 Silibinin은 Angiotensin II의 신호전달을 방해하여 혈압 강하 효과를 나타낸다.

2) 신경계 작용하는 물질

① **β 차단제와 활성화제**

β 차단제는 교감신경계의 작용으로 분비되는 호르몬인 Epinephrine(Adrenaline)과 Norepinephrine(Noradrenaline)의 β 수용체에 대한 경쟁적 억제제이다.

Catecholamines의 수용체에는 β1 수용체와 β2 수용체가 있는데, β1 수용체는 심장에 많고, β2 수용체는 폐에 많이 분포한다. Catecholamines의 변형체로 β 수용체를 억제하여 혈압을 낮추는 약물로는 Acebutolol, Atenolol, Betaxolol, Bisprolol, Esmolol, Metoprolol, nebivolol, Propranolol 등의 특이적인 억제제와 다양한 비특이적 억제제들이 개발되었다. β 수용체를 활성화시켜서 심장성 쇼크 및 심부전을 치료하는 약물로는 Isoproterenol, Dubutamine을 포함하여 20여 종류 이상의 약물이 개발되었다.

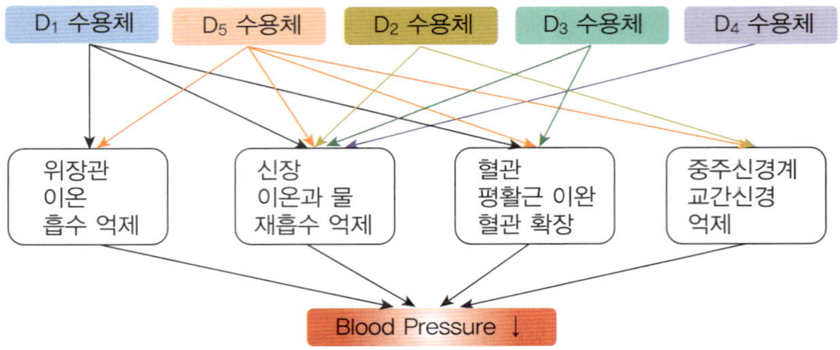

그림 8.10 Dopamine 수용체에 의한 혈압의 조절 효과.

② Dopamine

도파민은 D_1 수용체의 경우 소화관에서는 이온 흡수를 억제하고, 신장에서는 이온과 물의 재흡수를 억제하며, 혈관의 평활근을 이완시켜서 혈압을 개선시킨다.

D_5 수용체는 D_1 수용체의 기능에 더해 교감신경계를 억제하여 혈압을 개선시키고, D_2 수용체는 신장에서 이온과 물의 재흡수를 억제하여 교감신경을 안정시키며, D_3 수용체는 신장에서 이온과 물의 재흡수를 억제하여 혈관을 확장시키며, D_4 수용체는 신장에서 이온과 물의 재흡수를 억제하여 혈압을 개선시킨다(그림 8.10).

• Omega-3 fatty acids

Omega-3 fatty acids는 Dopamine의 방출을 촉진시키고, 뇌에서 Dopamine을 포함한 Vitamins C, D, E의 흡수를 늘려 혈압을 낮춘다.

• Tryptophane과 Tyrosine

Tryptophane과 Tyrosine은 혈압을 높이는 Norepinephrine의 방출을 감소시키고, Dopamine과 Serotonin 생산을 도와서 혈압을 개선시킨다.

③ 신경계를 안정화시키는 물질

• GABA

Gamma-Aminobutyric acid(GABA) 또는 γ-aminobutyric acid로 불리며, 신경

에서 억제성 시냅스에 작용을 한다. GABA의 수용체에는 $GABA_A$와 $GABA_B$ 2종류가 있다. $GABA_A$는 ligand-gated ion channel로, Cl-이온을 통과시켜서 세포 안으로 들어오게 하고, K^+ 이온을 통과시켜 세포 밖으로 나가게 함으로써, 세포막의 전위를 음으로 하전시키는 과분극(hyperpolarization) 상태를 만드는 억제성 신경이다. $GABA_B$는 G protein-coupled receptors로, K^+ channels을 열리게 하고, Gi를 통해서 Adenylyl cyclase와 Ca^{2+} channels을 억제한다. 이러한 전체적인 억제성의 작용에 의해 신경의 안정을 가져오고, 교감신경의 억제를 통해서 혈관 확장과 혈압을 낮추는 역할을 한다.

카모마일, 석류, Passion flower(Passiflora incarnata flower) 등에 들어 있는 Flavonoids와 은행잎 추출물은 GABA의 분비를 증가시켜서 신경을 완화시키는 작용을 한다(그림 8.11).

그림 8.11 GABA의 분비를 촉진하는 Flavonoids를 함유하고 있는 A 카모마일, B 석류, C Passion flower.

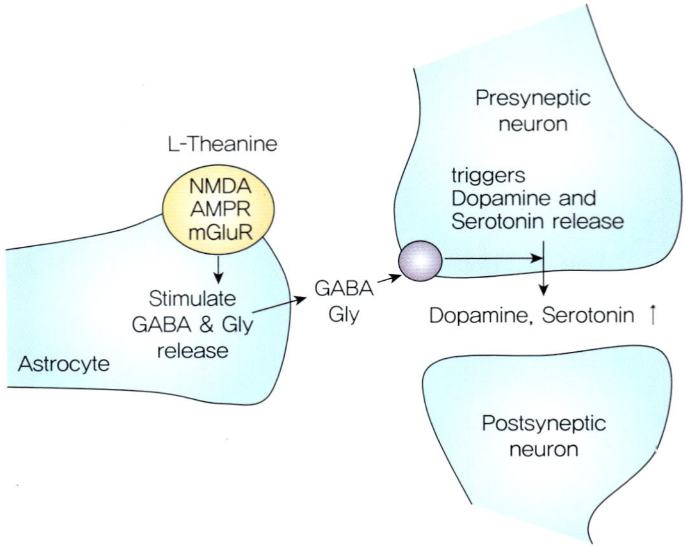

그림 8.12 L-Theanine의 작용.

녹차에 들어 있는 Theanine은 전신경의 GABA와 Glycine의 분비를 촉진시켜서 후신경에 작용하고, 이는 다시 후신경의 Dopamine과 Serotonin의 분비를 촉진시켜서 신경계를 완화시키는 작용을 나타낸다(그림 8.12).

- L-Lysine과 L-Arginine

L-lysine 부족은 두려움에 의한 위험을 증가시키고, L-Arginine은 스트레스 호르몬인 Cortisol의 분비를 감소시켜서 반응을 완화한다. 이 2가지 아미노산의 공급은 신경을 안정화시킨다.

- 강력한 신경 안정 작용을 가지고 있어서 안정시키는 약물로 사용되지만, 정확한 작용 기전이 밝혀지지 않은 식물로는 발작을 개선시키는 쥐오줌풀, 염증과 통증을 완화시키고 혈압을 개선해 주는 용담속 식물이 있다(그림 8.13).
- 쥐오줌풀과 용담

쥐오줌풀속(valerian)의 식물에는 Valproic acid가 함유되어 있어서 GABA-A 수용체에 결합하여 신경의 과분극을 유도함으로써 신경을 안정시키고 통증을 완

그림 8.13 신경을 인정시켜 혈압을 개선시키는 식물. A 쥐오줌풀, B 용담.

화시키는 작용을 하며, 소발작, 부분 발작, 전신 발작 등 발작 환자의 증상을 예방하는 데 이용한다(그림 8.13).

- 용담속 식물에 들어 있는 gentian은 염증을 완화시키는 작용과 함께 혈압도 개선시킨다. 용담 추출물은 Ca^{2+} channels을 억제하여 신경을 안정시킨다.

3) 혈관확장제

① NO

NO의 자극으로 Guanylyl cyclase가 활성화되면 cGMP를 생성되고, cGMP는 PKG를 활성화시키며, 활성화된 PKG가 MLCK를 인산화 하면 MLCK의 활성이 떨어지고, MLC의 탈인산화기 진행되어 평활근이 이완하게 된다.

cGMP → PKG → phosphorylation of MLCK → MLCK activity ↓→ dephosphorylation of MLC → Smooth muscle relaxation.

② Mg^{2+}

근육 경련이 자주 일어나거나 근육 통증이 자주 발생하는 사람들에게 마그네슘 제제가 권장된다. 마그네슘은 혈관의 내피 세포에 작용하여 Prostacyclin의 농도를 높

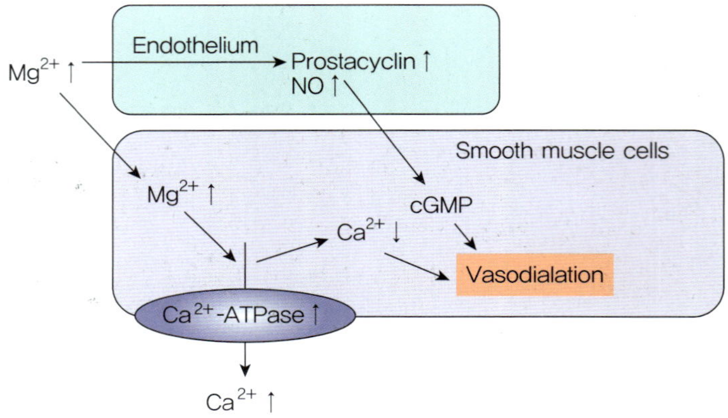

그림 8.14 Mg^{2+} 이온에 의한 혈관의 확장.

이고 NO의 생산을 증가시키는데, NO는 평활근육의 세포로 이동해서 근육의 이완을 유도한다. 근육 이완의 효과는 Arginine과 함께 복용하였을 때 상승 작용을 나타낸다. 이는 Arginine이 NO를 생산하는 효소인 NOS의 원료 물질로 사용됨에 따라 많은 양의 NO가 생성되기 때문이다. 바나나에는 마그네슘과 함께 K^+, Trp, Vit B 등도 함께 들어 있어 마라톤이나 테니스 경기를 하는 선수들이 간식으로 즐겨 먹는다(그림 8.14).

③ 세포 밖의 ATP, ADP

운동이나 외력에 의한 상처 등으로 인해 세포가 터져서 세포 바깥의 ATP와 ADP 농도가 증가하면, Purinergic G-protein coupled receptor(P2Y)에 결합해서 Gq → PLCβ → IP_3 → Ca^{2+} → iNOS를 활성화시켜 NO를 생산한다. 생산된 NO의 신호전달에 의해 혈관이 확장된다.

④ Asymmetric dimethylarginine(ADMA) protectors

Asymmetric dimethylarginine(ADMA)는 신체 내부의 대사과정에서 생성되는 물질로, Endothelial nitric oxide synthase(eNOS)에 L-arginine과 경쟁적으로 결합하여 억제시킴으로써 NO 합성을 저해하는 물질이다. ADMA는 Post-translational protein modification의 일반적인 과정인 Protein methylation에 의해 단백질의 Arginine이 S-adenosylmethionine protein N-methyltransferases(protein methylases I and II) 작용으로 생성되며, 농도가 증가하면 혈관의 내부 이상과 심장 질환을 유발한다.

NO-cGMP 경로를 통해 혈관을 확장해서 혈압을 개선시키는 식물에는 올리브, 엉겅퀴, 레몬, 자몽, 양파, 제비꽃, 한련화, 남가새, 붉나무, 무, 우엉, 귀리, 땅빈대 등이 있다(그림 8.15).

- 올리브에 들어 있는 폴리페놀 화합물은 산화적인 스트레스에 의해 증가하는 ADMA 증가를 억제해 NO를 유지하게 함으로써 혈압을 낮춘다.
- 엉겅퀴(Cirsium japonicum) 추출물은 H1-수용체의 활성화를 통해 혈관 확장을 유도하고 NO-cGMP 경로를 통한 신호전달을 진행한다.
- 한련화(Tropaeolum majus)에 함유되어 있는 Isoquercitrin은 ROS 농도를 감소시키고, NO의 생산을 증가시킨다. 추출물은 혈액의 ACE 농도를 감소시키고, aldosterone의 농도를 감소시킨다.
- 붉나무(Rhus coriaria)의 추출물은 NO의 생산을 증가시켜 혈압을 개선시킨다.
- 향기제비꽃(Sweet violet, Viola odorata)의 추출물은 NO의 생산 증가, Ca^{2+}의 유입 조절을 통해 혈압을 개선시킨다.
- 땅빈대(Euphorbia humifusa)의 추출물은 NO-cGMP 경로의 작용을 통해 혈관을 이완시킴으로써 혈압을 낮추는 것으로 추정하고 있다.
- 무(Raphanus sativus)는 NO의 생산을 증가시키고, 항산화 물질의 생산을 증가시킨다.
- 양파(Onion, Allium cepa)의 추출물은 혈관 내피세포의 eNOS(endothelial nitric oxide synthase) 발현을 증가시킨다.
- 오렌지, 레몬, 자몽, 밀감과 같은 Citrus속 과일에 많은 양이 들어 있는 Vitamin C는 NO를 산화적인 손상으로부터 보호하고, Nitric oxide synthase를 증가시켜서 Arginine으로부터 NO가 생산되도록 해서 혈관이 확장되는 작용을 돕는다.

그림 8.15 NO 생산을 증가시켜 혈압을 낮추는 식물의 예. A 올리브 , B 엉겅퀴, C 한련화, D 붉나무, E 제비꽃(종지나물), F 땅빈대 , G 무, H 양파, I 밀감

- 우엉(Arctium lappa)에 함유되어 있는 Actigenin은 NO의 생산을 증가시키고, ROS로부터 보호하는 역할을 한다.
- 남가새(Tribulus terrestris)의 추출물은 NO의 생산을 증가시키고, ACE의 활성을 감소시키며, 전체 saponins은 Ang II에 의해 생산되는 H_2O_2 생성을 억제한다.
- 귀리(Avena sativa)의 식이섬유인 β-Glucan은 장에서 butyrate, propionate 그리고 acetate 등과 같은 짧은 사슬 지방산으로 전환되어 흡수된 다음 NO의 생산을 증가시키고 혈관을 확장시킨다.

⑤ Ca^{2+} channel 조절자

세포막의 Ca^{2+} channel 억제는 세포내 Troponin C에 결합할 수 있는 Ca^{2+} 농도를 떨어뜨려서 근육의 수축을 억제한다. 혈관 근육세포에서의 평활근 이완으로 혈관이 확장되면 혈압이 떨어진다. Voltage-gated calcium channel의 억제자로 잘 알려진 물질이 ethanol이다. 식물에 들어 있는 Voltage-gated calcium channel 억제자의 물질로는 Berberine이 있으며, Berberis속 식물의 열매에 함유되어 있는 성분이다(그림 8.16).

세포막의 Ca^{2+} channel 억제 물질을 함유하고 있는 것으로 알려진 식물로는 긴강남차, 라벤더, 방기, 창포, 칡 등이 있다

- 긴강남차(Cassia occidentalis)는 결명자라고도 불리며, voltage-gated Ca^{2+} channel을 억제하는 작용을 나타내어 혈압을 개선시키는 효과를 나타낸다.
- 라벤더(Lavandula stoechas, French lavender)에는 Ca^{2+} channel을 억제하는 작용을 통해 혈압을 개선시키는 물질이 함유되어 있다.
- 방기(Stephania tetrandra)에는 세포내 Ca^{2+}을 낮추는 작용에 의해 근수축을 감소시켜서 혈압을 개선시키는 Tetrandrine이라는 물질을 가지고 있다.
- 창포(Acorus calamus)에는 Ca^{2+} 농도를 조절해서 혈관 확장과 혈관 수축을 유발하여 혈압을 정상적인 상태로 유지시켜 주는 물질이 함유되어 있다.
- 칡(Pueraria lobata)에 함유된 이소플라본은 칼슘에 의해 활성화되는 K^+ channel

그림 8.16 Ca^{2+} channel의 억제 물질을 함유하고 있는 식물. A 섬매발톱나무(Berberis amurensis), B 긴강남차, C 프렌치 라벤더, D 방기, E 창포, F 칡

을 활성화시켜서 혈압을 개선시키는 효과를 나타낸다.

⑥ L-Arginine

L-Arginine은 Kinin Receptor, imidazoline, α-2 receptor 등과 작용하여 Gi → cAMP↓ → Activation of Na^+/K^+-ATPase → intracellular Na^+↓ → Na+/Ca^{2+} exchanger activity↑ → Intracellular Ca^{2+}↓ 등의 신호전달을 통해 혈관의 평활근을 이완시킨다. Arginine은 또한 Nitric oxide synthase(NOS)의 원료 물질로 사용되어 NO가 생산되며, cGMP의 신호전달을 통해 혈관이 확장된다.

4 근육 운동과 물질의 순환

신체 내 물질 운반에 있어서 근육 운동은 중요한 역할을 하고 있다. 심장의 수축과 이완에 의한 혈액의 흐름을 통해 심장에서 말단 조직까지 물질을 보내지만, 말단 조직에서 심장으로 돌아오는 물질의 순환에 필요한 동력은 근육 운동이 담당한다. 근육을 움직이지 않으면 조직에서 물질이 잘 빠져 나가지 않아서 몸이 붓게 된다. 이러한 현상은 비정상적으로 오랜 시간 동안 잠을 자고 일아났을 때 몸이 부어 있는 상태에서 쉽게 느낄 수 있다. 등산이나 아주 심한 운동을 한 후 녹초가 된 상태에서 잠자리에 들면 숙면을 할 것 같지만 자는 내내 뒤척이면서 잠을 설치는 경우가 많다. 근육에 피로 물질이 너무 많이 쌓여 있으면 통증이 유발되기 때문에 자꾸 뒤척이게 된다. 적당하게 움직이면서 잠을 자는 사람이 수면 후에 피곤함을 덜 느끼는 것은 이러한 이유이다.

근육 운동은 에너지 생산에 필요한 물질을 소비하고 노폐물을 발생시킨다. 근육 운동이 증가하면 근육 세포가 공급 받아야 하는 물질과 내보내야 하는 노폐물의 양이 많아지므로, 이러한 요구에 맞는 신체의 생리적 조절 활동이 이루어져야 한다(그림 8.17).

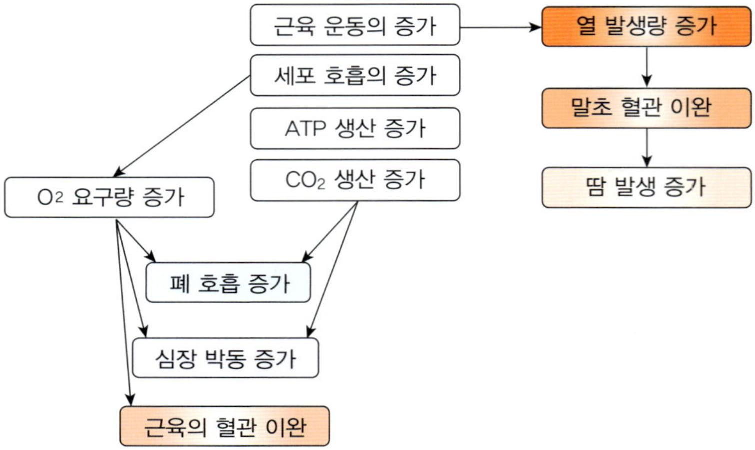

그림 8.17 운동에 의한 신체 조절.

운동에 의한 적절한 조절이 이루어지기 위해서는 신체의 변화를 감지하는 시스템이 있어야 한다. 근육 운동에 의한 신체 변화의 신호는 대부분 화학적 물질의 변화로 나타나며, 이를 감지하는 신경의 수용체에 의해 신호가 발생하여 전달된다. 신체에서 일어나는 생리적인 신호 중에서 호흡 조절이 필요한 신호는 연수의 호흡중추(Respiratory center)로 전달된다.

과호흡(over respiration)이 발생하면 대뇌 피질에서는 신호를 연수의 호흡중추로 보내서 조절한다. 고통이나 감정적인 변화에 대한 신호는 시상하부를 통해 호흡중추로 전달된다. 폐와 기관지에 가해지는 자극과 폐의 확장에 대한 신호는 호흡중추를 억제한다. 근육과 관절에 있는 수용체의 신호와 운동이나 신체 활동의 증가로 발생하는 O_2↓ CO_2↑ H^+↑의 농도 변화는 대동맥과 동맥에 있는 화학수용기에 의해 감지되어 말초신경을 통해 호흡중추에 전달되고, 중추신경의 화학수용기에 의해 감지되어 호흡중추로 전달된다. 호흡중추에서 외늑각근(갈비사이근, External intercostal muscle)과 횡격막 근육에 신호가 전달되면 호흡이 진행된다(그림 8.18).

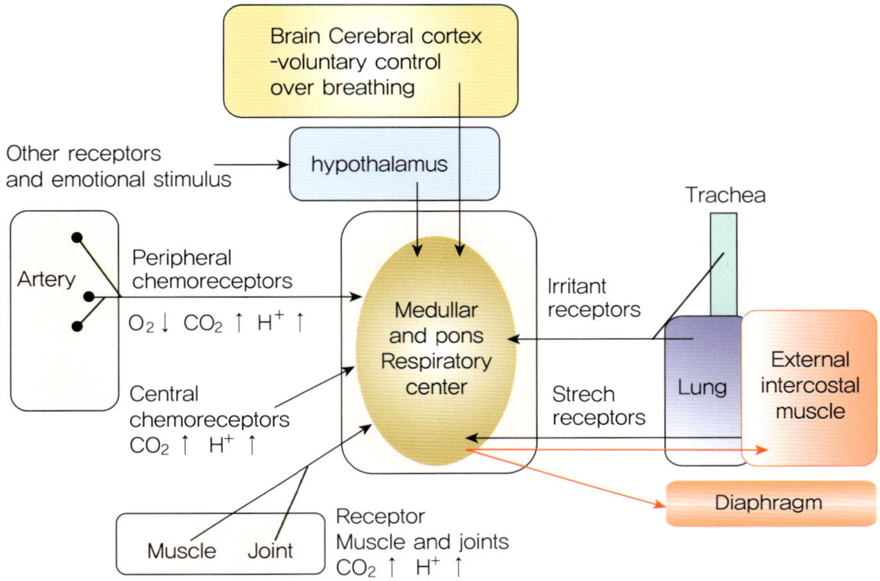

그림 8.18 호흡중추의 작용.

1) 근육 운동은 혈관의 수축과 이완을 조절한다

근육 운동으로 ATP 소비가 증가하면, 세포질의 Adenosine 농도가 증가하고, Glucose 이용의 증가로 CO_2 발생이 늘어난다. 세포 밖의 K^+ 농도가 증가하면 혈관 확장이 일어나며, 결렬한 운동이나 다른 요인으로 세포에 손상이 일어나서 세포 바깥의 ATP와 ADP가 증가하는 경우에도 혈관 확장이 일어난다.

혈관을 수축시키는 경우에는 ATP 소비 증가로 세포질의 ATP가 감소하며, 조직의 산소 농도가 떨어져서 산화적 인산화에 의한 ATP 생산이 줄고, 이로 인해 세포 내의 ATP가 고갈되는 상황이 오면 근육이 수축해서 경직되는 상황이 발생한다.

미네랄 운용 조절

09

1 생물체의 미네랄

생체에서 미네랄은 효소 반응을 위한 보조인자와 세포 내부 신호전달의 이차 전달자 및 구조적인 필요에 의한 골격 구조의 구성 성분 등과 같이 다양하게 이용되고 있다. 전체적인 관점에서 미네랄은 물질대사의 진행에 필요한 효소 반응의 촉매제와 보조 인자 그리고 생물체를 구성하고 있는 물질의 구성체로 활용된다.

생물체와 관련해서 발견되는 미네랄 구조물의 광물로는 방해석(Calcite), 아르고나이트(Aragonite), 하이드록시아파타이트(Hydroxyapatite), 석고(Gypsum), 바라이트(Barite), 이산화규소(실리카, Silica) , 자철석(Magnetite), 침철석(Goethite), 페리하이드

라이트(Ferrihydrite), 용골(龍骨, Fossilia Ossis Mastodi), 결석(신장결석-Kidney stone, 요로결석-Urinary stone), 담석(Gallstone), 이석(Ear rocks) 등처럼 매우 다양하다.

1) 생물체에서 발견되는 미네랄 구조물

- **방해석**(Calcite)은 피낭동물(Ascidians)과 연체동물(Molluscs)의 석회질 껍질을 이루고 있는 성분으로 조개류의 패각을 구성하고 있는 탄산염의 형태를 말한다.
- **아르고나이트**(Aragonite)는 연체동물과 어류에 들어 있고, 자연계에서는 $CaCO_3$가 담수나 해수에서 결정을 이루어 침전하면서 형성된 광물이다.
- **하이드록시아파타이트**(Hydroxyapatite)는 경골어류의 뼈, 척추동물의 뼈와 치아를 구성하고 있는 광물로 $Ca_{10}(PO_4)_6(OH)_2$의 성분으로 구성되어 있다.
- **석고**(Gypsum)는 황산칼슘($CaSO_4$)의 결정체를 일컫는데, 해파리의 중력 수용체에 축적돼서 중력을 감지하는 역할을 한다. 자연적으로는 경석고라고 하며, 식품에서는 두부와 치즈의 응결제나 경화제로 사용하고 젤리 식품에 첨가제로 사용한다.
- **바라이트**(Barite)는 $BaSO_4$를 주성분으로 하는 결정 구조물로, 담수 조개의 패각 안쪽의 진주층에서 주로 발견된다. 해양의 심해저에 쌓이는 광합성 조류의 퇴적물에서도 형성된다.
- **이산화규소** 또는 **실리카**(Silica)는 규조류, 식물, 해면 등에 있는 $SiO_2.nH_2O$ 성분의 광물질로, 식물에서는 미생물에 대한 저항성을 높여주고 식물 호르몬의 항상성을 바꾸는 기능을 가지고 있다.
- **자철석**(Magnetite)은 Fe_3O_4를 주성분으로 하는 광물로, 미생물, 원생동물, 연체동물 등의 다양한 동물에서 발견되는 성분이다. 사람의 뇌에서도 확인이 되며, 군부와 같은 연체동물인 다판류(Chiton)의 치아를 형성하는 물질이다.
- **침철석**(Goethite)은 FeO(OH)를 주성분으로 하는 미네랄로, 삿갓조개 및 집신고동과 같은 원뿔 모양을 하고 있는 Limpet의 치아를 형성하는 주성분이다.
- **페리하이드라이트**(Ferrihydrite)는 $Fe(OH)_3$를 주성분으로 하는 미네랄로, 포유동

물 , Limpet, 박테리아 등에서 발견되는 Fe 이온을 저장하는 Ferritin 단백질의 중심을 구성하는 구조이다.

- **용골**(龍骨, Fossilia Ossis Mastodi)은 "dragon bone"이라고도 불리는데, 동물의 뼈가 화석화된 것을 말한다. 용골의 성분은 주로 인산칼슘($CaPO_4$), 탄산칼슘($CaCO_3$)이며, Fe, K, Na, Cl 등을 함유하고 있다.
- **이석**(Ear rocks)은 요리된 조기를 먹다보면 머리 부분에서 단단한 돌의 형태가 나오는데, 이를 이석(Ear rocks) 또는 Otolith, Statoconium, Otoconium, Statolith 등으로 부른다. 어류의 머리에 들어 있는 돌조각, 사람의 귀에 있는 전정기관의 이석과 같이 다양한 생물체에서 발견되는 구조물로 평형감각인 수평과 수직의 균형을 잡는 역할을 하며, $CaCO_3$의 결정체로 되어 있다.
- **신장결석**은 신장에 결석이 생기는 증상을 일컫는다. 결석의 구성성분은 Calcium oxalate(수산화 칼슘), Calcium phosphate, Uric acid, Cystine, Struvite(마그네슘, 암모늄, 인산으로 구성) 등이며, Struvite는 오줌의 화학적 구성에 영향을 주는 방광의 세균 감염과 같은 상황으로 세균이 분비하는 화합물에 의해 생성되는 돌이다.
- **요로결석**은 방광과 그 주변에 미네랄의 구조물이 형성된 것을 일컫는다. 구성성분은 Calcium oxalate(CaC2O4·(H2O)x), Uric acid, Calcium phosphate(Ca-PO_4, Magnesium ammonium phosphate(NH4MgPO4·6H2O), Ammonium acid, Calcium carbonate($CaCO_3$) 등이다.
- **담석**은 담낭 및 담관의 염증에 의해 생성되며, 성분에 따라 콜레스테롤 담석(cholesterol stone)과 색소성 담석(pigment stone)으로 나뉜다. 소의 담낭 및 담관에 생긴 결석을 건조시켜 만든 약재를 우황이라 하는데, Taurine, Cholic acid, Cholesterol, Bilirubin, Ergosterol, Vitamin D 등이 함유되어 있다.

2) 칼슘을 보충하는 약물로 이용되는 천연물

생물체에서 발견되는 칼슘의 구조물에는 방해석(Calcite), 아르고나이트(Aragonite),

하이드록시아파타이트(Hydroxyapatite), 석고(Gypsum), 용골(龍骨, Fossilia Ossis Mastodi), 결석(신장결석-Kidney stone, 요로결석-Urinary stone), 담석(Gallstone), 이석(Ear rocks) 등이 있다.

생물체를 구성하고 있는 칼슘 구조물 중에서 칼슘을 보충하기 위한 용도로 사용하고 있는 제제로는 석고, 용골, 석결명, 모려 등이 있다. 황산칼슘($CaSO_4$)의 결정체인 석고와 동물의 뼈가 화석으로 되어 인산칼슘($CaPO_4$), 탄산칼슘($CaCO_3$)이 주성분인 용골은 광물 형태로 자연에 존재하는 것을 채취하여 사용한다. 석결명(石決明)은 말전복이나 오분자기와 같은 전복류의 패각으로, 주성분인 탄산칼슘($CaCO_3$)이 약 90% 이상 함유되어 있고, 탄산마그네슘($MgCO_3$)과 황산칼슘($CaSO_4$)이 소량 함유되어 있는 물질이다. 모려(牡蠣)는 굴의 껍질(Oyster shell)을 일컫는 생약명으로, $CaCO_3$가 97%에 달하고, 1% 이내의 마그네슘이 함유되어 있으며, 칼슘으로는 39%에 이른다.

이러한 칼슘들은 갑상선 기능 저하로 발생하는 골다공증이나 혈중 칼슘이 부족할 때 미네랄 성분을 보충하기 위해 사용된다. 한방에서는 몸에 열이 나면서 온몸이 추운 오한, 두통, 발열 등과 기력의 부족으로 인해 땀이 나는 증상 그리고 소화기관의 허약으로 인한 두통 및 복부 팽만과 복통의 증상을 개선하는 데 사용한다. 따라서 감기의 초기 증상으로 오한, 발열과 함께 소화 기능이 떨어지는 것에 대한 처방으로 사용하는 주된 약제 중의 하나이다.

2 신체에서의 Ca^{2+}의 역할

1) 뼈의 주요 성분이다

사람의 신체에 존재하는 칼슘의 주된 저장소는 뼈로, 70kg인 성인 여성은 지방을 제외한 뼈의 질량이 2.3kg이고, 남성은 2.9kg 정도이다. 뼈의 질량은 성장하면서

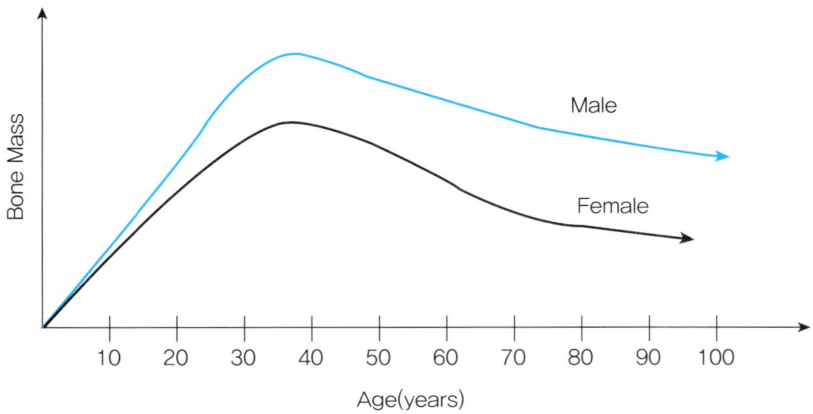

그림 9.1 남성과 여성의 나이에 따른 뼈의 질량 변화.

늘어가다가 30대 중반에 최고에 달하고, 이후에는 70대까지 지속적으로 낮아진다. 남성의 경우에는 질량 감소가 심하지 않은 반면에, 여성의 경우에서는 심하게 나타나며, 폐경 후 Estrogen의 분비가 줄어들면 30% 이상 더 감소한다(그림 9.1).

몸무게 70kg인 30~40대 성인 남성에서 전체 칼슘의 양은 1,200g 정도이며, 인산은 770g 정도이다. 나이가 들면서 뼈의 질량이 감소하면 신체에서의 칼슘 저장량의 변화로 나타나고, 심한 경우에는 골다공증을 유발한다. 칼슘의 저장 기능과 함께 뼈의 다른 중요한 기능은 신체를 지지하고 근육에서 가해지는 물리적인 힘을 견뎌내서 운동을 할 수 있게 한다. 뼈에 저장되어 있는 칼슘의 양이 줄어들면 약해져서 외부의 충격에 의해 쉽게 부러지는 상황이 발생한다. 야생에서 살아가는 동물들에게 있어서 골절은 몸을 움직일 수 없게 만들어 포식자의 위험에 대처할 수 없는 상황을 직면하게 하므로 생존과 바로 직결되는 문제이다.

2) 신경 자극의 전달과 근육 활동에 필요하다

동물의 근육 운동은 먹이 활동을 하는 일에도 필요하지만, 포식자와 싸워서 이기거나 위험을 회피하기 위해 도망을 가는 데에도 중요하다. 이러한 근육의 수축은 신경전달 물질이 결합한 수용체나 전기적인 자극이 가해지면 voltage gated Calcium channel이 열리고, Ca^{2+} 이온이 세포 안으로 들어오면서 활성화된다. Ca^{2+} 이온이 근육 단백질의 하나인 Troponin C에 결합하면 Actin 섬유의 구조가 변하는데, 여기에 Myosin의 머리가 와서 결합하면 수축된다.

3) 혈액응고에 관여한다

상처가 난 조직의 다단계 혈액응고 과정에서 Prothrombin을 Thrombin으로 전환하고, Fibrinogen을 Fibrin으로 전환하여 Fibrin을 만드는 반응을 Ca^{2+} 이온이 이끌어서 Fibrin 폴리머가 신속하게 만들어지도록 한다.

4) 세포 내부의 이차 전달자로 활용된다

세포의 내부에 Ca^{2+} 이온의 농도가 높아지면, Ca^{2+} 이온이 직접 다른 단백질에 결합하여 활성을 조절하거나 Ca^{2+}-Calmidulin의 복합체가 된 다음 관련 단백질들의 활성을 조절하여 신호전달을 이끌어낸다.

5) 효소의 Cofactor

Amylase, Trypsinogen, Lipase, ATPase 등과 같은 생물체에서 일어나는 여러 가지 효소 반응에는 Ca^{2+} 이온이 보조 인자로 필요하다.

6) 세포막의 구조를 유지시켜 준다

세포막의 바깥쪽에는 인질에 결합하고 있거나 막을 관통하고 있는 당단백질들의 탄수화물 구성체들이 carboxyl group이나 Sulfate group을 가지고 있는 당을 많이 포함하고 있어서 음으로 하전된 상태를 유지한다. 이러한 음이온의 성질에 따라 Ca^{2+}

이온이 상대 이온이 되어 결합함으로써 안정된 구조를 이루도록 한다.

7) 세포를 보호한다

조류나 파충류 같은 생물체들은 수정이 된 알을 낳는데, 알의 표면에 $CaCO_3$가 주성분인 난각(Egg Shell)을 가지고 있어서 외부에서 가해지는 충격을 막아주고 미생물의 침입을 막는 장벽의 역할을 한다.

3 Phosphate의 기능

세포막을 구성하고 있는 기본 물질은 인지질이며, 인지질의 구조에는 인산이 포함되어 있다.

유전 정보를 저장하는 DNA와 유전 정보를 복사하여 해독하는 데 이용하는 RNA, 물질대사의 에너지를 저장하고 운반하는 Nucleotide와 같은 핵산은 염기-당-인산의 기본 골격 구조를 가지고 있으므로 인산을 기본 물질로 이용하고 있다.

물질대사를 진행하거나 세포 내부에 신호를 전달하는 단백질, 세포 내부의 골격을 담당하고 있는 구조 단백질 모두 인산기를 붙이거나 떼어냄으로써 구조 변화가 일어나는데, 이는 효소의 활성이 활성화되거나 멈추는 조절 작용을 나타내게 한다. 세포 골격의 인산화로 인한 변화는 세포 형태의 변화를 발생시켜서 분화를 이끌어 낸다. 즉, 단백질의 인산화를 통한 생명 활동의 조절에 인산이 중요하게 이용된다,

인산은 뼈를 이루는 주요 구성성분이다. Ca^{2+} 이온이 뼈에 축적되기 위해서는 상대하는 음이온이 양전하를 상대해서 상쇄시켜 주어야 하는데, 이러한 상대 이온으로 선택된 물질이 인산이다. 칼슘 이온과 인산 이온 모두 생물체에서 많은 양을 필요로 하는 물질이므로, 뼈에 저장해 두고 활용하는 것은 생물의 진화 과정에서 선택된 분자적 진화의 결과일 수 있다.

4 칼슘과 인산의 항상성

몸무게가 70kg인 30~40대 성인 남성의 전체 Ca^{2+}의 양은 1,200g 정도이고, PO_4^{2-}의 양은 770g이다. 혈장에는 Ca^{2+}이 9.0~10mg/100ml, PO_4^{2-}은 2.1~4.0mg/ml이 유지된다. 하지만 매일 대변과 소변 및 땀을 통한 배출을 통해 신체에서 빠져 나가는 Ca^{2+}이 500~1,200mg, PO_4^{2-}은 1,000~3,400mg에 달하기 때문에 음식으로부터 섭취하지 않으면 신체를 유지할 수 없다(표 9.1). 혈액의 칼슘 농도가 내려가면 부갑상선에서 Parathyroid hormone(PTH)가 분비되어 신장에서의 칼슘 재흡수를 늘리고, 1,25(OH)$_2$-Vitamin D의 생산을 증가시켜서 소장에서의 칼슘 흡수와 뼈에서의 칼슘 방출을 늘린다. 혈액의 칼슘 농도가 너무 높으면, 갑상선에서 Calcitonin 분비되어 소장에서는 흡수를 줄이고 신장에서는 배출을 촉진시켜서 혈액의 칼슘 농도를 낮춘다(그림 9.2).

음식으로 섭취하는 칼슘은 음식의 종류에 따라 큰 차이를 나타낸다. 동물성 식품으로는 멸치, 미꾸라지, 우유 등에 많이 들어 있고, 식물성으로는 쑥, 두부, 콩, 아몬드, 케일, 함초 등에 많이 들어 있다(표 9.2). 두부에서 칼슘 함량의 큰 차이를 나타내는 것은 두부를 만드는 과정에서 첨가하는 응고제의 종류가 다르기 때문이다.

표 9.1 칼슘과 인산의 항상성.

몸무게 70Kg 남성		Ca^{2+}의 양	PO_4^{2-}의 양
신체 함유량		1,200g	770g
혈장 농도		9.0~10mg/100ml	2.1~4.0mg/ml
일일요구량		600~1600mg	600~2,000mg
배출량	대변	300~600mg	200~600mg
	소변	100~300mg	400~1,400mg
	땀	100~200mg	400~1,400mg

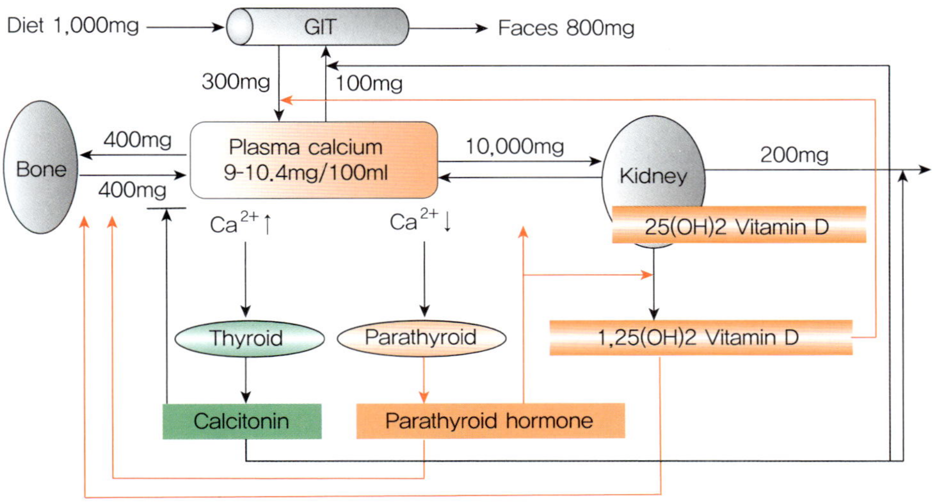

GIT, gastrointestinal tract

그림 9.2 Homeostatic regulation of serum calcium.

표 9.2 칼슘을 많이 함유하고 있는 식품의 예.

식품	Ca^{2+}의 양 mg/100g
멸치	900~1,900
미꾸라지	736~1167
두부	44~740
쑥	230~487
연두부	48~290
아몬드	167~267
콩-대두	70~245
우유	105~260
케일	150~278
건조 무화과	104~170
물미역	148~152
시금치 나물	48~140
요구르트	107~122
굴	80~100
브로콜리	60~65
퉁퉁마디(함초)	237~1,150

5 칼슘 농도의 조절

1) 소장에서의 칼슘 흡수 조절

칼슘 함량이 높은 음식을 섭취하면 칼슘의 섭취에 도움이 되지만 바로 흡수가 되는 것은 아니고, 신체에서 조절하는 호르몬의 영향을 받아 진행된다. 소장에서의 칼슘 흡수는 혈중 칼슘 농도가 하락했을 때 부갑상선에서 분비되는 Parathyroid hormone(PTH)의 작용을 받아 신장에서 합성되는 1,25-Hydroxy vitamin D에 의해 흡수가 촉진된다. 이러한 혈중 칼슘 농도 하락에 의한 PTH의 작용과 함께 신체의 생리적인 조건에 따른 호르몬의 변화는 칼슘을 흡수하는 데 영향을 준다. 성장기에는 근육의 성장도 일어나야 하지만 뼈의 성장도 일어나야 한다. 성장기에 많이 분비되는 Growth hormone은 간에서의 IGF-1의 분비를 촉진시키며, IGF-1은 신장에서 CYP27B1으로 알려진 25-Hydroxyvitamin D3 1-alpha-hydroxylase의 유전자 발현을 촉진시켜 25(OH) Vitamin D를 1,25$(OH)_2$ Vitamin D로 전환시킨다. 간에서의 IGF-1의 분비는 남성의 사춘기를 기점으로 분비가 증가하는 Testosterone 호르몬에 의해서도 증가한다. 즉, 남성 호르몬인 Testosterone에 의해 IGF-1 → 1,25$(OH)_2$ Vitamin D → 소장의 칼슘 흡수 증가 메커니즘에 의해 뼈의 성장과 강화에 필요한 칼슘을 공급할 수 있게 된다. 성장호르몬이 감소하는 시점에 뇌하수체에서 분비가 증가되는 Prolactin 또한 CYP27B1의 발현을 증가시켜서 칼슘의 흡수를 증가시킨다. 여성이 임신하면 태아의 성장에 필요한 칼슘을 공급하기 위해 태반에서 1,25$(OH)_2$ Vitamin D 생산을 증가시킴으로써 장에서의 칼슘 흡수를 늘린다. 여성의 난소에서 만들어지는 Estrogen 또한 장 점막세포의 ER 수용체에 결합한 다음, Vitamin D의 수용체인 VDR과의 상호작용으로 Calbindins, PMCA1b, Claudin1과 Claudin12, TRPV6 등의 발현을 촉진시켜서 장에서의 칼슘 흡수를 늘린다. 폐경이 진행되어 Estrogen 호르몬의 분비가 감소하면, VDR과의 상호작용으로 촉진되는 단백질 합성이 줄어들어 장에서의 칼슘 흡수가 감소된다. 이러한 상태는 칼슘의 부족을 초래한다. 신체에서는 부족한 칼슘을 보충하기 위해 뼈에서 칼슘을 추출하여 이용하는데, 이러한 상태를 장기간 방치하면 골다공증으로 나타난다. 남성의 경우는 Testosterone 호르몬이 줄어들어 기능이 떨어진 상태가 지속되면 골밀도가 감소하게 된다. Vitanin D는 핵에 작용하는 VDR의 전사조절 방식과 함께 세포막에 있는 mVDR 또는 MARRS(Membrane associated, rapid response steroid–binding)과의 상호작용을 통해 칼슘 통로를 열어서 빠르게 많은 양을 흡수하는 Transcaltachia의 효과를 나타낸다(그림 9.3).

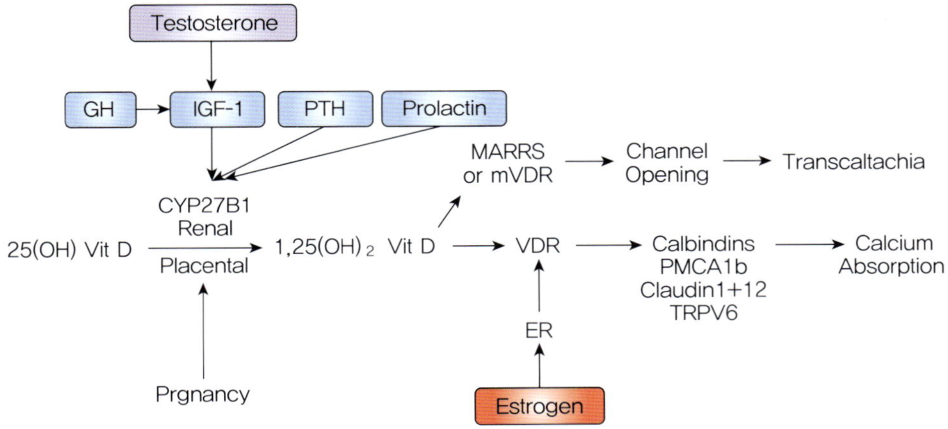

Calbindins: calcium-binding proteins
Claudin1-장점막 상피세포의 투과성을 조절하는 치밀연접 복합체의 주된 구성체
CYP21B1: 25-Hydroxyvitamin D3 1-alpha-hydroxylase
ER: Estrogen receptor
GH: growth hormone
IGF-1: Insulin like growth factor-1
MARRS: Membrane associated, rapid response steroid-binding proteins
mVDR: membrane vitamin D receptor
PMCA1b: Plasma membrane Ca^{2+} ATPase
PTH: Parathyroid hormone
Transcaltachia :소장에서 일어나는 칼슘의 흡수를 급격하게 촉진시키는 현상
TRPV6- 소장의 칼슘 흡수 초기 반응에 관여된 세포막의 calcium channel
VDR: Vitamin D receptor

그림 9.3 장에서 일어나는 칼슘 운반의 호르몬 조절.

2) 혈액의 칼슘 농도 조절

혈액의 칼슘 농도가 하락했을 때 부갑상선에서 분비되는 PTH는 파골세포(Osteoclast)를 활성화시켜서 뼈에서의 칼슘을 녹여 내는 반응으로 칼슘과 인산을 혈액으로 공급한다. 또한 신장에 작용하여 Ca^{2+} 재흡수와 인산의 배출을 늘리고, 25-vitamine D의 hydroxylation을 늘려서 1,25-Hydroxy vitanin D의 양을 증가시킨다(표 9.3, 그림 9.4).

혈액의 칼슘 농도가 높아지면 갑상선에서 Calcitonin이 분비돼서 소장에서의 흡수를 억제하고, 신장에서의 배출을 늘리며, 뼈에서 빠져 나오는 칼슘을 억제하여 혈중 칼슘 농도를 낮춘다. 혈중 칼슘 농도가 높아지면 Calcitonin이 작동하여 낮추고, 혈중 칼슘 농도가 농도가 낮아지면 Parathyroid hormone이 작동하여 뼈에서 혈액으로 칼슘 이동을 증가시키고 위장관과 신장에서 칼슘 흡수를 촉진시켜서 농도를 높이는 순환적인 반응을 통해 신체 전반의 칼슘 농도를 일정하게 유지시킨다(그림 9.4).

3) 뼈에서의 Ca^{2+} 운용

(1) 호르몬에 의한 뼈의 재구성

뼈에서 칼슘의 저장은 조골세포(Osteoblast)의 작용에 의해 이루어지고, 칼슘의 방출

표 9.3 칼슘과 인산의 흡수, 재흡수, 배출에 관한 호르몬의 역할.

		Calcitonin	Parathyroid Hormone	$1\alpha 25(OH)D_3$
Intestinal	Ca^{2+} absorption	↓	↑(indirect)	↑
	Phosphate absorption	?	?	↑
Renal	Ca^{2+} excretion	↑	↓	↑
	Phosphate excretion	↑	↑	↑
Skeletal	Ca^{2+} mobilization	↓	↑	↑
	Mineralization of bone matrix	-	-	↑
Other	Plasma levels of Ca^{2+}	↓	↑	↑
	Plasma levels of phosphate	↓	↓	-

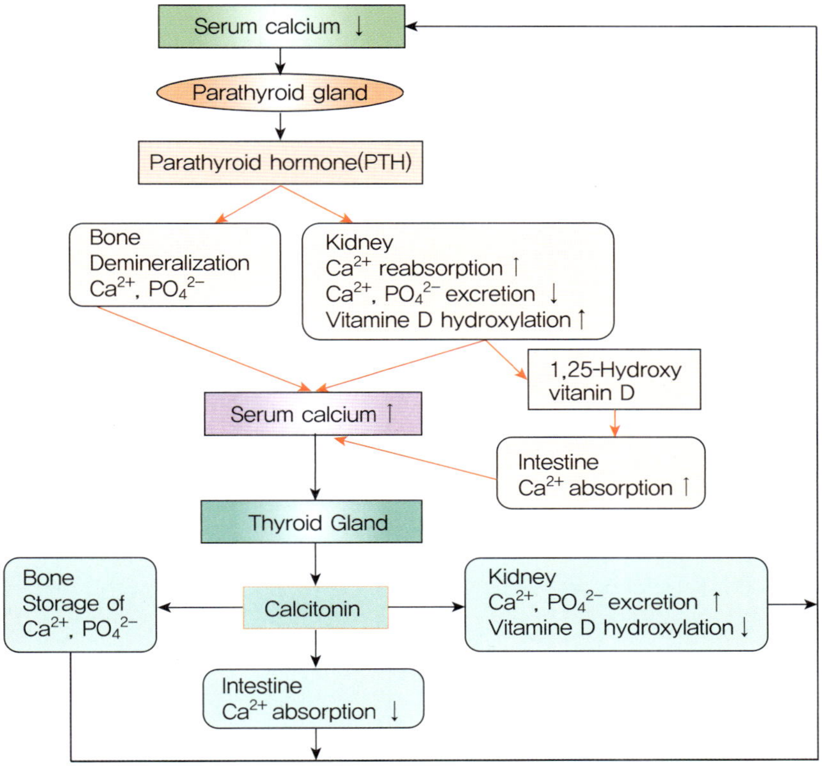

그림 9.4 Calcitonin과 Parathyroid hormone에 의한 혈중 칼슘 농도 조절.

은 파골세포(Osteoclast)에 의해 이루어진다. 골수에 있는 Mescenchymal cells를 칼슘을 축적시키는 Osteoblast 세포로 분화시키는 작용은 Bone morphogenetic proteins(BMP) 자극으로 시작되어 Preosteoblast로 분화된다. Preosteoblast는 부갑상선 호르몬인 Parathyroid hormone(PTH)와 Teriparatid의 작용에 의해 Osteoblast로 분화되어 새로운 뼈의 조직을 만들어낸다. Preosteoblast에서 Osteoblast로 분화되는 과정은 PTH의 자극을 받아 Osteocyte가 생산하는 IGF-1에 의해서도 촉진된다.

혈액에 필요한 칼슘을 공급하는 일은 Osteoclast가 담당하고, Preosteoclast에서 Osteoclast로 분화시키는 작용은 M-CSF의 자극과 RANKL의 자극에 의해 견인된다. BMP와 PTH의 작용에 의해 분화된 Osteoblast와의 상호작용으로 활성화되어

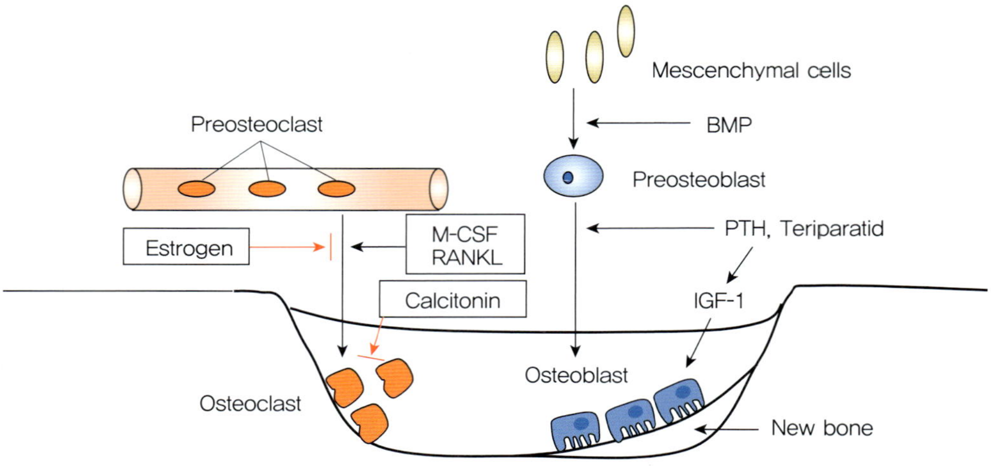

BMP: Bone morphogenetic proteins(BMP)
Teriparatid: 뼈의 미네랄 농도를 증가시키는 부갑상선호르몬의 한 형태

그림 9.5 뼈의 재형성에 관여하는 호르몬의 작용.

뼈의 성분을 해체시키는 작용을 한다. Preosteoclast에서 Osteoclast로 분화하는 과정은 Estrogen에 의해 억제되며, Osteoclast에 의한 뼈의 성분 해체 과정은 혈중 칼슘 농도의 증가에 의한 자극으로 갑상선에서 분비한 Calcitonin에 의해 억제된다(그림 9.5).

(2) Osteoclast와 Osteoblast 분화의 조절과 상호작용

Osteoblast의 분화는 골수에서 있는 Mesenchymal stem cells이 BMP, FGF, Wnt, Runx2, MITF, STAB2, BAPX1 등의 다양한 Cytokine의 자극을 받아 Osteoblastic progenitor로 분화하면, Osteoblastic progenitor는 Runx2, Osx, Wnt, NFATc1 등의 Cytokine 자극을 받아 Preosteoblast로 분화한다. Preosteoblast는 Runx2, Osx, Wnt, FGF, NFATc1, ATF4 등의 Cytokine 자극을 받아 Osteoblast로 분화한다. 분화가 끝나 성숙한 Osteoclast인 Osteoblastic stromal cell는 PTH, 1,25 Vit D, PGE_2, IL-1 등의 자극을 받아 Osteoprotegerin(OPG)과 RANKL(Receptor activator of nuclear factor kappa–B ligand)을 분비한다.

Osteoclast의 분화는 혈관에서 유래한 Hematopoietic stem cell이 m-CSF (macrophage colony-stimulating factor)의 자극을 받아 Progenitor 세포로 되면서 시작한다. Progenitor 세포는 Osteoblast에서 분비한 RANKL이 Receptor activator of nuclear factor κ B(RANK)에 결합하여 Pre-osteoclast 또는 Monocyte로 분화하고, RANKL의 자극으로 Quiescent Osteoclast로 분화한 다음 활성을 갖는 형태인 Osteoclast의 형태로 분화한다. 활성형의 Osteoclast는 뼈에서 칼슘을 추출하여 혈액에 공급하는 역할을 한다. Osteoblast가 생산한 Wnt는 전구 세포들의 분화를 촉진하지만 OPG와 RANKL의 분비를 억제한다. OPG는 RANKL과 결합함으로써 RANKL이 RANK에 결합되어 활성형의 Osteoclast로 분화하는 것을 막는다. 분화가 끝나 칼슘을 추출하는 Osteoclast는 Sema4D를 분비하여 Proosteoblast가 성숙한 Osteoblastic stromal cell로 되는 것을 억제한다(그림 9.6).

(3) Osteoclast에 의한 칼슘의 이동

RANKL과 IL-6와 같은 파골 세포를 자극하는 물질이 막에 있는 RANK에 결합하면 세포가 활성화된다. Carbonic anhydrase의 작용으로 H_2O와 CO_2가 반응하여 HCO_3^-와 H^+를 만들면, H^+가 H^+-ATPase의 펌프 작용으로 세포막을 통과해서 산성인 조건을 만든다. 세포질의 HCO_3^-가 세포 밖으로 나가면서 동시에 Cl^- 이온을 들여 보내면 Chloride channel을 통해 뼈 조직 쪽의 막을 통해 빠져 나가고, H^+ Cl^-의 조합에 의해 pH4 이하의 조건이 만들어진다. 이로 인해 Lysosome 소낭에서 빠져나온 protease인 Cathepsin4가 활성화되어 뼈의 기질을 이루고 있는 콜라겐 단백질을 분해하면 칼슘과 인산의 용출이 일어난다. 내세포 운동에 의해 세포질 안으로 이동한 칼슘과 인산은 다시 외세포 운동에 의해 세포 밖으로 빠져 나간다(그림 9.7).

혈액 속의 칼슘 이온의 농도가 정상치보다 높을 때 갑상샘에서 분비되어 그 농도를 낮추는 기능을 하는 Calcitonin 호르몬이 파골 세포의 수용체에 결합하면, cAMP가 증가하고 PKA가 활성화되어 파골 세포(Osteoclast)의 칼슘 이동 활동을 멈추게 하며, 조골세포(Osteoblast)의 분화에 관련된 유전자 발현을 촉진시켜서 세포를 바꾸어 놓는다.

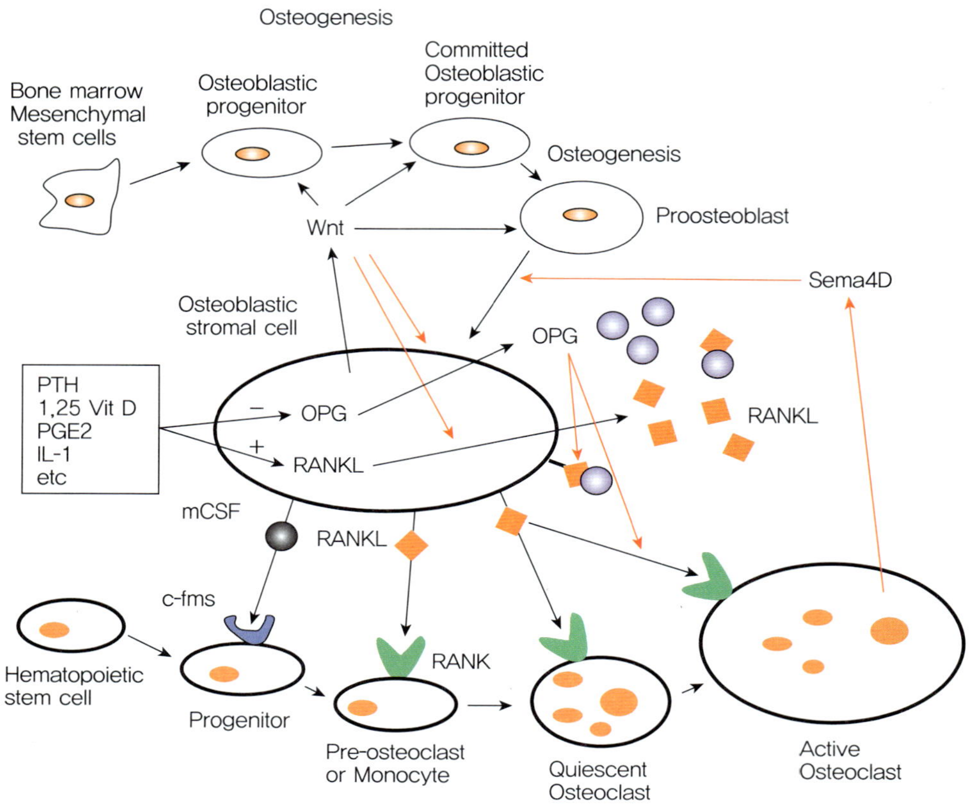

c-fms: CSF-1 receptor (c-fms)

mCSF: macrophage colony-stimulating factor (M-CSF)

OPG: Osteoprotegerin (OPG), osteoclastogenesis inhibitory factor (OCIF), osteoclastogenesis 억제인자 또는 종양괴사인자 수용체 슈퍼 패밀리 멤버 11B로도 알려진 오스테오프로테게린은 TNFRSF11B 유전자에 의해 암호화 된 종양괴사인자 수용체 슈퍼 패밀리의 사이토카인 수용체이다.

Wnt: Wingless와 이름 Int-1에서 합성된 이름이며 세포 표면 수용체를 통해 세포로 신호를 전달하는 단백질로 시작한 신호전달 경로의 한 그룹이다.

RANKL: Receptor activator of NF-kB(nuclear factor kappa-B) ligand

RANK: Receptor activator of nuclear factor κ B (RANK)

그림 9.6 뼈의 재형성에 관여하는 Osteoblast와 Osteoclast의 상호작용.

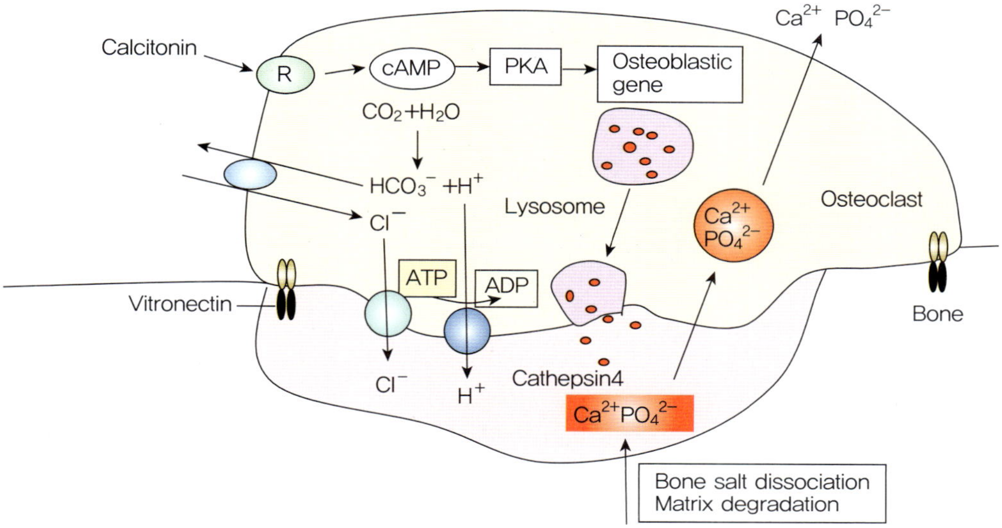

Cathepsin4-lysosomal protease

그림 9.7 파골 세포(Osteoclast)에 의한 뼈에서의 Ca^{2+} 동원.

6 골다공증

골다공증(Osteophoresis)은 나이든 사람에서 뼈가 부러지는 가장 일반적인 원인으로, 뼈가 부러질 위험이 증가할 정도로 약해지는 질병이다. 사전적인 의미로는 뼈에 구멍이 많음을 의미한다. 골다공증이 발생하는 원인은 매우 다양하지만 지금까지 밝혀진 원인을 정리하면 다음과 같다.

- 부신피질의 이상 증가(Adrenal cortical hyperfunction)
- 신장 질환
- 갑상선 항진증
- 칼슘이 부족한 식단을 장기간 섭취 및 신경성 식욕 부진

- 폐경 또는 난소의 제거 수술 등으로 인한 Estrogen 감소
- 만성적인 Vitamin D 결핍
- 간질 발작의 치료 약물, 항암제 치료, 산 제거제(proton pump inhibitors), Serotonin 재흡수 억제제, Glucocorticosteroid의 복용
- 치료를 위한 장기간의 골격 운동 부족, 근육 운동 부족
- 흡연이나 음주, 만성적인 스트레스와 같은 생활습관

만성적인 스트레스와 우울증은 시상하부의 CRH 분비를 증가시켜서 다양한 생리적 반응을 이끌어내어 골밀도를 감소시키고 골다공증을 유발한다(그림 9.8). CRH는 뇌하수체의 ACTH 분비를 촉진시켜서 부신의 Cortisol 분비를 촉진하고, 중뇌의

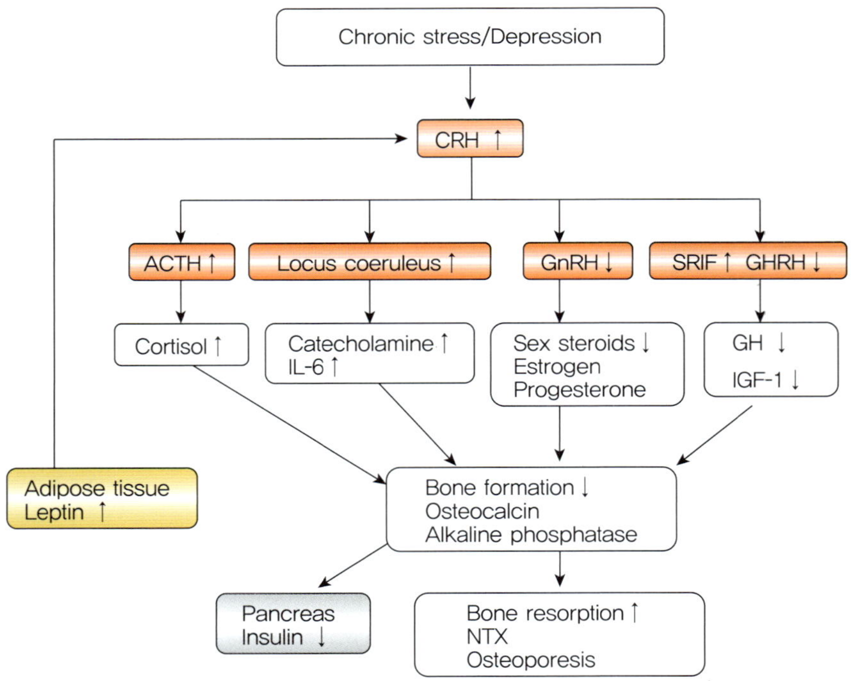

NTX: N-terminal telopeptide, 뼈의 전환을 측정하는 생물지표로 활용한다.

그림 9.8 만성적인 스트레스와 우울증이 뼈에 미치는 영향.

Locus coeruleus를 자극해서 Catecholamine과 IL-6의 분비를 증가시키며, 뇌하수체의 GnRH 분비를 촉진해서 생식기관의 성 호르몬인 Estrogen과 Progesterone의 분비를 촉진한다. 또한 시상하부의 SRIF의 분비를 촉진시키고 GHRH의 분비를 억제하여 뇌하수체의 Growth hormone의 분비를 줄임으로써 간에서 생성하는 IGF-1의 분비를 감소시킨다. CRH에 의해 증가하거나 감소한 신호 물질들은 뼈에 신호를 전달해서 뼈의 형성을 억제하고 해체를 촉진시킨다. 또한 췌장에서의 인슐린 분비를 감소시켜서 혈당을 높이는 작용을 한다. 스트레스에 의한 지방 조직의 자극으로 Leptin의 분비가 늘어나고, Leptin은 시상하부를 자극하여 CRH의 분비를 늘린다.

골다공증을 치료하기 위해서는 먼저 흡연 및 음주 같은 생활습관을 바꾸어야 한다. 약물에 의한 원인을 제거하기 위해서는 약물의 복용을 중단하거나 투여하는 약물의 양을 줄여야 한다. 하지만 부신피질호르몬의 이상, 신장의 기능 저하, 갑상선항진증, 긴질 발작, 함암제, Serotonin 재흡수 억제제 등과 같은 치료를 위한 약물은 복용을 중단할 수 없으므로, 이러한 경우에는 뼈의 칼슘을 보강할 수 있는 다른 방법을 강구해야 한다.

1) Vitamin D의 공급이나 생성을 증가시키면 뼈의 칼슘이 보강된다

음식으로 섭취하거나 간에서 합성한 Cholesterol은 7-dehydrocholesterol reductase의 작용을 받아 7-dehydrocholesterol로 전환되고, 피부의 세포에서 315~280 nm 파장의 자외선인 UV-B(Ultraviolet B)의 작용을 받아 Cholecalciferol(Previtamin D_3)로 전환된다.

Previtamin D_3는 간에서 25-hydroxylase의 작용에 의해 25-OH Vitamin D_3로 전환된다. 25-OH Vitamin D_3는 신장과 다른 조직에서 1-α-hydroxylase의 작용을 받아 활성형인 1,25-$(OH)_2$ Vitamin D_3로 전환되어 효과를 나타낸다. 1,25-$(OH)_2$ Vitamin D_3는 신장에서 내분비 작용에 의해 혈액으로 분비된다. 이는 소장에서의 칼슘 흡수를 촉진하고, Osteoblast의 조골 작용을 촉진해서 뼈를 강화시켜 Ca^{2+}/P

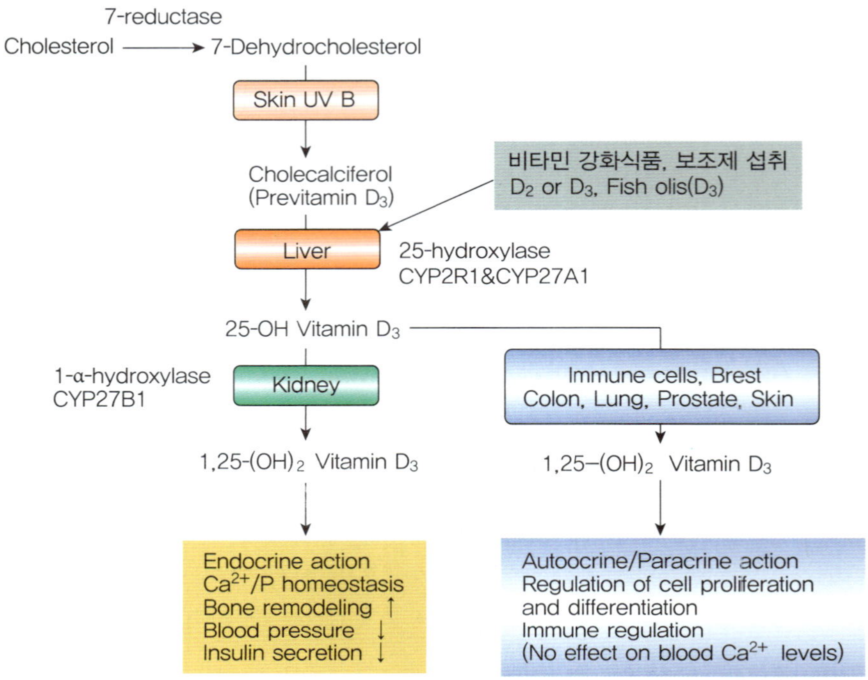

그림 9.9 Vitamin D 생성과 기능.

homeostasis를 조절하며, Renin-Angiotensin-Aldosterone 시스템을 억제하여 혈압을 떨어뜨리고, Insulin의 합성과 분비를 억제하는 작용을 한다.

면역 세포, 유선, 대장, 폐, 전립선, 피부 등의 조직에서는 Autocrine과 Paracrine 방식으로 작용하여 세포의 분화와 증식을 조절하고, 면역 반응을 조절하는 기능을 한다. 이러한 조직에서는 혈중 칼슘 농도에 영향을 주지 않는다(그림 9.9).

2) 근육 운동은 뼈를 강화시킨다

근육 운동으로 뼈 조직에서 분비된 Osteocalcin이 근육 세포에 결합하고, 근육 세포에서 생산한 IL-6가 수용체에 결합하여 근육 세포를 자극하면, fatty acid translocase (CD36), fatty acid transport protein 1(FATP1), carnitine O-palmitoyltransferase 1

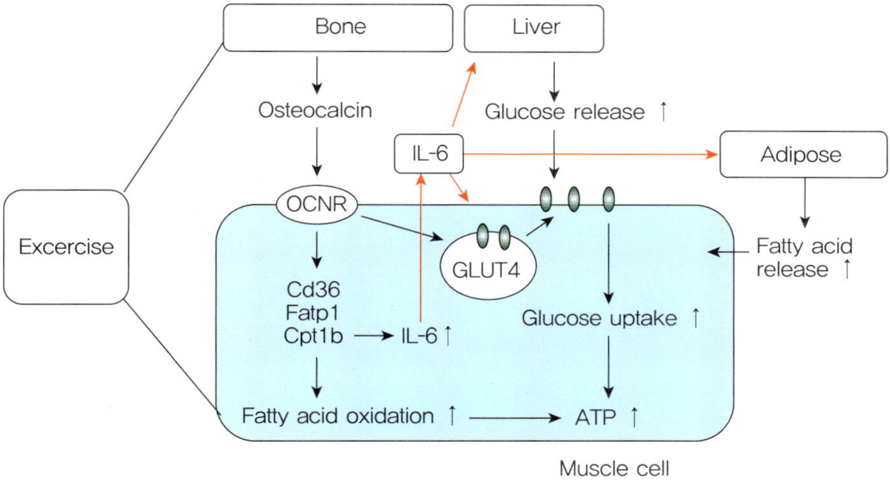

CD36: fatty acid translocase (CD36), Fatp1: fatty acid transport protein 1(FATP1)
Cpt1b: carnitine O-palmitoyltransferase 1(CPT1B)

그림 9.10 근육 운동의 대사 작용.

(Cpt1b) 등의 단백질이 활성화되어 지방산의 산화를 증가시키며, GULT4 소낭을 세포막으로 이동시켜 포도당의 흡수를 늘린다. IL-6는 또한 간을 자극해서 포도당 분비를 늘리고, 지방 조직을 자극해서 지방산의 분비를 늘려 근육 운동에 필요한 에너지 물질을 확보한다(그림 9.10).

근육 운동이 활발하게 일어나면 근육 조직에서는 Myostatin의 분비를 줄이고, VEGF, IGF-1, Osteoglycin 등과 같은 성장인자의 분비가 늘어나서 뼈의 조직을 자극하면 뼈의 형성이 늘어난다. 근육 운동으로 인한 기계적인 충격이 뼈 조직의 세포에 감지되면, Sclerostin, Osteocalcin, FGF23 등과 같은 성장인자의 분비가 늘어나 근육 조직에 작용해서 근육 성장을 촉진한다(그림 9.11).

운동은 에너지 물질의 소비를 늘려 체중 감소를 가져오므로, 관절에 가해지는 부담을 줄여주고, 골밀도를 강화시키는 성장인자들의 작용으로 뼈가 보강된다. 이러한 운동의 효과는 Vitamin D가 존재할 때 더욱 증가되는 경향이 있다. 골다공증을 개선시키기 위해서는 칼슘이 많은 음식의 섭취와 함께 일광욕을 함으로써 Vitamin

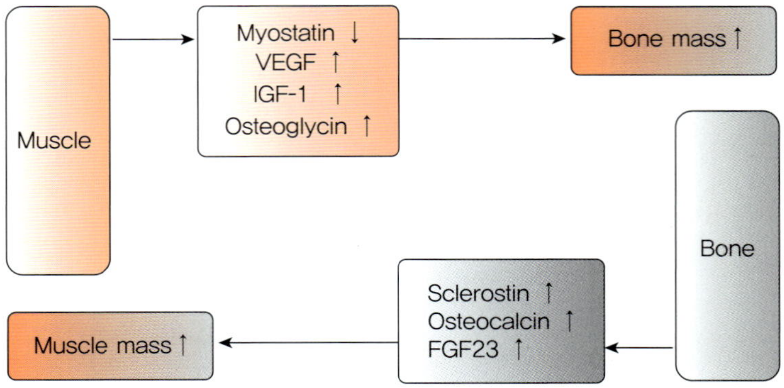

그림 9.11 근육과 뼈의 상호 조절 작용.

D의 합성을 늘리고, 근육 운동을 통해 뼈의 밀도를 높이는 다양한 방법들을 함께 병행하는 것이 좋다.

스트레스와 생활의 리듬 조절

10

1 스트레스

불면, 두려움, 걱정, 화, 직업, 명퇴, 은퇴, 과도한 기대와 책임, 연장 근로, 시간 부족, 과로, 건강, 죽음, 빚, 시간 조절, 늦은 밤, 지불금, 보험, 저축, 추위, 산화적 스트레스 등 우리에게 가해지는 스트레스 요인은 너무나 많다. 따라서, 도시의 집단 안에서 경쟁하며 살아가는 우리에게는 생각하는 모든 일상이 스트레스 요인이 될 수 있다.

신체를 위협하는 강한 스트레스로 뇌가 자극을 받으면 뇌신경에서는 Norepinephrine과 5-Hydroxytryptamine(5-HT)의 분비가 증가하고, Opioids, Acetylcholine,

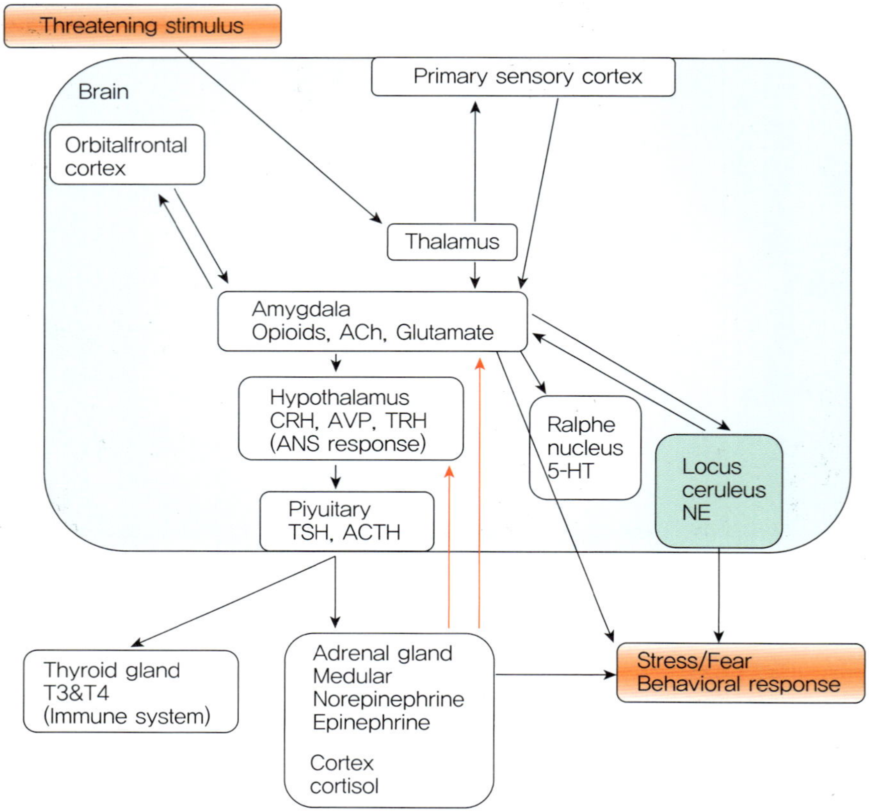

그림 10.1 스트레스 반응 호르몬의 작용 경로.

Glutamate 등의 신경전달 물질의 분비가 증가하며, 부신의 수질에서는 교감신경계의 자극을 받아 Norepinephrine과 Epinephrine의 분비가 증가함으로써 스트레스와 두려움에 대한 행동적 반응을 나타낸다(그림 10.1).

강한 스트레스는 시상하부-뇌하수체를 통해 AVP, TRH, Cortisol, Aldosterone, Thyroid hormone T_3 & T_4, Ghrelin 등의 분비를 증가시키고, Adiponectin과 Leptin 호르몬 분비를 감소시키는 변화를 가져온다.

신체에 가해지는 스트레스의 종류와 강도에 따라 신체 반응은 다르게 나타난다. 강한 자극의 스트레스는 신체의 호르몬에 의한 생리적인 변화를 이끌어내기 전에 뇌의 신경과 교감신경계가 강하게 자극을 받아 신경호르몬들을 분비함으로써 신경 자극에 의한 생리적인 현상을 먼저 발생시켜 급한 상황에 대처하는 생리적인 상태를 만든다. 교감신경계의 반응이 진행된 다음에는 분비된 호르몬이 신체 전반의 생리적 상태를 변화시킨다. 스트레스로 인한 호르몬의 가장 강력한 변화로 Cortisol의 농도가 급격하게 증가한다. 이로 인해 발생하는 생리적인 변화에는 소화 장애-복부 팽만, 변비, 설사, 빈뇨, 휴식 동안의 땀 분비, 활력 감소, 비만, 신경성 우울증, 수면 장애에 따른 불면증, 심박동 증가 등이 있다.

2 스트레스를 받으면 왜 비만이 되는가?

스트레스의 강도에 따라 다른 반응이 나타나는데, 강한 자극에는 강한 반응을 나타낸다. 교감신경에 의해 조직에 전달되는 강한 신경 자극은 다른 호르몬의 반응보다 우선하기 때문에 위협적인 스트레스가 신체에 가해지면 위험을 이겨내는 데 필요한 근육, 혈액 순환에 필요한 심장, 산소 공급에 필요한 폐, 전반적인 조절을 담당하는 뇌의 운용에 필요한 조직에는 혈액을 공급하지만, 다른 조직으로 공급되는 혈액을 줄인다.

스트레스를 받아 증가한 Cortisol의 생리적 증상 중에서 소화 장애로 인한 복부 팽만, 변비, 설사 등의 증상과 비만은 서로 상반된 현상이다. 아주 강한 스트레스에 의해 소화기관에 장애가 발생되면 체중이 줄어들고 쇄약해지지만, 적당한 스트레스 자극에 의해서는 체중이 증가한다.

스트레스를 적게 받거나 받지 않은 사람에게서 과식은 왜 일어나는가? 배고픔의 호르몬이라 부르는 Ghrelin은 배가 고프지 않는 상태에서도 스트레스를 받으면 분비가 증가하는데, 이는 스트레스로 유발되는 우울감과 불안 증상을 완화시켜 주기 때문이다. Ghrelin의 분비가 늘어나면, 식욕이 촉진돼서, 음식 섭취가 증가하며, 다른 정신적인 보상 행동으로 알코올이나 약물에 대한 갈망이 증가한다.

스트레스는 섭식 장애를 일으켜 고열량의 음식을 선호하게 만들고, 뇌를 자극한 신호는 시상하부-뇌하수체를 통해 ACTH를 분비시킨다. ACTH는 부신피질을 자극하여 Cortosol 호르몬의 분비를 촉진한다. Cortosol 호르몬은 수면장애를 유발해 신체의 인슐린 저항성을 증가시켜서 체중을 늘린다. 신체의 인슐린 저항성이 증가되면 지방 조직에서 분비되는 Adiponectin 호르몬의 분비가 감소하는데, 이는 위에서의 Ghrelin 분비를 촉진시키고, 지방 조직에서의 Leptin 분비를 감소시킨다. Ghrelin의 증가와 Leptin의 감소는 식욕을 촉진시켜서 음식 섭취가 늘어나고 이는 체중 증가로 이어진다.

야근을 하거나 밤늦은 시간까지 놀다보면 배고픔을 느끼게 된다. 라면이나 다른 고열량의 음식 또는 야식을 배부르게 먹고나면 포만감으로 인해 바로 잠이 드는 경우가 많은데, 이는 체중의 증가로 이어진다. 수면 교란은 충동을 제어하는 기능을 약화시키기 때문에 야식을 경험한 사람들은 충동을 이기지 못하고 고열량의 야식을 매일 먹게 된다. 고열량의 음식 섭취가 늘어나면 신체의 인슐린 저항성이 높아져서

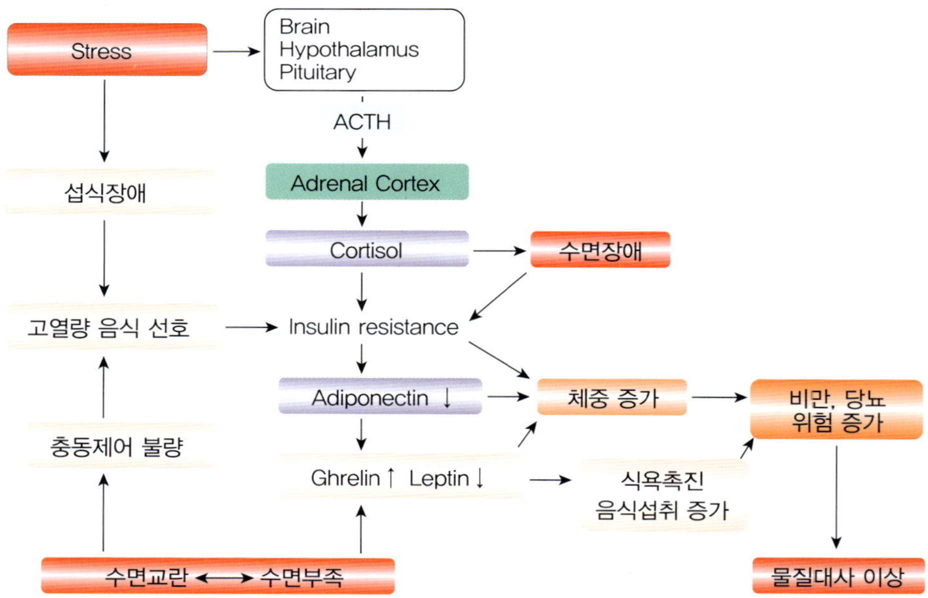

그림 10.2 스트레스와 수면 이상이 신체에 미치는 영향.

체중이 증가한다. 수면의 부족은 Ghrelin의 분비를 늘리고, Leptin의 분비를 줄여 식욕을 촉진시킴으로써 음식 섭취량을 늘려 체중을 증가시킨다. 스트레스와 수면의 이상으로 인한 음식 섭취의 증가와 체중의 증가는 당뇨와 비만의 위험을 증가시키고, 신체 전반의 물질대사 이상으로 이어진다(그림 10.2).

3 스트레스를 받으면 왜 혈압이 높아지는가?

스트레스는 일차적으로 교감신경계의 작용을 통해서 신체의 변화를 이끌어내고, 이완된 상태에서는 부교감신경의 영향을 받아서 작용한다. 스트레스에 의한 교감신경계의 작용을 정리하면, 동공을 확대해서 빛의 투과량을 늘리고, 침샘의 분비를 억제해서 입이 마르게 하며, 기관지를 확장시킨다. 또한 위의 소화를 억제해서 에너지 소비를 줄이고, 간에서의 Glucose 분비를 촉진해서 필요한 기관에 공급하며, 부신에서의 Epinephrine과 Norepinephrine의 분비를 촉진한다. 또한 방광을 수축시켜 배출을 자극하고, 직장을 수축시켜서 배설을 촉진하며, 생식기관의 기능을 억제하고, 말초혈관들을 수축하며, 심장 박동을 늘려서 혈압을 상승시킨다. 스트레스에 의한 신경의 작용은 자극이 주어지는 잠시 동안에만 작동하기 때문에 혈압이 정상인 사람에게는 큰 문제가 되지 않으나 고혈압 환자에게는 커다란 문제가 된다. 고혈압 환자에게 강한 스트레스가 가해지면 교감신경의 작동으로 인해 심장의 박동이 급격하게 증가하고, 말초혈관이 수축함에 따라 혈압이 급격하게 상승한다. 혈압의 급격한 상승으로 인해 가해지는 압력을 순환계의 혈관이 탄력적으로 받아내면 문제가 없지만 견디지 못하고 터져버리면 심각해진다. 혈압의 급격한 증가로 인한 가장 큰 문제는 뇌의 혈관이 터지는 뇌출혈과 동맥출혈이다. 뇌에 출혈이 일어나도 감지하는 수용기가 없으므로, 혈액 응고가 발생해서 마비증상이 나타나기 전까지 모르고 지내는 경우도 발생한다.

스트레스에 의한 장기적인 변화는 호르몬의 연속적인 조절로 나타난다. 뇌에 전달되는 스트레스는 교감신경에 의한 자극의 전달과 함께 시상하부를 자극하여 시상하부-CRH, 뇌하수체-ACTH, 부신-Cortisol, Aldosterone으로 이어지는 호르몬의 분비를 차례로 이어간다. Cortisol과 Aldosterone은 신장에서 Na^+ 재흡수와 K^+의 배출을 촉진해서 혈액의 삼투압이 증가함에 따라 혈액의 부피가 증가하는데, 이는 바로 혈압의 상승으로 나타난다. 상승한 혈압을 감지한 신장이 Aldosterone의 방출을 억제하면 일차적인 스트레스 반응이 완결된다.

스트레스의 자극을 억제하는 신호에는 CRH를 분비하는 시상하부에 작용하는 Dopamine, Norepinephrine, GABA, Cortisol, Progesterone, Glucocorticoids 등과 부신에 작용하는 Atrial natriuretic peptide(ANP)가 있다. 스트레스의 자극을 상승시키는 신호에는 Epinephrine 호르몬의 뇌하수체 자극에 의한 ACTH 분비 증가와 혈액의 K^+ 농도 상승에 의한 자극에 의해 부신에서 분비가 촉진되는 Cortisol과 Aldosterone이 있다. 또한 Renin–Angiotensin 시스템에 의해서도 증가하는데, Renin은 지속적으로 분비되고, 혈액의 Na^+ 농도가 감소하거나 동맥에서 감지하는 혈압이 낮아지거나 신장의 원위세뇨관의 압력이 감소하면 분비가 늘어난다. 간에서 분비되는 Angiotensinogen은 Renin에 의해 Angiotensin I으로 전환되고, 폐에서 분비된 Angiotensin converting enzyme(ACE)에 의해 Angiotensin II로 전환된 후 부신이 자극 받으면 Cortisol과 Aldosterone이 분비돼서 혈압이 상승한다(그림 10.3).

부신에서 분비되는 호르몬으로, 스트레스 반응에 중요한 기능을 하는 Cortisol과 Aldosterone 모두 혈압을 상승시키는 작용을 한다. Cortisol은 자극을 받는 동안 뿐만 아니라 생체의 기본적인 리듬 기작에 의해서도 분비되는 호르몬이다. Serotonergic neuron의 자극을 받아 이른 아침에 최고조에 이른다. Aldosterone은 스트레스를 받는 동안만 분비되는데, 수분의 유지하고, 혈압을 조절하는 작용을 한다.

GABA는 스트레스를 감소시키고 혈압의 상승을 억제해 준다. 건조한 느타리버섯에는 1.3mg/g, 발아현미에는 0.7mg/g, 양송이 버섯에는 0.4mg/g, 시금치에는 0.4mg/g가 함유되어 있다.

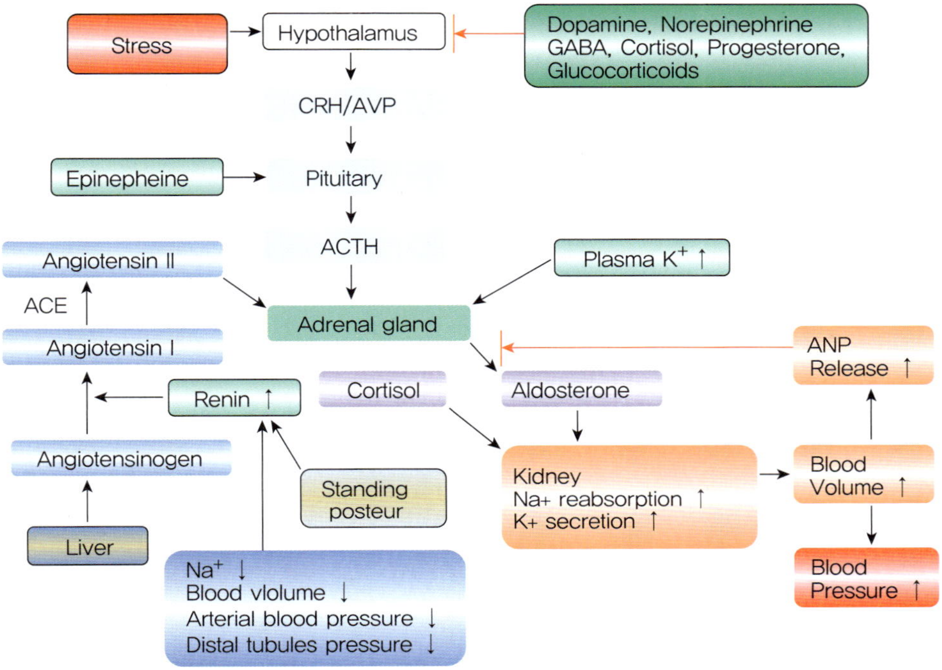

ACE: angiotensin converting enzyme (ACE)
ACTH: Adrenocorticotropic hormone (ACTH)
ANP: Atrial natriuretic peptide (ANP)
AVP: arginine vasopressin (AVP)
CRH: Corticotrophin-releasing hormone(CRH)
GABA: gamma-Aminobutyric acid(GABA)
5-HT: 5-hydroxytryptamine(5-HT)

그림 10.3 스트레스 호르몬에 의한 혈압의 조절.

4 스트레스와 면역 반응

스트레스에 의한 뇌신경의 자극으로 인해 IL-1α, IL-6, TNF-α 등과 같은 염증을 유발하는 Cytokine의 분비가 늘어나고, 신경에 의해 조절되는 염증의 민감도가 상승한다. 신경 면역적인 민감성에 의한 감성적인 단기 효과로는 불안에 대한 역경의 기대를 반영하는 과시가 나타나고, 중기 효과로는 수면 교란, 만성적 통증, 우울한 감정, 사회적 위축 등이 나타나며, 장기 효과로는 감염에 민감해지고, 염증성 질환이 발생하며, 노화를 촉진하고, 조기 사망의 위험이 증가한다.

스트레스가 뇌를 자극하면 교감신경계가 활성화되어 림프절에 있는 백혈구 세포들을 조직으로 이동시키고, 부신을 자극해서 Epinephrine을 분비시켜 백혈구 세포를 자극한다. 이러한 세포들은 뇌하수체에서 분비한 Prolactin과 Growth hormone에 의해서도 면역 반응이 활성화돼서, IL-1β, IL-6, TNF-α와 같은 Cytokine의 분비가 늘어나면 부교감신경이 인지해서 뇌에 신호를 전달하여 반응을 억제시키는 작용을 한다(그림 10.4).

스트레스의 자극은 뇌-시상하부-뇌하수체 시스템에 의해 부신피질로 전달되어 Cortisol 분비를 촉진한다. Cortisol은 면역 세포에 작용해서 NF-κB와 AP-1의 활성을 억제하고, Apoptosis를 촉진하여 면역 반응을 억제시킨다. 즉, 스트레스를 받으면 교감신경계의 작용에 의해 일시적으로는 면역 반응이 증가하지만, 장기적으로는

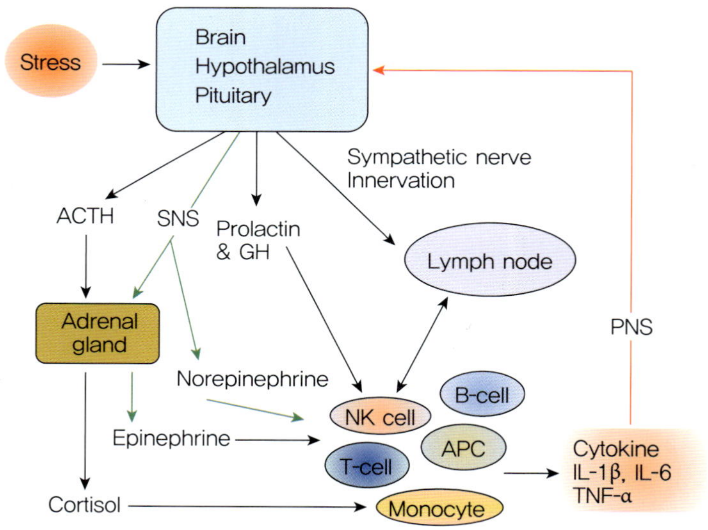

PNS: parasympathetic nervous system
SNS: Sympathetic nervous system

그림 10.4 스트레스에 의한 면역 반응 조절.

Cortisol의 작용으로 면역 반응이 감소하게 된다. 신체에서 일어나는 면역 반응은 외부의 침입자나 물질을 방어하고, 손상된 조직이나 세포를 재생시키는 작용을 하는데, 이러한 활동이 사라지면 손상 받은 조직이 완전하게 복원되지 못한 채로 마무리되어 피부가 얇아지거나 혈관이 약해진다. 장기적으로 스트레스를 받으면 이러한 상태가 심화되어서 다양한 질병을 유발한다.

5 장의 미생물에 의한 스트레스 반응의 조절

장이 편해야 몸이 편안해진다는 말이 있다. 이는 장의 상태를 두고 하는 말로, 실제로 스트레스를 받는 환경에서도 장내에 probiotics를 만들어내는 유익균이 많으면 스트레스에 의한 불쾌함이 줄어든다.

뇌에 가해지는 스트레스로 인해 5-HT(5-Hydroxytryptamine)의 분비가 증가하고, 시상하부에서는 CRF(corticotropin-releasing factor)와 AVP(arginine vasopressin)가 증가하고, 뇌하수체의 ACTH의 분비가 증가하면 부신의 피질이 자극을 받아 Cortisol 분비를 늘린다. Cortisol은 장점막의 방어막 기능을 약화시켜서 병원성 미생물의 누출을 야기하는데, 이로 인해 면역 반응이 일어나서 IFN-γ/IL-6와 같은 초기 염증 반응을 유도하는 Cytokine의 생산이 증가한다. 이러한 Cytokine의 생산은 장내에 존재하는 Prebiotics에 의해 억제될 수 있다. IFN-γ/IL-6는 시상하부의 CRH(corticotropin-releasing hormone)와 AVP(arginine vasopressin)의 분비를 자극하여 스트레스 호르몬의 분비를 증가시킨다. 또한 간의 IDO(indoleamine 2,3-dioxygenase) 활성을 증가시켜 Tryptophan을 분해함으로써 뇌에 공급되는 양을 줄인다(그림 10.5).

장내 미생물의 변화에 의해 활성화된 백혈구가 생산하는 Cytokine의 신호는 미주신경(Vagus nerve)을 통해 뇌로 전달되기 때문에 장의 상태를 바로 인지하게 된다. 장 벽의 세포가 손상되어 미생물의 침입이 일어나는 경우에는 박테리아의 LPS에 의해 많은 양의 Pro-inflammatory cytokine이 생산되고, 장의 염증이 심화되며, 미

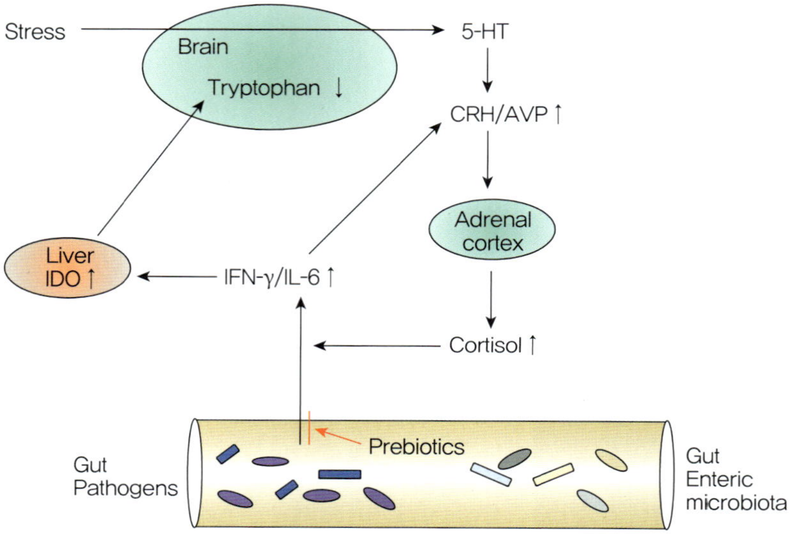

AVP: arginine vasopressin (AVP)
CRH: corticotropin-releasing hormone (CRH)
5-HT: 5-Hydroxytryptamine or Brain serotonin (5-HT)
IDO: indoleamine 2,3-dioxygenase (IDO)

그림 10.5 장내 미생물에 의한 스트레스 반응의 조절.

주신경을 통한 신호가 뇌로 전달되면 Cortisol 농도가 증가하는 생리적인 반응이 일어난다.

6 만성적인 스트레스와 Cortisol 저항성

정상적인 상태에서 물리적, 정신적, 산화적, 영양적 스트레스 등은 뇌-시상하부-뇌하수체-부신피질로 이어지는 시스템을 통해 Cortisol 농도를 증가시키고 면역 반응을 억제해서 신체 반응을 적응시킨다.

만성적인 스트레스 상태가 되면 Cortisol 농도는 높게 유지되지만, 면역 세포가

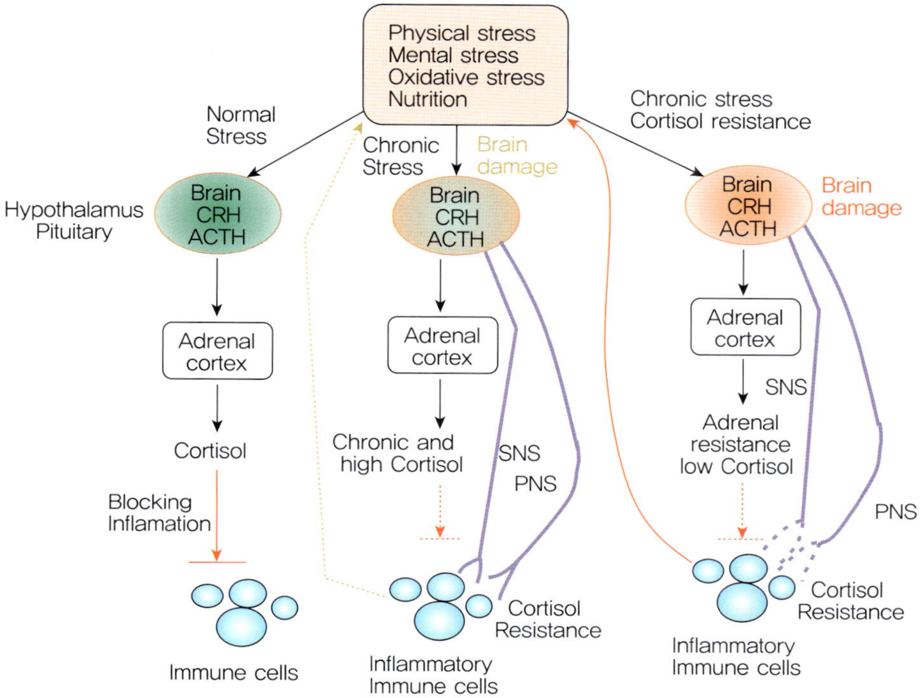

ACTH: Adrenocorticotropic hormone(ACTH), CRH: Corticotropin-releasing hormone (CRH)
PNS: parasympathetic nervous system (PNS), SNS: sympathetic nervous system (SNS)

그림 10.6 만성적인 스트레스와 Cortisol 저항성.

Cortisol의 작용에 내성을 가지므로 잘 듣지 않는 상태가 된다. Cortisol에 의한 저항성의 증가로 면역 억제는 줄어들고, 스트레스에 의한 신경 작용으로 인해 염증을 일으키는 면역 반응이 계속되는 상황이 되며, 이는 다시 스트레스로 작용해서 뇌를 자극하게 된다. 이러한 결과로 뇌세포가 일부 손상을 입는 상태가 된다.

만성적인 스트레스 상태가 지속되면서 Cortisol의 저항성이 커지고 신경의 조절이 인되는 상황이 되면, 염증 반응은 더욱 심해지는 상태가 되고 면역세포가 만들어내는 신호는 계속 증폭되어 뇌를 자극하는 상황으로 발전한다. 이러한 상태에서는 뇌 세포가 많은 손상을 받아 기억력 감퇴나 뇌의 기능이 일부 상실되는 뇌 질환으로 이어지게 된다(그림 10.6).

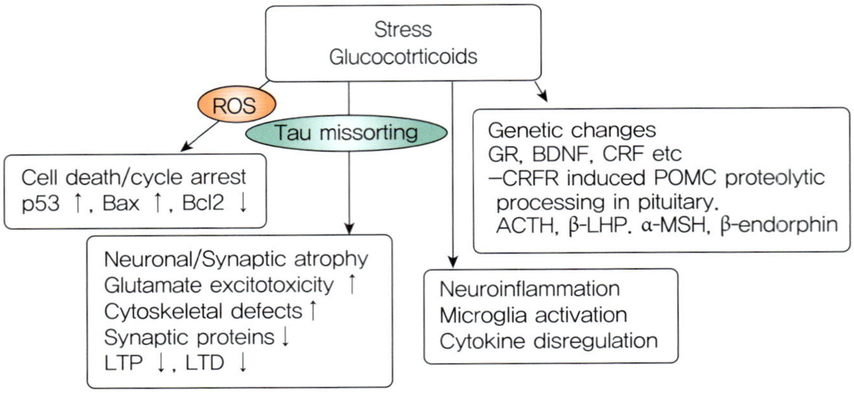

Bax: Bcl-2-associated X protein-Apoptosis regulator, Bcl-2: B-cell lymphoma 2
BDNF: Brain-derived neurotrophic factor, CRF: corticotropin releasing factor (CRF)
β-LP: β-lipotropin(β-LHP), α-MSH: α-Melanocyte stimulating hormone(α-MSH)
LPT: long-term potentiation (LTP) is a persistent strengthening of synapses based on recent patterns of activity.
LTD: synaptic long-term depression

그림 10.7 만성적인 스트레스에서 Glucocorticoid에 의한 뇌 조직 세포내 작용.

만성적인 스트레스의 조건에서 Gulcocorticoids가 뇌 세포에 작용하면 ROS의 생성이 늘어나 p53과 Bax 단백질의 발현은 증가시키고, Bcl2의 발현은 억제하여 세포의 주기와 사멸을 멈추게 한다. Tau 단백질의 미세소관 해체 작용이 일어나고, Glutamate의 세포 독성이 증가되며, 세포 골격의 형성을 막고, 시냅스 단백질 합성을 줄어들게 하여 장기간 강화되는 신호를 발생시킨다. 또한 시냅스 억제를 감소시키는 시냅스의 위축 현상이 나타나고, 신경교세포의 활성화와 Cytokine의 조절 실패로 인해 신경성 염증의 발생이 늘어난다(그림 10.7). 뇌하수체에서는 corticotropin releasing factor(CRF) 수용체의 신호전달에 의해 진행되는 β-lipotropin(β-LHP), α-Melanocyte stimulating hormone(α-MSH), β-Endorhin 등의 발현이 억제된다. 만성적인 스트레스에 의한 cortisol 저항성은 염증 반응의 증가로 인해 증가하는 다른 전사인자와 GR이 상호작용하여 다른 유전자의 발현을 억제하는 Transrepression 기작에 의해 나타난다.

7 스트레스와 Steroid 호르몬의 작용

부신에서는 스트레스에 의해 Cortisol 호르몬이 주로 분비되지만, Mineralocorticoids라고 하는 Aldosterone, Glucocorticoid 및 DHEA도 분비된다(그림 10.8). Glucocorticoids는 포도당 대사에 포함된 호르몬이라는 뜻에서 나온 이름이며, Deoxycorticosterone, Corticosterone, 11-deoxycortisol, Cortisol 등을 포함하

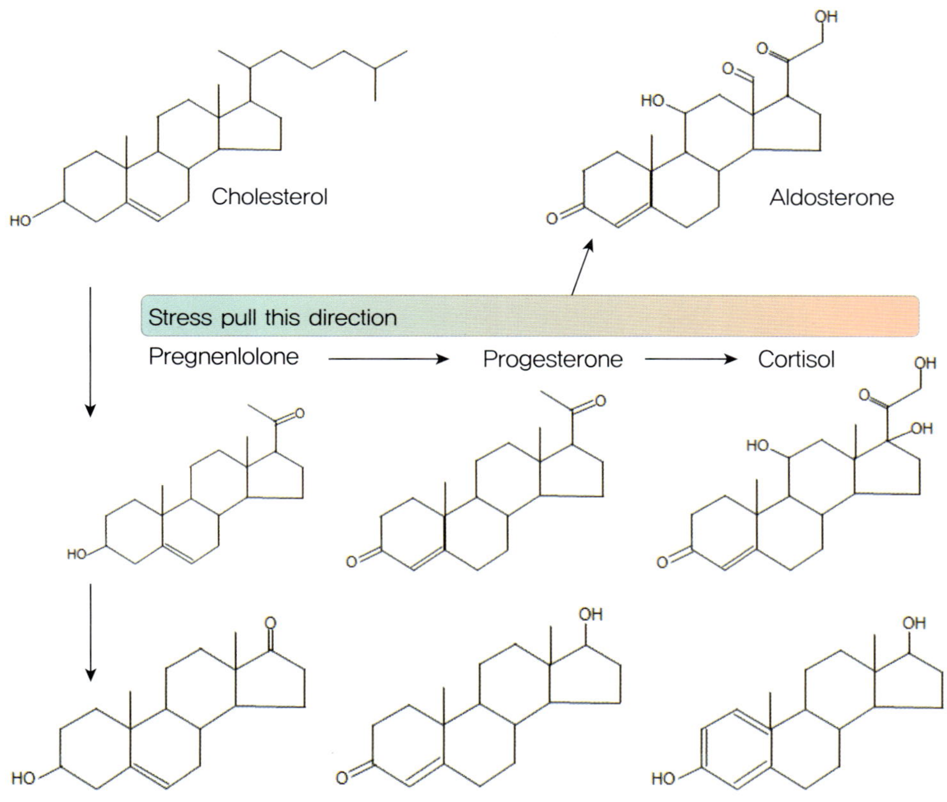

지속적인 스트레스는 Prognenolone, DHEA, Testosterone, Estrogen을 감소시킨다.
DHEA: Dehydroandrosterone(DHEA)

그림 10.8 부신에서 일어나는 스테로이드 호르몬 합성 경로.

고 있다. Glucocorticoids는 항-염증 반응 작용을 하는 Lipocortin-1, p11/calpactin binding protein, Secretory leukocyte protease inhibitor1(SLP1), MAPK phosphatase 등의 발현을 촉진시키며, 당의 합성과 관련된 Glucose-6-phosphatase와 Tyrosine aminotransferase의 발현을 촉진한다. 전사 억제 기작으로는 Histone deacetylase를 자극하여 Histone 단백질에 붙어 있는 Acetyl-group을 제거해서 DNA에 더욱 강하게 결합하도록 만든다. 이로 인해 NF-κB가 Promoter 부위에 결합하지 못하게 돼서 전사가 억제된다. 이러한 전사인자 NF-κB의 억제는 전반적인 염증 반응의 억제로 나타난다.

Glucocorticoids 수용체의 유전자 발현을 조절하는 작용과 함께 세포질 단백질과의 상호작용으로 효과를 나타내며, Src kinase에 결합해서 억제하면 염증을 유발하는 성장인자의 신호를 연결하는 단백질이 차단되고, 이로 인해 Arachidonic acid의 생산이 줄어들면 전체적으로는 항-염증 작용이 나타난다.

지속적인 스트레스는 뇌의 Hippocampus와 Cerebellum에서의 glucocorticoid receptor(GR) mRNA의 발현을 감소시키고 시간이 길어질수록 효과는 크게 나타난다. 이러한 효과는 만성적인 스트레스에 의한 Cortisol resistance의 결과로 나타난다. 스트레스가 가해지면 부신에서는 Prognenolone, progesterone, Cortisol, Aldosterone 등의 스트레스 관련 호르몬들의 생산은 늘어나지만, Prognenolone, DHEA, Testosterone, Estrogen 호르몬의 생산은 감소하며, 피로가 누적된다.

스트레스에 의해 부신에서 분비하는 Dehydroandrosterone(DHEA)는 항-스트레스호르몬으로 인한 스트레스에 대한 적응력을 결정하는 역할을 하며, 약한 남성호르몬으로 다른 조직의 세포에서 Estrogen으로 전환되어 기능한다. 정상적인 DHEA의 분비는 잠에서 깨어나는 아침시간에 만들어진다. DHEA의 분비를 촉진하는 신호는 스트레스 이외에도 GnRH와 LH가 있으며, 폐경 이후의 여성에서는 말초 조직에서 만들어지는 DHEA가 Estrogen과 Dihydrotestosterone(DHT)로 전환되어 기능을 한다(그림 10.9). 여성의 경우 폐경 이후에 많은 양의 DHEA가 부신에서 만들어지지만 약 20% 정도는 난소에서 만들어진다.

DHEA, Estrogen, Dihydrotestosterone(DHT) 호르몬은 Androgen receptor(AR)

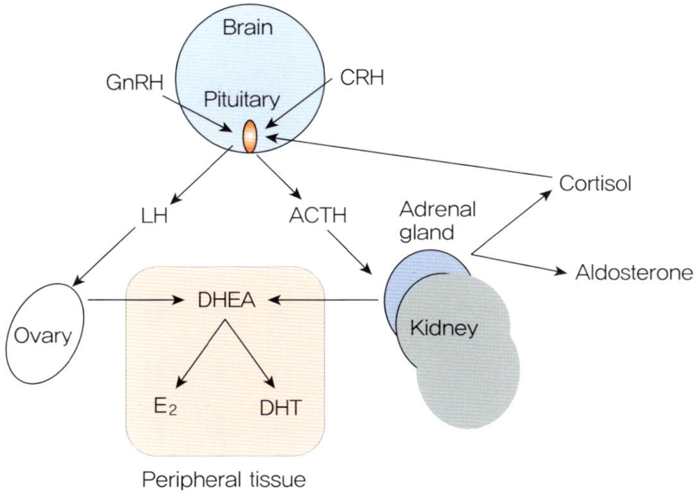

ACTH: Adrenocorticotropic hormone, CRH: Corticotropin-releasing hormone
DHT: Dihydrotestosterone, E_2: Estrogen, GnRH: Gonadotropin-releasing hormone
LH: Lutenizing hormone

그림 10.9 DHEA의 분비를 촉진하는 호르몬의 작용.

의 발현에는 영향을 주지 않지만 IGF-1과 IGF-1R의 발현을 증가시킨다. DHEA와 Dihydrotestosterone(DHT) 호르몬은 뼈의 형성을 촉진하고, 질의 상피세포를 회복시키며, 인슐린의 분비를 감소시키고, 혈당을 낮춰서 지방 조직의 분화를 감소시킨다.

DHEA와 Estrogen 호르몬은 유선 조직의 발달을 촉진하고, 자궁내막의 증식을 촉진하며, 중성지방의 합성을 늘리고, 뼈의 형성을 억제하며, Cholesterol 농도를 낮추는 작용을 한다(그림 10.10).

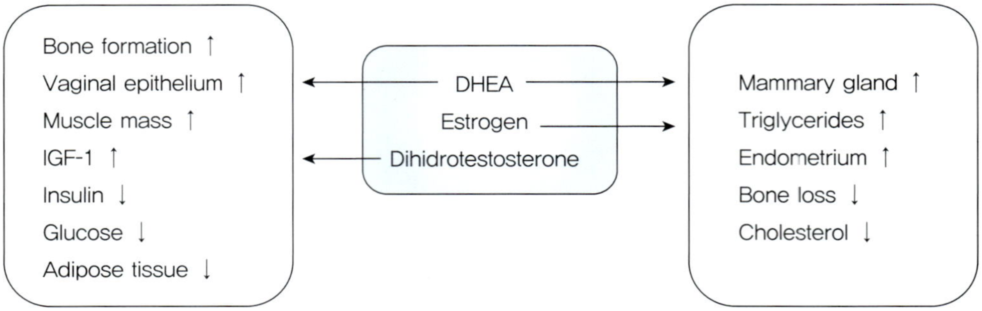

그림 10.10 DHEA, Estrogen, Dihydrotestosterone 호르몬의 작용.

8 생체 리듬의 조절

생물체는 생존을 위해 먹이 활동을 하면서 살아가고, 생명 활동을 활발하게 진행한 다음에는 회복을 위해 쉬는 시간을 갖는다. 쉬는 시간이라고 해서 모든 세포가 쉬는 것은 아니다. 일부 세포는 활동으로 인해 손상된 세포들을 수리하고, 고갈된 에너지를 보충하며, 다음의 활동에 필요한 영양성분을 채우는 작업을 진행한다.

이러한 삶의 반복되는 패턴은 뇌의 소뇌 위쪽에 존재하는 작은 조직인 송과선(pineal gland)에서 분비되는 호르몬에 의해 영향을 받는다. 송과선에는 부신 호르몬인 Epinephrine에 민감한 아드레날린 신경이 많이 분포하고 있어 교감신경의 영향을 많이 받는다.

송과선이 담당하는 10가지의 기능과 역할을 보면 다음과 같다.

① 일일 수면 주기 조절 – '생물학적 시계', ② 발생적 기능과 성호르몬 조절, ③ 성장과 발달 조절, ④ 체온 조절, ⑤ 혈압 조절, ⑥ 면역 조절, ⑦ 생식 조절, ⑧ 운동 조절, ⑨ 종양과 암의 억제, ⑩ 생명 연장과 노화 방지

1) 일일 수면주기 조절

잠을 자고 일어나서 아침을 먹고 활동하다가 점심을 먹고 나서, 다시 활동을 한 후에, 저녁을 먹고 쉬다가 졸리면 잠을 자는 일상을 매일 매일 반복하면서 잠은 왜 자는지, 놀거나 일을 하고 나면 왜 피곤한지, 힘든 일을 한 다음에는 왜 더 잠을 설치는지, 잠을 자지 않으면 무슨 문제가 있는지 등 많은 의문들을 갖게 된다.

수면주기를 조절하는 주된 기관인 송과선에서 분비하는 호르몬은 Melatonin으로, 하룻동안의 변화를 보면 활동을 하는 낮 시간 동안에는 줄어들고 수면을 취하는 동안에는 분비가 늘어난다. 수면에서 깨어나는 시기에 증가하는 호르몬은 Cortisol이며, 새벽 시간에 높아졌다가 점차 줄어들어 수면을 시작하는 시간에 최저농도가 되고, 잠을 자는 동안 비교적 낮게 유지된다. 이러한 변화를 거치는 동안 체온은 활동을 많이 하는 시간인 낮에 높아졌다가 잠을 자고 있는 동안에는 낮아지고 잠에서 깨어나기 전에 다시 높아진다(그림 10.11). 이러한 변화들은 호르몬 작용과

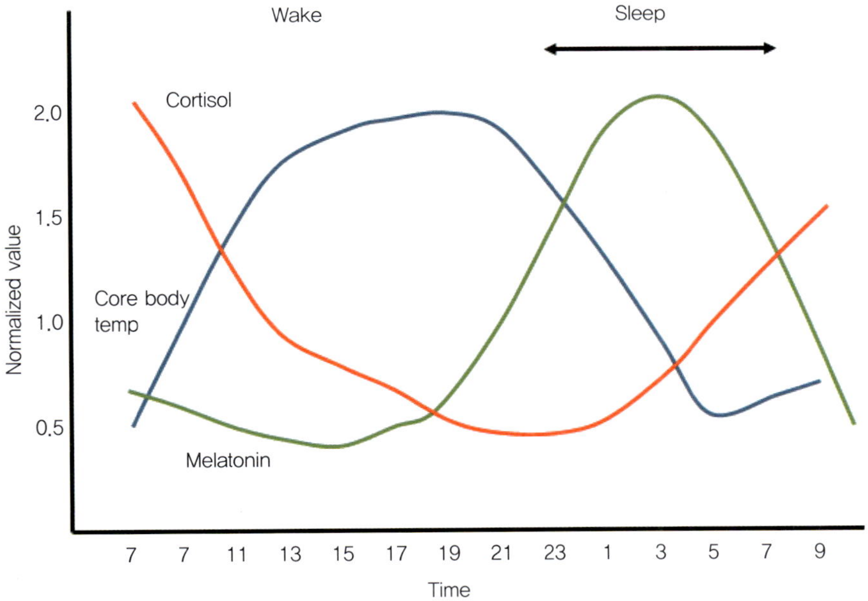

그림 10.11 하룻동안의 체온과 Cortisol 및 Melatonin의 변화.

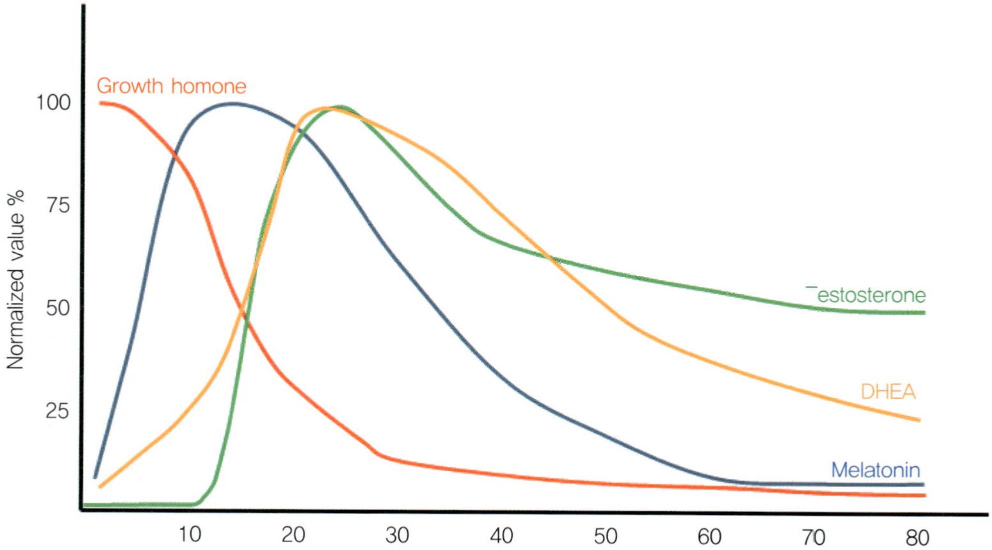

그림 10.12 나이와 연관된 호르몬의 변화.

밀접한 관련을 가지고 있으며, 개인적인 생활 패턴에 의해서도 크게 영향을 받는다. 일일주기를 조절하는 내부적인 호르몬들은 신체가 최적의 조건에서 효율적으로 작동할 수 있도록 각 기관의 에너지 대사를 주기에 맞게 조절하고 있기 때문에 주기가 달라지면 효율성이 떨어지면서 피곤함을 느끼게 된다. 생체를 운용하는 활력은 호르몬에 의해 조절되며, 활력을 조절하는 호르몬들은 나이가 들어감에 따라 분비량이 줄어든다(그림 10.12). 이러한 호르몬의 변화는 일일주기를 변화시켰을 때 나이에 따라 피곤함을 느끼는 정도를 매우 다르게 만든다. 일일주기의 변화는 호르몬의 변화로 나타나며, 생체의 활력을 주고 회복시키는 호르몬이 왕성하게 분비되는 20~30대에는 쉽게 회복되지만, 호르몬의 분비가 최저로 떨어지는 60~80대에는 회복이 느려져서 매우 피곤함을 느끼게 된다. 실제로 주간 근무에서 야간 근무로 바뀌는 사람들의 경우 Melatonin의 최대 농도가 30% 이상 감소하고 분비되는 시간 또한 변경된다. 이는 야간 근무로 전환한 20대의 경우에는 Melatonin의 분비량이 100%에서 70%로 하락하지만, 70대인 사람은 10%에서 7%로 하락하는 것이다. 회복 능력이 있는 젊은 사람에서는 약간 피곤한 정도가 고령자에서는 회복하는 데 며칠이 걸릴 수도 있는 일이다.

2) 수면을 유도하여 생활주기의 개선에 도움을 주는 물질의 작용

(1) Melatonin과 Tryptophan의 복용

잠을 자지 못하면 피곤한 상태가 계속 유지되기 때문에 매우 괴롭다. 수면을 유도하기 위해 침구를 바꾸거나, 기계 장치를 이용하여 전기장을 발생시키거나, 음악을 듣거나, 안대를 착용하여 빛을 차단한 상태에서 잠을 청하는 등의 다양한 방법을 동원하기도 한다. 수면에 도움을 주는 허브로는 쥐오줌풀, 시계꽃, 카모마일, 국화, 라벤더 등이 추천 받는데, 허브가 지닌 신경을 안정시켜 주는 효과에 대해서는 이미 제9장에서 언급하였다. 이러한 방법들이 효과가 없을 때는 Melatonin이나 Tryptophan을 고려하게 되고, 심한 경우에는 수면제를 찾게 된다. Tryptophan을 복용하면 미네랄과 비타민이 함께 작용하여 5-hydroxytryptophan으로 전환된 다음 Serotonin으로 전환되어 장과 심장의 증상을 완화시키고, 수면의 질을 개선하며, 섬유상의 근육통과 다른 통증의 조건을 완화시키고, 탄수화물과 에탄올 및 다른 약물에 대한 욕구를 감소시키는 작용을 한다. Serotonin은 다시 Melatonin으로 전환돼서 수면의 질을 개선시킨다(그림 10.13)

L-Tryptophan을 투여하면 Melatonin의 양이 30% 정도 증가하고, 하루 중에서 최대치에 이르는 시간 또한 새벽 1시에서 23시로 2시간 정도 빨라지는 변화가 일어난다(그림 10.14).

식품의 100g에 포함되어 있는 L-Tryptophan의 양은 동물성은 계란 흰자(1g), 스피루리나(0.92g), 치즈(0.3~0.56g), 육류(0.17~0.25g) 순이고, 식물성은 콩(0.59g), 참깨(0.37g), 해바라기 씨(0.30g), 귀리(0.23g) 순이다. 해조류인 톳, 다시마, 미역, 청각 등에 함유되어 있고, 미생물인 스피루리나와 클로렐라에 많이 함유되어 있는데, 전반적으로 단백질 함량이 높은 식품에 많다.

Melatonin을 너무 많이 복용하면 사람에 따라서는 오히려 잠을 자지 못하게 되

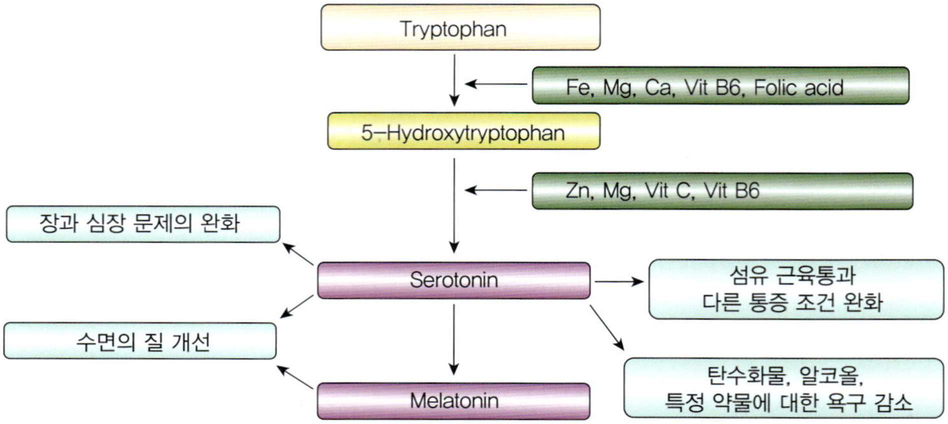

그림 10.13 Tryptophan의 투여 효과.

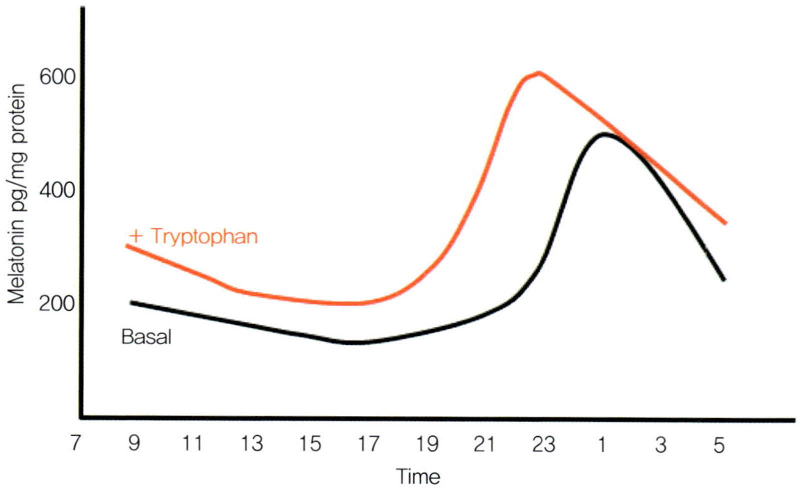

그림 10.14 Tryptophan의 투여에 따른 melatonin의 변화.

거나 의도하지 않는 시간에 잠이 쏟아지는 현상이 나타나며, 강력한 꿈이나 악몽을 꾸기도 한다. 생리적인 증상으로는 두통, 현기증, 위장 장애, 설사, 관절통, 두려움 등이 나타난다.

(2) 빛의 감지 작용

낮 동안 강한 빛이 눈의 망막에 도달하여 발생한 신호는 일차 시신경(Primary optic tract; POT)를 통해 뇌의 LNG/IGL에 전달된 다음, 뇌의 시각 피질에 전달되어 시각 정보의 처리 활동을 진행한다. 또한 망막에서 발생한 신호는 Retinohypothalamin tract(RHT)를 통해 뇌의 시상하부 위쪽에 있는 Suprachiamatic nuclus(SCN)에 전달되어 신호가 발생하면, 뇌의 시상, 시상하부, 중뇌, 척수, 뇌하수체 등에 전달되고, 활성화되면 신체가 전반적으로 깨어나 활동하게 된다(그림 10.15).

빛이 차단되거나 약한 빛이 눈을 통해 들어와서 망막의 시신경(retinal ganglionic cell)을 자극하면 신호가 RHT 통해 SCN에 전달되고, 척수신경을 따라 내려가 상부

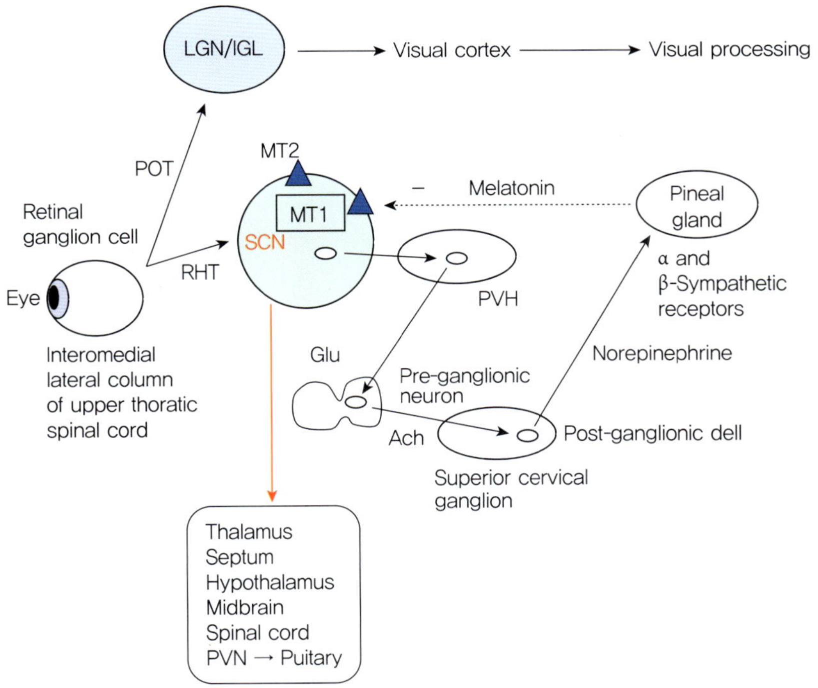

MT1: Melatonin receptor 1, SCN: suprachiasmatic nucleus
PVH: paraventricular hypothalamus or pothalamic paraventricular nucleus (PVH)
Ach: acetylcholine (ACh), Glu: Glutamate, POT: Primary optic tract
LGN: Lateral geniculate nucleus, IGL: Intergeniculate leaflet

그림 10.15 빛의 감지와 melatonin의 작용.

중추신경절(Superior cervical ganglia)에 도달한 다음 부교감신경의 Norepinephrine이 송과선을 자극하면 Melatonin이 분비된다. Melatonin이 이동해서 SCN에 있는 MT1 수용체와 결합하면 뇌의 활동을 억제해서 수면을 촉진시키는 작용을 한다. MT2 수용체는 Light-Dark cycle에 대한 연행 과정에 관여한다. MT1 수용체는 Gαi와 작용해서 Adenylyl cyclase를 억제시켜 cAMP를 낮추며, Gαq와 작용해서 세포 내부의 반응을 이끌어낸다. 이러한 작용에 의해 외부로 보내는 신호가 줄어들면, 뇌의 시상, 시상하부, 중뇌, 척수, 뇌하수체 등의 활성이 줄어서 신체는 더욱 깊은 잠을 자게 된다.

(3) Norepinephrine에 의한 Melatonin이 분비 촉진

부교감신경의 Norepinephrine이 송과선 조직의 세포에 있는 수용체와 결합하면 Adenylyl cyclase가 활성화되어 cAMP가 증가된다. cAMP가 PKA를 활성화시켜서 Melatonin 합성을 중계하는 N-Acetyl transferase(NAT)와 N-Acetylserotonin-o-methyltransferase(ASMT) 단백질 합성이 늘면, Melatonin 합성이 증가하고 분비량이 많아진다(그림 10.16).

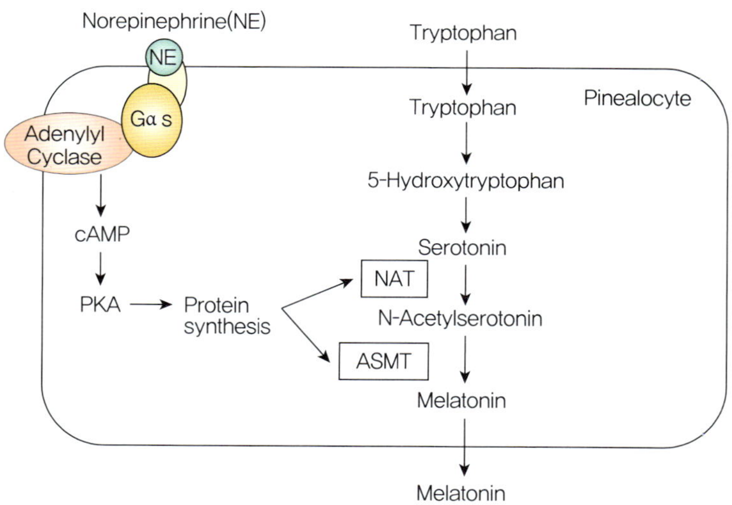

그림 10.16 Norepinephrine에 의한 Melatonin 분비 촉진.

(4) Melatonin은 암의 발생을 억제하는가?

Melatonin은 면역세포에 작용해서 NK cell, Monocytes, Leucocytes 등을 활성화시키고, Interleukin과 Interferon-γ의 분비를 촉진해서 면역 반응을 활성화시켜 암세포에 대항하는 능력을 향상시킨다(그림 10.17).

Melatonin은 종양 주위의 혈관 형성을 촉진하는 인자 중의 하나인 Endothelin의 유전자 발현을 막아 종양의 성장을 억제하고, 세포의 성장을 결정하는 유전자의 발현 억제, Cytochrome C 방출, Caspase 활성화(Caspase3, Caspase 9), Apoptotic protease activating factor 1(Apaf-1)의 발현 등을 통해 세포의 분화를 막음으로써 암세포가 성장하는 것을 억제한다.

Melatonin이 분비되지 않는 낮 동안에는 cAMP의 농도가 높아지고, Hypoxia-inducible factor 1-α(HIF-1α)의 활성이 줄어들며, Linoleic acid의 농도가 높아져 13-Hydroxyoctadecadienoic acid(13-HODE)로 전환되는 양이 많아진다. 13-HODE가 AKT의 인산화를 촉진하면, 활성화된 AKT가 지방세포의 신호전달을 증가시켜 세포의 분화를 촉진하게 되므로 암세포의 성장이 빨라진다. 밤에 Melatonin이 MT1 수용체에 결합하여 cAMP 농도가 낮아지면 Linoleic acid 운반체의 활성화가 줄어들고 Linoleic acid의 농도가 낮아진다. 이로 인해 Linoleic acid로부터 만들어지는 신호전달 물질이 줄어서 세포의 분화가 줄면 암세포의 성장이 억제된다(그림 10.18). 암세포와 같은 비정상 세포를 판단하는 방법으로 이용되는 Warburg effect는 정상 세포에서는 포도당의 대사가 해당과정과 TCA 과정을 거쳐 CO_2와 H_2O로

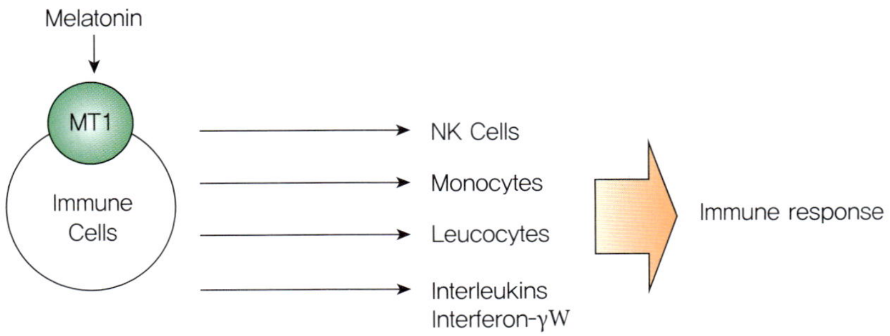

그림 10.17 Melatonin에 의한 면역 반응의 활성화.

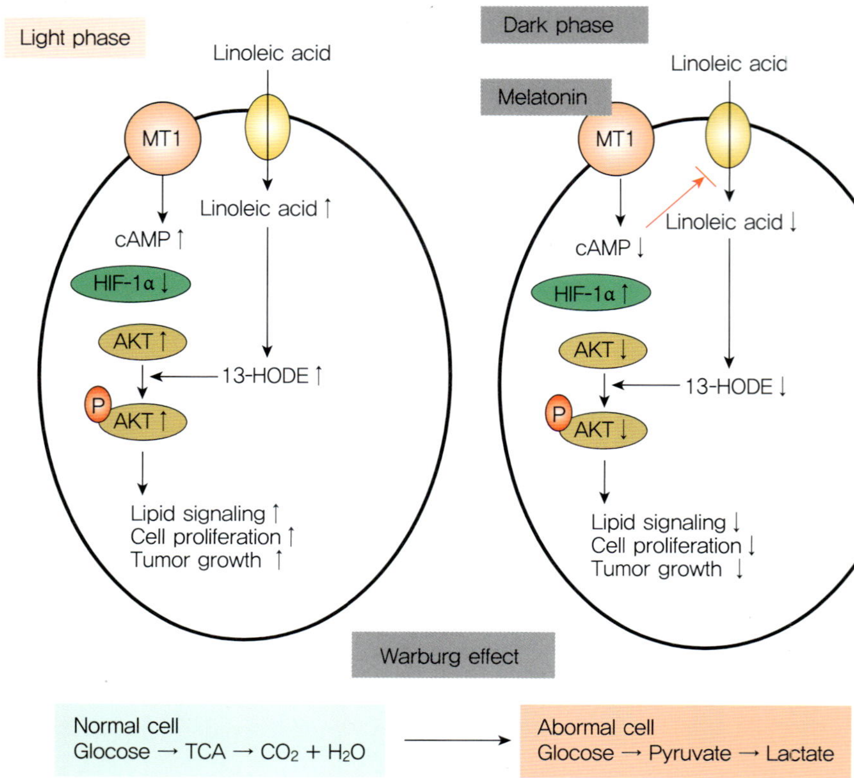

HIF-1α: Hypoxia-inducible factor 1-α(HIF-1α)
AKT: Protein kinase B (PKB), also known as Akt
13-HODE: 13-Hydroxyoctadecadienoic acid

그림 10.18 Melatonin과 Warburg effect.

산화되지만, 비정상 세포에서는 대사이상으로 인해 포도당을 pyruvate와 lactate로 전환시켜 방출하는 것을 감지한다.

(5) 수면을 유도하는 물질

Tryptophan이나 Melatonin의 복용으로도 잠을 이룰 수 없는 사람들은 신경전달을 차단하는 약물을 사용하게 된다. 억제성 신경에서의 활동전위가 전신경 말단의 시냅스 부위에 도달하면 Ca^{2+} 통로가 열려 안으로 유입되고, Ca^{2+}의 작용에 의해 시냅스 소낭의 신경전달 물질이 방출된다. 시냅스 소낭에 들어 있던 GABA와 Glycine이 후신경의 Cl^- 통로에 결합하면 통로가 열려 세포 안으로 유입되고, 음이온의 농도가 높아져 과분극 상태를 심화시키면서 발생하는 탈분극에 의해 활동전위의 발생이 억제된다. Cl^- 통로에 작용하는 마취제들은 Cl^- 통로를 변화시켜 GABA에 대한 친화도를 높이는데, 이는 Cl^- 통로가 열리는 빈도를 증가시키므로 후신경의 활동전위 발생이 더욱 줄어들게 된다(그림 10.19).

Benzodiazepine이 수용체에 결합하면 GABA에 대한 친화도를 크게 증가시켜

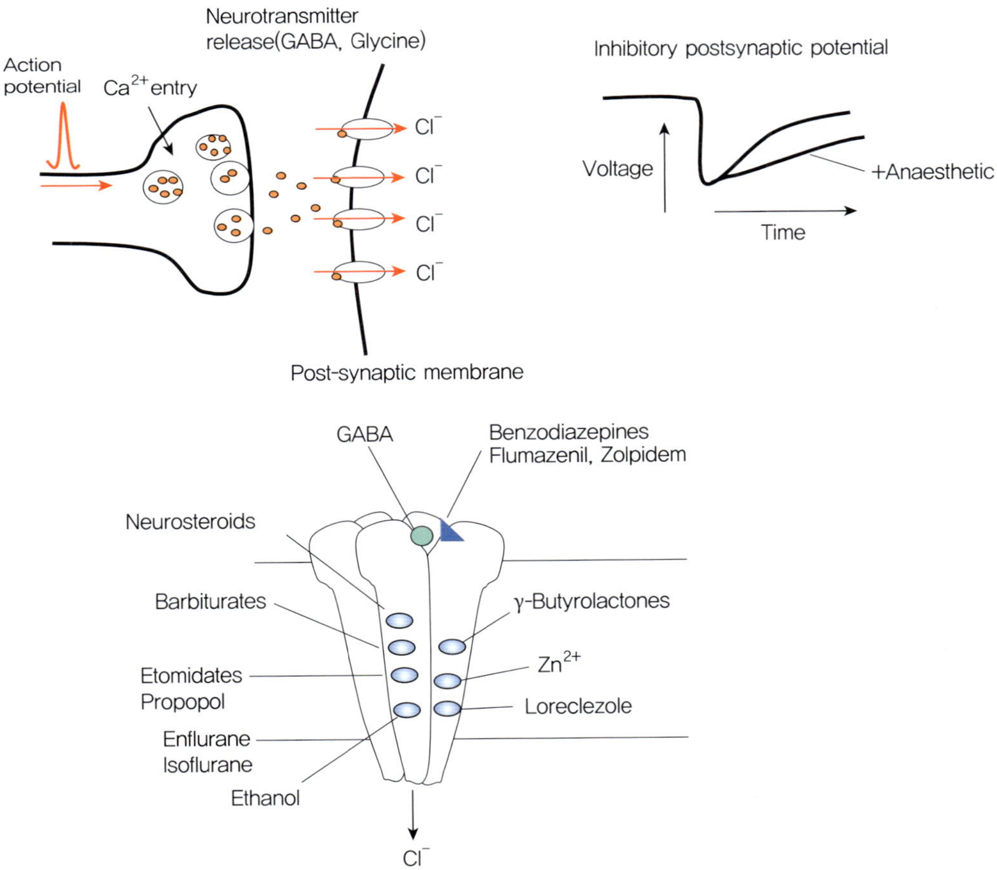

그림 10.19 GABA 수용체의 활성화에 의한 신경 억제 기작.

Cl^- 통로가 열리는 강도를 높이게 된다. 이로 인해 신경 세포막의 과분극이 유도되어 탈분극에 의한 활동전위의 발생이 강하게 억제된다. 약물을 장기간 사용할 경우 뇌의 중요한 조직에 위치해 있는 수용체의 유전자 발현이 억제되어 줄게 되고, 약물에 대한 내성과 의존성이 유발된다. 이러한 약물에는 Benzodiazepines, Flumazenil, Zolpidem, γ-Butyrolactone, Locreclezole, Neurosterioids, Barbiturates, Etomidates, Propopol, Enflurane, Isoflurane, Ethanol 등이 있다. 이러한 약물이 작용해서 신경을 억제하면 모든 감각신경의 자극이 억제되므로 졸음이 오게 된다. 우리가 술을 마시면, 졸음이 오고, 판단력이 흐려지며, 균형감각이 떨어지는 이유가 신경전달이 억제되기 때문이다. Cl^- 통로에 결합하는 많은 약물들이 불면증 치료제와 마취제로 활용되고 있다.

(6) 정신적인 수련을 하면 생체 리듬이 좋아지는가?

스트레스에 의해 유도되는 Cortisol은 Tryptophan dioxygenase(TDO)의 발현을 증가시키고, 미생물의 침입으로 발생하는 염증 반응에 의해 증가하는 IL-1, IL-6, TNF-α 등은 Indoleamine 2,3 dioxygenase(IDO)를 증가시켜서 Tryptophan을 Kynurenine으로 전환시킨다. Kynurenine가 여러 단계를 거쳐 Quinolinic acid로 전환되면 뇌에 영향을 미쳐서, 우울증이 심해지고, 불안이 증가하며, 신경계의 Glutamate 분비량이 늘어나고, 세포의 산화적 스트레스가 높아져서 미토콘드리아의 기능 이상이 발생한다(그림 10.20).

소장의 공장(Jejunum)에서 음식물에 들어 있는 Kynurenic acid(Kyna)와 같은 Kynurenine(Kyn)의 대사체가 흡수되어 영향을 주며, 흡수되는 부위에서 G-protein coupled receptor 35(GPR35)에 결합하여 항염증 효과를 나타낸다. 소장의 아래 부분인 회장(Ileum)에서는 미생물에 의한 Trp의 대사가 이루어져서 Aryl hydrocarbon receptor(AhR)에 결합하는 Indol 화합물이 만들어진다. AhR은 유전자의 발현을 조절하는 전사인자로, 일차적으로는 외부의 독성 화합물에 대한 감지자로 작동하며 Cyt-p450과 같은 효소의 조절자 역할을 한다.

근육 운동은 전사의 활성 인자인 peroxisome proliferator-activated receptor-γ

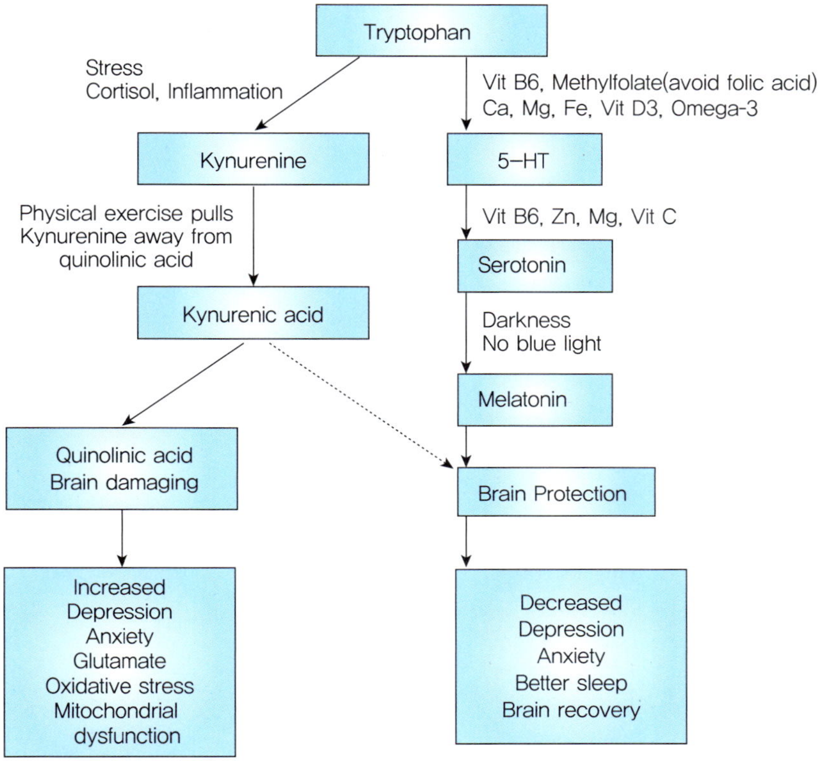

5-HT: 5-Hydroxytryptophan

그림 10.20 스트레스에 의한 Tryptophan 대사와 정신수련의 효과.

(PPAR-γ) coactivator-1α1(PGC-1α1)에 의한 Kynurenine aminotransferase(KAT)의 유전자 발현을 증가시켜서 Kynurenine이 Kynurenic acid로 전환되는 것을 증가시킨다. 근육에서 Kynurenine의 대사가 이루어지면 혈액의 Kynurenine 농도가 낮아져서 뇌로 공급되는 양이 줄어들게 되고, 뇌 세포의 손상을 유발하는 Quinolinic acid의 생산이 줄어들어 뇌 세포가 보호된다. 이러한 현상은 근육 운동이 뇌의 건강에 미치는 중요한 역할을 설명할 수 있는 하나의 이유가 된다.

명상이나 요가와 같은 정신적인 수련을 하면, 중뇌에서의 Serotonin 생산이 증가되고 이의 대사체인 5-hydroxy indolacetic acid도 증가한다. 이는 뇌에서 일어나는

Tryptophan의 대사가 5-Hydroxytryptophan → Serotonin → Melatonin의 경로로 전환됨을 의미한다. 이러한 대사의 전환은 우울증을 완화하고, 불안을 해소해서 수면의 질이 개선됨으로써 뇌의 건강을 회복시켜 준다.

11 생식 기능의 조절

1 뇌-시상하부-뇌하수체-생식기와 조절 시스템

생식 기능의 조절에 관련된 중심축은 뇌의 시상하부에서 분비하는 Gonadotropin releasing hormone(GnRH)에 의해 시작된다. GnRH의 분비는 다양한 외부와 내부의 신호에 의해 조절되며, 외부의 신호를 받아 활성화되는 GnIH 신경에서 분비하는 GnIH에 의해 억제되고, 내부의 자극에 의해 분비되는 Neurokinin B와 Kisspeptin에 의해 분비가 촉진된다. 시상하부의 GnRH 신경에서 GnRH가 분비되면 뇌하수체를 자극하여 Luteinizing hormone(LH)과 Follicle-stimulating hormone(FSH)의 분비가 촉진된다. 뇌의 뇌하수체에서 분비된 LH와 FSH는 생식기관인 정소와 난소로 이동하여 효과를 나타낸다. GnRH와 LH 및 FSH는 출산 전의 태아 상태에서 분비되고, 출생 후부터 사춘기까지는 적은 양이 분비되며, 사춘기 이후에 분비가 증가하여 성인이 돼서도 계속 분비되는 호르몬이다. LH와 FSH가 생식소를 자극하면 정소에서는 Testosterone이 분비되어 정자 형성을 촉진하고, 난소에서는 Estrogen이 분비되어 난자의 성숙을 돕는 여포의 형성을 촉진한다. Testosterone과 Estrogen은 이차 성징의 발현에 작용을 한다. 남성에서는 성기와 음낭이 성장하고, 수염이 자라며, 후두가 팽창하여 목소리가 저음으로 변성이 유발되고, 어깨가 넓어지고, 근육이 늘어나서 몸집이 커지며, 겨드랑이와 음부에 털이 자란다. 여성에서는 가슴이 발달해서 성숙되며, 골반이 넓어지고 음부와 겨드랑이에

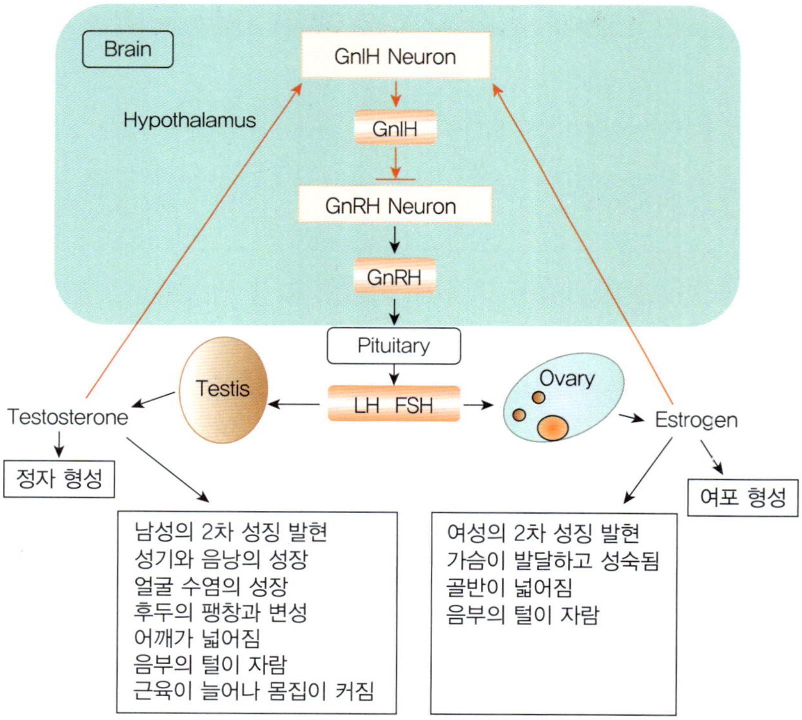

GnIH: Gonadotropin inhibitory hormone(GnIH), GnRH: Gonadotropin releasing hormone(GnRH), LH: Luteinizing hormone, FSH: Follicle–stimulating hormone

그림 11.1 생식 조절 호르몬의 작용.

서 털이 자란다(그림 11.1). 정소와 난소에서 분비하는 호르몬인 Testosterone과 Estrogen은 시상하부를 억제하여 GnRH 분비를 줄인다.

2 뇌의 신경과 생식기관의 신호에 의한 생식호르몬 분비의 조절

생식기관을 조절하는 호르몬의 작용은 뇌의 자극을 받는 시상하부에서 분비하는 GnRH로부터 시작된다. 사회적 활동이 많아져 대뇌에 있는 뇌교(pons)의 신경 세포가 활성화되면 Norepinephrine이 분비되어 GnIH 신경을 자극하게 된다. GnIH 신경은 밤 시간에 송과선에서 분비되는 Melatonin과 생식소에서 분비된 Estrogen 및 Testosterone에 의해서도 활성화된다. 여러 자극을 받은 GnIH 신경에서 Gonadotropin inhibitory hormone(GnIH)이 분비되면 GnRH 신경을 억제하여 GnRH의 분비를 막는다. 정소와 난소에서 분비한 Estrogen, Testosterone, Activin, Inhibin, Folistatin 등은 뇌하수체에 작용하여 LH와 FSH의 분비를 촉진하며, Activin에 의해 분비가 억제된다.

외부의 스트레스를 받아 생산되는 CRF와 POMC, 소장에서 분비되는 Vasoacctive intestinal peptide(VIP), 갑상선 조직에서 분비되는 호르몬인 T4, 뇌하수체에서 분비되는 Prolactin(PRL) 등의 호르몬은 뇌신경에서 억제 작용을 나타내는 GABA의 분비를 촉진한다. GABA는 KISS1 신경에 작용하여 Kisspeptin의 분비를 억제하고, GnRH 신경에 작용하여 GnRH의 분비를 억제한다.

뇌신경의 작용으로 생성된 Neuropeptide Y(NPY), Dopamine, NO 등의 신경전달 물질은 GnRH 신경에 작용해서 GnRH의 분비를 억제한다. 뇌의 자극으로 분비되었거나 외부에서 들어온 Glutamate는 KISS1 신경에 작용하여 Kisspeptin의 분비를 촉진시키고, GnRH 신경을 자극하여 GnRH의 분비를 촉진시킨다. 췌장에서 분비한 Insulin은 뇌의 구심성 신경(Afferent neuron)을 활성화시켜 신호를 중간 신경에 전달하고, 다시 GnRH 신경을 자극해 GnRH의 분비를 촉진한다(그림 11.2).

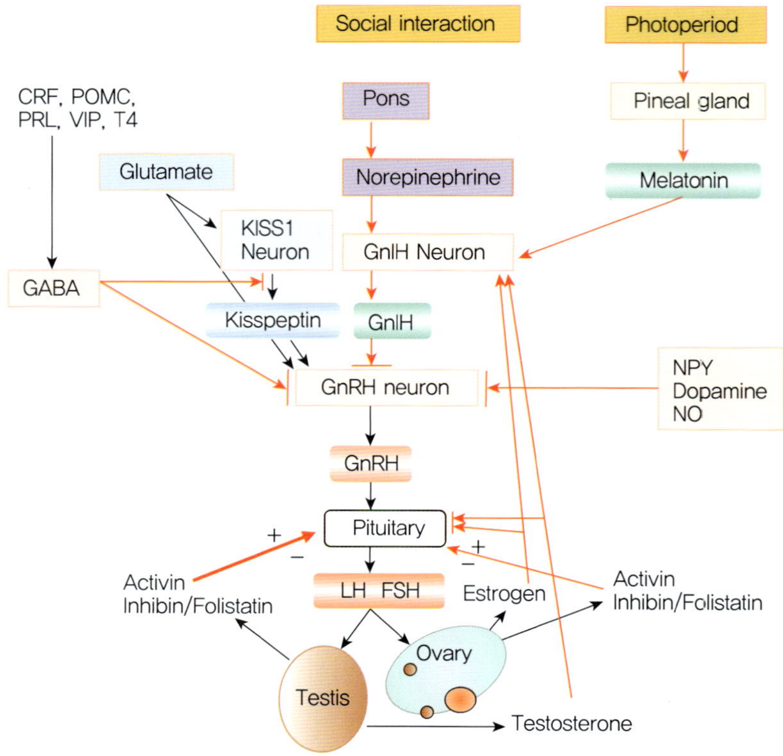

그림 11.2 뇌의 신경에 의한 GnRH 분비의 조절.

3 신체 장기의 호르몬과 외부 자극에 의한 생식호르몬 분비의 조절

GnRH 분비를 촉진하는 다른 장기에서 보내는 신호 물질은 영양 상태가 좋거나 심신이 안정된 상태에서 분비되는 호르몬들이다. 영양 상태가 좋아 지방이 쌓이면 지방 조직에서 Leptin이 분비된다. Leptin이 뇌의 Kiss1 신경을 자극하여 Kisspeptin이 분비되면, 이는 다시 GnRH 신경을 자극해서 GnRH의 분비를 촉진한다. 포도당의 농도 증가로 췌장에서 분비한 Insulin이 구심성 신경(Afferent neuron)을 자극하면

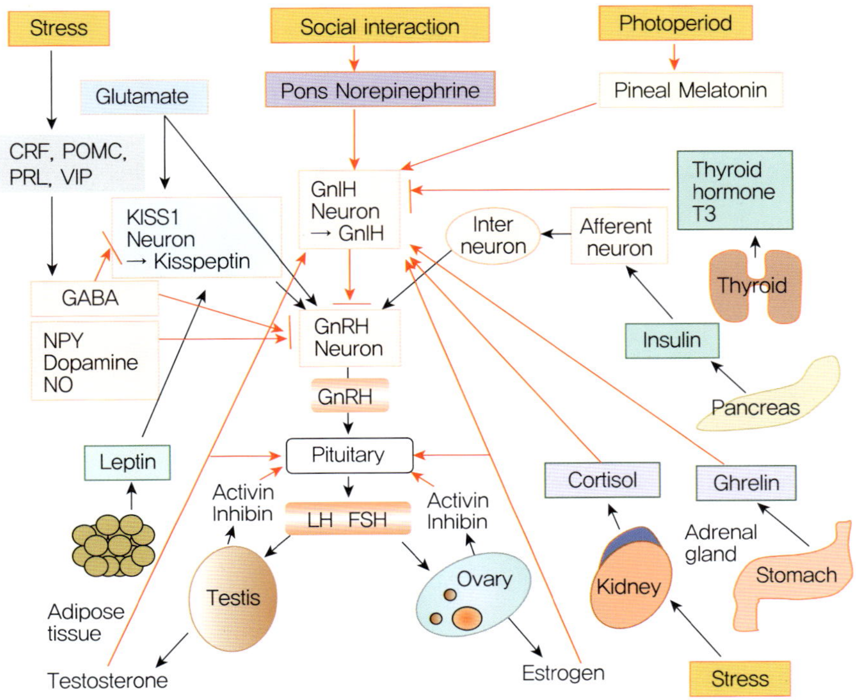

그림 11.3 내분비기관의 호르몬에 의한 GnRH의 조절.

중간 연결신경을 통해 GnRH 신경을 자극해서 GnRH 분비를 촉진한다. 또한 갑상선에서 분비한 Thyroid hormone T3가 GnIH 신경을 억제하면 GnIH의 분비가 중단되어 GnRH 분비가 유지되는 효과를 나타낸다.

신체의 영양 부족이나 굶주림 신호는 GnRH의 분비를 억제하는 신호로 작용한다. 위에서 배고픔 신호로 분비하는 Ghrelin, 스트레스 신호를 받아 부신에서 분비된 Cortisol, 정소에서 분비한 Testosterone, 난소에서 분비한 Estrogen, 갑상선에서 분비한 T3 등의 호르몬은 시상하부의 GnIH 신경의 GnIH 분비를 증가시켜서 GnRH 분비를 억제한다. 뇌에 가해지는 스트레스가 Corticotropin releasing factor(CRF), Prolactin(PRL), Proopiomelanocortin(POMC) 등의 분비를 증가시키면, 이들은 다시 GABA의 분비를 증가시켜서 Kisspeptin과 GnRH의 분비를 억제한다(그림 11.3).

4 GnRH의 분비에 영향을 주는 외부적인 요인

GnRH 신경에 영향을 미치는 신경으로는 GnIH를 분비하여 억제시키는 GnIH 신경, Kisspeptin을 분비해서 촉진 작용을 하는 KISS1 신경, 그리고 촉진 작용을 하는 Neurokinin B와 억제 작용을 하는 Dinorphin을 분비하는 KDNy 신경 등이 있다.

환경적인 스트레스나 저혈당, 스트레스에 의해 생성되는 Cortisol, 약물에 의한 자극과 염증 반응을 매개하는 Cytokine 등은 대부분 KNDy 신경이 분비하는 Dinorphin을 통해 GnRH 신경을 억제해서 GnRH 분비를 억제시킨다.

성 스테로이드 호르몬인 Estrogen, Testosterone은 KNDy 신경을 억제해서 GnRH 분비를 억제하고, 뇌하수체를 억제해서 LH와 FSH의 분비를 억제한다. Progesterone은 KNDy 신경을 억제해서 GnRH 분비를 억제한다.

뇌의 흥분성 peptide인 Orexin, 배고픔의 신호인 Ghrelin, 빛의 차단으로 증가하는 Melatonin 등은 GnIH 신경을 촉진한다. GABA, Neuropeptide Y(NPY), 신경 세포의 활동 전위를 억제하고 조절하는 역할을 하는 Galanin-a 등은 GnIH 신경을 촉진시켜서 Kiss1 신경을 억제하고, Agouti-related peptide(AgRP)는 Kiss1 신경을 억제해서 GnRH 분비를 억제한다.

Proglucagon의 번역 후 가공 과정에서 파생된 호르몬인 Glucagon-like peptide-1 (GLP-1), 지방 조직에서 분비하는 Leptin, 행복감을 느끼게 하는 Serotonin, 시상하부에서 생산되는 Neuropeptide의 하나로 물질대사와 발생의 조절에 관여하는 Coacine-and amphrtamine-regulated Transcript(CART), 뇌하수체에서 발현되어 다양한 호르몬으로 전환되는 Proopiomelanocortin(POMC), Glutamate 등은 Kiss1 신경을 자극해서 Kisspeptin 분비를 촉진한다. 분비된 Kisspeptin은 GnRH 신경을 직접적으로 자극하고, Kiss1 신경을 자극하여 GnRH 신경을 자극하게하는 간접적인 방법으로 GnRH 분비를 촉진시킨다.

Pituitary adenylate cyclase activating polypeptide(PACAP), 시상하부에서 분비하는 Neuropeptide(19aa)로 잠을 촉진하는 Melanin-concentrating hormone(MCH),

GnRH2, Cholecystokinin(CCK), α-Melanocyte stimulating hormone (α-MSH) 등은 GnRH 신경을 자극해서 GnRH의 분비를 증가시킨다.

시상하부에서 분비되어 배고픔과 지방의 저장을 조절하는 Neuropeptide(82aa)인 Nesfatin-1은 GnRH 신경을 억제해서 GnRH의 분비를 억제하고, 뇌하수체를 억제해서 LH와 FSH의 분비를 억제한다.

GnRH의 분비를 조절하는 물질 중 식욕을 억제해서 음식 섭취를 줄이고 에너지 소비를 늘리는 반응을 유발하는 Anorexigenc 호르몬으로는 위장관(Gastrointestinal tract)에서 분비되는 Cholecycstokinin(CCK), Peptide YY(PYY), Pancreatic polypeptide(PP), Enterostatin, Glucagon-like peptide-1(GLP-1), Glucagon, Oxyntomodulin (OXM) 등이 있고, 신경에서 분비되는 호르몬으로는 Proopiomelanocortin(POMC), Coacine-and amphetamine-regulated Transcript(CART), Adrenocorticotrophic hormone(ACTH), α-Melanocyte stimulating hormone (α-MSH) 등이 있으며, 지방조직에서 분비되는 Leptin, Adiponectin, Insulin 등이 있다. 이들 중에서 췌장에 작용하는 PP와 부신에 작용하는 ACTH를 제외한 대부분의 호르몬들은 GnRH의 분비를 촉진하는 작용을 한다.

식욕을 자극하고 에너지의 소비를 줄이는 작용을 하는 Orexigenic 호르몬으로는 위에서 분비하는 Ghrelin과 신경에서 분비하는 Neuropeptide Y(NPY), Agouti-related peptide(AgRP), Galanin-a, Orexin-A, Melanin-concentrating hormone (MCH) 등이 있으며, 이들 중에서 MCH를 제외한 모두는 GnRH의 분비를 억제한다(그림 11.4).

5 남성의 발달에 관여하는 호르몬의 작용

1) 남성호르몬의 합성 경로와 작용

남성의 생식호르몬은 Cholesterol → Pregnenolone → Progesterone →

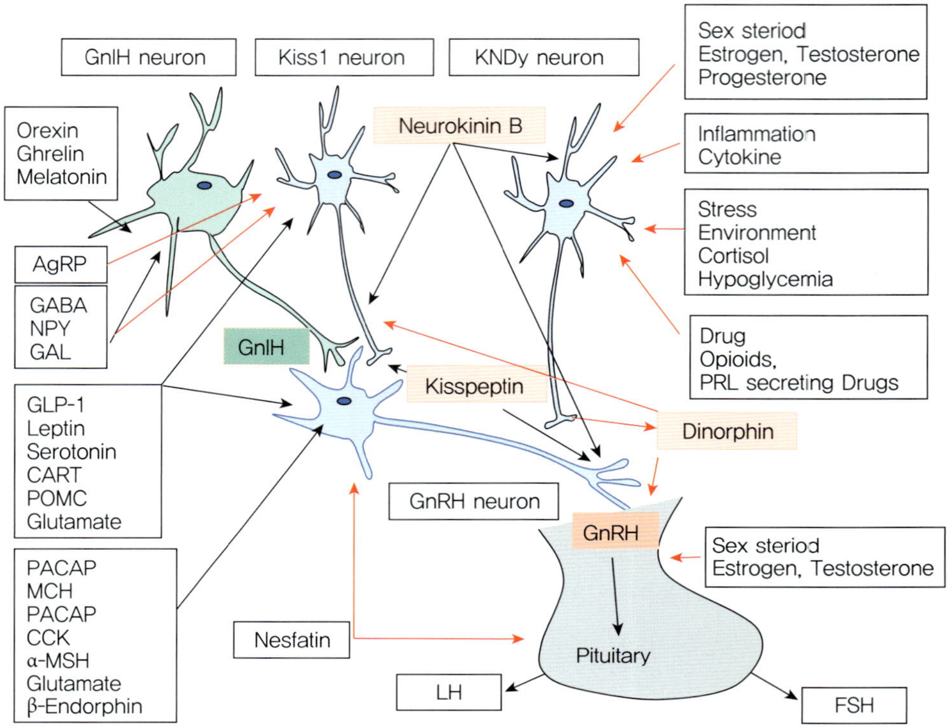

AgRP: Agouti-related peptide(AgRP)

CART: Coacine-and amphrtamine-regulated Transcript(CART)

CCK: Cholecystokinin

GAL: Galanin-a neuropeptide(29aa) that is widely expressed in brain, spinal cord, gut.

GLP-1: Glucagon-like peptide-1(GLP-1)

MCH: Melanin-concentrating hormone(MCH)-its modulates LH secretion in an estradiol dependent manner.

α-MSH: α-Melanocyte stimulating hormone

NPY: Neuropeptide Y-a powerful appetite enhancer

PACAP: Pituitary adenylate cyclase activating polypeptide(PACAP)

POMC: Proopiomelanocortin

Nesfatin-1: anucleobindin-2(NUCB2)-a neuropeptide(82aa)

그림 11.4 외부 인자에 의한 GnRH 신경의 조절.

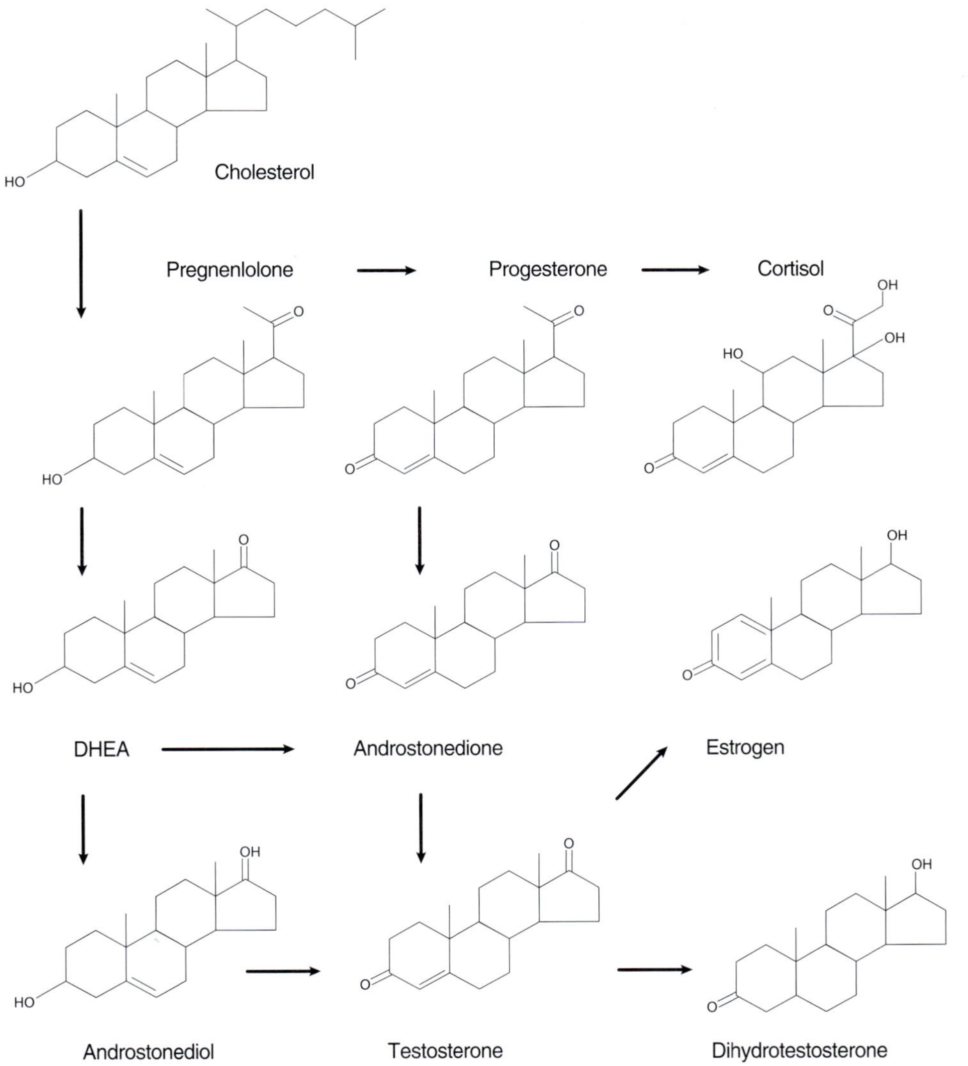

그림 11.5 남성 호르몬의 합성 경로.

Androstonedione → Testosterone의 경로로 합성되거나 Cholesterol → Pregnenolone → DHEA → Androstonediol → Testosterone의 경로를 거쳐 합성된다(그림 11.5). Testosterone은 다시 Dihydrotestosterone으로 전환되어 Testosterone과 함께 남성 호르몬으로 작용한다.

표 11.1 남성호르몬의 기능.

호르몬	호르몬의 작용
DHT	남성 생식기관의 성장과 분화: 세정관, 부정소, 전립선
T	이차 성징의 발현에 관여: 생식기 성장, 변성기 변성기–후두(larnyx)의 확대로 음색이 두꺼워짐
T	골격 성장, 근골격 성장, 피하지방 분포에 영향, 세정관 성장(T, DHT), 전립선 성장(DHT)
T	뇌와 중추신경계 작용 시상하부, preoptic area, brain cortex 분화(T to E)
T	리비도(Libido)의 발달

T-Testosterone, DHT-Dihydrotestosterone, E-Estrogen

남성호르몬은 단독으로 작용하거나 함께 작용해서 효과를 나타내는데, Dihydrotestosterone은 세정관, 부정소, 전립선과 같은 남성 생식기관의 성장과 분화를 촉진한다.

Testosterone은 생식기의 성장과 발달 및 후두의 발달과 같은 이차 성징의 발현을 촉진하고, 골격의 성장과 리비도의 발달을 촉진하며, Dihydrotestosterone과 함께 작용해서 세정관과 전립선의 성장을 촉진하고, Estrogen과 함께 작용해서 뇌의 시상하부 안점지역 및 대뇌피질의 발달을 촉진한다(표 11.1). 피부에서는 얼굴과 신체 전반에서 자라는 털의 성장을 촉진하고, Collagen의 합성을 촉진해서 피부의 탄력을 유지해 주는 역할을 한다.

2) 남성호르몬의 농도

정소에서는 Testosterone 5,000 μg과 Androstenedione 2,500 μg 정도가 매일 분비되는데, 물질대사를 통해 일부가 분해되고 땀과 오줌을 통해서도 일부가 배출된다. 많은 양이 분비되는 것은 Testosterone과 DHEA로 하루 분비량은 각각 최고 7과 30 mg 정도이다. 남성 호르몬은 잠에서 깨어나기 직전의 아침시간에 가장 높고 일상생활을 하는 낮 시간에는 낮아졌다가 잠이 들면 다시 높아지기 시작한다. 이는

표 11.2 남성호르몬의 농도.

	Testosterone	Androstenedione	DHEA mg
Plasma Conc.(ng/100ml)	300~1,100	50~220	
Testis secretion(mg/day)	7	2.5	
Adrenal secretion(μg/day)	100		10~30

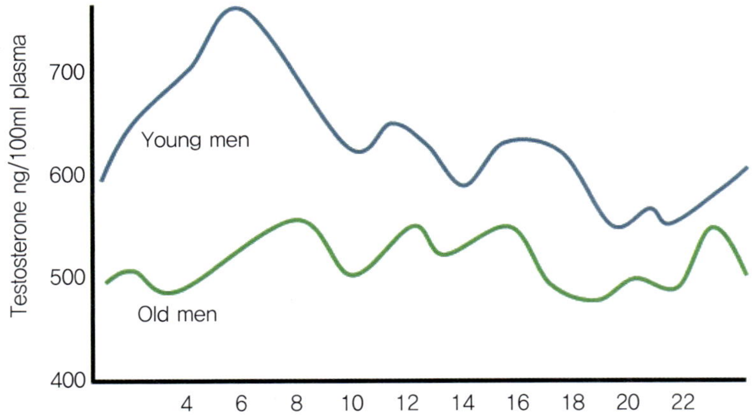

그림 11.6 건강한 남성에서의 하루 Testosterone 혈중 농도 변화.

숙면을 취하고 있는 동안 생식소의 활동이 활발하게 이루어진다는 것을 의미한다(그림 11.6).

젊은 사람과 나이든 사람을 비교하면, 젊은 사람은 580~750ng/100ml plasma의 농도를 유지하는 반면, 나이든 사람은 460~580ng/100ml plasma의 농도를 유지한다. 나이에 따른 Testosteron의 변화를 보면 25~35세의 남성은 800~1,200ng/100ml plasma의 농도이지만, 65~74세의 경우 600~800ng/100ml plasma의 농도로 떨어진다.

여성의 경우는 17~18세에 20~75ng/100ml plasma의 농도이고, 19세 이상이 되면 8~60ng/100ml plasma의 농도를 유지한다. 남성이 가진 농도의 10% 정도를 유지하는 것으로는 큰 효과를 내지 않지만, 개인적인 차이에 의해 높아지는 사람도 있다.

3) 남성호르몬과 탈모는 어떠한 관련이 있는가?

탈모에는 남성형 탈모와 여성의 탈모가 있다. 탈모의 정확한 원인은 밝혀지지 않았지만, 남성형 탈모는 Testosterone이 5α-reductase의 작용을 받아 Dihydrotestosterone (DHT)으로 전환되는 양이 많아지는 것과 밀접한 관련이 있다. DHT는 전립선을 증식시키고 머리 윗부분의 탈모를 촉진시키기 때문에 Testosterone의 전환을 막는 Dutasteriod와 같은 5α-reductase의 억제제가 전립선 비대증과 두상 탈모의 치료에 사용하고 있다(그림 11.7).

Dutasteriod는 Testoeterone의 유사체인데, 5α-reductase의 비가역적 억제제로 작용해서 DHT로 전환되지 못하게 막아 주므로 탈모가 억제된다.

Testosterone이 혈관의 내피 세포에 작용하여 eNOS를 유도하면 NO가 생성된다. NO는 혈관의 평활근육 세포로 이동한 후 Guanylyl cyclase를 자극하여 cGMP를 생산하고, cGMP는 Protein kinase G(PKG)를 활성화한다. PKG는 K^+ Channel을 활성화시켜 K^+를 세포 밖으로 보냄으로써 과분극을 유도하고, L-type voltage-gated Ca^{2+} channel(L-type VGCC)을 억제해서 세포 안으로 들어오는 Ca^{2+}를 차단한다. 또한 소포체에 있는 Sarco/endoplasmic reticulum Ca^{2+}-ATPase(SERCA)를 인산화시켜서 활성화되면 세포 내부의 Ca^{2+}를 소포체 안으로 보낸다(그림 11.8). K^+의 이동으로 인해 과분극이 일어난 세포에 Testosteron이 PGF2α에 의해 활성화되는 Store-operated

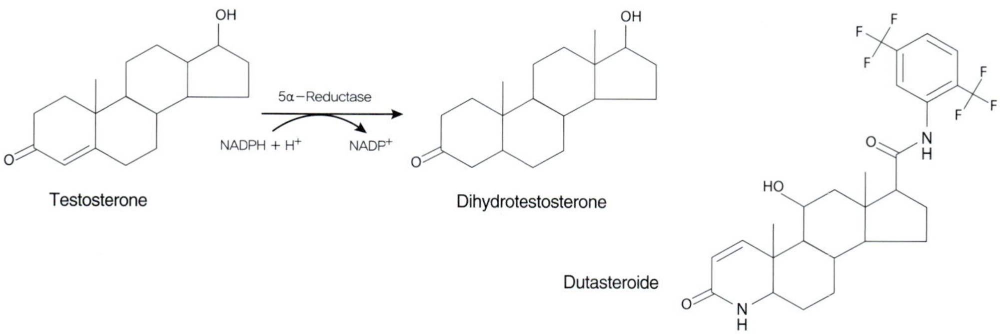

그림 11.7 Reductase 반응과 억제제로 사용하고 있는 Dutasteroide의 구조.

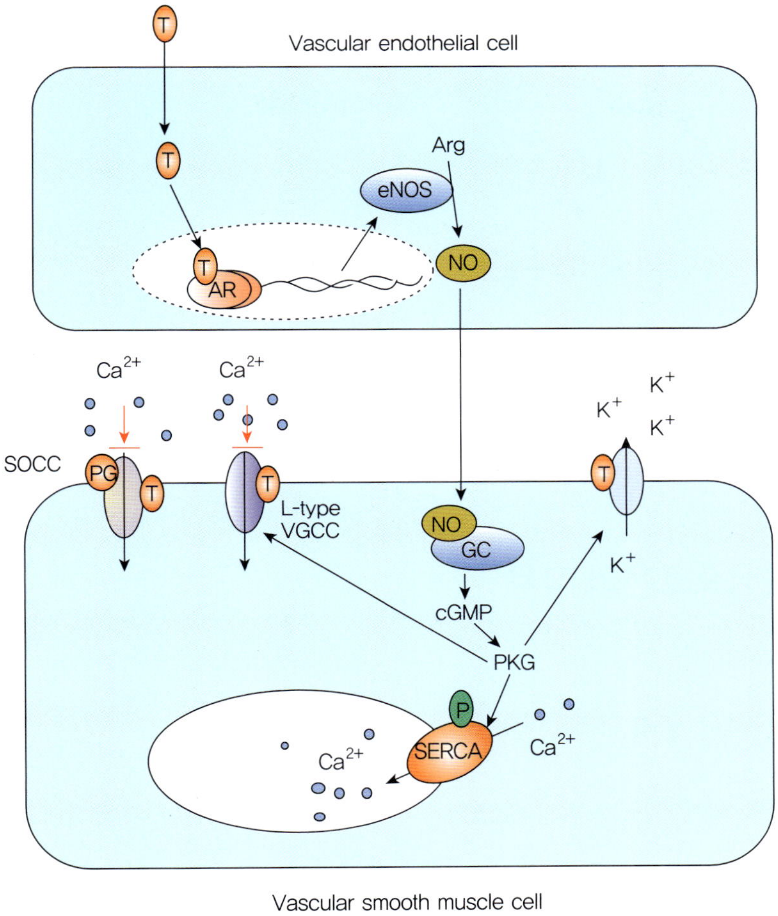

그림 11.8 Testosterone에 의한 혈관 확장 기작.

Ca^{2+} channel(SOCC)과 L-type VGCC를 억제해서 세포 안으로 들어오는 Ca^{2+}을 차단하면, 세포 안의 Ca^{2+} 농도가 떨어져 근육이 이완된다. 이로 인해 혈관이 확장돼서 조직으로의 혈액 흐름이 많아지고, 모근 세포에 공급되는 영양분의 공급이 많아져서 탈모가 억제된다.

여성형 탈모의 전형적인 증상은 모발이 가늘어지고 모발의 수가 전반적으로 감소하는 것이다. 탈모의 원인은 매우 다양해서 기작이 확실하게 밝혀져 있지 않지만, 탈모 증상을 효과적으로 개선시키는 약물들은 주로 K^+ channel을 열리게 해서

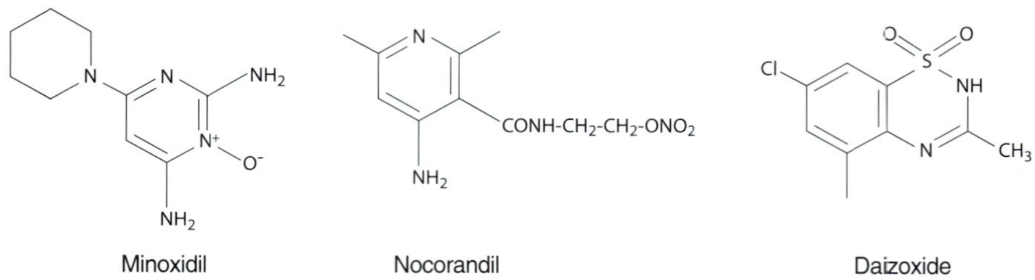

그림 11.9 탈모 치료에 활용되고 있는 Potassium channel openers.

세포막의 과분극을 이끌어내는 효과를 나타낸다. 이러한 K^+ channel opener로는 Minoxidil, Nicorandil, Diazoxide 등의 약물이 개발되어 있다(그림 11.9).

6 여성호르몬의 작용

1) 난소의 여포 성숙 조절

뇌의 신호에 의해 시상하부의 GnRH가 분비되면 뇌하수체를 자극해서 LH와 FSH를 분비한다. 초기 여포의 발생에는 LH와 FSH가 각각 작용하여 여포의 성숙을 유도한다. 성숙이 시작된 여포에서는 Estrogen이 분비돼서 시상하부를 자극해 GnRH의 분비를 촉진한다. 성숙이 진행된 여포에서 Activin이 분비되어 뇌하수체를 자극하면 LH와 FSH의 분비가 늘어나고, 성숙이 완결된 여포에서 Inhibin과 Folistatin이 분비되어 뇌하수체를 억제하면 LH와 FSH의 분비가 줄어든다. 성숙된 여포에서 분비한 Estrogen이 시상하부를 억제하면 GnRH의 분비가 줄어든다. Estrogen이 여포의 성숙을 완결시키면, LH와 FSH가 작용해서 배란을 촉진한다. 배란을 끝낸 여포는 황체가 되고, Progesterone이 분비되어 시상하부를 억제하면 GnRH의 분비가 줄어든다(그림 11.10).

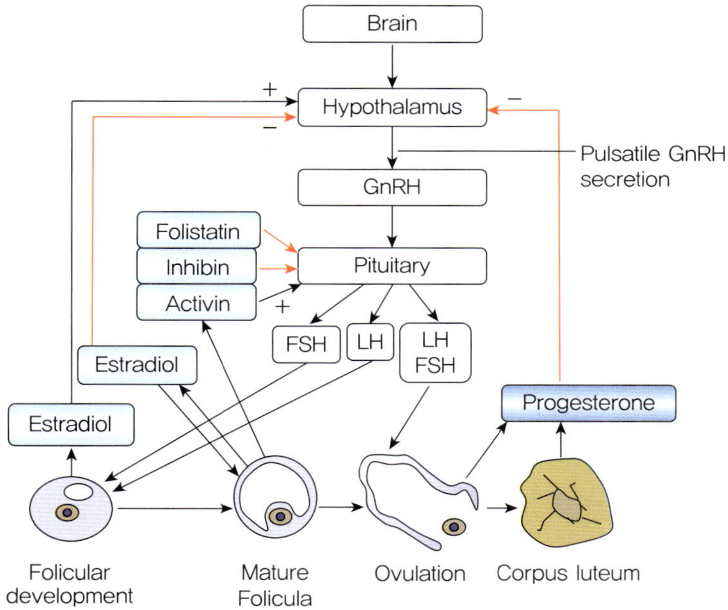

그림 11.10 여포의 성숙에 관여하는 호르몬의 작용.

2) 호르몬과 유선 조직의 발달

남녀의 성징이 발현되는 사춘기 이전의 유선 조직은 Estrogen의 작용을 받아 유선의 관 끝에 싹(Bud)이 만들어지며, 사춘기에는 유선관의 신장이 일어난다. 성인으로 성장하면서 Progesterone의 영향을 받아 유선관의 가지들이 발달한다. 임신이 일어나면 progesterone과 Prolactin 호르몬의 작용을 받아 유선의 포가 형성되며, 유즙 분비가 일어나는 완전한 유선으로 발달한다(그림 11.11).

3) 수유 활동의 조절 호르몬

아기가 엄마의 젖을 빨때 발생한 신호가 척수 신경을 통해 시상하부에 전달돼서 뇌하수체를 자극하면, 뇌하수체의 전엽에서는 Prolactin이 분비되고, 후엽에서는

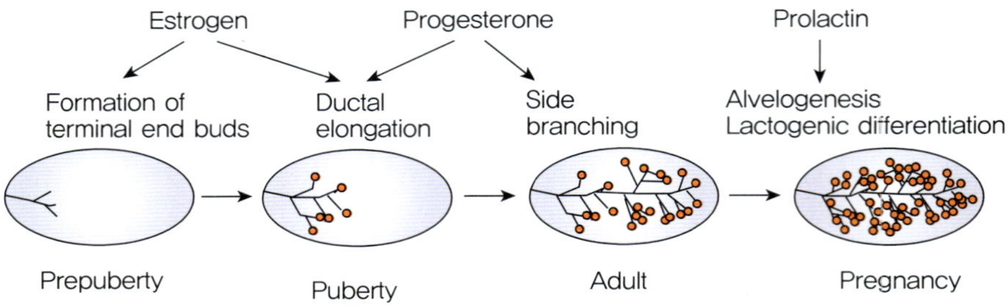

그림 11.11 호르몬에 의한 유선 조직의 발달 조절.

Oxytocin이 분비된다. Prolactin은 젖의 생산을 촉진하고, Oxytocin은 젖을 비우는 작용을 촉진한다(그림 11.12).

수유기간 동안 아기가 젖을 빠는 자극에 의해 분비되는 Oxytocin의 작용에 의해 췌장에서는 Insulin의 분비가 증가하고, 간과 골격의 근육에서는 Insulin에 대한 민감도가 높아져서 포도당의 흡수가 늘어나며, 지방 조직에서는 Leptin과 Adiponectin

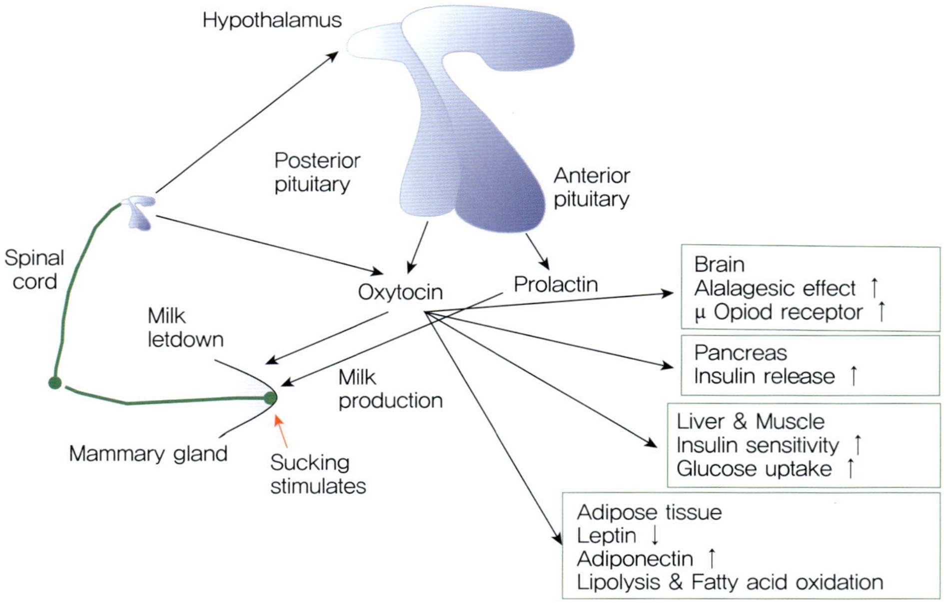

그림 11.12 유선 자극에 의한 호르몬의 분비와 작용.

의 분비가 늘어나고, 지방 분해가 촉진되며 지방산의 산화가 증가한다. 수유기간 동안 분비되는 Oxytocin에 의한 지방 조직의 Leptin 분비 감소는 산모에게서 식욕을 증가시켜 수유에 필요한 영양분을 섭취하게 한다. Oxytocin은 뇌에 작용하여 μ Opoid receptor의 발현을 증가시키고, Endomorphin에 대한 양성 조절 작용으로 통증 완화 효과를 증진시킨다.

4) 유선의 발달과 암 치료제

유방의 발달에는 Estrogen과 Insulin-like growth factor-1(IGF-1) 및 Epidermal growth factor(EGF)가 중요한 역할을 한다. Estrogen은 세포질로 들어가 Estrogen receptor(ER)와 결합하여 핵으로 이동한 후 유전자 발현을 조절해서 세포 증식에 필요한 단백질을 합성하게 한다.

IGF-1은 세포막의 수용체에 결합한 다음, PI3K → Akt → mTOR의 신호전달 경로를 통해서 유전자 발현에 영향을 준다. EGF가 세포막의 수용체인 HER-1/HER1이나 HER-2/HER-2에 결합하여 신호를 전달하면, Sos → Ras → Raf → Mek → Erk의 신호전달계를 통해 핵에 전달돼서 세포 분열에 필요한 유전자 발현과 Estrogen-ER 복합체의 유전자 발현을 조절한다. 이러한 유전자 발현 조절에 의해 Cyclin D도 발현이 돼서 세포 분열을 이끌어 간다(그림 11.13).

유방암은 여성뿐만 아니라 남성에서도 발병하는데, 여성의 고령화, 유전적 요인, 임신 경험 부재, 모유 수유 회피, 특정 호르몬의 이상 증가, 특정한 식습관, 비만 등이 발병의 위험성을 높이는 것으로 보고되고 있다.

(1) Aromatase의 억제제

가장 잘 알려진 치료 방법은 유선의 발달에 직접적으로 관여하는 Estrogen의 작용을 제어하는 데 있다. Estrogen의 작용을 막는 방법은 Aromatase의 억제제를 이용하여 Estrogen 생성을 차단하거나 Estrogen이 수용체와 결합하지 못하게 막는 것이다.

Aromatase 억제제는 스테로이드 유사체와 비스테로이드제 약물이 있으며, 스테

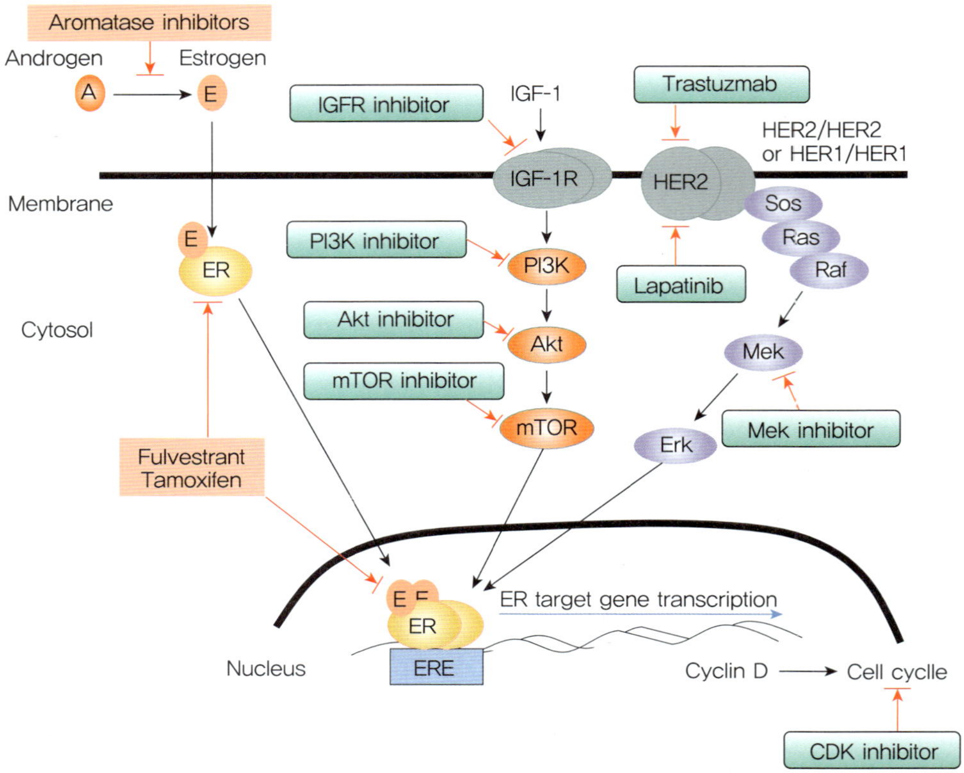

Akt: Protein kinase B, CDK: Cyclin dependent kinase, ER: Estrogen receptor, ERE: Estrogen receptor element, ERK: Extracellular signal-regulated kinase, HER1: Human epidermal growth factor1, IGF-1: Insulin like growth factor-1, IGFR: Insulin like growth factor receptor, MEK: Mitogen-activated protein kinase kinase(MEK or MAPKK), mTOR: mammalian target of rapamycin, PI3K: Phosphoinositide 3-kinase, Ras: Rat sercoma, Raf: serine/threonine-specific kinase-Rapidly accelerated Fibrosarcoma, Sos: Son of sevenless,

그림 11.13 유방암 치료제의 표적.

로이드 유사체로는 Exemestane, Formestane, 1,4,6-Androstatriene-3,17-dione (ATD) 등이 있고, 비스테로이드제 약물로는 Anastrozole, Letrozole, Vorozole, Fadrozole 등이 사용되고 있다.

Aromatase 억제제의 스테로이드계 약물은 Estrogen 수용체가 양성인 암 환자 중에서 주로 폐경기 이후의 여성에게 사용된다. Exemestane의 경우 25mg/day를 투여

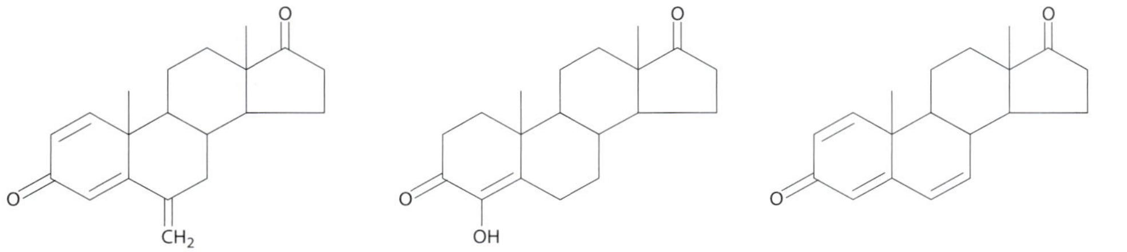

Exemestane　　Formestane　　1, 4, 6-Androstatriene-3, 17-dione(ATD)

그림 11.14 Aromatase의 스테로이드 억제제.

했을 때 97.9%의 Aromatase 억제 효과를 나타낸다. Formestane은 Androstenedion의 유사체로 경구 투여가 허용되지 않은 약물이며, ATD는 1,4,6-Androstatriene-3,17-dione으로 Aromatase에 결합하는 비가역적 억제제(irreversible inhibitor)의 활성으로 Estrogen의 합성을 막는 강력한 억제제이다. ATD는 2009년 다이어트 보조제로 보급되어 근육 보강을 위한 스테로이드제로 이용되지만 운동선수에게는 금지된 약물이다(그림 11.14).

Aromatase의 비스테로이드계 억제제 약물에는 Anastrozole, Fadrozole, Letrozole, Verozole 등이 있다. Imidazole을 기본으로 하는 화합물이며, 효소의 활성부위에 비공유적으로 결합하여 가역적으로 억제하는 활성을 나타낸다(그림 11.15).

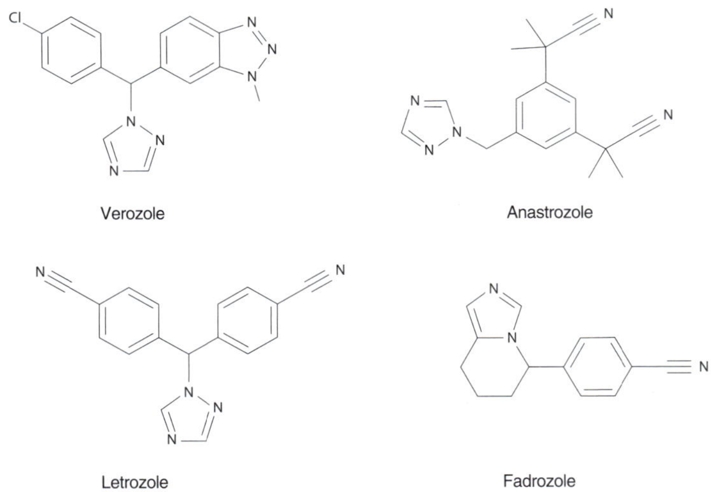

그림 11.15 Aromatase의 비스테로이드 억제제.

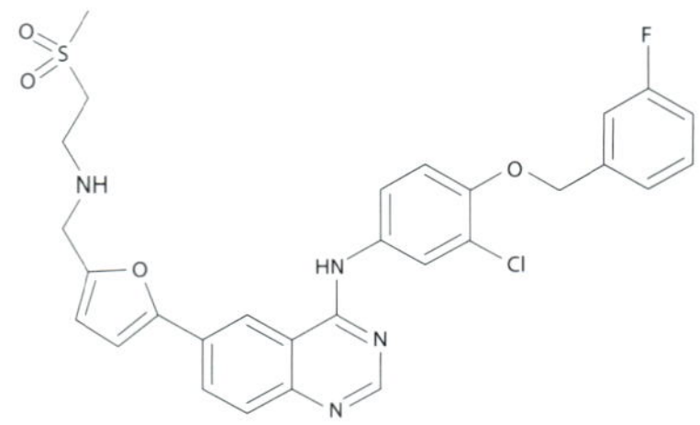

그림 11.16 HER2 Tyrosine kinase 억제제인 Lapetinib의 분자 구조.

(2) Human epidermal growth factor(HER) 억제제

세포의 성장을 촉진하는 Epidermal growth factor의 수용체인 HER2를 선택적으로 억제하는 표적치료제를 사용하여 세포의 증식을 막는 방법으로, Trastumab과 Lapetinib이 있다. Trastumab은 HER2에 결합하는 Monoclonal antibody로 Herceptin으로 불리는 항체이며, Lapetinib은 HER2 수용체의 Tyrosine kinase의 활성을 막아서 세포의 증식을 억제하는 Peptide 유사체이다(그림 11.16).

(3) 다단계 신호전달 구성체의 억제제

IGF-1의 신호전달에 관여하는 구성체인 IGF-1R, PI3K, Akt, mTOR을 억제하는 다양한 화합물이 합성되어 사용되고 있다. HER2의 신호전달 구성체인 Mek 억제제로, Trametinib, Combimetinib, Binmetinib 등의 약물이 미국 FDA의 승인을 받아 사용되고 있으며, 최근에 임상 2상에 진입한 Selumetinib도 있다(그림 11.17).

7 임신의 조절 호르몬

1) 여성의 생리주기와 호르몬의 변화

여성의 생리주기는 28일 정도로 여포의 성장과 성숙된 여포의 배란, 배란 후 황체

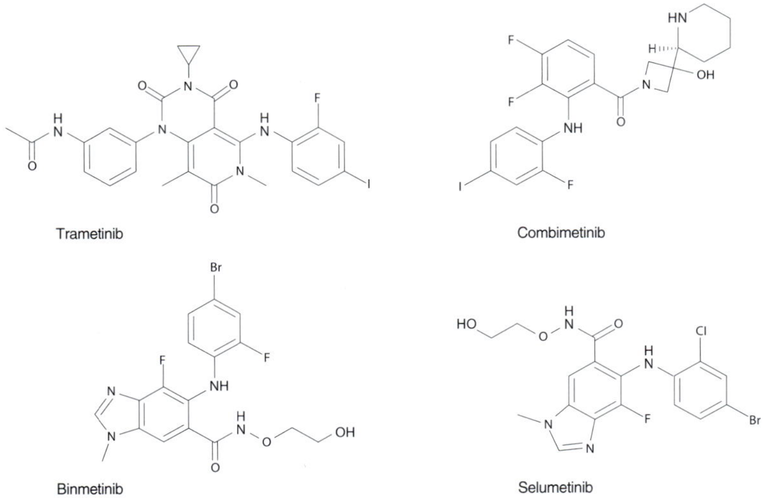

그림 11.17 Mek 억제제의 분자 구조.

의 형성과 퇴화의 과정이 일어난다. 자궁벽은 생리가 끝난 다음부터 시작하여 다음 생리가 시작되기 전까지 비후가 일어난다. 비후된 자궁벽은 수정란이 착상하지 않으면 탈리되어 배출되는데, 이를 생리라고 한다. 난자의 성숙이 일어나는 동안 여포 세포에서는 Estrogen의 분비가 배란이 일어나기 전까지 늘어나며, 뇌하수체에서는 배란이 일어나는 시기에 LH와 FSH의 분비가 많아진다. 배란이 일어난 후에는 난소의 황체에서 분비되는 Progesterone과 Estrogen의 분비량이 증가하다가 생리가 시작되면서 줄어든다(그림 11.18).

2) 임신 기간 동안의 호르몬 변화

수정된 난자가 자궁벽에 착상하고서 4주째가 되면 Human Chorionic gonadotropin(HCG)의 농도가 급격하게 증가해서 8주째에 최고 농도가 되었다가 16주째까지 급격하게 떨어지며 24주째부터는 완만하게 유지된다. Estrogen과 Progesterone은 출산이 이루어지는 시점까지 완만하게 증가한다(그림 11.19).

임신 기간 동안 나타나는 호르몬의 가장 두드러진 변화는 Human Chorionic

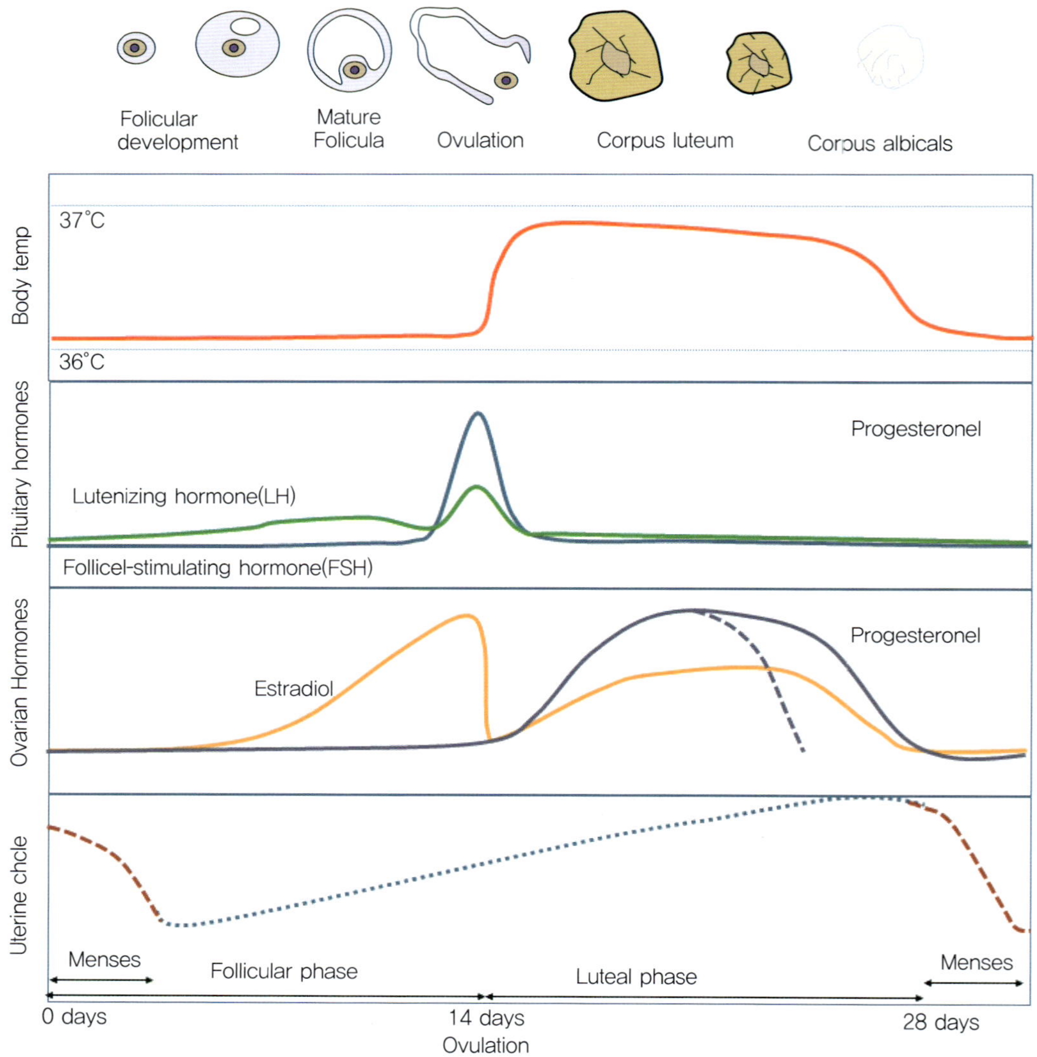

그림 11.18 생리주기 동안의 난소와 뇌하수체 호르몬의 변화.

gonadotropin(HCG)의 농도가 급격하게 증가하는 것이다. Vascular endothelial growth factor(VEGF)와 Angiogenetic factor의 발현을 증가시키고, 여포세포의 침투를 증가시키며, 내피 세포의 분화를 촉진하고, Leukemia inhibitort factor(LIF)와 세포 생존을 위한 신호전달을 증가시켜서 혈관의 생성을 촉진한다. 또한 HCG는 면

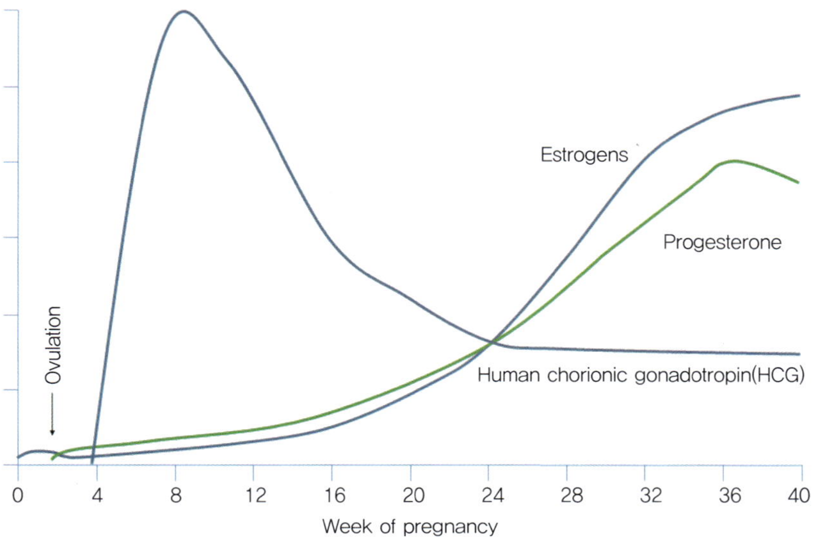

그림 11.19 임신 기간 동안 호르몬 농도의 변화.

역 세포의 IL-10 분비를 증가시키고, Indoleamine 2,3-dioxygenase 활성을 촉진하며, μNK 분화를 촉진하고, Regulatory T cell(Treg)의 이동과 분화를 촉진하는 반응을 통해 자가 항원에 대한 관용(Immune Tolerance)을 증가시켜서 원활한 착상이 이루어지도록 한다(그림 11.20).

착상 거부의 회피에 대한 연구보고 중 하나를 소개하면 다음과 같다. 수정란은 난할을 진행해서 7일 후가 되면 모체의 자궁 점막에 안착한다. 그 후 발생되는 태반

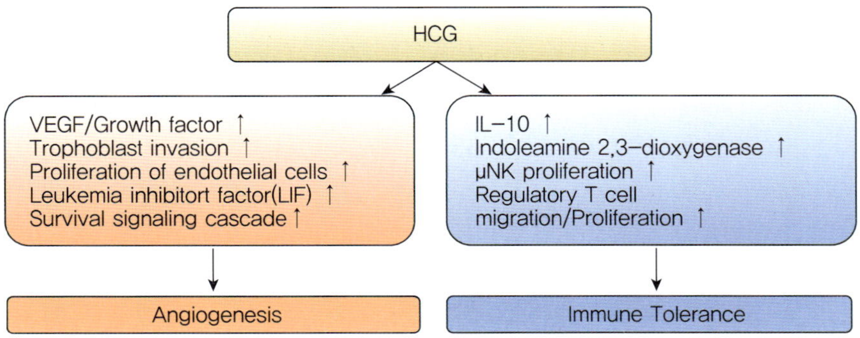

그림 11.20 Human Chorionic gonadotropin(HCG)의 작용.

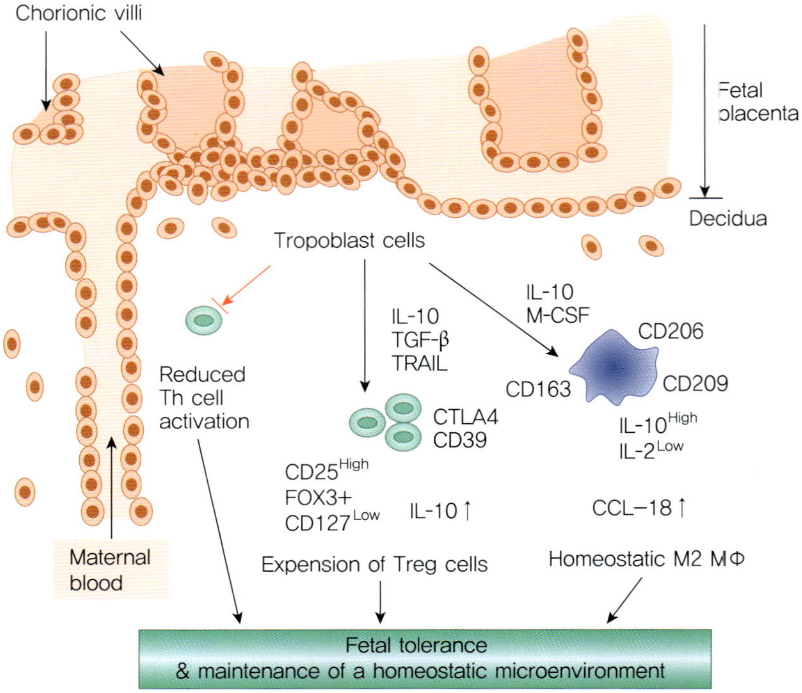

그림 11.21 Fetal tolerance & maintenance of a homeostatic microenvironment.

융모를 조직하고 있는 태아의 영양막 세포(Tropoblast cells)는 Th 세포의 활성화를 억제한다. 또한 IL-10, TGF-β, TNF-related apoptosis-inducing ligand(TRAIL) 등을 분비해서 Regulatory T cells(Treg)의 분화를 촉진시켜서 확대한다. 또한 IL-10과 Macrophage colony stimulating factor(M-CSF)를 분비해서 Chemokine(C-C motif) ligand 18(CCL18)의 분비를 증가시키고, Macrophage M2MΦ를 통해 항염증 반응을 유도함으로써 착상의 거부 반응을 회피하고 안정된 미세 환경을 유지시킨다(그림 11.21).

12 미생물의 공격과 방어

인간은 다양한 생태환경에 적응하여 살아가면서 눈에 보이지 않는 많은 병원성 미생물의 침입을 받거나 해로운 물질에 노출되는 위험한 상황에 대처하기 위한 여러 가지 방어 수단을 가지고 있다. 방어 기능의 조절은 위험한 미생물을 통제하면서 협력하여 살아가거나 또는 위험 물질을 제거하여 생물체가 살아남도록 돕는 것도 중요하지만, 신체 전반의 에너지를 효율적이고 경제적으로 관리하는 데에 매우 중요하다.

사람의 피부에는 눈에 보이지 않는 박테리아, 곰팡이, 바이러스, 고생물, 원생동물과 같은 미생물이 4,000종 이상 살아가는데, 피부 $1cm^2$당 38만 마리 이상의 미생물이 존재한다. 사람에서는 미생물이 습기가 많은 호흡기의 체관과 체강을 포함하여 피부 표면에 엄청난 개체수가 정상균총을 이뤄서 살아가고 있다. 피부는 이들에게 안정적인 환경과 영양분을 제공하며, 정상균총은 사람에게 외부의 위험한 종들이 인체에 침투하는 것을 막아준다. 특히, 소화기 내의 정상균총은 우리와 공생관계를 이루어 음식을 소화하는 데 도움을 주고, 유해균의 증식을 막아주며, 비타민을 합성해서 공급해 주기도 한다. 정상균총을 이루고 있는 미생물의 종 구성과 다양성은 우리의 생리적 조절과 신진대사 및 면역기능을 조절하는 역할을 한다. 하지만, 정상균총은 신체의 외부에서만 도움이 되는 역할을 하며, 조직에 침범하여 내부로 들어가면 염증 반응이 시작돼서 질병을 유발하거나 신체 전반을 악화시킬 수 있다.

눈에 보이지 않는 물질과 미생물의 위협 요인에 대체하기 위해 피부와 같은 물리적인 방어벽이 일차적인 역할을 한다. 이러한 방어벽을 넘는 병원체는 이차적으로 내재면역(innate immunity)의 면역시스템을 활성화시킨다. 내재면역 시스템은 병원체의 침입에 즉각적으로 반응한다. 내재면역은 세 번째 방어선인 적응면역을 활성화시켜서 대응한다. 적응면역의 활성화는 항체 매개 반응과 세포 매개 반응 등 2가지 반응을 통해서 우리가 일생 동안 만나는 수없이 많은 병원체를 물리친다.

1 침입하는 미생물에 대한 일차 방어선은 피부이다

외부의 침입자를 막아내는 일차적인 방어선은 신체 표면의 피부 장벽이며, 물리적인 장벽과 더불어서 생리적인 장벽을 가지고 있다. 피부에 있는 표피의 가장 바깥에는 죽은 세포가 여러 층으로 쌓여 이루어진 두꺼운 방수층을 가지고 있는데, 이러한 방수층이 정상균총의 미생물이 피부 조직의 내부로 침투하는 것을 막아내고 있다. 표피의 안쪽에는 콜라겐 단백질과 엘라스틴 단백질로 채워진 조직 속에 케라틴 세포가 함께 있는 진피층이 있어서 피부의 탄력을 유지시켜 주며, 진피의 안쪽에는 피하지방으로 이루어진 두꺼운 층이 존재한다. 진피에 존재하는 엘라스틴과 콜라겐 단백질이 부드러운 탄성을 갖고 있고, 표피의 각질층은 피지선에서 분비된

지방 성분으로 유화되어 피부의 부드러움이 유지된다. 이러한 피부의 유연성은 외부에서 가해지는 충격과 마찰을 줄여 흡수하게 하고, 피부가 당겨져서 늘어나는 때에도 찢어지지 않게 유지시켜 주는 역할을 한다. 또한 표피의 각질층은 심하게 증발하는 수분의 증발을 막아줌으로써 신체의 수분 유지에 도움을 준다. 화상으로 인해 각질층과 진피층에 손상을 입은 피부는 수분이 증발하여 건조해지면서 딱딱해지고, 탄성을 잃어서 가벼운 충격에도 쉽게 찢어지거나 부서지기 때문에, 화상 치료하는 동안에는 상처를 입은 부위의 수분이 잘 유지되도록 관리해야 한다.

이러한 방어 작용을 하는 피부세포의 재생 작용에는 일차적으로 성장호르몬과 시이토카인이 작용해서 이끌어 간다. 우리가 생활하면서 움직이는 동안 피부세포는 끊임없이 산소라디칼의 작용을 받아 노화가 진행되는데, 젊은 시기에는 피부세포의 재생에 관여하는 성장호르몬과 세포 성장인자의 발현량이 많아서 빠르게 재생되지만, 나이가 들어가면 발현양이 줄어들어서 재생이 느리게 일어난다. 손상되는 세포보다 재생되는 세포의 수가 줄어들면 전체적인 변화가 피부의 전반적인 노화로 나타난다. 이러한 피부의 노화는 피부의 감염과 암의 발생이 증가하는 결과를 가져온다. 나이가 들어감에 따라 세포 분열에 의한 재생 작용이 느리게 일어나면, 피부의 진피와 표피의 두께가 얇아지면서 수분의 상실이 늘어나고, 엘라스틴과 콜라겐 단백질의 손상이 늘어나면서 피부의 탄성이 줄어들게 된다(그림 12.1). 아울러 랑게르한스 세포(Langerhans cells)가 줄어들면서 항원 특이적 면역 반응이 감소하게 되고, 조절 T세포가 증가하는 형태의 면역체계로 변하게 된다.

피부를 이루고 있는 표피는 케라틴 세포(keratinocytes)가 생산하는 단백질의 판구조가 여러 겹으로 겹쳐 있는 형태이다. 다양한 자극을 받아 피부의 노화가 진행이 되면, 진피의 콜라겐과 엘라스틴 단백질 합성이 줄어들고, 단백질의 절단이 진행되며, 표피의 세포 분열의 활동이 저하되어 표피의 두께가 얇아지고, 피부의 유연성이 떨어지며, 주름이 생긴다.

피부에서 전반적으로 진행되는 노화는 면역력을 떨어뜨리고, 피부 방어기전의 약화를 가져온다.

케라틴 세포의 상태는 피부의 면역 반응에 영향을 주며, 첫 번째 방어벽의 구성

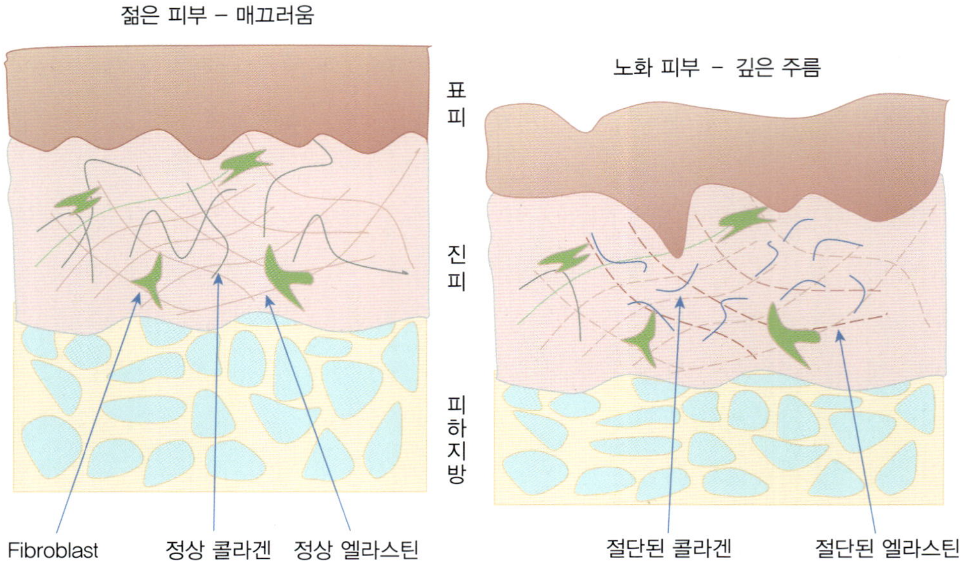

그림 12.1 피부의 노화 모식도.

에서 중요한 역할을 한다. 정상적인 기능을 하는 케라틴 세포는 호중구와 함께 작용하여 표피 세포가 침입자를 막아내는 첫 번째 방어선 역할을 하는 항균펩티드(AMPs: antimicrobial peptides)를 생산하도록 한다. 항균펩티드는 지구 상의 거의 모든 생물체에서 발견되는데, 다양한 미생물의 침입에 반응하여 생산이 증가되는 작은 분자로서 양이온과 양쪽성 분자의 성질을 갖고 있다. 항균펩티드는 직접적으로 미생물을 죽이는 작용 및 사이토카인의 분비, 염증, 혈관신생, 피부재생 등을 촉진하여 간접적으로 방어하는 작용을 한다(그림 12.2). 항균펩티드는 미생물의 지질에 결합하여 막을 파괴하거나 미생물의 막 단백질에 결합하여 기능을 못하게 하는 방법을 통해서 미생물을 퇴치하는 작용과 함께 단핵구, 림프구, 과립구 등의 면역세포를 동원하여 자극하는 면역 반응과 염증 반응의 조절을 통하여 병원체를 사멸시킨다.

피부 세포가 미생물에 노출되었을 때 분비되는 항균펩티드는 염증 반응을 이끌어내는 사이토카인, 피부 세포에 작용하는 비타민 D의 자극, 성장인자에 의한 세포

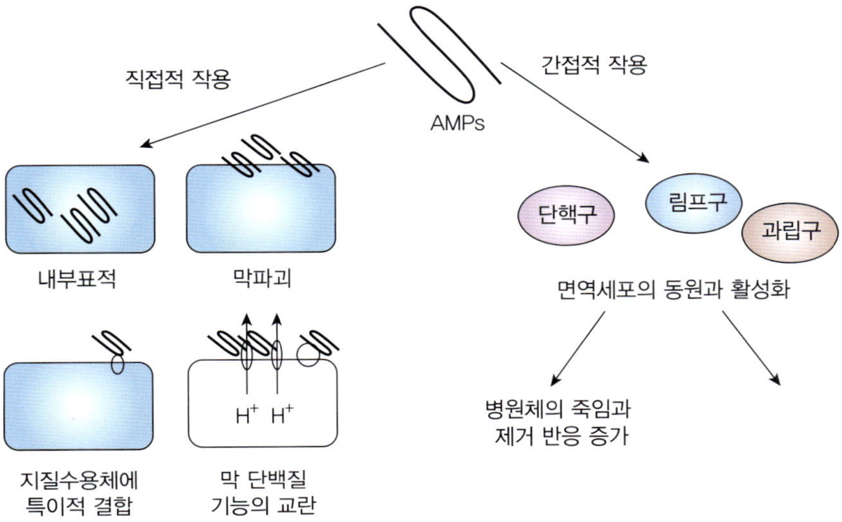

그림 12.2 항균펩티드(AMPs: antimicrobial peptides)의 작용 기작.

의 활성화 같은 다양한 자극에 의해서도 분비가 촉진된다(그림 12.3).

지구 상의 생물체에서는 2,300여 가지 이상의 다양한 형태의 항균펩티드가 발견되었으며, 사람에서도 Defensin, Elafin, SLP 펩티드 등을 포함하는 100여 가지 이상이 보고되었다.

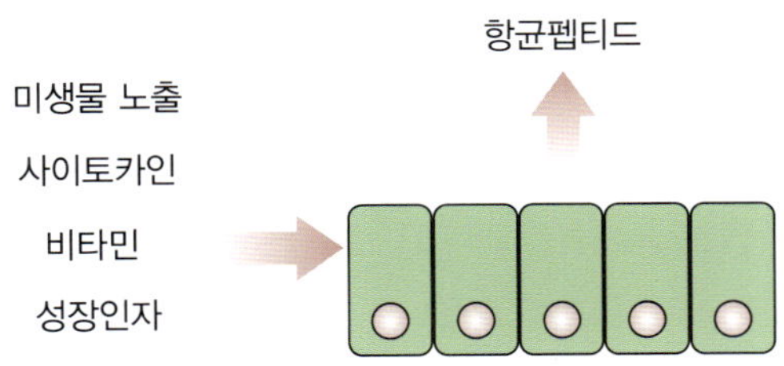

그림 12.3 항균펩티드의 분비 촉진.

2 미생물 신호에 의한 세포내 신호전달

미생물이 접근하면, 피부세포는 자극을 받아 항균펩티드를 분비한다. 미생물은 그람염색의 형태에 따라 그람양성균과 그람음성균으로 분류하는데, 그람염색에서 양성과 음성으로 차이가 나는 것은 미생물 세포막의 바깥 구조가 다르기 때문이다. 미생물이 세포와 접촉하는 가장 바깥면 구조의 차이는 피부세포를 자극하는 수용체가 다름을 의미한다. 그람양성균은 세포막의 TLR1과 TLR2의 복합체와 결합하여 신호를 전달하고 그람음성균은 바깥의 LPS가 CD14에 결합한 복합체가 세포막의 MD2-TLR4의 중합체 결합하여 진호를 전달한다. 미생물을 인지하여 즉각적인 면역반응을 중계하는 데 관여하는 수용체인 TLR(Toll-like Receptor)는 다양한 형태가 존재하며, 일반적인 박테리아의 LPS는 CD14와 결합하여 TLR1-TLR2 복합체, 비뇨계의 병원성 박테리아의 Profilin은 TLR11-TLR1 복합체, Flagellin은 TLR5-TLR5 복합체, Triacyl lipopeptide는 TLR1-TLR2 복합체, Diacyl lipopeptide는 TLR2-TLR6 복합체와 각각 결합하여 신호를 전달한다. 일부의 고분자 물질은 세포 안의 Endosome에 존재하는 TLR에 결합하여 신호를 전달한다. TLR의 신호는 직접적 결합이나 TLR과 결합하여 중계하는 단백질인 TIRAP를 통해 MyD88(Myeloid differentiation primary response 88)에 전달된다. MyD88 단백질에 전달된 신호는 다시 IRAK4(Interleukin-1 receptor-associated kinase 4)를 자극하게 되며, 단백질의 인산화를 통한 여러 단계의 신호 전달을 거쳐 IkBα를 분해하도록 하여 NF-kB를 활성화시키거나, JNK, p38AMPK와 같은 전사인자를 활성화시켜 유전자 발현을 조절함으로써 항균단백질 발현을 증가시키고, 염증 반응 단백질 발현, 면역 반응 조절 단백질 발현, 세포의 분화, 세포의 생존에 관련된 단백질의 발현을 증가시키는 반응을 진행한다. 바이러스와 같은 생물체는 세포막에 있는 TLR 수용체와 결합하거나 세포 안으로 들어간 후, 세포 안의 Endosome에 있는 TLR 수용체에 결합하여 신호를 발생시키면 세포의 반응이 일어난다(그림 12.4).

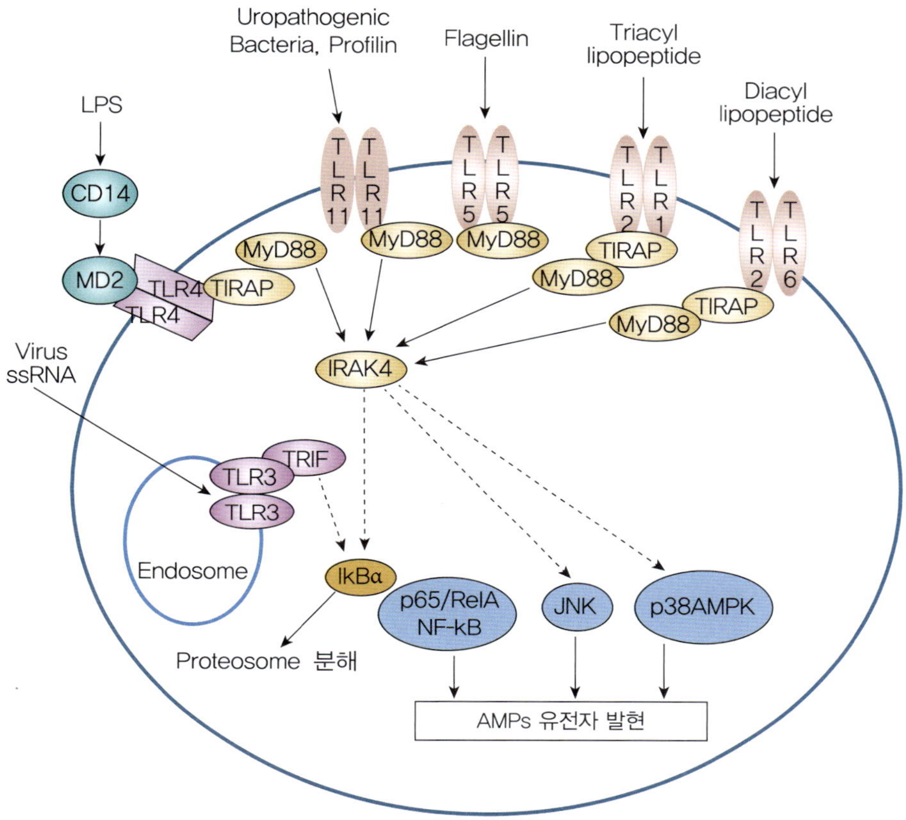

IRAK4: Interleukin-1 receptor–associated kinase 4
MyD88: Myeloid differentiation primary response 88
TLR: Toll-like Receptor
TRIF: TIR-domain-containing adapter-inducing interferon-β

그림 12.4 TLR(Toll-like Receptor)를 통한 유전자 발현 조절.

3 식품으로 섭취하는 미생물은 면역력을 증가시킨다

우리는 매일 먹는 음식을 통해서, 세포의 운용하고 유지하는 데 필요한 에너지와 세포를 수리하거나 또는 새로운 세포로 치환하는 세포 분열에 필요한 물질을 얻는다. 세포를 유지하고 성장시키는 활동에 필요한 3대 영양소인 단백질, 지방, 탄수화물과 함께 필수 유기물인 비타민과 미네랄을 섭취하고자 한다면 고기 한 덩어리이면 충분할 것이다. 동물 세포를 구성하고 있는 기본 물질이 사람을 구성하는 물질 및 세포가 필요로 기본 물질과 동일하므로, 우리가 쉽게 이용할 수 있고, 이에 완벽한 식품이라 생각할 수 있다. 예전에는 굶는 사람이 많았기 때문에 건강을 생각한 균형 잡힌 영양분 섭취에 중점을 두고서 식품을 강조해 왔었다. 물론, 사람의 식품에서 균형적인 3대 영양소와 비타민 및 미네랄의 섭취는 매우 중요한 사항이다. 그러나 여기에는 눈에 보이지 않으면서도 외부에서 끊임없이 도전해 오는 생물체를 방어하는 데에 필요한 기본적인 방어력을 높여주는 영양소의 중요성이 빠져 있다. 현재는 영양소와 더불어서 건강에 도움을 주는 다양한 발효식품의 중요성이 강조되고 있다.

여기에서 발효식품이라고 하면, 식품의 원재료가 가지고 있는 세포 내부에서 일어나는 효소의 작용으로 물질의 분해와 대사가 일어나는 것이 아니라, 박테리아와 곰팡이 같은 미생물이 물질을 발효시켜서 대사산물이 생성되는 과정을 포함하는 식품을 말한다.

김치의 발효를 예로 들어보면, 초기에 많은 개체수를 차지하던 미생물들은 발효가 진행됨에 따라 유산균이 생성하는 유기산의 영향으로 대부분 사멸되며, 따라서 발효를 마친 익은 김치에는 유산균과 일부의 효모만 남아서 김치 특유의 맛을 내게 된다. 초기 발효에서 우점적으로 증식했던 미생물들은 김치가 발효될 때 모두 분해되어 사라지는 것이 아니라, 미생물의 잔해로 남아서 존재하게 된다. 이러한 미생물 세포의 잔해물은 김치를 생으로 섭취하거나 찌개처럼 요리된 형태로 섭취해도, 우리의 소화 장기의 안으로 들어와서 역할을 하게 된다. 김치 속의 200여 종 이상의 균은 발효를 진행하면서도 우리 몸에서 질병을 일으키지 않으므로, 많은 미생물의 도움을 얻어 신체의 방어력을 높일 수 있다. 하지만, 이러한 김치도 배탈이 나있는 상태에서는 섭취하지 않아야 한다. 건강한 상태에서는 김치의 다양한 미생물들이 신체의 면역력을 높이는 신호가 돼서 좋은 효과를 나타내지만, 배탈로 인해 장 점막을 이루고 있는 세포의 면역력이 저하된 상태에서는 오히려 세포를 손상시켜서

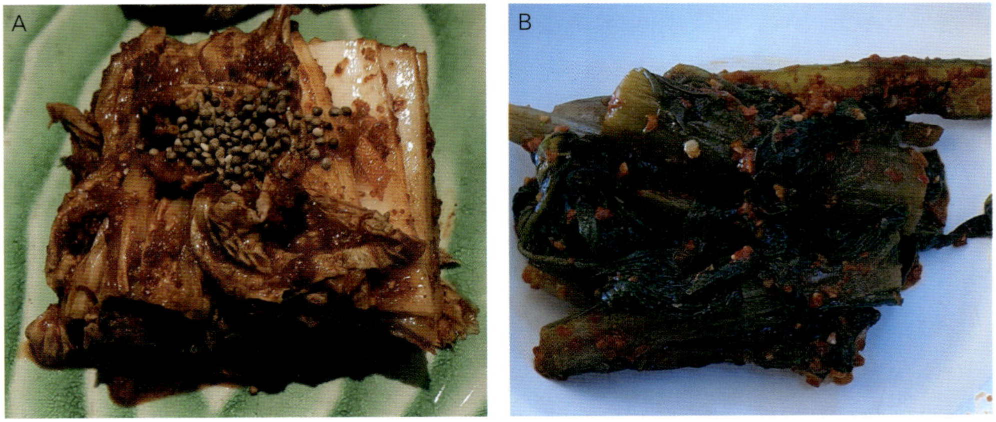

그림 12.5 A 배추로 만든 생김치, B 갓으로 만든 익은 김치.

병적인 상태를 악화시킬 수 있다. 김치를 굳이 먹어야 한다면, 충분한 시간 동안 삶거나 찌개로 끓여서 살균한 다음에 섭취해야 한다.

김치의 종류 및 숙성 정도 따라서도 미생물의 균총이 달라지므로, 효과가 다르게 나타날 수 있다. 김치를 담그는 원재료가 매우 다양하기 때문에, 배추김치와 갓김치처럼(그림 12.5) 김치의 맛이 다르고 미생물의 숫자와 구성에서도 차이가 난다.

연구에 따르면, 시판 중인 김치에 들어있는 생균수를 구입한 시점과 10일간 저장한 후를 비교하면, 효모의 생균수는 10^1~10^2에서 10^3~10^6으로 증가하고, 젖산균은 10^4~10^6에서 10^8~10^9으로 증가한다. 그람양성균의 생균수는 10^4~10^6 정도로 저장기간이 10일을 경과해도 유지되지만, 그람음성균은 10^4~10^6 정도에서 3일이 지나면 급격하게 떨어지다가 10일 이상 지나면 10^3 정도로 떨어지거나 검출되지 않는다. 미생물의 숫자와 균의 구성이 달라지면, 면역반응을 활성화시키는 방식도 달라지고, 김치의 숙성 정도에 따라 미생물의 균총도 달라지므로, 면역력에 미치는 영향 또한 다르게 나타난다.

미생물이 조직을 침입하면, 표면에 있는 물질이 항원으로 작용한다. 그람양성균은 외막을 가지고 있지 않은 대신에 teichoic acid와 벽에 부착된 단백질 및 탄수화물을 지닌 두꺼운 세포벽을 가지고 있으며, 세포 바깥의 협막과 확산하는 항원을 가지고 있다. 그람 음성균은 세포벽이 없고, 외막에 LPS(lipopolysaccharide)와 lipoprotein 및 다양한 외막 단백질을 가지고 있어서 면역 반응을 활성화시킨다.

우리가 발효시켜 먹는 음식은 무수히 많으며, 이러한 발효에 관여하는 미생물이 이용하는 에너지원이 탄수화물이거나 단백질인 경우가 많다. 김치의 발효가 유산균이 탄수화물을 발효시켜서 젖산과 다른 유기산들을 만드는 과정이라면, 된장과 청국장은 미생물이 주로 단백질을 분해하여 발효를 진행시키는 과정이라 할 수 있다. 된장과 청국장은 삶은 콩을 미생물이 발효시켜서 만든 식품이다. 청국장은 삶은 콩에 미생물을 접종시켜 발효를 진행시키는 1단계 발효를 하는 반면에, 된장은 삶은 콩을 찧어서 메주로 만든 후 미생물로 발효시킨 다음, 이를 소금물로 염장하여 다시 발효시키는 2단계의 발효를 한다(그림 12.6).

발효가 진행되는 동안, 다양한 박테리아와 곰팡이 균이 콩의 단백질과 지방 성분을 분해하면서 자라게 되므로, 메주는 다양한 미생물의 배양체 덩어리가 된다. 메주를 염장하여 된장으로 만든 후, 다시 미생물 발효를 시켜서 만들며 된장과 청국장은 단백질을 분해하면서 자란 미생물의 배양체이다. 하지만, 된장과 청국장을 섭취하는 방식에 대해서는 많은 이견이 있다. 된장이나 청국장을 끓여서 먹으면 효과

그림 12.6 A 삶은 콩, B 발효시킨 메주, C 막된장, D 쌈된장, E 된장국, F 청국장 찌개.

가 없으므로, 일본에서 시판되는 청국장과 유사한 낫또처럼 생으로 먹어야 하지 않느냐는 의구심이 가장 많다. 된장이나 청국장을 먹으면서 기대하는 효과를 혈전을 용해하는 단백질분해효소 nattokinase와 같은 효소만을 생각한다면, 생으로 먹어야 한다. 된장이나 청국장을 끓여서 조리하면 요리 과정에 가하는 열에 의해 발효 과정에서 만들어졌던 효소가 변성을 일으켜서 기능을 못하는 효소로 바뀌기 때문이다. 하지만, 청국장이 발효되는 과정에 수없이 많은 수로 불어난 *Bacillus subtilis*는 조리되는 과정에서 세포의 잔해물로 변하게 된다. 이러한 세포의 잔해물은 소화 장기의 세포를 자극해서 AMPs 단백질의 발현을 증가시키고, 면역 반응을 활성화시켜서 그람양성균에 대한 신체의 방어력을 높여준다.

우리는 된장을 그대로 먹거나 고추장이나 다른 양념들을 가미한 쌈장의 형태로 먹는데, 이러한 것이 생으로 먹는 발효식품이다. 된장의 경우에도 국으로 끓이면, 요리하는 과정에 미생물들이 죽어 세포의 잔해물로 변하게 되는데, 이러한 미생물 세포의 잔해물이 신체를 자극해서 면역력을 높여 주게 된다.

4 수면은 피부의 재생을 촉진시키고 면역력을 높인다.

외부에서 침입하는 미생물에 대한 방어선을 굳건하게 지키기 위해서는 피부의 노화를 막아야 하고, 기능하지 못하는 세포를 새로운 세포로 치환하는 피부 세포의 재생 작용이 활발하게 일어나야 한다. 피부의 재생에는 성장호르몬-IGF-1-사이토카인의 시스템이 중요한 역할을 한다. 피부의 면역 세포를 활성화시키기 위해서는 생물체의 생존이 위협받지 않는 안전하고 안정된 상태에 있어야 한다. 피부의 재생 작용은 생물체가 살아 있어야만 필요한 활동이므로, 생존이 위협받는 상태에서는 신체의 모든 에너지를 살아남기 위한 활동에 집중하기 위해 피부 세포의 재생에는 에너지를 덜 사용하게 된다.

신체의 에너지가 거의 소진되어 위험에 대처할 수 없는 상태가 되면, 극단적으로 전신에서 에너지의 사용을 줄인 후, 회복하는 반응을 진행하는 데에 모든 에너지를 사용한다. 모든 신체 활동을 최소한으로 줄여서 에너지 사용이 줄어들면 졸음이 오는데, 본격적인 회복은 잠을 자는 동안 진행된다. 생리적인 요인과 함께 세균, 진균, 바이러스 원생생물 등의 병원성 미생물이 침입해도 잠을 유발하는 효과가 나타나는데, IL1과 TNF가 주로 여기에 관여해서 수면 반응을 이끌어낸다.

수면 상태가 되면, IL1, TNF, 성장호르몬, 프로락틴, 코티솔 등의 변화가 일어나는데, 초기에는 성장호르몬 농도는 올라가지만 코티솔 농도는 내려가고, 수면 시간의 절반 정도가 지나면 코티솔 농도는 올라가지만 성장호르몬 농도는 내려간다. 체온은 멜라토닌과 코티솔 호르몬의 농도와 밀접한 관련이 있으며, 멜라토닌이 증가하면 체온은 낮아지기 시작했다가 수면 시간의 절반 정도에서 가장 낮은 체온을 유지한 후에, 다시 상승하기 시작하여 잠이 깨는 시간에는 정상 체온보다 높은 상태가 된다. 또한 수면 상태가 되면 IL1의 분비가 억제되어 면역 반응이 줄어든다. 수면의 후반부에 코티솔 농도가 높아지면, 수면을 멈추게 해서 깨어나게 되고, IL1의 분비가 다시 증가하게 된다(그림 12.7).

일상생활을 하고 있는 동안에 IL1의 분비가 늘어나면, IL1은 중추신경계의 수면을 촉진하는 신경을 자극하여 수면을 유도한다. IL1은 뇌의 POAH(preoptic/anterior hypothalamus)에서 수면 활동 신경을 직접적으로 자극하여 수면을 촉진시키는데,

그림 12.7 안정적인 자연수면을 유도하는 물질이 들어 있는 감태.

IL1의 작용에 의해 세로토닌, TNF, GABA, CRF, ACTH 등의 분비가 촉진되어 일어난다. 세로토닌 활동을 통한 IL1의 작용은 대뇌 측두엽에 있는 해마(hippocampus)의 Adenosine 분비를 증가시키는데, Adenosine은 잠을 깨우는 신경을 억제해서 수면을 유도한다. Glutamate는 IL1의 활동을 억제하여 수면 유도를 방해하는데, IL1에 의해 증가된 Adenosine은 Glutamate가 수면 활동 신경에 작용하여 수면을 방해하는 작용을 막음으로써 수면을 유도한다. 병원성 미생물은 IL1과 함께 TNF를 촉진하며, TNF는 IL1과 GABA를 증가시킨다. GABA는 잠을 깨우는 신경의 작용을 막아서 수면을 유도하며, 수면하는 동안 잠에서 깨려는 신경의 작용을 막아준다. GABA가 수용체에 결합하면, Cl^-의 통과를 촉진시켜 중추신경계의 억제가 활성화되므로 수면 유도에 도움이 된다. 이러한 작용의 예로 감태(그림 12.8)의 추출물인 Phlorotanins 성분은 GABA가 수용체에 결합하여 Cl^-의 통과를 촉진함으로써, 안정적인 자연수면을 유도해 수면의 질을 개선시킨다.

수면을 유발하여 지속시키는 물질과 잠을 깨우고 깨어있는 상태를 유지하게 하는 물질의 농도 균형에 의해 수면과 깨어 있는 상태가 결정된다. GABA, 세로토닌, Adenosine이 많아지면 수면 상태로 가며, Glutamate, Acetylcholine, Dopamines,

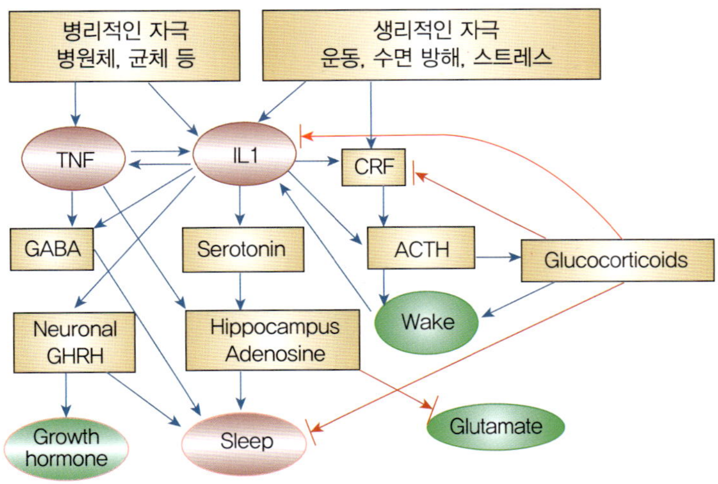

그림 12.8 생리적인 신호와 수면 조절.

Histamine, Orexins/Hypocretines, Norepinephrine, NPY 등과 같이 사람의 활동과 연관된 신호 분자의 분비가 많아지면 깨어있는 상태를 유지하게 된다.

5 배가 고프면 잠이 안 오고, 배가 부르면 잠이 온다

이러한 생리적 현상은 밤늦게까지 일을 하거나 놀다가 잠을 자려는 사람은 잘 알고 있으며, 야식을 찾는 이유이기도 하다. 야식이 건강에 안 좋은 식습관이기는 하지만, 밤늦게까지 일을 해서 에너지가 고갈되어 힘들고 피곤한데다 잠을 자는 것도 힘든 상황이면 어찌하겠는가?

밤에 일을 하면서 에너지를 많이 사용하면, 혈액의 포도당 농도가 떨어지고 배고픔으로 인해 위에서 분비하는 Ghrelin의 농도가 높아지면 Orexins/Hypocretines의 신경을 자극하게 되는데, 이것이 수면 유도를 방해하는 인자로 작용하게 된다. Orexins/Hypocretines의 신경 자극에 의해 수면 유도가 방해 받는 현상은 식이제한 등으로 인해서 아마노산의 농도가 높아지거나 에너지 부족을 채우기 위한 균형에 관여하는 모든 생리적인 신호에 의해서도 나타난다. 이러한 현상은 먹을 것을 찾는 동기유발 행동과 밀접한 관련을 가지고 있다. 혈당이 떨어지고, 배가 고픈 생리적인 신호가 전달되면, 생존하기 위해서 먹을 것을 찾는 행동을 하는 것이다. 잠을 자면서 회복하는 일은 개체가 생존해 있어야만 의미가 있는 반응이므로, 먼저 살아남는 데 필요한 에너지원을 찾는 데 주력하느라 잠을 자는 신호를 억제하는 것이다.

밤에 야식을 먹고서 잠들면, 소화 흡수된 영양물질은 소비되지 않은 채 대부분 지방조직에 저장된다. 지방조직에서는 Leptin을 분비하여 식욕을 떨어뜨리는데, 잠을 자고 있을 때는 느끼지를 못하지만 아침에 일어나서 밥을 먹고자 할 때 입맛이 없다. 야식으로 Leptin의 농도가 높은 상태로 유지되고 있어서 잠에서 깨어나도 입맛이 바로 돌아오지 않는다. 또한 야식으로 증가한 Leptin은 에너지 대사를 촉진시키고 체온을 올려서 잠에서 빨리 깨도록 한다. 정상적인 수면 주기에 의한

다면, 체온은 코티졸 농도가 높아지는 수면의 후반부에 높아지지만, Leptin에 의한 대사의 활성화와 체온 상승으로 인해 수면의 중반에 잠에서 깨게 된다. Leptin은 즉각적인 면역 반응을 높이고, 적응 면역에 관여하는 세포들을 활성화시킴으로써 면역력을 높이는 작용을 한다. 그러나 수면의 불균형은 장기으로 면역력 저하를 가져온다.

수면 활동을 조절하는 주된 호르몬의 다른 물질로는 멜라토닌이 있는데, 멜라토닌을 투여하면 60분 후에 성장호르몬의 농도가 3배 정도 올라간다. 멜라토닌은 세로토닌 수용체에 대한 경쟁적 억제물질로도 작용하는데, 세로토닌은 성장호르몬의 분비를 증진시킨다. 도파민이 기쁨을 주는 호르몬이라면, 세로토닌은 행복감을 주는 호르몬이며, 엔돌핀은 황홀감을 주는 호르몬이다. 낮 동안 행복감을 느껴 증가한 세레토닌은 성장호르몬 분비를 자극해서 면역력을 높이고, 피부를 재생을 촉진시키며, 신진대사를 좋게 해주므로, 행복감을 느끼는 즐거운 생활이 무엇보다 중요하다. 운동은 Epinephrine과 코티솔의 농도를 높여서 수면 유도를 억제할 뿐만 아니라, 성장호르몬의 분비 또한 억제해 면역력을 떨어뜨리므로 늦은 밤에는 과도한 운동을 자제하는 것이 좋다.

6 수면의 교란은 면역력을 떨어뜨린다

수면은 낮 시간 동안, 열심히 활동하면서 망가진 세포들을 수리하고, 재생하며, 복원하는 활동에 필요하며, 외부에서 침입하는 침입자들을 물리치기 위한 방어 작용을 펼치는 데 필요한 에너지를 운용하고, 휴면 상태에 있는 면역 세포들을 깨우기 위한 활성화에도 필요하며, 스트레스에 대한 반응으로부터 살아남기 위한 회복 반응에도 필요하다. 수면을 교란시키는 요인은 매우 다양하다. 급성으로 수면의 교란이 일어나면 적응 면역이 떨어지고(Th1), 면역세포의 수가 감소하며, 백신 항체의 반응이 줄어드는 현상이 나타난다(그림 12.9). 수면의 부족 증상이 계속되어 만성으

급성 수면 부족
적응 면역이 떨어진다(Th1)
면역 세포의 수가 감소한다.
백신 항체의 반응이 줄어든다.

만성 수면 부족
내부의 면역 반응과 염증이 증가한다.
IL-6, IL-1, TNF, TNFγ1의 분비가 증가한다.
백혈구의 이동이 증가한다.

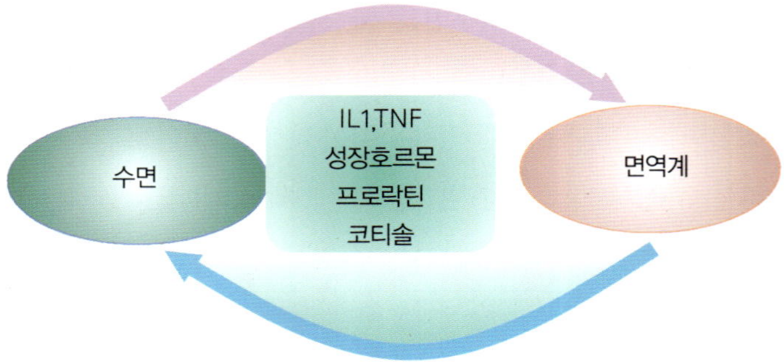

감염과 염증의 상황
수면 압력의 증가하고 잠이 온다.
얕은 잠(NERM 수면)을 자며, 자고 깨는 것을 반복한다.
깊은 잠(REM 수면)이 줄어든다.

그림 12.9 수면의 상태에 따른 면역계의 작용.

로 진행되면, 내부의 면역 반응과 염증 반응이 증가하고, IL-6, IL-1, TNF, TNFγ1과 같은 면역 반응을 중계하는 사이토카인의 분비가 증가한다. 사이토카인의 활성화와 함께 백혈구의 이동 증가가 나타난다. 수면 부족으로 인한 스트레스는 코티솔의 분비를 증가시킨다. 코티솔은 면역 반응을 이끌어 내는 데 중요한 역할을 하는 IL-1, IL-6, TNF와 같은 사이토카인의 분비를 줄어들게 해서 백혈구의 증식을 막고, B세포에서 생산하는 항체의 생산을 억제하며, 백혈구의 이동을 억제해서 순환하는 백혈구 세포의 수를 줄이고, 순환하는 과립구의 수를 늘리며, 자연살해세포의(natural killer cell, NK cell) 세포 살해 능력을 억제하고, 대식세포의 식작용을 떨어뜨리며, 염증을 유도하는 사이토카인의 분비를 억제하고, 항염증을 유도하는 사이토카인의 생산을 늘리는 등 전반적인 면역력을 떨어뜨린다.

7 면역 노화로 미생물 병원체에 대한 면역력이 떨어진다

나이가 들어감에 따라 면역시스템이 약화되는 것을 면역 노화(Immune Senescence)라고 한다. 이는 나이든 사람이 박테리아와 바이러스 및 다른 병원성 생물체에 대해 더 민감하기에 문제가 된다. 건강한 면역시스템은 노화된 세포, 암세포 및 암 전단계의 세포와 같은 비정상적인 세포를 찾아서 없애지만, 면역 노화가 진행된 사람은 이러한 기능이 적절하게 이루어지지 않아 질병의 상태가 된다.

면역 노화는 병적 상태의 증가, 활력의 감소, 스트레스, 신체의 물리적이거나 기능적인 손상, 만성적으로 미약한 염증이 전신에 나타나는 증상 등에서 유발되고, 이는 또한 신경의 염증을 유발하여 신경의 노화를 가져온다.

일생 동안 살아가면서, 바이러스, 박테리아, 곰팡이, 원생동물, 기생충 등과 같은 다양한 병원체에 오랜 기간 동안 노출되면, 다양성이 떨어지는 기억세포는 늘어나서 쌓이고, 일반적인 면역 반응에 관여하는 세포는 계속해서 줄어든다. 또한 흉선이 퇴화하고, 조혈모세포의 줄기세포가 손상을 받으면서 면역계의 노화가 진행되며, 뇌의 신경세포에 발생하는 염증으로 인해서 뇌 조직의 손상이 축적되고, 신경세포의 재생이 감소되며, 신경세포의 퇴화가 가속화되면서 인지적 장애가 발생한다.

1) 면역 노화가 진행된 사람은 코로나 바이러스에 취약하다

면역 노화는 나이든 사람들에게 일반적으로 나타나지만, 실제적으로는 나이를 불문하고 나타날 수 있어서 젊은 사람이라고 바이러스 감염에 대해 무조건 안심할 수는 없다.

건강한 젊은 사람은 면역 반응 조절이 잘되는 시스템을 가지고 있어서, 상기도를 통해 들어온 바이러스가 하부 기관지를 통해 폐포에 도달하면, 바이러스 입자가 Type2 폐포 세포에 침입하여 증식하게 되는데, 이를 대식세포나 수지상세포가 인지하여 물리치면서 자체에 항원을 표지하면 T 세포가 활성화 되고, 시이토카인을 분비하여 다른 면역 세포를 활성화시켜서 적응 면역의 반응을 활성화시킨다. 활성화된 T 세포는 다른 면역 세포를 활성화시키고, 항원을 가지고 있는 세포들을 직접적으로 처리해 바이러스의 확산을 막으면서 면역 반응을 적절하게 이끌어간다. 중성 백혈구가 감염된 부위로 이동하여 감염된 세포를 없애면 다른 세포들은 보호받으면서 안전하게 된다(그림 12.10).

면역 노화가 진행되어 바이러스의 감지 능력이 억제되어 있는 경우, 대식세포와 T 세포의 기능이 정상적이지 못해서 바이러스에 대한 반응이 느리게 나타남으로써, 감염 초기의 바이러스에 대해 효과적으로 대응하지 못한다. 이러한 상황에서 바이러스가 Type2 폐포 세포에 침입하여 증식하면, 바이러스 숫자가 더 많아지고, 더욱 더 많은 세포에서 염증이 진행되면 많은 양의 사이토카인이 분비되어서 폐포 주위를 감싸고 있는 모세혈관 내피세포 라인에 염증이 유발된다. 모세혈관 내피세포의 염증으로 섬유상세포가 활성화되고, 코로나 바이러스의 구성체가 혈액으로 이동한다. 폐포의 모세혈관 염증 반응으로 인해 느슨해진 혈관세포 사이를 빠져 나온 액체가 폐포를 가득 채우면, 폐의 기능은 떨어지고, 바이러스는 다른 기관으로 퍼져나가다. 폐포 세포에 감염하여 급격하게 늘어난 바이러스가 면역 세포에 결합하면, 많은 양의 사이토카인이 분비되는 사이토카인 폭풍이 발생한다. 사이토카인 폭

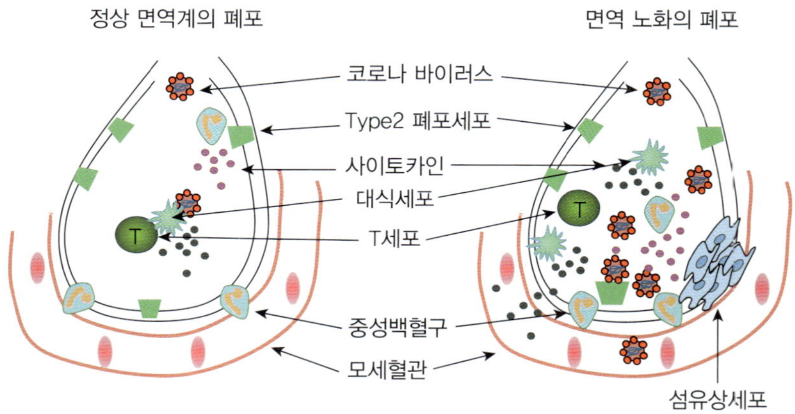

그림 12.10 면역 노화와 폐포에서의 코로나 바이러스 감염 반응.

풍은 폐포의 벽을 응결시켜서 산소의 이동을 어렵게 하고, 다른 기관의 기능을 상실하게 한다.

8 면역 노화의 회복

면역 노화의 내분비적인 이유는 면역 기능을 조절하는 호르몬의 분비가 부족해져서인데, 이처럼 부족해진 호르몬을 채우는 방법은 DHEA, Melatonin, GH/Ghrelin 등과 같은 호르몬을 투여하는 것이다(그림 12.11).

스트레스에 의한 신경세포의 자극은 시상하부를 통해 부신에 전달되어 Cortisol 분비는 증가시키고, DHEA 분비는 감소시킨다. 이러한 Cortisol 증가와 DHEA 감소의 생리적인 신호는 흉선의 기능을 억제시켜서 활동적인 T 세포를 감소시키고, 직접적으로 면역 세포를 억제해서 면역 노화를 진행시키며, 뇌의 신경세포의 손상을 축적시킨다. 면역 기능이 떨어진 사람에게 DHEA를 투여하면, 흉선의 세포를 활성화시켜서 T 세포의 기능을 회복시키고, 면역세포를 자극하여 IL1과 IL6와 같

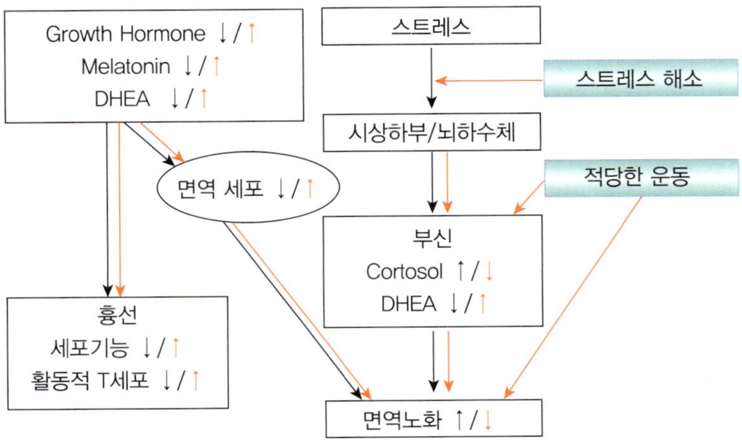

그림 12.11 면역 노화의 해소 방안.

은 사이토카인의 분비를 늘려서 염증을 완화시켜서 면역 기능을 회복시킨다.

면역 노화가 진행된 쥐에 멜라토닌을 주사하면, 면역계의 T 세포 증식을 자극하여 퇴행이 진행된 흉선을 조금씩 살리는 작용으로 노화를 되돌려서 면역 기능이 조금씩 회춘을 하게 되며, T 세포의 활성 증가는 침입하는 병원체들을 파괴하는 데 효과적으로 도움을 준다.

호르몬을 투여하는 것은 효과를 바로 볼 수 있는 확실한 방법이기는 하지만, 전체적인 호르몬의 균형을 바꿔 예상하지 못한 결과를 가져올 가능성이 있으므로 신중하게 접근해야 한다.

우리가 생활하는 환경이나 생활습관 및 대인관계 등을 개선하여 스트레스를 차단시키면, 시상하부-뇌하수체 부신으로 연결되는 호르몬의 변화를 가져와서, Cortisol 분비는 감소하고 DHEA 분비는 늘어나 면역 세포를 자극함으로써 분비되는 사이토카인의 작용을 통해 면역 노화를 완화시킨다.

적당한 운동은 조직에 있는 대식세포의 활동을 높이며, 혈액의 원활한 순환으로 인해서 면역항체, 항-염증성 사이토카인, 중성구, 자연살해세포, 세포 독성 T 세포, B 세포 등의 순환이 늘어나고, 활성화시켜서 면역 노화를 완화시킨다. 또한 IL6, 보체, 항체 등의 분비를 늘려서 신체의 염증 반응을 완화시키며, 호흡기를 통해 감염되는 바이러스 질환의 위험성을 낮추어 주고, 상기도의 감염 또한 감소시켜서 면역력 향상에 도움을 준다. 하지만, 과격한 운동은 물리적인 스트레스로 이어지며, 산화적 스트레스, 근육 손상 등과 연관된 일시적인 면역시스템의 교란으로 인해서 질병의 발병 가능성이 높아진다.

나이가 들면서 신체의 노화가 진행되는 것은 자연스럽게 받아들여야 하는 현상이지만, 우리의 노력으로 면역계의 노화를 늦추고, 개선시키면 살아있는 동안 건강하게 살아갈 수 있다.

생물의 종들은 어떻게 소통할까?

13

1 생물들의 소통 방법

1) 물리적인 소통 수단

(1) 소리

동물은 왜 소리(Sounds)를 내는가? 동물의 소리를 들으면 우리는 어떠한 느낌을 받는가? 반갑게 느끼는 사람도 있을 것이고, 해를 주는 동물로 인식하여 나쁜 느낌을 받을 수도 있다.

우리들은 살아가면서 동물들이 내는 다양한 소리를 듣는다. 까치들은 동네 어귀에 사람이 들어오면 소리를 내어 낯선 사람이 왔음을 알린다. 자신의 영역을 지키며 살아가는 까치에게 인간은 어찌하지 못하는 침입자이다. 까치가 위험을 느끼면 낯선 이를 향해 공격한다. 당하는 사람은 어이가 없는 일이지만 까치에게는 생존이 걸려 있는 문제이다. 까치 한 마리가 침입자가 나타났음을 알리면 근처에 사는 까치들이 집단으로 모여들어서 침입자를 몰아내기 위한 행동에 돌입한다. 까마귀나 매가 까치의 번식지에 들어오면 까치들은 협동으로 공격을 해서 몰아낸다. 서식지의 경쟁에서 맹금류에 속하는 매가 까치에 밀리는 이유는 무엇일까? 매는 사냥을 위해 질주하는 능력은 탁월하지만 큰 몸집으로 인해 방향을 전환하는 능력이 작은 까치를 따라가지 못한다. 봄철에 매가 이동하던 중에 까치가 서식하는 지역에 들어갔다가 공중에서 위협 당하는 모습을 보면 매의 주위에 여러 마리의 까치가 날아다니면서 공격을 한다. 자신들의 서식지에 다른 동물이 들어오면 다른 까치들을 불러 모으기 위해 특별한 소리를 낸다. 사람들은 까치가 내는 소리가 무엇을 의미하는지 알아듣지 못하지만 까치가 어디에 있는지는 알 수 있다. 즉, 다른 종들이 내는 소리를 알아들을 수는 없지만 소리가 나는 위치를 파악할 수는 있다.

같은 종에서 집단과 집단 간에는 소통을 어떻게 할까?

까치의 경우에는 한 무리가 서식하고 있는 지역에 다른 집단의 까치가 들어오면 집단적인 방어를 하면서 몰아낸다. 즉, 까치의 경우 자신이 속하는 집단의 구성원과 다른 집단의 구성원을 구분할 수 있다.

많은 동물들은 같은 종을 공격하지 않고 집단을 이루어 같은 영역을 공유하며 살아간다. 겨울 철새들이 모이는 영산강 하구언이나 태안 반도의 간척지 부근에서 낮 동안 흩어져서 먹이 활동을 하다가 해질녘이 되면 날아오르는 가창오리의 군무를 볼 수 있다. 울산 태화강의 대나무 숲에서는 까마귀들이 해질녘이 되면 집단으로 날아올라 군무를 한다. 광주의 중앙공원에 사는 집비둘기들은 밤 동안에는 흩어져서 자고 새벽의 여명이 비치면 한 곳으로 모여서 집단을 이룬다. 여름 동안 한반도 전역에 흩어져서 새끼를 키우던 제비도 가을이 되어 이동을 할 시기가 다가오면 집단으로 모여서 날아갈 준비를 한다. 이들 모두 특정한 시간이나 시기에 집단으로 행동을 하는 종이다. 모여서 쉬고 있는 새들은 소리를 많이 내지 않지만 집단으로

그림 13.1 동이 틀 무렵에 광주 중앙공원의 길가에 모여 무리를 이룬 비둘기.

날아다니는 새들은 많은 소리를 낸다. 새들이 집단으로 모이고 날아다니면서 서로 간에 소통을 하고 있는 것이다.

동물들이 소리를 통해 서로 소통하는 것은 자연계에서 살아남는 데 중요한 수단이다. 집단생활을 하는 무리에서는 방어체계를 구축하고 경계를 통해 위험 요인을 발견하면 이를 소리를 통해 알려서 집단을 위험으로부터 구해내는 역할을 한다. 집단생활을 하면서 보초를 서는 대표적인 동물로는 아프리카에 서식하는 미어캣(Meerkat)이 있다. 미어켓의 집단은 여왕이 지배하며 살아가는데, 여왕에서 분비되는 테스토스테론의 양은 수컷의 두 배에 이른다. 하지만 보초를 서는 미어캣은 성별의 차이가 없으며 경험이 많은 미어캣이 가장 오랫동안 보초를 선다. 미어캣은 땅속의 벌레나 유충을 잡아먹는데, 머리를 땅속에 집어 넣고서 먹이를 찾는 동안 포식자인 독수리와 땅 위의 하이에나의 공격으로부터 취약하기 때문이다. 보초병이 포식자를 발견하고 소리를 지르면 땅굴로 재빠르게 몸을 숨긴다. 이처럼, 소리의 소통 수단은 집단의 안전을 유지하는 데 중요하게 활용된다.

소리는 또한 흩어져 생활하는 동물들의 교미기에 서로의 위치를 알리는 수단이기도 하다. 한반도 전역에 분포하는 텃새인 꿩은 빛깔이 고운 수컷인 장끼와 곱지 않은 암컷인 까투리가 있다. 암컷은 새끼를 돌보며 살아가지만 수컷은 독립생활을 한다. 봄이 되어 교미를 하는 시기가 되면 수꿩은 소리를 내어 자신의 위치를 알린다.

곤충들도 수컷이 암컷을 유인하기 위해 열정적인 소리를 낸다. 여름을 상징하는 대표적인 소리로 매미의 울음소리가 있다. 땅속에서 긴 시간을 애벌레 상태로 지내다가 성체가 된 다음 짧은 기간 동안 살다가 죽는 매미가 열심히 우는 이유 또한 번식 때문이다. 수컷 매미의 울음소리는 암컷 매미를 향한 구애 행동이다. 도시에서 시끄러운 소음을 내는 매미는 말매미와 참매미인데, 특히 말매미는 덩치가 크고 리듬감 없이 "치~" 하는 긴 울음소리를 내기 때문에 더욱 시끄럽게 느껴진다. 말매미는 27°C 이상의 고온일 때 우는 경향이 있어서 한 여름의 폭염과 열대야가 지속되는 시기에 밤새도록 울어서 우리를 지치게 한다. 반면 참매미는 27°C 이하의 저온일수록 합창을 하는 성향이 있어서 주로 새벽에 울기에, 밤새 말매미에 지친 우리를 새벽에 다시 힘들게 한다.(국립생태원 자료)

산림지역이나 섬을 다녀보면 쓰츠츠츠츠 호-시 하면서 울다가 매엠 매엠 매앰 하면서 리듬감 있게 우는 소리를 들을 수 있는데, 이는 애매미의 울음소리이다. 이렇듯 매미의 종마다 우는 소리가 다르므로, 같은 종은 동종의 소리를 구별할 수 있다.

매미가 시끄럽게 울어대는 것은 소리를 통해 상대를 유인해서 번식을 하기 위한 행동이다. 이외에도 짝짓기를 위한 소리를 내는 곤충은 많은데, 가을을 알리는 전령사라고 하는 귀뚜라미는 오른쪽 날개의 톱날같이 튀어나온 줄을 왼쪽 날개의 마찰편에 긁어서 소리를 낸 후 경판을 떨어 증폭시키면서 맑고 깨끗한 소리를 낸다. 귀뚜라미의 종에 따라 주파수가 다르므로, 수많은 종들이 서로 섞여서 울어대는 가운데에도 제짝을 쉽게 찾을 수 있다. 동물들은 종에 따라 소리를 내는 주파수가 달라 서로를 구별할 수 있으며, 같은 종 내에서도 지역마다 집단마다 약간씩 다르므로 서로를 구별할 수 있다.

그림 13.2 A 말매미의 교미. B 소리를 내어 짝짓기 상대를 유인하는 귀뚜라미.

소리를 들을 수 있는 주파수의 영역을 가청 주파수라고 하는데, 사람은 20~20,000Hz 대역의 소리를 들을 수 있으며, 개는 15~50,000Hz, 고양이는 50~65,000Hz, 박쥐는 1,000~120,000Hz, 고래는 150~150,000Hz 주파수 영역의 소리를 들을 수 있다. 사람이 들을 수 있는 가청 주파수의 최대 한계를 넘는 범위를 초음파라고 하며 주파수로는 20,000Hz 이상의 범위이다. 박쥐와 고래는 초음파의 영역에서 소통을 한다. 박쥐의 경우 초음파 소리를 통해 소통을 하거나 반사되어 돌아오는 파장을 통해 먹이의 형태를 파악한다. 고래 또한 초음파 영역의 소리를 통하여 서로 소통을 하고, 먹이의 위치를 파악하는 데에도 이용한다. 소리의 자극이 개체의 수용체를 자극하면 전기적인 신호가 발생하고, 이는 뇌에 전달되어 반응을 이끌어낸다.

(2) 색

동물들 중에는 상대를 유혹하는 수단으로 깃털을 화려하게 하거나 피부의 색을 변화시켜서 특별하게 화려한 색(Color)을 나타내는 동물들이 있다. 즉, 소통의 수단으로 혼인색을 사용하기도 한다. 장끼와 까투리는 꿩의 암수를 나타내는 우리말이다. 수컷의 꿩인 장끼는 화려한 깃털을 가지고서 암컷을 유인한다. 가장 화려한 깃털을 이용하여 암컷을 유인하는 새는 공작이다. 공작은 화려하게 장식된 깃털을 세워 암컷을 유인한다. 색은 같은 종간에 이성을 유인하는 수단으로 활용되지만 전혀 다른 종을 끌어 들이는 수단이 되기도 한다. 봄이 되어 산에 있는 나무에 꽃이 피면 온 산이 꽃으로 장식된 것처럼 보인다. 한 겨울의 차가운 기운이 봄기운에 의해 녹아내리는 눈 사이로 사라지면 남쪽의 해안을 따라 퍼져 있는 동백들이 꽃을 피우고 매실나무의 꽃들이 봄을 맞이한다. 완연한 봄이 되면 개나리, 산벚나무, 아카시아, 이팝나무와 때죽나무 등의 꽃이 연이어서 같은 시기에 핀다. 이렇듯 숲에서는 적당한 시기가 되면 꽃이 피고 시간이 지나면 떨어지는 변화가 일어난다. 꽃은 수정을 돕는 곤충들과 새들에게 꽃이 피어 있음을 알리는 수단이다. 동백나무의 꽃이 피어 있는 시기는 곤충들이 돌아다니기에는 너무 춥기에 곤충이 활동하지 않는다. 하지만 온혈동물인 동박새는 동백나무 꽃에서 꿀을 따먹기 위해 열심히 돌아다닌다(그림 13.3A, B). 아메리카 대륙에 서식하고 있는 벌새는 날고 있는 정지 비행의 상태에서 꿀을 취하는 것으로 잘 알려져 있다. 정지 비행을 하면서 꿀을 먹는 곤충으로는 우리나라에서도 쉽게 볼 수 있는 박각시가 있다(그림 13.3C).

곤충들 또한 기온이 올라가면 꽃이 제공하는 꿀을 얻기 위해 열심히 날아다닌다. 절굿대의 꽃에서 꿀을 따고 있는 곤충인 호박벌을 살펴보면 몸에 많은 털을 가지고 있어서 화분이 쉽게 묻을 수 있는 구조로 되어 있다(그림 13.3D). 꽃을 이동해서 날아다니는 새와 곤충은 꿀을 따는 과정에서 화분을 몸에 묻히고서 다른 나무의 꽃으로 화분을 옮기게 된다. 따라서 식물체는 수정이라는 과정을 통해 같은 종 내에 있는 다른 개체의 유전 형질을 획득할 수 있게 된다. 즉, 동물이나 식물들은 색소의 색을 이용하여 같은 종이나 다른 종을 유인함으로써, 생물체의 유전적 다양성을 유지하는 데 도움을 받는다.

그림 13.3 A 동백꽃. B 동박새. C 정지비행을 하는 상태에서 며느리밥풀의 꿀을 먹는 박각시. D 절굿대 꽃에 내려서 꿀을 따는 호박벌.

2) 화학적 소통 수단

(1) 식물의 소통 물질

식물에는 나무의 색과 구별되는 색소를 갖고 있는 꽃이 있어서 새나 곤충들이 쉽게 인식할 수 있도록 하는 것과 함께 향기 성분을 퍼뜨려서 유인하는 작용을 한다. 식물의 꽃은 종마다 특별한 향기 성분을 가지고 있으므로, 향기 성분에 따라 유인되는 동물이 달라진다. 사람의 관점에서만 보면 꽃은 항상 향기롭고 기분 좋은 향을 가지고 있을 것 같지만, 양파에서 꽃이 피면 벌도 모이지만 파리들이 더 많이 모여든다. 실제로 상업적인 채종을 위한 양파의 꽃가루받이에는 연두금파리를 이용하기도 한다.

꽃의 향기 분자가 사람의 코에 있는 수용체에 결합해서 전기신호를 발생시키고 대뇌 피질에 있는 감각신경에 전달되면 향기를 인지하게 된다.

향기 자극 → 코의 Olfactory receptor → 신경 신호 발생 → 대뇌 피질 감각신경 자극

식물의 꽃이 발산하는 향기는 벌이나 나비와 같은 곤충들과 다른 동물들에게 꽃의 존재를 알려준다.

식물체의 향기-허브식물

식물의 향기 성분은 꽃에만 있는 것이 아니라 식물체 전체에 존재하는데, 음식에 사용하는 향신료나 약으로 쓰기 위해 키우는 식물을 허브라고 한다. 허브는 종류에 따라 진통, 해열, 항염, 진정 등의 약효를 가지고 있어서 인간이 오랫동안 재배를 하고 있는 식물들이다. 허브의 주요 성분들은 곤충들이 기피하는 성분이어서 식물 주위에는 벌레가 모이지 않고, 살균 작용이 있어서 병충해에 강한 특성을 지닌다. 허브는 움직이지 못하고 한 곳에 뿌리를 내리고 살아가는 식물이지만, 방향 성분을 만들고 발산시켜서 해를 가하는 동물들에 대항하는 다양한 노력을 하고 있다.

사람들은 허브를 재배해서 방향의 성질을 이용한다. 한 예로 유럽을 여행하다보면 집 창문 근처에 제라늄의 화분을 놓고 키우는 것을 많이 볼 수 있는데, 꽃을 보는 즐거움을 위해서 키우기도 하지만 주로 해충들의 접근을 막아주는 방어 식물로서 키우는 경우가 많다(그림 13.4).

우리가 즐겨먹는 계피(시나몬, cinnamon)는 녹나무과의 계피나무인 Cinnamomum verum의 나무 수피를 벗겨 말린 것으로 대표적인 해충 기피제이다. 계피에서 추출한 계피유는 Cinamonic aldehyde, Camphene, cineol, Linalool, Eugenol 등이 주 성분이다. 계피유에는 Cinamonic aldehyde가 가장 많이 들어 있으며, 항균, 생리불

그림 13.4 허브 식물. 허브식물의 정원과 멀리보이는 건물의 베란다에 놓인 제라늄 화분.

순 완화, 살충, 식중독 예방, 곰팡이 제거, 해충 기피 등 다양한 효능을 지니고 있다. 사람들은 계피의 가루를 커피에 뿌려서 먹거나 차로 우려서 마신다(그림 13.5).

이처럼, 식물의 방향 성분이 어떤 동물에서는 기피하는 기피제로 작용하지만 다른 동물에서는 이로움을 주는 물질이 된다.

(2) 동물의 소통을 매개하는 물질

산간지역에서 농사를 짓는 농부들은 가을이 되면 밭을 습격하는 멧돼지 때문에 애를 먹는다. 멧돼지를 쫓아내기 위해 다양한 방법들을 동원하는데, 일례로 호랑이의 울음소리를 녹음해서 틀거나, 호랑이의 분변을 받아다가 밭 주위에 뿌려 놓기도 한다. 호랑이의 분변에는 특이한 냄새가 있어서 멧돼지는 본능적으로 포식자가 가까이 있음을 감지하고서는 접근하지 않는다.

생물들은 생태계에서 살아남기 위해 행동을 하며, 동물들은 포식자를 인지하면

그림 13.5 계피 조각과 커피의 계피가루.

피하는 것이 일반적인 현상이다. 포식자는 피식동물이 인지하지 못하게 접근해야만 사냥에 성공할 확률이 높아진다. 사자나 호랑이는 사냥을 할 때 바람을 마주하며 접근함으로써 피식동물이 냄새로 위험을 인지하지 못하도록 해서 성공 확률을 높인다. 사람에게도 냄새가 있듯이 동물들도 특유의 냄새를 풍기므로 피식자는 위험을 인지할 수 있다.

노린재 같은 곤충은 주변의 식물과 같은 색으로 위장을 해서 위험을 회피하지만, 동물들이 싫어하는 향기 성분도 가지고 있어서 다른 동물이 접근하거나 건드리면 역겨운 냄새 분자를 내보내서 기피하게 만든다(그림 13.6) 척추동물인 스컹크도 지독한 냄새를 뿌림으로써 위험을 회피하는데, 스컹크가 분사하는 냄새의 주성분인 mercaptans는 달걀이나 마늘이 썩을 때 나는 냄새에 포함된 황화수소가 주요 물질이다.

그림 13.6 역겨운 냄새로 위험을 회피하는 노린재.

이렇게 생물의 다른 종간에는 물질 분자의 성질을 이용해서 식물체의 수정에서처럼 도움을 받기도 하고, 멧돼지처럼 포식자의 냄새를 인지해서 피하는 행동을 하기도 하며, 노린재와 스컹크처럼 위험에서 벗어나기 위해 역겨운 냄새 성분을 내보내서 포식동물이 접근하지 못하게 하기도 한다.

(3) 동종 간의 의사전달

단독생활을 하든 집단생활을 하든간에 모든 동물은 개체 간의 소통이 이루어져야만 종을 유지하며 살아갈 수 있다. 동물들의 경우는 물리적인 자극이나 물질을 매개로 하는 방법을 모두 사용해서 소통한다. 집단생활을 하는 원숭이는 외부 침입자가 집단을 향해 접근해 오면 소리를 내어서 경고를 하고, 침입자에 대항하여 집단으로 대응을 하거나 포식자로부터 미리 도망을 가는 전략을 구사함으로써 위험으로부터 벗어난다. 또한 먹이사냥을 할 때도 소리를 내어서 사냥감을 몰아가는데, 원숭이들은 상대적인 위치를 미리 선점해서 사냥감이 빠져나가지 못하도록 한다. 집단 내에서의 서열을 정할 때는 물리적인 힘을 이용한 싸움을 통해 결정을 하지만, 서열이 결정되고 나면 집단을 통솔하기 위한 수단으로 경고하는 소리를 내거나 행동을 통해서 대응을 한다. 소리로 소통을 하는 동물 중에서 수중에 사는 돌고래는 초음파 영역의 주파수를 사용하기 때문에 인간은 돌고래의 소리를 잘 들을 수 없지만 돌고래끼리는 잘 소통하면서 살아간다.

집단생활을 하는 동물 중에 소리를 내지 않는 동물들은 어떻게 의사를 전달하며 살아갈까? 꿀벌들이 집단을 이뤄서 생활하게 하는 근간은 꿀벌이 가지고 있는 유전 형질에 의한 것이라고 할 수 있다. 꿀벌 집단이 여왕벌을 중심으로 뭉치고 일벌의 생식기능 발달이 억제되고 꿀을 채집하러 일벌이 벌집의 집단으로 돌아오게 하는 것 모두 여왕벌이 만들어 내는 페로몬의 작용에 의해 일어난다. 페로몬은 분자량 1,000 이하의 작은 분자들로 휘발성을 지닌 분자들이다.

다른 사회생활을 하는 곤충인 개미의 이동과 관련된 페로몬을 이동 페로몬(trail pheromone)이라 하며, 168가지 정도의 화합물이 알려져 있다. 개미의 항문 근처에는 3개의 개구부가 있는데, 하나는 배설물을 내보내는 항문이고, 다른 하나는 Poison gland로 포름산을 분비해서 따갑게 만드는 기관이며, 나머지 하나는 Dufour glands로 다양한 페로몬들을 분비하는 기관이다. 개미의 이동 페로몬은 개미의 항문에 있는 Dufour glands에서 분비된다(Ref Morgan 2008). 불개미에서 발견되는 독의 기본적인 부분은 piperidine의 2, 6 위치가 알칼로이드로 치환된 구조로 95% 이상이 물에 녹는 알칼로이드들이다. 이들은 세포 독성, 용혈, 항박테리아의 기능과 곤충을 막는 기능을 가지고 있다(Kevin 2013).

집단생활을 하는 동물들은 꿀벌에서처럼 꿀이 있는 곳을 찾았을 때 집으로 돌아와 춤을 추면서 다른 일벌들에게 위치를 알리는 행동을 하거나, 원숭이 집단에서처럼 위험에 대해 집단으로 대처할 때 물리적인 수단인 소리를 사용하여 의사소통을 하거나, 개미에서처럼 화학물질인 페르몬을 사용하여 행동을 조절한다. 또한 꿀벌에서는 여왕벌이 분비하는 페로몬의 작용을 통해 일벌의 생식기 발달을 억제하기도 한다.

고등 생물들의 공격과 방어

14

1 동물의 공격 행동

생태계에서 이동하면서 살아가는 동물은 항상 다른 생물체를 먹고살아야 하는 타가영양생물체이다. 타가영양생물체가 살아가기 위해서는 에너지와 생물체의 구성물을 만들기 위한 원료인 유기물을 섭취해야 한다. 타가영양생물체가 섭취하는 유기물들은 살아 있는 생물체이거나 생물체의 부산물이거나 과거에 생물체이었던 물질이다. 유기물을 섭취해야만 살 수 있는 것은 아프리카의 초원에서 다른 동물을 사냥해서 잡아먹는 사자나 물속에서 생활하는 대장균이나 유기물이 필요한 것은 동일한 현상이다. 동물들은 철저하게 먹이 활동을 위해서만 다른 생물체를 사냥한다.

다른 동물들을 먹고 살아가는 사자도 결코 사냥을 쉽게 하는 것이 아니며 많은 에너지를 쏟아 부어야 한다. 먹이가 되는 동물들이 지나다니는 길목이나 모이는 곳 근처의 엄폐된 곳을 찾아 매복을 한 후 기회를 노려서 사냥을 해도 성공률이 20% 정도 밖에 되지 않는다. 사자들은 성공률을 높이기 위해 집단을 이루어서 사냥을 하며, 생존하는 데 유리한 강한 유전자를 자손에게 물려주는 방식으로 적응을 해서 살아간다. 사자무리 중에서 가장 힘이 센 사자라도 늙어서 힘이 없어지면 다른 사자의 도전을 받아 집단에서 밀려나고 결국에는 다른 동물에게 잡아먹히는 신세가 된다.

소, 말, 노루, 낙타와 같은 초식동물들은 유기물을 얻는 대상을 식물로 하고 있으며, 먹이 식물의 주된 성분인 섬유소를 이용하는 쪽으로 진화해 왔다. 따라서 섬유소를 물리적으로 갈아서 분해하는 데에 적합하도록 치아 구조가 발달하였다. 초식동물들이 식물체를 뜯어먹는 것 역시 식물체의 입장에서 보면 자신을 공격하는 다른 생물체의 공격 행동이다. 지구상의 생태계에서 1차적인 생산자는 광합성을 하면서 살아가는 생물들이다. 즉, 육상의 식물 그리고 담수와 해수에서 살아가는 조류와 광합성을 하는 세균들이 1차 생산자이다. 이러한 1차 생산자를 먹고 살아가는 생물체들은 모두 생존하려면 다른 생물체가 만들어 놓은 세포의 유기물들을 얻어야 한다. 타가영양생물들은 자신이 살아가는 데 필요한 유기물을 얻기 위해서, 다른 생물체가 만들어 세포 밖으로 내어놓은 부산물들을 섭취한다. 생물체가 세포 밖으로 배출하는 물질은 자신에게는 더 이상 필요가 없거나 살아남기 위해 배출하는 것으로 종류가 극히 제한적이다. 이러한 유기물을 먹고 살아가는 생물체들은 섭취한 유기물을 분해해서 에너지를 얻고 이러한 에너지를 이용해서 세포에 필요한 다른 물질들을 스스로 합성해서 살아 간다. 만약 세포에 필요한 유기물들을 한꺼번에 얻을 수 있다면 타가영양생물체에게는 매우 유용한 일일 것이다. 타가영양생물이 자신에게 필요한 영양분을 가장 쉽게 얻는 방법은 다른 생물의 세포를 통째로 먹은 후 소화시켜서 자신에게 필요한 유기물을 얻는 것이다. 즉, 세포를 먹는 것이 다른 특정 유기물을 먹는 것보다 훨씬 효과적인 방법이다. 동물들은 이러한 효과적인 방법을 개선시키는 것으로 진화하여 발전해 왔다.

생물체가 삶을 영위하고 자손을 남기기 위해서는 물질에 저장된 에너지가 끊임없이 필요하기에, 스스로 합성하지 못하면 다른 생물체로부터 얻어야 한다. 다른 생물체의 물질을 얻는 방법 중에서 생물체를 공격해서 먹고 살아가는 방식으로 진화한 것이 동물이라면, 다른 생물체에 침입하거나 죽어 있는 생물체를 분해해서 유기물을 얻는 방식으로 진화한 것이 바이러스와 미생물이다. 숙주 세포의 시스템까지 빌려서 살아가는 것이 바이러스이고, 숙주 세포의 시스템을 빌리지 않은 채 물질만 얻어서 살아가는 생명체가 박테리아와 곰팡이와 같은 미생물이다. 이러한 미세한 생명체도 다른 생물체에 침입한 후, 유기물을 획득해서 살아간다는 점은 동일하다.

타가영양생물체들은 다른 생물체로부터 영양성분을 끊임 없이 얻어야 하므로 계속해서 공격하고 유기물을 쟁취해서 살아간다. 독립적인 생활을 하고 스스로 유기물을 만들어서 살아가는 독립영양생물체라고 해서 동물들의 공격을 그대로 당하고만 있지 않으며, 필요한 경우 적극적인 방어 기작을 통해 동물들의 공격을 막아낸다.

2 동물에 대한 식물들의 방어 기작

지구상의 생태계에서 고착 생활을 하며 살아가는 식물들은 항상 외부의 공격에 쉽게 노출되어 있으므로 나름대로의 방어 기작과 생존 방법들을 가지고 있다. 초원에서 자라는 온순한 풀이라고 초식동물들에게 마냥 뜯어 먹히는 것이 아니라, 나름대로의 방어 방법과 생존 전략을 구사한다.

초원에서 자라는 풀은 초식동물에게는 매우 좋은 먹이로, 특히 새로 돋아난 연한 풀은 초식동물들이 매우 좋아하는 먹이이다. 동물이 풀을 뜯어 먹기 시작하면 뜯겨나간 식물의 상처 조직에서 방향성 물질이 분비되어 이웃한 식물들에게 신호를 주게 된다. 이러한 신호를 받은 식물들은 조직에 동물들의 단백질 소화를 못하게 하

그림 14.1 A 일반적인 차나무 잎.
B 벌레가 먹은 차나무 잎.

는 Protease inhibitor 단백질의 발현을 촉진시켜서 대비하게 된다. 콩에는 Protease inhibitor 단백질이 많이 들어 있는데, 요리하지 않은 콩을 씹어본 사람이라면 비릿함이 어느 정도인지 바로 느껴질 것이다. 이러한 단백질이 많이 발현되어 있는 풀은 동물에게 맛이 없으므로, 이동해서 풀을 뜯게 된다.

사람들은 이러한 현상을 이용하여 특별한 기호식품을 만들기도 한다. 중국에서 재배하여 만드는 차 중에는 벌레가 먹은 차나무 잎으로 만든 홍차가 있는데, 동방미인(東方美人) 또는 백호오룡(白毫烏龍)으로 불린다. 초여름에 '소녹엽선(小綠葉蟬, 학명 Empoasca fomosana paoli 별칭 부진자 浮塵子)'이라는 이름을 가진 벌레가 차나무 잎을 갉아먹으면 먹힌 부위가 홍갈색으로 시들고 화학작용을 일으킨다. 이 찻잎을 따서 차로 만들면 독특한 맛이 난다. 소녹엽선 벌레는 매미충과에 속하는 곤충으로 농약에 약하다. 따라서 차나무를 유기농으로 재배해야 하기 때문에 생산량이 적고 까다롭지만 향미가 좋은 고급차이다(그림 14.1)

많은 식물들은 독성물질을 가지고 있어서 다른 동물들의 접근을 막는다.

1) 과민성 면역 반응을 유발한다

옻나무와 같이 동물에게 가려움증과 과민성 면역 반응을 일으킬 수 있는 물질을 수액에 함유하고 있는 식물에는 동물들이 접근을 꺼리게 된다(그림 14.2). 하지만 사람들은 이러한 성질을 이용하여 면역력을 활성화시키고 체질을 개선하는 음식으로 활용한다. 하지만 옻에 민감한 사람은 매우 신중을 기해야 한다. 옻이 피부에 묻으면 가려움증을 유발하게 되고 손으로 긁다가 다른 곳을 만지면 그 부위도 가려워지기 때문에 많은 어려움이 따라온다. 하지만 드물게 옻나무를 요리하여 먹거나 술에 넣어서 추출한 상태로 먹거나 봄에 돋아난 새싹을 데쳐서 먹기도 한다.

2) 심장의 박동을 멈추게 한다

맹독성 물질을 가지고 있어서 동물들의 접근을 막는 식물로 알려진 협죽도와 디기

그림 14.2 옻나무.

탈리스는 심장을 멈추게 하는 독성 물질을 가지고 있다(그림 14.3). 이들 식물에 들어 있는 독성 물질은 Digitoxin으로, 심장박동을 강화시켜 심장마비를 일으키는 작용을 한다. 협죽도의 가지를 꺾어서 수피를 벗긴 후, 이를 젓가락으로 사용해도 치사량의 독소에 노출될 만큼의 강력한 독성물질을 가지고 있다.

다른 예로 목초지에 소를 방목하여 기르면 여름에는 죽지 않지만 겨울에 건초를 먹여 키우면 죽는 경우가 발생한다. 이러한 사고를 발생시키는 주된 원인은 건초에 포함된 양치식물이다. 양치식물인 고사리에는 Ptaquiloside라는 독성 물질이 들어 있으며, 고사리의 대사 과정에서 생성되는 Norsesquiterpene 배당체의 하나이다. Ptaquiloside는 소에서 방광암을 유발하고, 양에서는 망막을 손상시키며, 골수 위축, 출혈, 면역 억제 등 다양한 독성을 나타낸다.

그림 14.3 A 독성 물질을 함유하고 있는 협죽도와 B 디기탈리스.

3) 다양한 질병을 유발한다

동물들은 고사리가 독성을 가진 식물이라는 것을 어떻게 아는 걸까? 왜 겨울에 사고가 발생 하는가? 우리가 식품의 냄새를 맡을 때 역겹거나 고약한 냄새가 나면 먹지 말아야 한다는 것을 따로 배우지 않아도 안다. 동물들이 물려 받은 유전자에는 기피하는 식물들에 대한 정보를 가지고 있다. 동물들도 풀에서 나는 냄새를 통해 독성 물질이 들어 있는 식물을 알 수 있는 것이다. 하지만 건초가 되어 버리면 냄새를 풍기는 물질들이 말라서 날라감으로 인해 구별을 할 수 없게 되고, 이러한 건초를 먹은 소는 독성에 의해 죽게 된다. 고사리에 있는 프타퀼로사이드(ptaquiloside)라는 독성 물질은 암을 유발시키는 것으로 알려져 있으며, 소에서 급성 고사리 중독 증상을 일으킨다(그림 14.4).

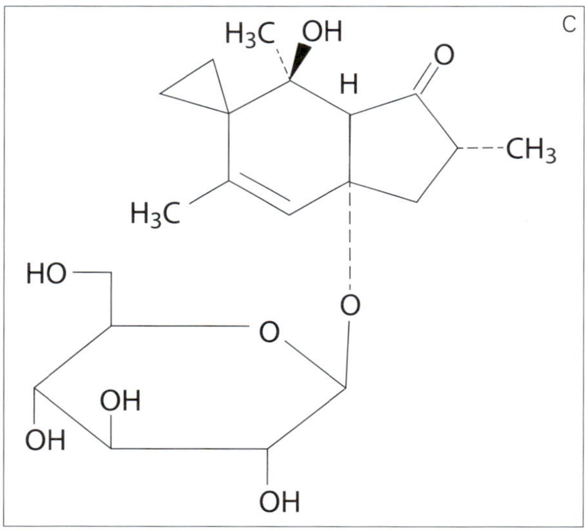

그림 14.4 A 고사리, B 마른 고사리, C 프타퀼로사이드(ptaquiloside) 분자 구조.

4) 쓴맛의 물질을 가지고 있다

식물들이 해충들의 공격을 피하기 위해 지니고 있는 물질 중에는 쓴맛 성분이 많다. 주위에서 흔하게 볼 수 있는 식물로 국화과의 상추, 고들빼기, 민들레, 치커리, 방기지똥, 뽀리뱅이, 씀바귀, 개똥쑥, 쑥부쟁이, 머위 등 다양한 식물들이 쓴맛을 가지고 있다. 국화과 식물들을 꺾어보면 하얀 즙액이 나오는 것을 볼 수 있는데, 이 즙액에는 쓴맛을 내는 성분들이 들어 있다. 벌레들은 대체적으로 쓴맛을 가진 식물들의 잎을 먹지 않는다. 치커리에(그림 14.5A)에는 인티빈(Intybin) 또는 락투피크린(Lactupicrin)이라는 물질이 들어 있고(그림 14.5B), 민들레에는 Tetrahydroridentin이라는 물질이 함유되어 있어서 쓴맛을 낸다(그림 14.5C). 씀바귀에는 synaroside라는 성분이 있어 쓴맛을 낸다. 여성들에게 좋은 약초로 알려진 익모초에는 Leonurine이 함유되어 있어 매우 강한 쓴맛을 낸다(그림 14.5G). 이러한 강한 쓴맛은 입맛이 없는 사람이 즙을 내서 마셨을 때 다시 입맛을 돋구는 효과를 나타내지만, 이는 컴퓨터가 작동하지 않을 때 전원을 끄고 나서 다시 켜는 것과 유사하게 입맛을 되살리는 것이다.

쓴맛 성분을 함유하고 있는 식물들은 풀밭에 섞여 있어도 돋보이게 잘 자라는 것을 볼 수 있다. 다른 식물들은 곤충이나 유충들이 뜯어 먹지만 쓴맛을 지닌 식물들은 잘 뜯어 먹지 못한다. 해충들은 쓴맛을 지닌 물질을 기피하고, 잎 주위에 가까이 오지 않으므로 드러내고 자라도 공격을 받지 않고서 살아남는다.

버드나무에는 아세틸 살리실산(Acetylsalicilic acid)이 들어 있어서 쓴맛을 나타낸다. 아세틸 살리실산은 인체에서는 통증을 완화시켜 주고, 열을 내려 주며, 염증을 제거하는 작용을 하고, 프로트롬빈 생성을 억제하여 혈소판을 제거하는 반응을 통해서 항응고 작용을 하므로 혈전을 예방해 준다. 하지만 장기적으로 복용할 경우 혈소판 작용을 낮추기 때문에, 상처가 났을 때 혈액의 응고를 통해서 출혈을 멈추게 하는 작용이 늦어지는 부작용을 초래한다(그림 14.6).

차나무에는 항산화 작용을 하는 것으로 잘 알려진 카테킨(Catechin)이 들어 있어서 쓴맛을 낸다. 오가피, 인삼, 시호와 같은 산형과 식물에는 사포닌(Saponin)이 들

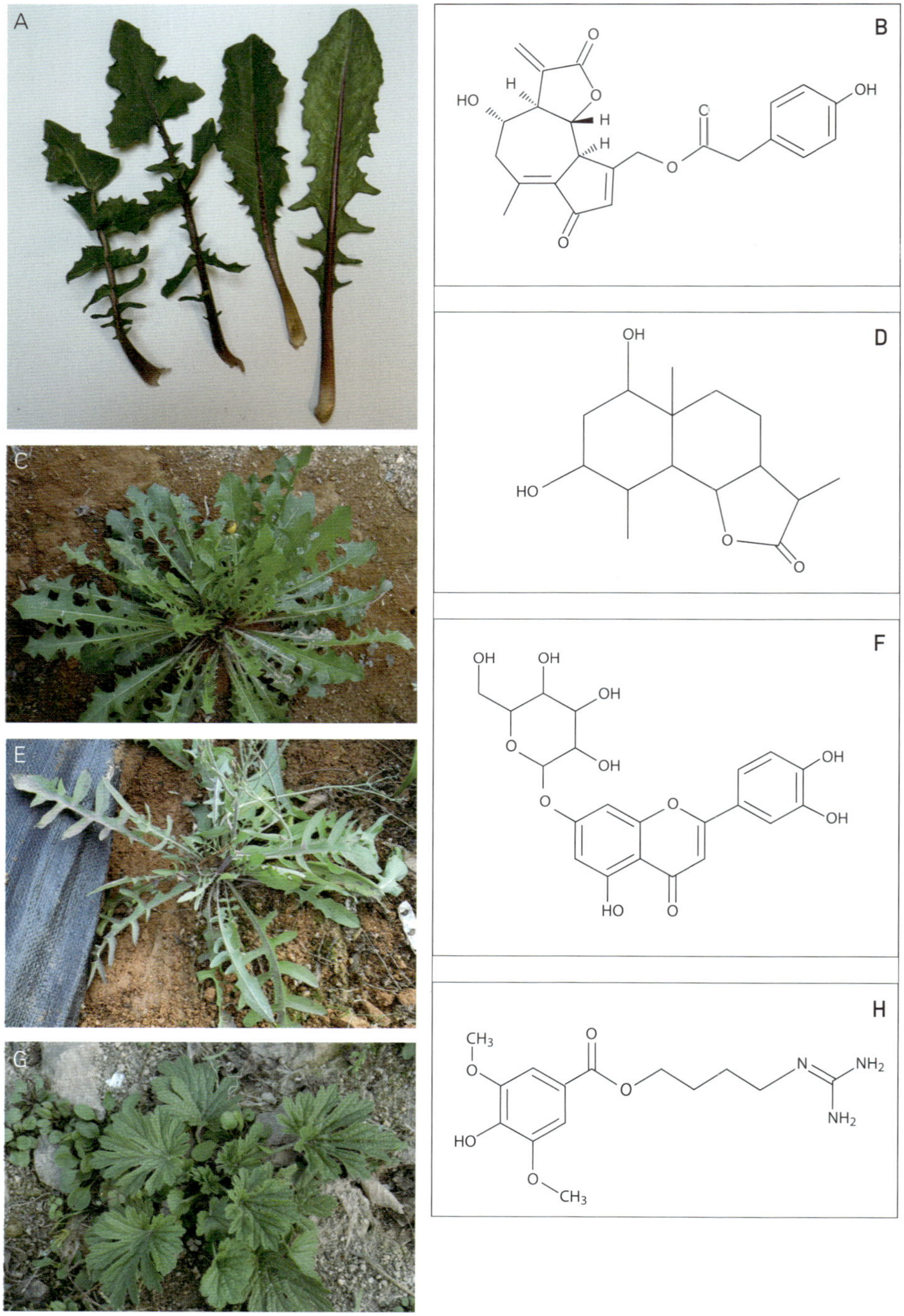

그림 14.5 식물의 쓴맛 성분의 예.

A 치커리의 잎, B 치커리의 인티빈(Intybin), C 서양민들레, D 민들레의 Tetrahydroridentin B, E 가세씀바귀, F 씀바귀의 synaroside, G 익모초, H 익모초의 레오누린(Leonurine).

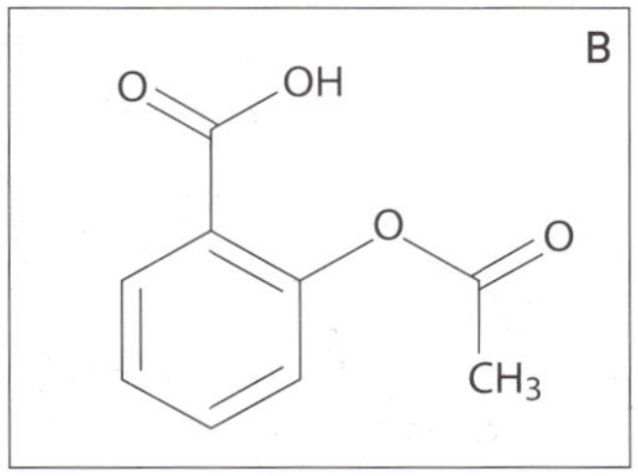

그림 14.6 A 버드나무, B 아세틸 살리실산(Acetylsalicilic acid).

어 있어서 쓴맛을 내는데, 사포닌은 세포의 에너지 대사를 촉진시키고 면역력을 증강시키는 등 다양한 생리적 효과를 가지고 있다.

박과식물에는 식물 특유의 쿠쿠르비타신(cucurbitacin)이라는 쓴맛을 내는 물질을 가지고 있다. 쿠쿠르비타신은 스테로이드 구조를 가진 일련의 화합물로, 오이, 멜론, 참외, 수박, 여주 등에 들어 있다. 사람에서는 당뇨에 좋은 효능을 나타내기에 건강식품으로 각광을 받고 있는 물질이다.

운향과 식물인 감귤류의 과일에는 귤, 유자, 탱자, 자몽과 같은 과일이 있으며, 나린긴(Narringin)이라는 물질이 들어 있어서 매우 쓴맛을 나타내며 입 안에 남은 쓴맛 또한 오래 간다(그림 14.7).

유럽의 서쪽을 여행하다 보면 대단위로 재배하고 있는 올리브 농장들을 볼 수가 있다. 사람이 먹는 올리브 열매에는 올레유러핀(Oleuropein)이라는 강한 쓴맛을 내는 물질과 함께 지방 성분이 많이 들어 있어서 생과로 먹는다는 것은 불가능에 가깝다(그림 14.8). 올리브 열매를 생으로 씹으면 매우 쓴맛이 오래도록 남아서 괴롭게 한다. 이는 올레유러핀이 쓴맛을 가진 다른 물질보다 물에 녹지 않아 입안에 묻으면 오래 남기 때문이다.

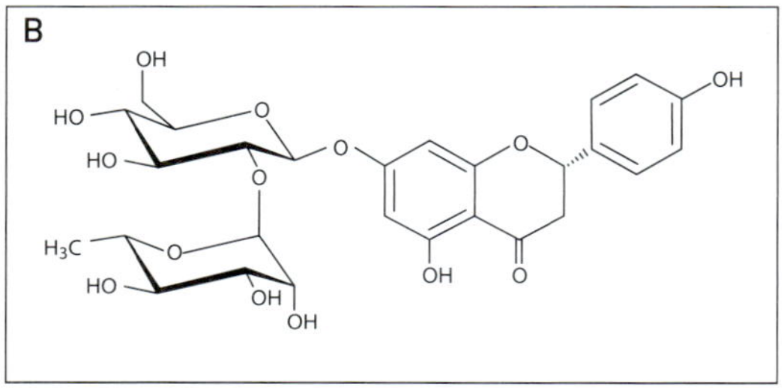

그림 14.7 A 탱자, B 감귤류의 쓴맛 성분인 나린긴(Narringin).

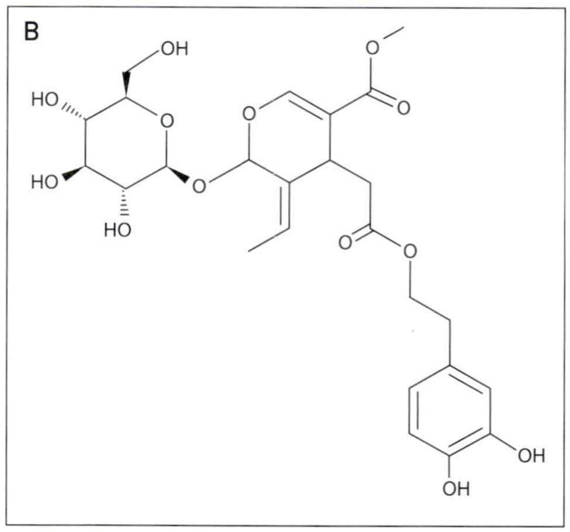

그림 14.8 A 올리브 나무의 열매, B 올리브 열매의 쓴맛 성분인 올레유러핀(Oleuropein).

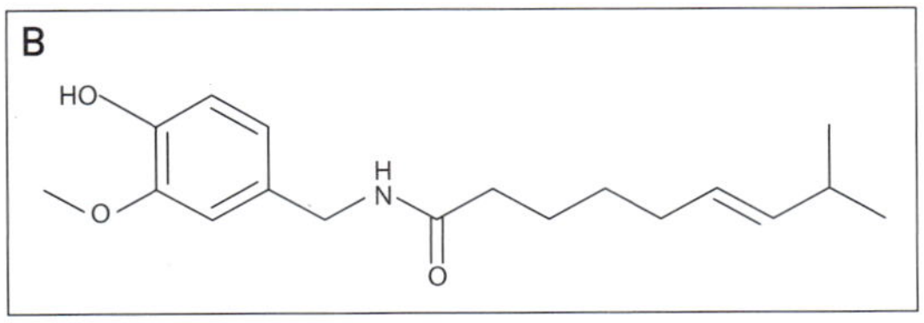

그림 14.9 A 매운맛을 내는 과일고추, B 고추의 매운맛 성분인 캡사이신(Capsaicin).

5) 매운맛의 물질을 가지고 있다

다양한 식물들이 매운맛을 가지고 있는데, 한국 사람들은 매운맛하면 바로 고추를 떠올릴 것이다. 하지만 매운맛 성분을 가지고 있는 식물들은 매우 다양하다. 대표적인 가지과의 고추(그림 14.9A)와 함께 십자화과 식물도 대부분 매운맛을 가지고 있어서 다른 생물들의 공격으로부터 자신들을 방어하고 있다. 우리가 매운맛을 이용하는 대표적인 십자화과 식물로는 고추냉이(그림 14.9B)가 있고, 즐겨 먹는 겨자와 갓 또한 매운 맛을 가지고 있다.

이러한 식물 이외에도 화려한 꽃을 자랑하는 한련화의 꽃에도 매운맛 성분이 들어 있다(그림 14.11).

매운맛이 강해서 다른 생물의 공격을 막아내고 있는 식물의 대부분은 사람에서 독성을 나타내지 않지만, 일부 민감한 사람들의 경우에는 섭취했을 때 심한 속쓰림을 나타내기도 한다.

매운맛을 지니고 있으면서 우리가 요리를 하는 데 즐겨 이용하는 식물에는 백합과 식물이 있다. 대부분 매운맛 성분인 알리신 물질을 함유하고 있는데, 알리신은 휘발성이 있어서 요리하는 사람의 눈으로 들어가면 눈물을 흘리게 한다. 매운맛의

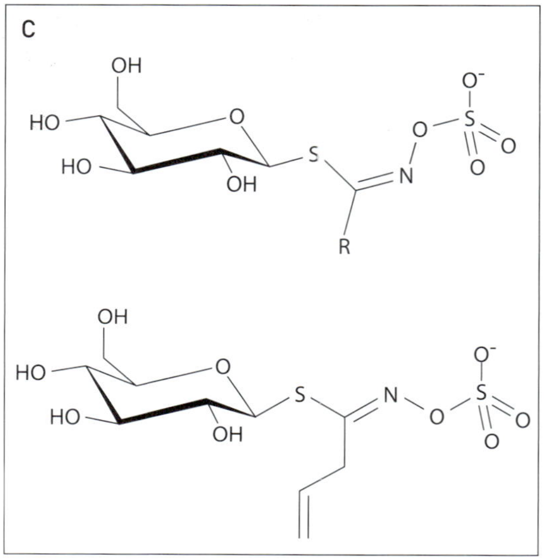

그림 14.10 A 매운맛 성분을 함유하고 있는 십자화과 식물의 갓, B 고추냉이, C 십자화과 식물의 매운맛 성분인 글루코신올레이트(Glucosinolates)의 일반 구조와 고추냉이의 시니그린(Sinigrin).

그림 14.11 매운맛 성분을 함유하고 있는 한련화.

그림 14.12 A 매운맛 성분을 함유한 양파, B 마늘, C 파, D 알리신(Allicin) 분자 구조.

성분은 냄새와 자극을 동시에 갖기 때문에 이러한 성분을 싫어하는 사람들이 많다. 하지만 건강에 아주 유익한 성분이어서 많은 사람들이 요리에 사용한다. 이러한 식물에는 양파, 마늘, 파, 부추, 달래 등 매우 많은 종류가 있다(그림 14.12).

매운맛을 지니고 있으면서 사람이 많이 사용하고 있는 또 다른 식물로는 생강과의 강황, 녹나무과의 계피, 후추과의 후추 등이 있다(그림 14.13). 각각의 식물에 들어 있는 매운맛을 내는 물질은 성분이 각기 다르기 때문에 매운맛을 내는 물질이라도 식품에 첨가했을 때 나오는 맛 또한 다르다.

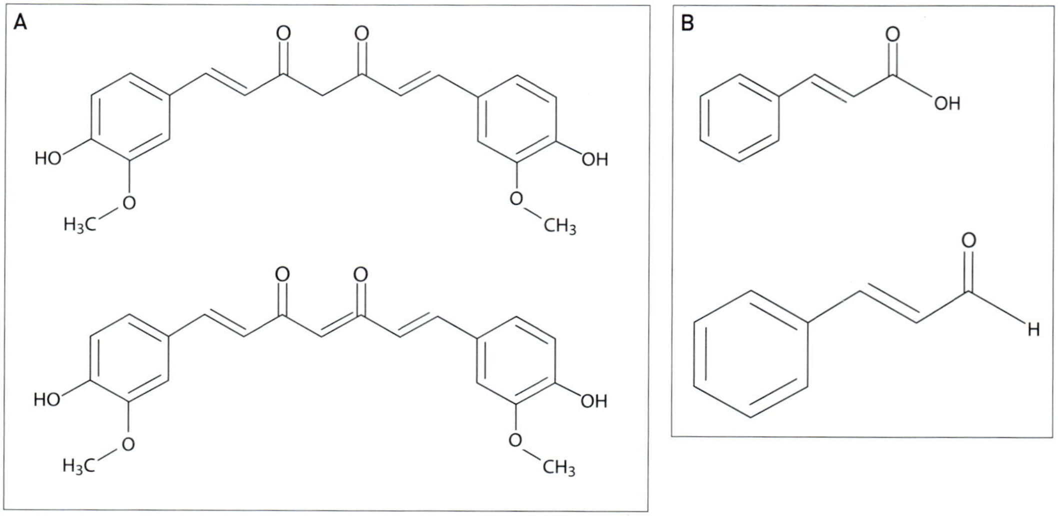

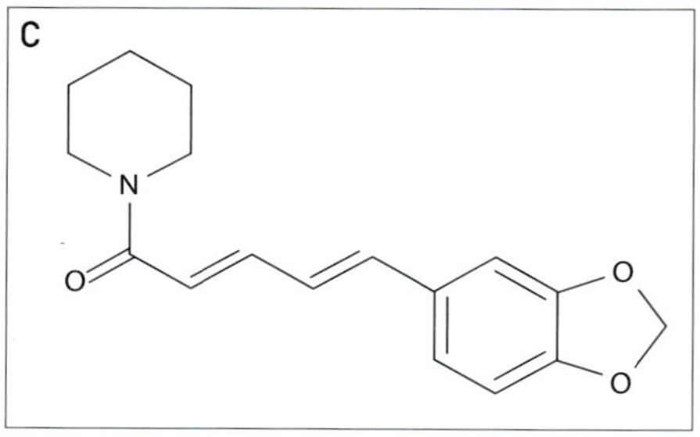

그림 14.13 A 강황의 커큐민(Curcumin), B 계피의 시나몬산(Cinnamic acid)과 시나몬알데히드(Cinnamaldehyde), C 후추의 피페린(Piperine) 분자 구조.

6) 떫은맛의 물질을 가지고 있다

식물들이 생물체의 공격에 대비하여 준비하는 물질의 대부분은 불쾌한 맛을 느끼게 해서 방어 작용을 나타내거나, 맛을 느끼지 못하지만 강한 독성이 있어서 생명에 지장을 주는 방식으로 방어하며, 매운맛과 떫은맛은 맛을 느끼게 하기 보다는 물리적인 자극으로 방어 작용을 나타낸다. 매운맛을 내는 성분이 세포막을 교란해서 자극을 주는 물질이라면, 떫은맛의 성분은 세포 주위를 감싸서 탈수 환경을 만들어 불쾌감을 일으키는 물질이다. 식물에서 떫은맛을 내는 주된 성분은 탄닌이다. 우리가 즐겨 먹는 곶감은 떫은 감의 껍질을 깎아 건조시켜서 떫은맛을 제거하고 섬유소

그림 14.14 A 떫은맛 성분을 함유하고 있는 감, B 곶감의 건조, C 사포딜라.

성분의 당화 과정을 진행시켜서 강한 단맛을 내게 한 건조식품이다(그림 14.14A, B). 식물체에 들어 있는 탄닌은 열매가 익지 않은 상태일 때 맛이 없는 상태를 유지함으로써 동물들의 공격을 방어한다. 식물은 과일에 들어 있는 씨앗이 성숙해서 퍼뜨릴 때가 되면 과육의 탄닌 성분을 분해해서 동물들이 먹을 수 있는 상태로 만든다. 동물들은 과일을 먹고서 맛 없는 씨앗을 버리므로 식물의 씨앗을 퍼뜨리는 데 도움을 준다. 열대 지방에서 자라는 과일 중 사포딜라라는 과일에 탄닌 성분이 많이 들어있다(그림 14.14C)

7) 강한 신맛과 독성 물질을 가지고 있다

익지 않은 과일에는 강한 신맛을 지닌 성분과 함께 동물들이 싫어하는 성분들도 함유되어 있으므로 잘 먹지 않는다. 우리가 즐겨 먹는 매실, 사과, 포도, 키위 등의 많은 덜 익은 과일들이 이러한 성분을 가지고 있다. 과일에 함유되어 있는 강한 신맛을 내는 물질에는 주석산, 호박산, 말산, 구연산 등이 있는데, 이들 물질은 생물체에서 일어나는 에너지 대사의 중간체이기도 하다. 익지 않은 과일에는 신맛 성분과 함께 떫은맛의 탄닌 성분도 함께 들어 있어서 씨앗이 성숙되기 전의 과일을 먹고자 하는 동물들에게는 맛이 매우 없는 먹이이다.

강한 신맛 성분을 가지고 있는 덜 익은 과일의 씨앗 부분에는 동물들에게 해를 입힐 수 있는 독성 물질을 함유되어 있다. 매실, 복숭아, 살구, 아몬드와 같은 장미과 식물의 씨앗에 들어 있는 아미그달린(Amygdalin)이라는 시안배당체 성분은 강한 독성을 나타낸다(그림 14.15). 아미그달린을 흡수한 장 점막의 세포는 마토콘드리아의 에너지 대사에서 전자전달 과정의 마지막 단계인 Cytochrome aa3으로부터 전자가 산소로 전달되는 것을 방해받기 때문에 ATP 생산을 할 수 없게 된다. 이는 장의 점막 세포가 소화 흡수작용을 할 수 없게 만드므로, 심한 설사 증상이 나타난다. 덜 익은 과일은 맛이 없고, 섭취했을 때 심한 설사를 일으키므로 동물이 잘 먹지 않게 되고, 씨앗을 성숙할 때까지 보호할 수 있다.

8) 대사교란 물질을 함유

우리가 어떤 식품을 먹었을 때, 아무런 이상 증상을 보이지 않는 경우라 할지라도 동물들이 즐겨하지 않고서 널려 있을 때에는 의심을 해 보아야 한다. 적당히 먹으면 아주 유익한 식품으로 알려진 은행이 그러한 예이다. 가로수로 심어 놓은 은행나무에서 떨어진 열매들이 지나가는 길가에 널려 있음에도 동물들이 먹지 않은 채, 사람들의 발에 밟혀서 터지고 냄새가 나는 현상을 경험해 보았을 것이다. 은행의 씨앗에는 영양성분이 많이 함유되어 있음에도 동물들은 잘 먹지 않는다. 은행에는

그림 14.15 A 덜 익은 과실에 강한 신맛을 지닌 매실, B 포도, C 살구, D 매실, 복숭아, 살구, 아몬드 등의 씨앗에 들어 있는 Amygdalin 분자 구조(Wikimedia).

Ginkgotoxin인 메틸피리독신 성분의 비타민 B6의 유사체가 있어서 섭취했을 때 비타민 B6의 작용을 방해하게 된다. 이는 비타민 B6를 필요로 하는 생화학 대사 과정을 막기 때문에 문제가 된다. 적은 양을 먹었을 때는 문제가 없지만 많은 양을 한꺼번에 먹으면 간독성을 유발하고 무기력증과 같은 비타민 B6 결핍 증상을 유발한다(그림 14.16).

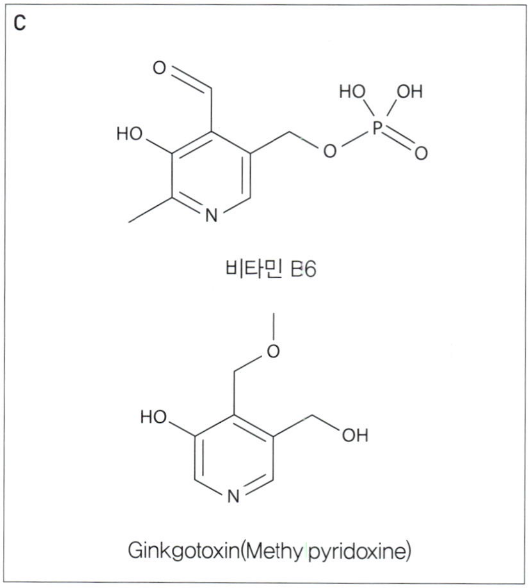

그림 14.16 A 은행나무 열매, B 요리된 은행, C 비타민 B6와 Ginkgotoxin(Methylpyridoxine).

3 미생물에 대한 식물의 방어

식물은 동물의 다양한 공격을 막아내 살아남은 후 자손을 퍼뜨리며 살아가고 있다. 이처럼 동물의 공격에 대비하는 것도 중요하지만, 바이러스, 박테리아, 곰팡이 등과 같은 다양한 미생물의 공격 또한 막아내는 것도 생존에 있어 중요하다. 식물들은 어떠한 전략으로 막아낼까?

식물들이 미생물의 침입을 막는 일차적인 방어벽은 두꺼운 세포벽으로 된 수피이다. 코르크층으로 이루어진 수피는 식물체에서 수분이 발산되는 것을 막는 것과 함께 외부에서 침입하는 미생물들을 막는 물리적 장벽이다. 수분을 배척하는 소수성의 물질을 함유하고 있어 수분의 함량이 낮은 코르크층은 미생물이 생육하기에 좋지 않은 환경이다.

식물은 이차적인 방어벽으로, 이차 대사산물을 만들어 세포에 저장하면서 침입하는 미생물들을 퇴치하는 데 활용하는데, 이차 대사산물들은 나무의 목부 조직에 침착돼서 저장되거나 세포 내부의 액포에 저장된다. 식물은 특별한 배설기관이 없기 때문에 세포 내에 저장된 대사산물들은 나뭇가지와 잎의 탈리 과정을 통해 개체에서 떨어져 나간다. 온대 지방에서 서식하는 활엽수들은 겨울이 오기 전에 잎에 있는 영양성분을 줄기로 가져가는 과정을 진행해서 단풍을 만들고, 결국에는 낙엽으로 떨어뜨리면서 필요 없게 된 노폐물을 버린다.

식물에 침입하는 바이러스, 박테리아, 곰팡이 등의 다양한 미생물은 식물체의 방어력이 약해지기만을 기다린다. 고산지대에 서식하는 주목나무는 살아서 천년 죽어서 천년을 산다고 한다. 이는 살아 있는 동안도 긴 시간이지만 죽은 나무도 쉽게 분해되지 않고 오랫동안 유지됨을 뜻한다.

침엽수: 잎과 줄기-Secondary metabolites → Defence meterial accumulation

Phytoncides, Antibiotics

약어 표기

A

ABL1	Abelson murine leukemia viral oncogene homolog 1 also known as ABL1
AC	Adenylyl cyclase, Adenylate cyclase
AC133	Hematopoietic stem cell's marker
ACE	Angiotensin converting enzyme
ACh	Acetylcholine
ACTH	Adrenocorticotropic hormone
ADGRB2	Adhesion G protein-coupled receptor B2
ADH	Antidiuretic hormone
ADMA	Asymmetric dimethylarginine
ADMAR	Asymmetric dimethylarginine receptor
ADP-ribose	Adenosine diphosphate ribose
ADSF	Adipose tissue-specific secretory factor
AGRP	Agouti-related protein (AgRP), or agouti-related peptide
AhR	Aryl hydrocarbon receptor
Akt	Akt is a serine/threonine-specific protein kinase, also known as Protein kinase B (PKB). The "Ak" denote to the AKR mouse strain. The "t" stands for 'thymoma'
AIF	Apoptosis inducing factor
Alpha GPC	Alpha-glycerophosphocholine
AMP	Adenosine monophosphate
AMPAR	α-Amino-3-hydroxy-5-methyl-4-isoxazolepropionic acid receptor
AMPK	AMP-activated protein kinase
AMPs	Antimicrobial peptides
Ang	Angiopoietin 1 and 2

ANGPTL4	Angiopoietin like protein 4
ANP	Atrial natriuretic peptide
ANPR	Atrial natriuretic peptide receptor
ANS	Autonomic nervous system
Apaf-1	Apoptotic protease activating factor 1
AQP1	Aquaporin 1
AR	Androgen receptor
ARF	ADP ribosylation factor
Arg	Arginine
ARNO	ARF nucleotide-binding site opener, an Protein of endocytotic apparatus
ASICs	Acid-sensing ion channels
ASM	Acid Sphingomyelinase
ASMT	N-Acetylserotonin-o-methyltransferase
ASP	Acylation stimulating protein
ATF4	Activating transcription factor 4
ATM	Adipose tissue macrophages, ATM is serine/threonine kinase
ATP	Adenosine triphosphate
AVP	Arginine vasopressin, also called Vasopressin, antidiuretic hormone (ADH), or argipressin

B

Bad	Bcl-2 antagonist of cell death
β-Arr	Beta-Arrestin
BAK1	BRI1-associated kinase 1 is a serine/threonine protein kinase, also known as somatic embryogenesis receptor kinase 3(SERK3)
BAPX1	Bagpipe homeobox homolog 1
Bax	Bcl-2-associated X protein- Apoptosis regulator
Bcl-2	B-cell lymphoma 2
Bcl-xl	B-cell lymphoma-extra large
BCR	B-cell receptor
BDNF	Brain-derived neurotrophic factor
BMP	Bone morphogenetic proteins
β-LP	β-Lipotropin
BN	Bombesin
BN/GRP receptor	Bombesin/gastrin releasing peptide receptor
BRI1	Brassinosteroid insensitive 1

CaCCs	The Calcium-Dependent Chloride Channel proteins or calcium-activated chloride channels
Calbindins	Calcium-binding proteins or Vitamin D-dependent calcium-binding proteins
CALM	Calmudulin
CAMK	Ca2+/calmodulin-dependent protein kinase
CAMKK2	Calcium/calmodulin-dependent protein kinase kinase 2
cAMP	Cyclic adenosine monophosphate, Adenosine 3',5'-cyclic monophosphate
CaN	Calcineurin(CaN) is a calcium and calmodulin dependent serine/threonine protein phosphatase
CART	Coacine-and amphrtamine – regulated transcript
CAT	Catalase
Cathepsins	They are proteases found in lysosome
CB2	Type 2 cannabinoid receptors
Cbl	Casitas B-lineage Lymphoma
CCL2	C-C Motif Chemokine Ligand 2
CCK	Cholecystokinin
CD26	Cluster of differentiation 26, as known as DPP4 Dipeptidyl peptidase-4, adenosine deaminase complexing protein 2,
CD31	Cluster of differentiation 31
CD36	Fatty acid translocase
CD95	The cluster of differentiation 95 (CD95), also known as Platelet endothelial cell adhesion molecule (PECAM-1) or Fas receptor(Fas, FasR), apoptosis antigen 1 (APO-1 or APT) or tumor necrosis factor receptor superfamily member 6 (TNFRSF6)
CDK	Cyclin dependent kinase
c-fms	CSF-1 receptor
CFTR	Cystic fibrosis transmembrane conductance regulator is a membrane protein and chloride channel
cGMP	Cyclic guanosine monophosphate, Guanosine 3′,5′-cyclic monophosphate
CIC channel	Chloride ion Channel
CIS	Cytokine-inducible SH2-containing protein. CIS is involved in the negative regulation of cytokines that signal through the JAK-STAT5 pathway.
c-JUN	The viral homolog v-jun was discovered in avian sarcoma virus 17 and was named for ju-nana, the Japanese word for 17.
Claudins	The name claudin comes from Latin word claudere ("to close"). They are the

	most important components of the tight junctions
CNGC	Cyclic nucleotide – gated ion channels
CNS	Central nervous system
CoA	Co-activator
CoR	Co-repressor
COUP-TFs	The chicken ovalbumin upstream promoter transcription factors. COUP-TFs are members of the steroid/thyroid hormone receptor superfamily.
COX 1	Cyclooxygenase 1
COX 2	Cyclooxygenase 2
cPLA2	Cytosolic phospholipases A2
CPT1b	Carnitine O-palmitoyltransferase 1(CPT1B)
CRE	cAMP response elelent
CREB	cAMP response element-binding protein
CRH	Corticotropin-releasing hormone
CRP	C-reactive protein
CTLA4	Cytotoxic T-lymphocyte associated protein 4 also known as CD152 (cluster of differentiation 152)
Cu^{2+}/Zn^{2+}-SOD	Cu^{2+}/Zn^{2+} Superoxide Dismutase
CYP2R1	25-Hydroxyvitamin D 1-alpha-hydroxylase
CYP7A1	Cholesterol 7-alpha-monooxygenase or Cytochrome P450 7A1, also known as Cholesterol 7 alpha-hydroxylase
CYP27B1	Cytochrome P450 Family 27 Subfamily B Member 1, also known as 25-Hydroxyvitamin D 1-alpha-hydroxylase (VD 1A hydroxylase)
CytC	Cytochrome C
Cyt-p450	Cytochromes P450 (CYPs)

D

DAG	Diacylglycerol or diglyceride
DAX-1	The dosage sensitive sex reversal (DSS)-Adrenal hypoplasia congenita(AHC) critical region on the X chromosome 1
DHEA	Dehydroepiandrosterone
DHT	Dihydrotestosterone
DIO2	Type II iodothyronine deiodinase
DARPP-32	dopamine and cyclic AMP-regulated phosphoprotein, also known as Protein phosphatase 1 regulatory subunit 1B (PPP1R1B)
DPP4	Dipeptidyl peptidase-4, as known as adenosine deaminase complexing protein

	2. CD26 (cluster of differentiation 26)
D1 receptor	Dopamine receptor D1
Dyn	Dynorphins are opioid peptides

E

Ec-SOD	Extracellular superoxide dismutase
EGF	Epidermal Growth Factor
EGFR	Epicellial growth factor receptor
ENaC	The epithelial sodium channel also known as amiloride-sensitive sodium channel
eNOS	Endothelial nitric oxide synthase
Ephrins	Ephrin ligands or Eph family receptor interacting proteins
ERα	Estrogen receptor alpha
ERβ	Estrogen receptor beta
ERE	Estrogen receptor element
ERK	Extracellular signal-Regulated Kinase =MAPK: Mitogen-activated protein kinases
EP1	Prostaglandin E2 receptor 1
EP2	Prostaglandin E2 receptor 2
EP3	Prostaglandin E2 receptor 3
EP4	Prostaglandin E2 receptor 4
EPO	Erythropoietin
EPO-R	Erythropoietin receptor
ERK	Extracellular signal-regulated kinases (ERKs) or classical MAP kinases

F

FAN	Factor associated with neutral sphingomyelinase activation
FATP1	Fatty acid transport protein 1
FGF	Fibroblast growth factor
Fos	a proto-oncogene
FOXP3	Forkhead box P3. Foxp3 is a specific marker of natural T regulatory cells (nTregs, a lineage of T cells) and adaptive/induced T regulatory cells (a/iTregs), also identified by other less specific markers such as CD25 or CD45RB.
FP	Prostaglandin F receptor
FSH	Follicle stimulating hormone
FXR	The farnesoid X receptor, also known as bile acid receptor (BAR)

G

GABA	Gamma-aminobutyric acid
$GABA_B$ Receptor	G-protein coupled receptors for gamma-aminobutyric acid (GABA)
GABP	GA-binding protein, also known as Nuclear E26 transformation-specific transcription factor
GAL	Galanin-a neuropeptide(29aa) that is widely expressed in brain, spinal cord, gut.
GAP	GTPase-activating proteins or GTPase-accelerating proteins
Gαs	Gs alpha subunit
GC	Guanylyl cyclase, Guanylate cyclase
GCNF	Germ cell nuclear factor, also known as RTR or NR6A1
G-CSF	Granulocyte colony-stimulating factor
GDP	Guanosine diphosphate
GHRH(GRH)	Growth Hormone Releasing Hormone
GH	Growth Hormone
GIH	Growth hormone inhibiting hormone
GIP	Gastric inhibitory polypeptide, Glucose-dependent insulinotropic peptide
GLP-1	Glucagon-like peptide-1
GLP-2	Glucagon-like peptide-2
Glu	Glutamate
GM1 Ganglioside	Monosialotetrahexosylganglioside Ganglioside
GM-CSF	Granulocyte-macrophage colony-stimulating factor
GMP	Guanosine monophosphate
GnIH	Gonadotropin-inhibitory hormone
GnRH	Gonadotropin-releasing hormone
GNRP	Guanie nucleotide releasing proteins
GPCR	G protein coupled receptor
G-protein	Guanine nucleotide-binding proteins
GPBAR1(TGR5)	G protein-coupled bile acid receptor 1
GPR	GPCR related orphan receptor
GPx	Gluthaione peroxidase
Grb1,2	Growth factor receptor-bound protein 1,2
GRα	Glucocorticoid receptors-alpha
GRβ	Glucocorticoid receptors-beta
GRKs	G protein-coupled receptor kinases (GPCRKs)
GRP	Gastrin releasing peptide

Grx	Glutaredoxins
GTP	Guanosine triphosphate
GULT4	Glucose uptake rate, glucose transporter 4

H

HCA	Hydroxycitric acid
HDL	High-density lipoprotein
HER1	Human epidermal growth factor1
HIF-1α	Hypoxia-inducible factor 1-α
13-HODE	13-Hydroxyoctadecadienoic acid
H-Ras	H-Ras GTPase, identified from studies of cancer-causing Harvey sarcoma virus
HSP56	Heat shock protein 56
HSP70	Heat shock protein 70
HSP90	Heat shock protein 90
5-HT	5-hydroxytryptamine

I

ID1/ID3	Inhibitor of DNA binding 1 and 3
IDDM	Insulin-dependent diabetes mellitus
IDO	Indoleamine 2,3-dioxygenase
IGF-1	Insulin-like Growth Factor-1
IGF-2	Insulin like Growth Factor-2
IGFR	Insulin like growth factor receptor
IGL	Intergeniculate leaflet in brain
IL-1	Interleukin 1
IL-6	Interleukin 6
IL-10	Interleukin 10, also known as human cytokine synthesis inhibitory factor (CSIF)
IFN-α	Interferon-alpha
IFN-γ	Interferon gamma
IκB	IκB is one of cellular proteins that function to inhibit the NF-κB transcription factor
iNOS(NOS-2)	Inducible NOS
IP3	Inositol trisphosphate or inositol 1,4,5-trisphosphate
IP3Rs	inositol-1,4,5-trisphosphate receptors
IRAK4	Interleukin-1 receptor-associated kinase 4

IRK channels	Inward-rectifier potassium channels are a specific lipid-gated subset of potassium channels.

J

JAK1	Janus kinase 1, Janus kinase (JAK) is a family of intracellular, nonreceptor tyrosine kinases.
JNK1	c-Jun N-terminal protein kinase, also known as stress-activated protein kinase (SAPK)
Jun	v-Jun was discovered in avian sarcoma virus 17 and was named for ju-nana, the Japanese word for 17

K

K2P channel	Two P domain potassium channels
KCa channels	Calcium-activated potassium channels
KISS1	Kisspeptin protein encoded gene
Kisspeptins	(Kisspeptin-54, Metastin) are proteins encoded by the KISS1 gene in humans. These proteins are metastasis suppressor.
KNDy neurons	Kisspeptin, neurokinin B, and dynorphin (KNDy) neurons are neurons in the hypothalamus of the brain that are central to the hormonal control of reproduction.
K-Ras	K-Ras GTPase, identified from studies of two cancer-causing viruses, the Kirsten sarcoma virus
Kyna	Kynurenic acid
Kyn	Kynurenine

L

LDL	Low-density lipoprotein
LGCC	Ligand-gated chloride channels
LGN	Lateral geniculate nucleus in brain
LH	Luteinizing Hormone
LIF	Leukemia inhibitort factor
LKB1	Liver kinase B1 or Serine/threonine kinase 11 (STK11)
LPA	Lysophosphatidic acid
β-LPH	β-Lipotropin
Lp-PLA2	Lipoprotein-associated phospholipase A2

LPS	Lipopolysaccharides
LT	leukotriene
LTA_4	leukotriene A4
LTB_4	leukotriene B4
LTC_4	leukotriene C4
LTD	synaptic long-term depression
LTD_4	leukotriene D4
LTE_4	leukotriene E4
LTP	Long-term potentiation
L-type VGCC	L-type voltage-gated Ca^{2+} channel

M

MAPK	Mitogen-activated protein kinases, also known as Extracellular signal-Regulated Kinase(ERK)
Maxi Cl	A maxi-chloride channel
Maxi K	Large conductance calcium-activated potassium channels
MBP	Milk Basic Protein
M-CSF	Macrophage colony-stimulating factor
MCH	Melanin-concentrating hormone
MCP-1	Monocyte chemoattractant protein-1
MCU	Mitochondrial Ca^{2+} uniporter
MD2	Myeloid differentiation factor 2
MEK(MKK)	Mitogen-activated protein kinase kinase
mGluR1	Metabotropic glutamate receptor 1
MIF	Macrophage migration inhibitory factor
MITF	Microphthalmia-associated transcription factor
MKK(MEK)	Mitogen-activated protein kinase kinase
MLCK	Myosin light-chain kinase
MARRS	Membrane associated, rapid response steroid-binding protein
MNAR	Nongenomic actions of estrogen receptor
Mn-SOD	Superoxide dismutase 2, manganese-dependent superoxide dismutase
MR	Mineralocorticoid receptor, also referred to as thealdosterone receptor
MRP2	Multidrug resistance-associated protein 2
mSM	membrane Steroid hormone receptor
α-MSH	α-Melanocyte stimulating hormone
MT1	Melatonin Receptor 1, G protein-coupled receptors activated by Melatonin

MT2	Melatonin Receptor 2, G protein-coupled receptors activated by Melatonin
mTOR	The mammalian target of rapamycin (mTOR) or FK506-binding protein 12-rapamycin-associated protein 1 (FRAP1), is a kinase. mTOR is a member of the phosphatidylinositol 3-kinase-related kinase family of protein kinases.
mVDR	Membrane vitamin D receptor
MyD88	Myeloid differentiation primary response 88

N

NAD	Nicotinamide adenine dinucleotide
NALCN	The sodium leak channel
NAT	N-Acetyl transferase
NCX	sodium-calcium (NCX) exchangers
NCLX	Mitochondrial sodium/calcium exchanger protein
NE	Norepinephrine
Nesfatin-1	Anucleobindin-2(NUCB2)-a neuropeptide(82aa)
NFAT	Nuclear factor of activated T-cells protein
NFATc1	Nuclear factor of activated T cells 1 protein
NF-kB	nuclear factor-kappa B or Nuclear factor kappa-light-chain-enhancer of activated B cells
NGF	Nerve growth factor
NIDDM	Non insulin-dependent diabetes mellitus
NLS	NuclearLocalization Signal
NK cell	Natural killer cell
NkT cell	Natural killer T cell
NMDAR	N-methyl-D-aspartate receptor(NMDAR)
NO	Nitric oxide
nNOS	Neuronal NOS(NOS-1)
NOS	Nitric oxide synthase
NOX	NADPH Oxidase
NPY	Neuropeptide Y
N-Ras	N-Ras GTPase, identified from studies of human neuroblastoma cells
Nrf2	Nuclear factor erythroid 2-related factor 2
NSAIDs	non-steroidal anti-inflammatory drugs
NTX	N-terminal telopeptide

O

OCN	Osteocalcin
OCNR	Osteocalcin receptor
1,25(OH)2D3	1alpha,25 Dihydroxyvitamin D3
OPG	Osteoprotegerin, also known as osteoclastogenesis inhibitory factor (OCIF) or tumour necrosis factor receptor superfamily member 11B (TNFRSF11B)
ORAI1	Calcium release-activated calcium channel protein 1 is a calcium selective ion channel that in humans is encoded by the ORAI1 gene
Osx	Osteoblast-specific transcription factor Osterix. It is an osteoblast-specific transcription factor essential for osteoblast differentiation and bone formation.
OXM	Oxyntomodulin

P

P2X receptor	Purinergic ionotropic receptors, the ATP-gated P2X receptor cation channel family, or simply P2X receptor family,
P2XR	ATP-gated P2X receptor cation channel, also known as P2X purinoreceptor, Purinergic ionotropic receptors (P2X)
p38(p38 MAPK)	p38 mitogen-activated protein kinase
p53	Tumor protein p53, tumor suppressor p53
p85	A component of Class IA phosphoinositide 3-kinase (PI3K)
PA	Phosphatidic acid
PACAP	Pituitary adenylate cyclase activating polypeptide
PAF	Platelet-activating factor
PAF-AH	Platelet-activating factor acetylhydrolase
PC	Phosphatidylcholine
PC-PLC	Phosphatidylcholine-specific phospholipase C
PCFT	proton-coupled folate transporter
PDE	Phosphodiesterase
PDGF	Platelet-derived growth factor
PDGFR	Platelet-derived growth factor receptor
PG	prostaglandin
PGC-1α1	Peroxisome proliferator-activated receptor-γ(PPAR-γ) coactivator-1α1
PGD_2	Prostaglandin D2
PGE_2	Prostaglandin E2
$PGF_{2\alpha}$	Prostaglandin F2alpha

PGH_2	Prostaglandin H2
PGI_2	Prostaglandin I2
PHK	Phosphorylase kinase (PhK)
PI3K	Phosphatidylinositol 3-kinase
PI3Kγ	Phosphatidylinositol 3-kinase-gamma
PIAS	Protein inhibitor of activated STAT
PIF	Prolactin release inhibiting factor
PIP2	Phosphatidylinositol 4,5-bisphosphate
PIP5K	Phosphatidylinositol-4-phosphate 5-kinases
PI-PLC	Phosphatidylinositol-specific phospholipase
PI-PLCβ	Phosphatidylinositol-specific phospholipase beta
PI-PLCγ	Phosphatidylinositol-specific phospholipase gamma
PI-PLCδ	Phosphatidylinositol-specific phospholipase delta
PI-PLCε	Phosphatidylinositol-specific phospholipase epsilon
PI-PLCζ	Phosphatidylinositol-specific phospholipase zeta
PI-PLCη	Phosphatidylinositol-specific phospholipase eta
PKA	Protein kinase A
PKB	Protein kinase B
PKC	Protein kinase C
PKG	Protein kinase G or cGMP-dependent protein kinase
PL	Phospholipid
PLA2	Phospholipases A2
PLB	Phospholamban is a 52-amino acid integral membrane protein that regulates the Calcium (Ca2+) pump
PLC-γ	Phosphoinositide phospholipase C-gamma
PLD	Phospholipase D
PMCA1	Plasma membrane calcium-transporting ATPase 1(ATP2B1)
PNS	Parasympathetic nervous system
POAH	Preoptic/anterior hypothalamus
POMC	Proopiomelanocortin
POT	Primary optic tract
PP	Pancreatic polypeptide
PPAR-α	Peroxisome proliferator-activated receptor alpa
PPAR-γ(PPARG)	Peroxisome proliferator-activated receptor gamma
PPDase	Phosphodiesterase
PRA	Progesterone receptor A (PR-A)

PRB	Progesterone receptor B (PR-B)
PRF(PRLH)	Prolactin-Releasing Factor(hormone)
PRL	Prolactin
Prx	Peroxiredoxin (Prx) is a family of thiol-based peroxidases
PSD-95	Postsynaptic density protein 95 or synapse-associated protein 90(SAP-90)
PTH	Parathyroid hormone(parathormone or parathyrin)
PTPase	Tyrosine-specific protein phosphatases (PTPase)
Pyk2	Proline-rich tyrosine kinase 2
PYY	Peptide YY, Peptide YY-36(PYY-36)
PVH	paraventricular hypothalamus or pothalamic paraventricular nucleus (PVN)

R

RA	Retinoic acid
Rab	Ras-related in brain
Raf-1	Rapidly accelerated fibrosarcoma-serine/threonine-specific protein kinases
Ral	Ras-like protein
Ral-GEF	Ral guanine nucleotide exchange factor(RalGEF) Ral guanine nucleotide dissociation stimulator(RalGDS)
Ran	Ras-related nuclear protein
RANK	Receptor activator of nuclear factor кappa B
RANKL	Receptor activator of nuclear factor kappa-B ligand (RANKL), also known as tumor necrosis factor ligand superfamily member 11 (TNFSF11)
Ras	Rat sarcoma, Ras is a guanosine-nucleotide-binding protein
Rap	Ras-proximate-1 or Ras-related protein 1
RAR	Retinoic acid receptor
RARE	Retinoic acid-response element
RFC1	Replication factor C subunit 1
Rho	Rho protein is a transcription termination protein
RhoA	Ras homolog family member A
RHT	Retinohypothalamin tract
ROCK	Rho-associated protein kinase
ROS	Reactive oxygen species
RTK	Receptor tyrosine kinase
Runx2	Runt-related transcription factor 2
RXR	Retinoid X receptor
RYRs	Ryanodine receptors

S

S1P receptors	Sphingosine-1-phosphate receptors
SA node	Sinoatrial node
SCN	Suprachiamatic nuclus(SCN) is a tiny region of the brain in the hypothalamus, situated directly above the optic chiasm.
SERCA	Sarco/endoplasmic reticulum Ca^{2+}-ATPase
Sema4D	Semaphorin-4D, also known as Cluster of Differentiation 100 (CD100)
sGC	Soluble guanylyl cyclase
sPLA2	Secreted phospholipases A2
Shc	Src homology 2 domain containing
Shp	Src homology phosphatase, tyrosine phosphatase
SHP	The small heterodimer partner. SHP is a member of the nuclear receptor family of intracellular transcription factors.
SLP1	Secretory leukocyte protease inhibitor1
SMase	Sphingomyelinase
SNO-Cys	S-Nitroso-Cysteine
SNS	sympathetic nervous system
SOCC	Store-operated Ca^{2+} channel
SOCS	The suppressor of cytokine signalling (SOCS) proteins
SOD	Superoxide dismutase
Sos	Son of sevenless-genes encoding guanine nucleotide exchange factors
SR	Steroid hormone receptor
Src	Proto-oncogene tyrosine-protein kinase
SRF	Serum response factor
SRIF	Somatotropin release – inhibiting factor (SRIF) or Somatotropin release – inhibiting hormone (SRIH)
SRIH	Somatotropin release – inhibiting hormone
Src	Proto-oncogene tyrosine-protein kinase Src, pronounced "sarc", as it is short for sarcoma), is a non-receptor tyrosine kinase protein
Srx	Sulfiredoxin
SS(GHIH)	Somatostatin(Growth Hormone-Inhibiting Hormone)
STAB2	Stabilin-2
STAT	Signal transducers and activators of transcription

T

T3	Triiodothyronine hormone
T4	Thyroxine hormone
TCA	Trichloroacetic acid
TCR	T-cell receptor
TDO	Tryptophan dioxygenase
Teriparatide	It is a form of parathyroid hormone consisting of the first (N-terminus) 34 amino acids, which is the bioactive portion of the hormone.
TG	Triglyceride
TGF-α	Transforming growth factor-alpha
TGF-β	Transforming growth factor-beta
Th cell	T helper cell
TIRAP	TIR domain containing adaptor protein
TLR	Toll-like receptor
TLR1	Toll-like receptor 1
TLR2	Toll-like receptor 2
TLR4	Toll-like receptor 4
TnC	Troponin C
TNF-α	Tumor necrosis factor alpha
TK	Tyrosine kinase homology
TR	Thyroid hormone receptor
TRAIL	TNF-related apoptosis-inducing ligand protein
TRE	Thyroid hormone response element
Treg	Regulatory T cell
TRH	Thyrotropin-releasing hormone
TRIF	TIR-domain-containing adapter-inducing interferon-β
TRP channels	Transient receptor potential channels
TRPC	Transient receptor potential cation channels, TRPC ("C" for canonical)
TRPV	Transient receptor potential cation channels (TRP channels), TRPV ("V" for vanilloid)
Trx	Thioredoxin
TrxR	Thioredoxin reductase
TSH	Thyroid-stimulating hormone
Tx	Thromboxan
TxA_2	Thromboxan A2

U

UDP-glucose	Uridine diphosphate glucose
uNK	Uterine NK cells

V

VDAC	Voltage-dependent anion channel
VDR	Vitamine D receptor
VE-cadherin	Vascular endothelial-cadherin
VEGF	Vascular endothelial growth factor
VGCC	Voltage-gated calcium channel
VGICs	Voltage-gated ion channels
VGKC	Voltage-gated potassium channel
VGSC	The voltage-gated sodium channels
VIP	Vasoactive intestinal peptide
VRAC	Volume-regulated anion channel

W

Wnt	Wnt is a combined word that Int of "integration" and Wg of "Wingless-related integration site".

X

XCP1	C/EBP-epsilon-regulated myeloid-specific secreted cysteine-rich protein, as known as Resistin or Adipose tissue-specific secretory factor(ADSF)
XO	Xanthine oxidase

찾아보기

국문 찾아보기

[ㄱ]

가청 주파수 315
갓 325
간헐적 단식 41
감 328
감태 302
강당돔 7
강황 327
갑상선 기능 저하 220
개방형 192
견과류 39
계란 39
계피 327
고사리 328
고지혈증 180
골다공증 233
골밀도 237
공작 316
공장(Jejunum) 264
과격한 운동 310
과분극 205
과호흡 214
광물질 43
교감신경 152, 193, 254
국화 257
굶주림 137, 138
귀리 209
고래 315
고령 32
고령자 34
고세균 1
고지혈증 188
고추 325
고추냉이 325
고혈압 243
골다공증 221, 235
골절 221
과민성 면역 반응 327
교감신경계 13, 197, 241, 246
구기자 39, 103
구심성 신경 269
구애 행동 314
굶주림 271
귤 332
그람양성균 299
그람음성균 299
근육운동 172, 213, 214, 236, 237, 238
금식 41
금주 42
급성 수면 부족 306
기초대사량 138, 144

긴강남차 211, 212
김치 298, 299
깊은 잠 306
까마귀 312
까치 312

[ㄴ]

난각 223
난소 268
날생선 39
남가새 209
남성형 탈모 278
남성호르몬 276, 277
내분비조절계 5, 9
내장 지방 183, 184
내재면역 292
내피세포 101
냉혈동물 6, 9
노르에피네프린 140
노폐물 5
녹차 189, 200, 206
뇌 138, 139, 140
뇌의 건강 265
뇌 질환 249
녹용 40
녹차 97, 98
뇌출혈 243
뇌하수체 22,
능동수송 152

[ㄷ]

다단계 신호전달 58
다세포 생물체 2, 8, 23
다시마 13
다양화 47
단기적인 조절 62
단세포 생물체 2
단식 188
달래 327
담석 219
담즙 145
당뇨 173
당뇨병 173
대식세포 182
대장 153
도꼬마리(창이자) 12, 14
도마뱀 7
도파민 204, 305
독립영양생물체 325
독성물질 327, 340
돌돔 7
돌연변이 31, 32
동맥경화증 198
동맥출혈 243
동면 6
동박새 316
동방결절 192, 197
된장 300
두꺼비 7
두부 224, 225
디기탈리스 328
땅빈대 209, 210
떫은맛 328

[ㄹ]

라벤더 211, 257
레몬 209
렙틴 169
림프계 192

[ㅁ]

마늘 200, 202, 327
마카 37, 103
마테나무 97
만성 수면 부족 306
망막 259

말초신경계 12
매실 340
매운맛 335
맹꽁이 7
먹이 활동 5
멜라토닌 38, 305
멜론 332
면역계 8
면역 기능 309
면역 노화 307~309
면역력 32
멸치 224, 225
명상 265
무 209
무산소 운동 41
물질순환 190
미꾸라지 224, 225
미네랄 160, 217
미세섬유 72
미오스타틴 26
민들레 331

[ㅂ]

바라이트 218
바이러스 8, 307, 308
박동력 192
박동수 192
박쥐 315
박테리아 2
반달가슴곰 6, 8
발효식품 298
방기 211, 212
방실결절 192
방어체계 313
방해석 218
배고픔 271, 304
배란 280
배출 199
뱀독 200, 202
버드나무 331
변비 241
병원성 미생물 291
병원성 박테리아 296
뼈 220, 235, 238, 253
베리 40
보상 행동 241
복부팽만 241
복숭아 12, 14, 340
부갑상선 호르몬 229
부교감신경계 13, 193
부시리 7
부종 144
부추 327
분비 세포 46
불면증 241
불안 266
붉나무 209
비만 30, 180, 182, 188, 189, 241
비만형 30
비스테로이드제 284
비타민 160
비트 37
빈뇨 241

[ㅅ]

사구체 157, 198
사과 340
사이토카인 23
사이토카인 폭풍 308
사포딜라 329
산화적 인산화 160
살구 340
살모사 7
삼투압 6
생강 200, 202
생리주기 286
생체 재생 27
생활습관 310

서양고추나물 119
석고 218
석류 205
설사 241
섬매발톱나무 212
섬유세포 180
섬유아세포 26
섭식장애 242, 243
성장기 30
성장호르몬 23, 24, 34, 141, 143, 170, 172
세로토닌 303, 305
세정관 276
세포 매개 반응 292
세포성 면역 8
세포질 수용체 75
소독 145
소동맥 48, 196, 197
소장 145, 264
소화 장애 241
소화효소 148, 149
송과선 16, 254
수면 257
수면교란 243, 246
수면 반응 302
수면부족 243
수면 상태 302
수면이상 243
수면 조절 303
수면주기 255, 304
수면장애 243
수박 332
수술 36
수용체 65, 66
수용체 분자 49
수정란 22, 23
숙면 40, 277
순환계 4, 9, 20, 192
스테로이드 유사체 284
스테로이드 호르몬 39, 75
스트레스 172, 234, 235, 239, 246, 248, 271
시계꽃 257
시상하부-뇌하수체 호르몬 21
시호 331
식습관 177
식이요법 188
식욕 241
식욕촉진 243
식탐 168
신경계 5,
신경근접합 11
신경 억제 263
신경자극 241
신경전달물질 10, 20
신경호르몬 15, 241
신맛 340
신장결석 219
신호 물질 9, 10
신호 증폭 53
실리카 218
심박동 241
심박출량 193
심장 192
심장 박동수 194
십이지장 145
쑥 224, 225
쓴맛 성분 31
씀바귀 331

[ㅇ]

아가미 호흡 6
아르고나이트 218
아몬드 39, 224, 225, 340
아미그달린 340
아스파라거스 12, 14
알코올 241
암세포 32, 34~36, 261
암 전이 33
압력수용기 192, 194
야식 242

양서류 5, 6
양파 209, 201, 327
얕은 잠 306
어류 6
엉겅퀴 209, 210
에너지 물질대사 162
에너지 생산 159
에피네프린 140
엔돌핀 305
여주 332
여포의 성숙 280
여포 형성 268
염증 245, 249
염증성 관절염 186
염증성 장 질환 158
영양물질 4
영양 부족 271
오가피 331
오이 332
온혈동물 6, 9, 316
올리브 209, 210, 332
옻나무 327
외부 보호계 9
요가 265
요구르트 40
요로결석 218
용골 219
용담 206, 207
우엉 209
우울증 234, 241, 264, 266
우유 224, 225
운동 37, 174, 176, 188, 193, 237, 305
운동 부족 174
원핵생물 1, 2
위산 145, 148
유기물 323
유기산 11, 43
유방암 283
유산균 42, 298
유산소 운동 41
유선관 281
유선 자극 282
유선 조직 281
유익균 43
유자 332
유전적 다양성 316
유즙 분비 281
유청 200
은행 340
은행잎 205
음주 235
이동 페로몬 322
이산화규소 218
이석 219
이차 성징 268, 276
이차 전달자 57, 93,109, 222
익모초 331
인산 223
인삼 37, 103, 331
인슐린 169, 177
인슐린 수용체 184
인슐린 비의존성 당뇨 174, 175, 177
인슐린 의존성 당뇨 173
인슐린 저항성 143, 176, 241
일일주기 256
일차 시신경 259
임신성 당뇨병 174

[ㅈ]

자가면역 질환 175
자궁내막 253
자궁벽 287
자몽 209, 332
자율신경계 12, 13
자철석 218
장기적인 조절 62, 63
장내 미생물 248
재흡수 199
저혈당 272

적당한 운동 310
적응면역 292
전사인자 63
전립선 276
점액성 물질 144
정상균총 291, 292
정소 268
정신수련 265
정자 형성 183, 268
제1형 당뇨병 173
제2형 당뇨병 173
제비꽃 209
조절 물질의 조절 작용 58
조절 시스템 5
조골세포 185, 228, 231
족재비 8
종양 261
주목나무 343
중계자 49, 109
중계자 단백질 49
중성지방 160, 172, 180
중추신경계 12
쥐오줌풀 206, 207, 257
지방산 합성 억제제 188
지방세포 77, 180, 182
지방조직 180
지질대사 184
진피 293
진핵미생물 8
진핵생물 1, 2

[ㅊ]

차나무 99, 331
차단제 200
착상 289
착상 거부 289
참개구리 7
참외 332
창이자 12
창포 211, 212
채식 35
척수 13
척추동물 6
천마 200, 203
청국장 300
청소년기 32
체액성 면역 8
체온 255
체중 감소 237
체중 과다 174
체중 증가 243
초유 40
초음파 315
초콜릿 39
출산 287
치커리 331
칡 211, 212
침샘 144
침입자 물질 20
침철석 218

[ㅋ]

카모마일 205, 257
카페인 194
칼슘 함량 224, 226
칼슘 흡수 225
케일 224, 225
케톤체 138
코로나 바이러스 307
콩 224, 225
콩나물 12, 14
키위 340

[ㅌ]

타가영양생물체 323, 324
탄닌 328
탈수 138

탱자 332
테스토스테론 313
통증 173, 213, 246
통증 완화 283

[ㅍ]

파 327
파골세포 228, 229, 231
파충류 5
페로몬 322
페리하이드라이트 218
평활근 수축 157
폐경 221
폐호흡 6
폐쇄형 192
포도 340
포도당 138, 139
포만감 180
포식자 313
포화지방산 165
폭식 174
표적 세포 46
프렌치 라벤더 212
피로 물질 213
피부 180
피부 방어 293
피부 장벽 292
피부 호흡 6
피스타치오스 39
피칸 39
피하지방층 6

[ㅎ]

하이드록시아파타이트 218
한련화 209, 210, 325
함초 224, 225
항균펩티드 294~296
항비만 188
항생제 42
항염증 290
항체 매개 반응 292
해당과정 160
해삼 200, 202
허브 257, 318
혈관계 192
혈관 재생 27
혈관 형성 261
혈관 확장 101
혈압 243
혈액 응고 187, 243
혈전 187
협죽도 328
호두 39
호르몬 20, 23
호르몬제 43
호흡중추 214, 215
혼인색 316
홍차 97, 98
홍화 200, 202
화학적 수용기 192, 194, 214
활력 감소 241
확산 152
활성화제 203
황체 280
회복 반응 61
회장(Ileum) 264
회피 8
효소 반응 57
후추 327
후투티 8
흡연 174, 235

[A]

α-amylase 144, 145
ABL1 134
AC(Adenylyl cyclase) 51, 54, 72, 82~86, 88, 94, 97, 109~112, 121, 197, 205, 260
AC133 27, 28, 29
ACE 158, 198, 200~203, 209, 211, 244, 245~247
ACE inhibitor 201, 202
Acetylation 59, 64
Acetylcholine 11, 13, 70, 101, 104, 131, 146, 194, 197, 239, 259, 303
Acetylcholine esterase 11
Acetylsalicylic acid 119
ACh(Acetylcholine) 197, 259
Acid Sphingomyelinase(ASM) 106
ACTH 22, 52, 82, 169, 172, 234, 242, 244, 245~250, 253, 273, 303
Activin 269~271
Acylation stimulating protein(ASP) 180
Adenosine 214, 303
Adenylyl cyclase(Adenylate cyclase) 51, 54, 72, 82~86, 94, 95, 97, 109~112, 121, 197, 205, 260
ADGRB2(Adhesion G protein-coupled receptor B2) 87
ADH(Antidiuretic hormone) 196, 197
Adipocyte regulators 189
Adipogenensis 189
Adipose tissue-specific secretory factor(ADSF) 186
Adiponectin 105, 141~143, 179, 181~183, 185~188, 240, 242, 273, 282
Adipsin 186
ADMA(Asymmetric dimethylarginine) 208
ADMAR(Asymmetric dimethylarginine receptor) 208
ADP-ribose(Adenosine diphosphate ribose) 85
ADP ribosylation 85
Adrenal cortex 199
Adrenaline 15, 47, 51~54, 1 58-64, 70, 71, 82, 88, 94, 109, 170~172, 196, 203
Adrenomedulin 187
ADSF(Adipose tissue-specific secretory factor) 186
AGE(Advanced glycation end product) 127
AGRP(Agouti-related protein; AgRP) 181, 272~274
AhR(Aryl hydrocarbon receptor) 264
1α-hydroxylase 79
α-Ketoglutarate 12
Akt(Protein kinase B; PKB). 123, 125, 130, 133, 158, 261, 283, 286
Aldosterone 75, 196, 199, 209, 236, 240, 244, 245, 251~253
AIF(Apoptosis inducing factor) 114
Alpha-glucosidase 178
Alpha-glucosidase inhibitor 178
Alpha GPC(Alpha-glycerophosphocholine) 37
Altered gene transcription 75
Aminopeptidase 152
AMP(Adenosine monophosphate) 103
AMPAR(α-Amino-3-hydroxy-5-methyl-4-isoxazolepropionic acid receptor) 131, 132
AMPK(AMP-activated protein kinase) 103, 104~107, 141, 166, 188, 296
AMPs(Antimicrobial peptides) 293, 294, 297, 301
α-MSH 250, 272~274
Amylase 152
Androgen receptor(AR) 252
Ang(Angiopoietin 1 and 2) 28, 184, 197, 202
Angiogenesis 186

Angiogenetic factor 27, 288
Angiotensin 89, 158, 187, 197~203, 236, 244
Angiotensinogenase 198
Angiotensin converting enzyme(ACE) 158, 198, 200~203, 209, 211, 244, 245~247
ANGPTL4(Angiopoietin like protein 4) 185
ANP 196, 244, 245
ANPR(Atrial natriuretic peptide receptor) 67
ANS(Autonomic nervous system) 240
Anti-apoptosis 77
Antidiuretic hormone(ADH) 196
Anti-obesity 78, 189
Apaf-1(Apoptotic protease activating factor 1) 114, 261
APC(Antigen presenting cell) 246
Apoptosis 31, 113, 189, 246
Apoptotic protease activating factor 1(Apaf-1) 114, 261
AQP1(Aquaporin 1) 126
AR(Androgen receptor) 74, 75
Arachidonic acid 77, 252
5α-reductase 278
ARF(ADP ribosylation factor) 85, 90, 112
Arginine 37, 39, 101, 208, 213
Arg(Arginine) 37
ARNO(ARF nucleotide-binding site opener) 183
Arterioles 196, 197
ASICs(Acid-sensing ion channels) 131, 132
ASM(Acid Sphingomyelinase)
Asymetric dimethylarginine 187
Asymmetric dimethylarginine(ADMA) 208
ASMT(N-Acetylserotonin-o-methyltransferase) 260
ASP(Acylation stimulating protein) 180, 184
Asparagine 11
Aspartate 11
Aspartic acid 12
ATF4 230
ATM 125
Atrial natriuretic peptide(ANP) 100, 102, 196, 244
Atrial natriuretic peptide receptor(ANPR) 66, 68
Autocrine 9, 10, 24
Autophosphorylation 90
AVP(Arginine vasopressin) 240, 245, 247, 248

[B]

Bad(Bcl-2 antagonist of cell death) 114
Baroreceptors 192, 193
β-Arr(Beta-Arrestin) 61, 62, 70, 71
BAK1(BRI1-associated kinase 1) 81
BAK1 Kinase 81
BAPX1 230
Bax 250
Bcl-2 250
Bcl-xl(B-cell lymphoma-extra large) 114
BCR(B-cell receptor)
BDNF 250
β-Endorhin 250
17β-Estradiol 75
β-Filamin 72, 73
bFGF(basic fibroblast growth factor) 115
Bicarbonate/pH Sensor 96
Bile acid 77
β-LHP(β-Lipotropin) 250
β-LP(β-lipotropin; β-LHP) 250
BMP 229, 230
BN(Bombesin) 89
BN/GRP receptor(Bombesin/gastrin releasing peptide) 89
Bone formation 234
Bone morphogenetic proteins(BMP) 229
Bone resorption 234
Brassinosteroid 81
BRI1(Brassinosteroid insensitive 1) 81
Bradykinin 70

[C]

CaCCs(Calcium-Dependent Chloride Channel) 73
Ca^{2+}-ATPase 120~122, 129, 132, 195, 208, 278
Ca^{2+} channel(Calcium channe) 72, 74, 120, 195, 200, 205, 207, 211, 212, 278
Calcium-sensitive adenylyl cyclases 95
Caffeine 61, 62, 96~99, 188, 194, 195
Calbindins 226, 227
Calcitonin 71, 224, 225, 228~231, 233
Calcitriol 120, 155, 157
CALM(Calmoudulin) 95, 120, 121
CAMK 121
CAMKK2 105
cAMP dependent phosphodiesterase(PPDase) 58, 59, 61, 96
CaN(Calcineurin) 121
Carboxypeptidase 152
CART(Coacine-and amphrtamine-regulated transcript) 272, 274
Caspase 113, 114, 261
CAT(Catalase) 123, 124, 126
Catecholamine 194, 196, 203, 234, 235
Cathepsins 233
CB2(Type 2 cannabinoid receptors) 86
Cbl(Casitas B-lineage Lymphoma) 69
CCL2(C-C Motif Chemokine Ligand 2) 27
CCL18(Chemokine ligand 18) 290
CCK(Cholecystokinin) 148, 274
CD26(Cluster of differentiation 26)
CD31(Cluster of differentiation) 31 27
CD36(Fatty acid translocase) 236, 237
CD95(Cluster of differentiation 95) 77
CDK(Cyclin dependent kinase) 284
C/EBP 186
Cell differentiation factor 27
Cell surface receptor 76
Ceramide 106
c-fms(CSF-1 receptor) 232
CFTR(Cystic fibrosis transmembrane conductance regulator) 84
cGMP 58, 61, 86, 93, 100~104, 127, 129, 132, 207, 209, 213, 278
Chemokine ligand 18(CCL18) 290
Chloride channel(Cl^- channel) 73, 74, 263, 264
Cholera toxin 83
Cholesterol 253
Cholic acid 77
Cholic acid receptor 73
Chromatin 64
Chronic stress 234
Chronotropy 198
CIC channel(Chloride ion channel) 74
CIS(Cytokine-inducible SH2-containing protein) 133, 134
Citrate lyase 167, 168, 188
Citrulline 101
c-JUN 110, 123, 125
Class 3 semaphorins 27, 28
Claudins 226, 227
CNGC(Cyclic nucleotide-gated ion channels) 55, 101
CoA(Co-activator) 80
Coactivator 75, 133
Coenzyme 159
Cofactor 159
CoR(Co-repressor) 80
Corepressor 75
Corticosterone 172, 251
Crotisol 22, 52, 74, 141, 172, 186, 234, 240, 244, 251, 255
Cortisol resistance 252
Cortison 186
COX 1(Cyclooxygenase 1) 27, 29, 116, 119, 124
COX 2(Cyclooxygenase 2) 116, 117, 119, 120
CpG methylation 64

cPLA2(Cytosolic phospholipases A2) 115, 117
CPT1b(Carnitine O-palmitoyltransferase 1) 237
CRE(cAMP response elelent) 63
CREB(cAMP response element-binding protein) 55, 56, 63, 110
CRF(corticotropin-releasing factor) 247, 250
CRH 22, 234, 235, 244, 245, 247
CRP(C-reactive protein) 183
CSF(Colony-stimulating factor) 22
CTLA4(Cytotoxic T-lymphocyte associated protein 4)
Cu^{2+}/Zn^{2+}-SOD(Cu^{2+}/Zn^{2+} Superoxide Dismutase) 126
Cyclic nucleotide phospohdiesterase 101
Cyclooxygenases(COX) 113, 117
CYP2R1(25-Hydroxyvitamin D 1-alpha-hydroxylase) 236
CYP7A1(Cholesterol 7-alpha-monooxygenase) 236
CYP27B1(25-Hydroxyvitamin D 1-alpha-hydroxylase) 226, 227
CytC(Cytochrome C) 114
Cytokine 24, 26
Cytokine receptor 68
Cyt-p450(Cytochromes P450; CYPs) 264
Cytosolic phospholipases A2(cPLA2) 115
Cytosolic receptor 73

[D]

DAG(Diacylglycerol) 58
DARPP-32(dopamine and cyclic AMP-regulated phosphoprotein) 132
DAX-1 80
Deacetylation 64
Decarboxylase 12
Dephosphorylation 59
Depression 234
11-deoxycortisol 251
Deoxycorticosterone 251
Dextran 165
DHEA(Dehydroepiandrosterone) 39, 186, 251, 252, 254, 256, 275~277, 309, 310
DHT: Dihydrotestosterone
Dictyostelium 100
Digitoxin 194, 195, 328
Dihydrotestosterone(DHT) 252, 253, 254
Dimerization 74
DIO2(Type II iodothyronine deiodinase) 78
Dipeptidase 152
Dipeptidyl peptidase-4 176
DNA Binding 74
DNA methylation 64
Dopamine 15, 52, 71, 85, 88, 169, 171, 204, 206, 244, 269~271, 303
DPP4(Dipeptidyl peptidase-4) 176
D1 receptor(Dopamine receptor D1)
Dyn(Dynorphins=Dinorphin) 274

[E]

Ec-SOD(Extracellular superoxide dismutase) 126
Endomorphin 283
EGF(Epidermal Growth Factor) 22, 27, 28~30, 66, 68, 69, 109, 110, 132, 283
EGFR(Epicellial growth factor receptor) 66, 67, 69
Eicosanoids 94, 114
ENaC 74
Endothelial NOS(eNOS) 129, 208
Endothelial nitric oxide synthase(eNOS) 129, 208
Endocrine 9, 10, 25
Enkephaline 151
eNOS 27, 29, 129, 130, 208
Enteroglucagon 151, 153, 157
Enterostatin 273
Ephrins(Ephrin ligands) 27
Epinephrine(Adrenaline) 71, 240

ER(Estrogen receptor) 227, 283, 284
ERα(Estrogen receptor alpha) 75
ERβ(Estrogen receptor beta) 75
ERE(Estrogen receptor element) 284
ERK(Extracellular signal-Regulated Kinase; MAPK) 69, 109, 125, 133 158, 283
Erythropoietin 155, 158
EP1(Prostaglandin E2 receptor 1) 118
EP2(Prostaglandin E2 receptor 2) 118
EP3(Prostaglandin E2 receptor 3) 118
EP4(Prostaglandin E2 receptor 4) 118
Epinephrine 12, 14, 203
EPO(Erythropoietin) 155, 158
EPO-R(Erythropoietin receptor) 158
ERK 69, 109, 110, 125, 133, 158, 283
Estradiol 21, 75, 183, 186, 188, 274, 281, 288
Estrogen 183, 230, 234, 251, 254, 268, 283
Ethanol 167, 263, 264
Exercise 37, 105, 177, 265
Exocytosis 56, 112, 121
Extracellular-signal-regulated kinase(ERK) 69, 109, 110, 125, 133, 158, 283
Extracellular superoxide dismutase(Ec-SOD) 124

[F]

FAN(Factor associated with neutral sphingomyelinase activation) 114
Farnesoid X receptor(FXR) 77
FATP1(Fatty acid transport protein 1) 236, 237
Feedback control 58
Festing 142
FGF 22, 27, 77, 115, 141, 142, 230, 237
Fibrin 222
Fibroblast 26
Fibroblast growth factor(FGF) 22, 27, 77, 115, 141, 230, 237
Fibroblast Growth Factor 15/19(FGF15/19) 77
Flagellin 296
Flavonoids 205
Folate 158
Follicle-stimulating hormone(FSH) 21, 22, 26, 183, 267~274, 280, 297
Forskolin 95
Fos: a proto-oncogene 110
FOXP3(Forkhead box P3) 290
FP(Prostaglandin F receptor) 119
FSH(Follicle stimulating hormone) 22, 26, 267~272
FXR(Farnesoid X receptor) 77

[G]

G12/13 89
GABA 12, 13, 204, 206, 244, 303
$GABA_B$ Receptor 72, 73, 205, 263
GABP 86
GAL 91, 274
Galanin-a 273, 274
Gαs 52, 56, 62, 63, 85, 88, 95, 109, 110, 118
Gastric inhibitory polypeptide(GIP) 148~150, 154, 155, 157, 176
Gastrin 146, 147, 150, 151, 154~157
Gastrin-releasing peptide(GRP) 157
GC(Guanylyl cyclase) 67, 69, 100~102 127, 129, 130, 207
GCNF(Germ cell nuclear factor) 80
G-CSF 52
GF-1(Anabolic growth factor) 36
G_{gust} 86
GH(Growth hormone) 22, 24, 170, 179, 181, 226, 235,
GHIH(GIH) 155, 170, 171
Ghrelin 140, 181, 240, 242, 304
GHRH(GRH) 24, 171, 234, 235
Gi(Gαi) 85, 197, 205
GIP 24, 26, 148, 150, 154, 176
GLP-1 153, 156, 176, 274
GLP-2 153, 156

Glu(Glutamate) 259
Glucagon 51, 71
Glucagon-like peptide 1(GLP-1) 153, 156, 176, 272
Glucagon-like peptide 2(GLP-2) 153, 156
Glucocorticoid 22, 116, 250, 251, 252
Gluconeogenesis 162, 163
Glutamate(Glutamic acid) 11, 240, 250, 303
Glutamine 11, 12, 13
Glutamine synthetase 12
Glutathione 124
Gluthaione peroxidase(GPx) 123
Glutathione reductase 124
Glycogen phosphorylase 54, 60, 61
Glycogen phosphorylase kinase 54, 60
Glycogen synthase 60
Glycogen synthase kinase 60
GM1 Ganglioside 83, 84
GM-CSF 27, 67
Gonadotropin-inhibitory hormone(GnIH) 269
Gonadotropin releasing hormone(GnRH) 267
GnIH 268~272
GnRH 22, 234, 252, 267, 269, 271, 273
GNRP(Guanine nucleotide releasing proteins) 90
G_o 85
G_{olf} 88
GPCR 56, 63, 70, 80, 82, 86, 101, 104, 108, 111, 116~119, 121, 131
G-protein 49
G-protein-coupled bile acid receptor 77
G-protein coupled receptor 70, 205, 264
G-Protein cycle 50
GPBAR1(TGR5) 77
GPR 80
GPx(Gluthaione peroxidase) 123, 124, 126, 128
$G_q(G_{\alpha q})$ 89, 208, 260
G_{q11} 131
Grb1,2 69, 133, 134
GR 250
GRα 75
GRβ 75
Green tea 189, 200
GRKs(GPCRKs) 61, 70
Grouping 49
Growth hormone 21, 24, 31, 142, 169, 170, 173, 179, 181, 226, 227, 235, 246, 303, 309
Growth hormone-inhibiting hormone(GHIH, GIH) 155, 170, 171
Growth hormone reasing hormone(GHRH, GRH) 22, 170, 171
GRP: Gastrin releasing peptide 157
Grx: Glutaredoxins 124, 127, 128
G_s 88
G_t 86
GTPase 83, 84
Guanylyl cyclase 69, 100, 127, 129, 130, 207
GULT4 105, 237
Gz 87

[H]

HCA(Hydroxycitric acid) 168, 188
HCG(Human Chorionic gonadotropin) 287~289
Hematopoiesis 185
HER1(Human epidermal growth factor1) 283
HER2(Human epidermal growth factor2) 286
Heterotrimeric G-protein 82, 85
HIF-1α(Hypoxia-inducible factor 1-α) 261, 262
Histidine 16, 17
Histamine 16, 28, 71, 85, 88, 130, 146, 155, 303
Histon 64
Histon acetylation 64
Histon deacetylase 64, 252
13-HODE(13-Hydroxyoctadecadienoic acid) 261
Hormonal cascade system 46
Hormone-sensitive lipase 181

H-Ras(H-Ras GTPase) 90, 112
HSP(Heat shock protein) 76
HSP56(Heat shock protein56) 75
HSP70(Heat shock protein 70) 75
HSP90(Heat shock protein 90) 75
Human Chorionic gonadotropin(HCG) 287~289
5-hydroxytryptamine(5-HT) 85, 88, 115, 190, 239, 240, 245, 247, 257, 265
Hydroxycitric acid(HCA) 168, 188
1,25-Hydroxy vitamin D 226
Hyperpolarization 205
Hypertrophy 199
Hypophosphoatemia 144
Hypoxiainducible factor 1-α(HIF-1α) 261

[I]

ID1/ID3(Inhibitor of DNA binding 1 and 3) 28, 29
IDDM(Insulin-dependent diabetes mellitus) 173~175, 177
IDO(Indoleamine 2,3-dioxygenase) 247, 248, 264
IFN-α(Interferon-alpha) 115
IFN-γ(Interferon gamma) 115, 247, 248
IGF-1 21~26, 30, 36, 38, 40, 226, 229, 234, 237, 253, 254, 283, 286, 301
IGF-2 22, 24, 26, 67, 31, 290
IGF-binding protein 22, 24
IGFR(Insulin like growth factor receptor) 253, 284, 286
IGL(Intergeniculate leaflet in brain) 259
IL-1(Interleukin 1) 111, 113, 186, 230, 232, 245, 246, 264 306,
IL-2(Interleukin 2) 67, 290
IL-6(Interleukin 6) 77, 142, 182, 183, 185, 231, 234~237, 245~248, 264, 306
IL-10(Interleukin 10) 52, 77, 289, 290
IκB 111, 297
Immune Senescence 307
Incretin 176
Inducible NOS(iNOS) 127, 129, 142, 208
Induction 64
Inflammatory arthritis 186
Inflammatory bowel disease 158
Inflammatory factors 182
Inhibin 269~271
iNOS(Inducible NOS) 127, 129, 142, 208
Inositol phosphate 58
Insulin 21, 78, 142, 154~156, 166, 169~184, 234, 236, 243, 254, 269~271, 282, 284
Insulin-dependent diabetes mellitus(IDDM) 173~175, 177
Insulin-like Growth Factor-1(IGF-1) 21~26, 30, 36, 38, 40, 226, 229, 234, 237, 253, 254, 283, 286, 301
Insulin like Growth Factor-2(IGF-2) 22, 24, 26, 67, 31, 290
Insulin receptor 66, 67
Integrins 28
Inulin 165
Ion-channel receptor 72
Ionotropic receptors 72, 132
Ionotrophy 198
IP_3(Inositol trisphosphate or inositol 1,4,5-trisphosphate) 86, 88, 104, 106~110, 116, 121, 208
IP_3R(inositol-1,4,5-trisphosphate receptors) 121, 122, 131
IRAK4(Interleukin-1 receptor-associated kinase 4) 296, 297
IRK channels(Inward-rectifier potassium channels) 74

[J]

JAK1(Janus kinase; JAK) 67, 77, 94, 109, 123, 125, 133~135, 158,
JNK1(c-Jun N-terminal protein kinase) 67, 77,

109, 110, 123, 125, 175, 296, 297
Jun 110, 123, 125

[K]

K2P channel 74
KCa channels(Calcium-activated potassium channels) 74
K^+ channel opener 280
Ketone bodies 138
Kinase 59, 60
KISS1(Kisspeptin protein encoded gene) 269, 270
Kisspeptins(Kisspeptin-54, Metastin) 269, 270
KNDy neurons 272
K-Ras(K-Ras GTPase) 90
Kyn(Kynurenine) 265
Kyna(Kynurenic acid) 265
Kynurenic acid(Kyna) 265
Kynurenine(Kyn) 265

[L]

Lactobacillus acidophilus 42
LDL(Low-density lipoprotein) 115, 188
Leptin 141, 169, 172, 180, 182, 186, 234, 240, 242, 304
Leukotrienes 71, 94, 114, 117
LGCC(Ligand-gated chloride channels) 74, 131
LGN(Lateral geniculate nucleus in brain) 259
LH(Luteinizing Hormone) 22, 71, 252, 267, 268, 270~273
LIF(Leukemia inhibitort factor) 288, 289
Ligand activation 58
Ligand-gated calcium channels(LGCC) 74, 131
Ligand-gated ion channel(LGIC) 72, 131, 205
Ligand regulation 57, 58
Light-Dark cycle 260
Linoleic acid 261, 262
Lipase inhibitor 187, 190
Lipidation 59
Lipid derivatives 94, 106
Lipid peroxidation 127, 128
Lipocortin 116, 252
Lipoic acid 188
Lipoprotein lipase 184, 185
5-Lipoxygenase 117, 119
LKB1(Liver kinase B1) 105
Long chain fatty acid receptor 73, 77
L-Ornithine 38
LPA(Lysophosphatidic acid) 89
Lp-PLA2(Lipoprotein-associated phospholipase A2) 115
LPS(Lipopolysaccharides) 111, 113, 115, 247, 296, 297, 300
LT(Leukotriene) 117
LTA_4(Leukotriene A4) 117
LTB_4(Leukotriene B4) 117
LTC_4(Leukotriene C4) 117
LTD(Synaptic long-term depression) 250
LTD_4(Leukotriene D4) 117
LTE_4(Leukotriene E4) 117
LTP(Long-term potentiation) 250
L-type VGCC(L-type voltage-gated Ca^{2+} channel) 278, 279
L-Tyrosine 38
Luteinizing hormone(LH) 22, 71, 252, 267, 270~273
Lycophene 188
Lysophosphatidic acid 111, 113
Lysophosphatidic acid(LPA) receptor 89

[M]

Macrophage colony-stimulating factor(M-CSF) 27, 229~232, 290
Magnesium 39, 207
Malonyl-CoA carboxylase 166, 167
MAPK(Mitogen-activated protein kinases; ERK) 76, 108~110, 115, 125, 133, 135, 175
MAPK phosphatase 252

MARRS(Membrane associated, rapid response steroid-binding protein) 227
Maxi Cl(A maxi-chloride channel) 74
MBP(Milk Basic Protein) 36
M-CSF 227, 229~232, 290
MCH(Melanin-concentrating hormone) 179, 181, 182, 272~274
MCP-1(Monocyte chemoattractant protein-1) 182, 183
MCU(Mitochondrial Ca^{2+} uniporter) 121, 122, 131
MD2(Myeloid differentiation factor 2) 296, 297
Melatonin 16, 17, 38, 170, 255~259, 260~262, 265, 269,~272
Melanin-concentrating hormone(NCH) 179, 181, 182, 272~274
Melittin 114
MEK(MKK) 69, 109, 110, 133~135, 283, 286
Methylation 59
Mg^{2+} 39, 207
mGluR1(Metabotropic glutamate receptor 1) 115
MIF(Macrophage migration inhibitory factor) 182
Milk Thistle 200, 203
Mineralocorticoids 251
MITF 230
Mitochondrial Ca^{2+} uniporter(MCU) 121, 122, 131
Mitochondrial sodium/calcium exchanger protein(NCLX) 121, 122, 131
MKK(Mitogen-activated protein kinase kinase; MEK) 69, 109, 133~135, 283, 286
MLCK(Myosin light-chain kinase) 121, 207
MNAR(Nongenomic actions of estrogen receptor) 76
Mn-SOD(manganese-dependent superoxide dismutase) 126
Moltilin 151, 156
Monomeric G protein 90
MR(Mineralocorticoid receptor) 75
MRP2(Multidrug resistance-associated protein 2) 158
mSR(membrane Steroid hormone receptor) 76
MT1(Melatonin Receptor 1) 260
MT2(Melatonin Receptor 2) 260
mTOR 133, 135
Multiple transmembrane receptor 66
Muscarinic M1~M3 85, 89, 112, 113
mVDR(Membrane vitamin D receptor) 227
MyD88(Myeloid differentiation primary response 88) 296, 297
Myostatin 24, 26, 237, 238

[N]

Na^+/Ca^{2+} exchanger 120, 132, 213
NADPH Oxidase 124, 126, 127, 129
Na^+ K^+ ATPase 195
NALCN(The sodium leak channel) 74
NAT(N-Acetyl transferase) 260
NCX(Sodium-calcium exchangers) 121, 131, 194, 195
NCLX(Mitochondrial sodium/calcium exchanger protein) 121, 122, 131
NE(Norepinephrine) 12~16, 140, 151, 192~196, 198, 203, 239, 243~246, 259, 269~271, 304
Nesfatin-1 273, 274
Neurokinin B 267, 272, 274
Neuromedin B 153, 155, 157
Neuromuscular junction 11
Neuronal NOS(nNOS) 127, 130, 133
Neuropeptide Y(NPY) 140, 141, 181, 269~274, 304
Neurosteroids 263
Neurotensin 72, 150, 151, 153, 155, 156
Neurotransmitter 10, 20
Neutral sphingomyelinase 113
NFAT(Nuclear factor of activated T-cells protein) 123, 125

NFATc1 230
NF-kB 111, 232, 252, 296, 297
NGF: Nerve growth factor 27
Nicotine 188, 194
NIDDM(Non insulin-dependent diabetes mellitus) 174, 175, 177
NLS(NuclearLocalization signal) 74
NK cell(Natural killer cell) 31, 246, 261, 306
NMDAR(N-methyl-D-aspartate receptor) 131, 132
NO(Nitric oxide) 94, 100, 102, 122, 126, 129, 130, 187, 207~211, 213, 269~271, 278
Non insulin-dependent diabetes mellitus(NIDDM) 174, 175, 177
Norepinephrine 12~16, 140, 151, 192~196, 203, 239, 243~246, 259, 269~271, 278, 304
nNOS(Neuronal NOS; NOS-1) 127, 130, 131~133
NOS(Nitric oxide synthase) 101, 104, 124, 127, 208, 213
NOX(NADPH Oxidase) 124, 126, 127, 129
NPY(Neuropeptide Y) 140, 181, 269~274, 304
N-Ras(N-Ras GTPase) 90
Nrf2(Nuclear factor erythroid 2-related factor 2) 123, 125
NSAIDs(non-steroidal anti-inflammatory drugs) 117
NTX 234

[O]

OCN(Osteocalcin) 234, 236~238
OCNR(Osteocalcin receptor) 237
1,25(OH)2D3(1alpha,25 Dihydroxyvitamin D3) 78,79
Olfactory receptors 88
Omega-3 39, 204, 264
Omentin 187
OPG(Osteoprotegerin) 230, 231, 232
Opoid receptor 283
Opioids 239, 240, 274
ORAI1 74
Orexins 274, 304
Orphan receptor 73, 80
Osteoblast 185, 228~233, 235
Osteocalcin(OCN) 234, 236~238
Osteoclast 228, 229~233
Osteophoresis 233, 234
Osteoprotegerin(OPG) 230, 232
Osx 230
Oxaloacetic acid 12
OXM(Oxyntomodulin) 273
Oxytocin 72, 282, 283

[P]

P2X receptor(Purinergic ionotropic receptors) 132
P2XR(ATP-gated P2X receptor cation channel) 131, 132
p38(p38 MAPK) 125
p53(Tumor suppressor p53) 123, 125, 250
p85 69
PA(Phosphatidic acid) 112, 113
PACAP(Pituitary adenylate cyclase activating polypeptide) 272, 274
PAF(Platelet-activating factor) 115
PAF-AH: Platelet-activating factor acetylhydrolase 115
Pain 173
Pancreatic lipase 152
Pancreatic polypeptide 156
Paracrine 9, 10, 24
Parathormone 82
Parathyroid hormone(PTH) 72, 224~229
Parkinson 15
Passion flower 205
PC(Phosphatidylcholine) 106, 111, 112
PC-PLC 106, 107, 111
PCFT(proton-coupled folate transporter) 158

PDE(Phosphodiesterase) 86, 87, 101, 109, 110, 121, 129, 130
PDGF(Platelet-derived growth factor) 22, 27, 28, 66, 109, 110, 132, 182
PDGFR(Platelet-derived growth factor receptor) 66
Pepsin 145, 147
Pepsinogen 147
Peptide YY(PYY) 153, 157
Peroxiredoxin(Prx) 124, 127
Preoxynitrite 127
PG(prostaglandin) 117
PGC-1α1(PPAR-γ; coactivator-1α1) 265
PGD_2(Prostaglandin D2) 117, 118
PGE_2(Prostaglandin E2) 52, 117, 230
$PGF_{2\alpha}$(Prostaglandin F2alpha) 117, 119, 278
PGH_2(Prostaglandin H2) 117
PGI_2(Prostaglandin I2) 117, 118
PHK(Phosphorylase kinase) 121
Phosphatase 59
Phosphatidic acid(PA) 113
Phosphatidylcholine 106, 111, 112
Phosphatidylcholine-specific phospholipase C(PC-PLC) 106, 107, 109, 111
Phosphatidylserine 109
Phospholipase 106
Phospholipases A2(PLA2) 113
Phosphorylation 59, 60
PI3K(Phosphatidylinositol 3-kinase) 112, 114, 118, 123, 125, 133, 135, 158, 283, 286
PI3Kγ(Phosphatidylinositol 3-kinase-gamma) 87
PIAS(Protein inhibitor of activated STAT) 134, 135
PIF(Prolactin release inhibiting factor) 21, 22
PIM-1(Proto-oncogene serine/threonine-protein kinase) 133, 134
PIP2(Phosphatidylinositol 4,5-bisphosphate) 88, 106~108, 110, 112, 116, 118, 121
PIP5K(Phosphatidylinositol-4-phosphate 5-kinases) 112
PI-PLC(Phosphatidylinositol-specific phospholipase) 106, 107
PI-PLCβ(Phosphatidylinositol-specific phospholipase beta) 107, 108
PI-PLCγ(Phosphatidylinositol-specific phospholipase gamma) 107, 108
PI-PLCδ(Phosphatidylinositol-specific phospholipase delta) 107, 108
PI-PLCε(Phosphatidylinositol-specific phospholipase epsilon) 107, 108
PI-PLCζ(Phosphatidylinositol-specific phospholipase zeta) 107, 108
PI-PLCη(Phosphatidylinositol-specific phospholipase eta) 107, 108
PKA(Protein kinase A) 54~56, 58~63, 77, 86~88, 96, 109~111, 121, 130, 194, 231, 233, 260
PKB(Protein kinase B) 114, 125, 262
PKC(Protein kinase C) 69, 107, 116, 118, 121, 123, 125, 130, 175
PKG(Protein kinase G) 101, 129, 132, 207, 278
PLA2(Phospholipases A2) 111, 113~116
Plasminogen activator 27
Plasminogen activator inhibitor-1 26, 27, 29, 187
PLB(Phospholamban) 129
PLC-γ(Phosphoinositide phospholipase C-gamma) 69
PLCβ1 122
PLCβ3 86
PLD1(Phospholipase D1) 113
PLD2(Phospholipase D2) 113
Pullulan 165
PMCA1 226, 227
PNS(Parasympathetic nervous system) 246, 249
POAH(Preoptic/anterior hypothalamus) 302
POMC(Proopiomelanocortin) 181, 182, 250, 269, 270~274
POT(Primary optic tract) 259

Potassium channel 73, 74, 280
PP(Pancreatic polypeptide) 151, 156, 273
PPAR-α(Peroxisome proliferator-activated receptor alpa) 141~143
PPAR-γ(PPARG) 77, 265
PPDase(Phosphodiesterase) 58, 59, 61, 86, 88, 96, 195
PRA(Progesterone receptor A; PR-A) 75
PRB(Progesterone receptor B; PR-B) 75
PRF(Prolactin-Releasing Factor; PRLH) 21, 22
Primary optic tract(POT) 259
PRL(Prolactin) 15, 21, 22, 31, 269~271, 274
Probiotics 247
Profilin 296
Progesterone 21, 39, 43, 75, 186, 234, 244, 251, 272~275, 280~282, 287~289
Prognenolone 251, 252
Proinflammatory cytokine 183
Prolactin(PRL) 15, 21, 22, 31, 269~271, 274
Proopiomelanocortin(POMC) 181, 182, 250, 269, 270~274
Propopol 263, 264
Prostacyclin 118, 119
Prostaglandins 27, 72, 116
Prostaglandin-endoperoxide synthase(PTGS) 117
Protease 64, 72, 114, 155, 157, 186, 231, 233, 252, 261, 327
Protease inhibitor 252, 327
Protein kinase C(PKC) 69, 107~112, 116, 118, 121, 123, 125, 130, 175
Protein kinase G(PKG) 101, 102, 129, 130, 132, 133, 207, 278, 279
Protein methylation 208
Protein oxidation 127
Proteosome 64, 297
Prx(Peroxiredoxin) 124, 126~128
PSD-95(Postsynaptic density protein 95) 132, 133
PTH(Parathyroid hormone) 72, 224~229
PTPase 134
Purinergic G-protein coupled receptor(P2Y) 208
PVH: Paraventricular hypothalamus; PVN) 259
Pyk2(Proline-rich tyrosine kinase 2) 112
PYY(Peptide YY) 153, 157

[Q]

Quercetin 188

[R]

RA(Retinoic acid) 73, 77~79 189
Rab(Ras-related in brain) 90, 107
Radicals 94
Raf-1 69, 110, 133, 284
Ral(Ras-like protein) 112
Ral-GEF(Ral guanine nucleotide exchange factor) 112
Ran(Ras-related nuclear protein) 90
RANK 229~232
RANKL 229~232
Ras 69, 85, 90, 108, 110, 112, 133, 135, 283, 284
Rap(Ras-related protein 1) 108
RAR(Retinoic acid receptor) 77~79
RARE(Retinoic acid-response element) 78, 79
Receptor activator of nuclear factor κ B(RANK) 229~232
Receptor mediated endocytosis 76
Receptor tyrosine kinase(RTK) 67, 108, 109, 112, 131
Regulatory T cell(Treg) 289, 290
Renin 157, 197, 198, 236, 244
Resistin 183, 186, 187
Resveratrol 188
Retinoic acid 78
Retinoic acid receptor 73, 77, 78

RFC1(Replication factor C subunit 1) 158
Rho 87, 89, 90, 107, 112, 118
RhoA(Ras homolog family member A) 112, 118
RHT(Retinohypothalamin tract) 259
Ribosylation 59, 84
ROCK(Rho-associated protein kinase) 112
Rooibos tea 200
ROS 123, 175, 211, 250
RTK(Receptor tyrosine kinase) 67, 108, 109, 112, 131
Runx2 230
RXR(Retinoid X receptor) 78, 79, 80
Ryanodine 122
RYRs(Ryanodine receptors) 121, 129, 195

[S]

S1P receptors(Sphingosine-1-phosphate receptors) 89
SA node(Sinoatrial node) 192, 193, 197
Sarco/endoplasmic reticulum Ca^{2+}-ATPase(SERCA) 121, 122, 129, 131, 195, 278, 279
SCN(Suprachiamatic nuclus) 259
Second messenger 49, 93
Secreted phospholipases A2(sPLA2) 115
Secretory leukocyte protease inhibitor1(SLP1) 252
Selenium 39
Sema4D(Semaphorin-4D) 231, 232
SERCA(Sarco/endoplasmic reticulum Ca^{2+}-ATPase) 121, 129, 131, 195, 278
Serotonin 16, 38, 72, 85, 88, 169, 202, 204, 206, 234, 248, 257, 260, 265, 272, 274, 303
Ser/Thr kinase 105, 109, 125
Serum calcium 225, 229
Sex hormones 179, 183
sGC(Soluble guanylyl cyclase) 86, 100, 102, 129, 133
SH2(Src homology2) 133
Shear stress 130
Sildenafil 101, 102, 103
Single transmembrane receptor 66, 68
Shc(Src homology 2 domain containing) 69, 133, 134
Shp(Src homology phosphatase) 69, 80, 133, 134, 135
SLP1(Secretory leukocyte protease inhibitor 1) 252
Small G-protein 90
SMase(Sphingomyelinase) 113
Smooth muscle relaxation 102, 130, 207
SNO-Cys(S-Nitroso-Cysteine) 126
SNS(sympathetic nervous system, sympathetic nervous) 141, 170, 173, 193, 246, 249
SOCC(Store-operated Ca^{2+} channel) 279
SOCS 133~135
SOD(Superoxide dismutase) 123, 124, 126, 128
Sodiumcalcium exchanger(NCX) 121, 131, 194, 195
Sodium channel 73, 74, 131, 132
Soluble adenylyl cyclase 95
Somatostatin(GIH; GHIH; SS) 21, 22, 24, 72, 154, 157
Somatomedin 24, 25, 26, 171
Sos 69, 109, 110, 112, 283, 284
Sphingosine 106
Sphingomyelinase(SMase) 113
Sphingosine-1-phosphate(S1P) receptors 89
sPLA2(Secreted phospholipases A2) 115
SR(Steroid hormone receptor) 73~76
Src(Proto-oncogene tyrosine-protein kinase) 76, 133, 134, 135, 252
SRF(Serum response factor) 87
SRIF 234, 235
Srx(Sulfiredoxin) 127, 128
SS(Somatostatin; GIH; GHIH) 21, 22, 24, 72, 154, 157, 170
STAB2(Stabilin-2) 230
Starch 164

STAT 94, 133, 134, 135
Steroid hormone 22, 34, 74, 76, 169, 186
Steroid Hormone receptor 73, 74, 75, 76
Stress 105, 130, 173, 175, 180, 234, 240, 243, 245, 246, 248~251, 265, 271, 274
Sulfiredoxin(Srx) 127
Superoxide dismutase(SOD) 123, 124, 126, 128

[T]

T3(Triiodothyronine hormone) 80, 188, 194, 196, 240, 271
T4(Thyroxine hormone) 78, 80, 140, 194, 196, 240, 269, 270
Tau 250
TCA(Trichloroacetic acid) 160, 161, 163, 166~169, 261, 262
TCR(T-cell receptor) 121
TDO(Tryptophan dioxygenase) 264
Teriparatide 230
Testosterone 75, 186, 251, 252, 268~272
TGF-α(Transforming growth factor-alpha) 66, 67
TGF-β(Transforming growth factor-beta) 26, 27, 67
TGR5(G-protein-coupled bile acid receptor 1) 77, 78
Theanine 99, 100, 206
Thioredoxin(Trx) 124, 126
Thrombin 72, 89, 130, 222, 229
Thyroid 21, 33, 82, 225, 229, 271
Thyroid hormone receptor(TR) 73, 79, 80
Thyrotropin 21, 72, 170
TIRAP(TIR domain containing adaptor protein) 296, 297
TLR(Toll-like receptor) 296, 297
TLR1(Toll-like receptor 1) 296, 297
TLR2(Toll-like receptor 2) 296, 297
TLR4(Toll-like receptor 4) 115, 296, 297
TnC(Troponin C) 121, 122, 195
TNF(Tumor necrosis factor) 77, 111, 113, 142, 182~186, 232, 245, 264, 302, 303, 306
TNF-related apoptosis-inducing ligand(TRAIL) 290
TK(Tyrosine kinase homology) 67, 102
TR(Thyroid hormone receptor) 79, 80
TRAIL(TNF-related apoptosis-inducing ligand protein) 290
Transactivation 74, 75
Transcaltachia 227
Transrepression 250
TRE(Thyroid hormone response element) 80
Treg(Regulatory T cell) 289, 290
TRH(Thyrotropin-releasing hormone) 21, 22, 170, 171, 240
TRIF(TIR-domain-containing adapter-inducing interferon-β) 297
TRP channels(Transient receptor potential channels; TRPC) 131, 132
TRPV 226, 227
Tryptophan 247, 257, 258, 260, 262
Trx(Thioredoxin) 124, 126
TrxR(Thioredoxin reductase) 124, 126
TSH(Thyroid-stimulating hormone) 21, 22, 72, 82, 170, 240
Tx(Thromboxan) 94, 117
TxA_2(Thromboxan A2) 117
Tyrosine 14, 16, 66
Tyrosine kinase 66~70, 102, 107, 109, 112, 113, 125, 134, 135, 286

[U]

UDP-glucose(Uridine diphosphate glucose) 60
μNK(Uterine NK cells) 289

[V]

Vasoactive intestinal peptide(VIP) 151, 154~157, 269~271

Vasodilation 102, 208
Vasodialators 200
Vasopressin 72, 82
VDAC(Voltage-dependent anion channel) 121, 122
VDR(Vitamine D receptor) 78, 79, 226, 227
VDRE(Vitamine D receptor element) 78, 79
VE-cadherin(Vascular endothelial-cadherin) 28
VEGF(Vascular endothelial growth factor) 22, 27, 28, 182, 186, 237, 238, 288, 289
VGCC(Voltage-gated calcium channel) 131, 211, 222, 278, 279
VGICs(Voltage-gated ion channels) 131
VGKC(Voltage-gated potassium channel) 74
VGSC(The voltage-gated sodium channels) 74
VIP(Vasoactive intestinal peptide) 151, 154~157, 269~271
Visfatin 183, 185, 187
Vitamin D 39, 78, 226, 228, 235, 236, 237
Vitamine D receptor 78, 79, 226, 227
Vitamine E 39
Vitronectin 26, 233
Voltage-gated calcium channel(VGCC) 131, 211, 222, 278, 279
Voltage-gated ion channels(VGIC) 131
VRAC(Volume-regulated anion channel) 74

[W]

Wnt 230, 231, 232

[X]

Xanthine oxidase(XO) 124, 126, 127, 129
XCP1 186